普通高等教育“十三五”规划教材

有机化学简明教程

王　萍　饶红华　主编

中国石化出版社

内 容 简 介

全书共十二章，以官能团分章。本书主要有两大特色。其一，以每章的独立小节、阅读材料、附录参数表等多种形式引入大量与有机物及有机反应危险性相关的知识，包括有机物的易燃易爆性、毒性、腐蚀性以及典型有机反应的危险性分析等。其二，介绍各类有机物的化学性质时尽量使用统一的名称，将反应按照取代反应、加成反应、消除反应、氧化反应等的分类方式进行介绍，从视觉上增加了教材内容的有序性和连贯性；并在教材结尾将反应的常用名称及人名反应等做了索引，以方便拥有不同习惯的师生使用。此外，本书所举例子大多来自科研及生产实际，对常见有机物及有机反应给出了英文标注，每章的习题也附上了参考答案。

本书可作为高等学校安全、环境及其他专业短学时有机化学课程的教材，也可以供其他专业教师及学生阅读。

图书在版编目(CIP)数据

有机化学简明教程/王萍，饶红华主编. —北京：中国石化出版社，2018. 3(2021.2重印)
普通高等教育“十三五”规划教材
ISBN 978 - 7 - 5114 - 4798 - 2

Ⅰ. ①有… Ⅱ. ①王… ②饶… Ⅲ. ①有机化学 - 高等学校 - 教材 Ⅳ. ①O62

中国版本图书馆 CIP 数据核字(2018)第 015880 号

中国石化出版社出版发行
地址：北京市东城区安定门外大街 58 号
邮编：100011 电话：(010)57512500
发行部电话：(010)57512575
http://www.sinopec-press.com
E-mail：press@ sinopec.com
北京科信印刷有限公司印刷
全国各地新华书店经销
*
787 × 1092 毫米 16 开本 17. 5 印张 438 千字
2021 年 2 月第 1 版第 3 次印刷
定价：45. 00 元

前　言

有机化学从来就是把双刃剑，在为现代文明的发展与进步作出巨大贡献的同时，也时不时造成一些事故，彰显一下它的危害。过去，人们常倾向于把科研过程中有毒有害物质对健康造成的损害当作科研工作者为科学献身的一部分，甚至为此感到自豪。那个时候，几乎每一位致力于有机化学工作的同行，都有一本受有机物“摧残”的“血泪史”。随着人类文明的不断进步，人们对自身健康越来越重视，同时也认识到，有机化学中的绝大多数伤害与事故是完全可以避免的。

然而就在今天，仍有许多被奇妙的有机化学反应所吸引、满怀憧憬地选择有机化学作为自己的专业或者未来事业的莘莘学子，却由于对有机物的危险性知之甚少，对个体防护及操作规范的重要性认识不足，在有机化学实验室屡屡受到有机物燃烧爆炸、急慢性中毒等的伤害，令人惋惜。也有些学子被学长们过分夸大有机物危险性的言辞所震慑，还未入门就对有机化学“如避蛇蝎”，更令人哭笑不得。

编写本教材是编者多年的心愿。本教材每一章均设了独立的小节来专门介绍各类有机物的危险性，包括易燃易爆性、毒性、腐蚀性等，并在每章结尾以“阅读材料”的形式介绍了几种具体有机物的危险性以及发生危险时的应急处理措施，还在附录中列出了典型有机危险品的防爆防火安全参数以及居住区大气中有害有机物的最高容许浓度等。此外，在“阅读材料”中还对典型有机反应的危险性进行了分析。当然，本教材在介绍有机物危险性的同时不忘适时介绍其重要用途，以免造成其“过大于功”的误解。所有这些努力最终目的在于让学习有机化学的人都能对有机化学有一个正确的认识，既能欣赏、赞叹有机化学给人类带来的福音，也能认识到有机化学可能会给他们带来的各种伤害。在吸引学子们投身有机化学的同时，也让他们在选择伊始就做足心理准备，客观地对待有机物的危险性，既不要夸大，也不要忽视，为培养能终身致力于有机化学的人才保驾护航。

在内容安排上，本教材在介绍各类有机物的典型反应时，尽量使用统一的名称。从反应本质上看，基础有机化学所涉及的反应主要有：取代、加成、消除、重排、氧化、还原等，再加上有机物的酸碱性与亲核性，共十几种。各类有机物的典型反应基本都可以对号入座。例如，本书将醇的反应分为酸碱性、亲核性、取代反应、消除反应和氧化反应五大类加以介绍。这样就能将全书前后统一起来，从视觉上增加了教材内容的有序性和连贯性，尽可能地避免了给学生造成有机反应“多而杂”的假象。为了方便拥有不同习惯的教师使用本教材，编者将有机反应的常用名称(如脱水反应、醚键的断裂反应、各种人名反应等)在书的结尾做了索引，以便在正文中查找。

本教材主要适用于32学时至48学时的有机化学课程。由于学时数较短，书中更多选择的是能体现有机化学系统性的知识，对于不符合一般规律的情况以及挑战经典理论的最新科研成果介绍得不多。编者希望，在初学者眼里有机化学是一门规律性非常强的学科，以规律美来吸引住他们，挑战规律与经典应当在他们深刻理解并掌握了这些经典规律之后。若在他们正试图掌握经典规律时就接触到大量不符合规律的例子，就像当他们在沙漠中正在学习借助指南针探索道路时告诉他们指南针指示不准，他们将不知该朝哪个方向前行。

在短学时的课程中能介绍的机理有限，本教材选择机理的原则是该机理能使学生更好地理解相应有机物的某种性质。对于教材中出现的相对难懂的机理，学生可以只取其中对己有用的部分，费解的部分不作要求，听凭个人的领悟能力。例如，本教材介绍重氮化反应机理的理由是：在重氮化反应过程中有一步胺对亚硝酰正离子的亲核进攻，体现出了胺的亲核性，正呼应了其所在小节的标题“胺的亲核性”。学生学习该机理时，只要能理解反应过程中胺体现出了亲核性就够了，不需要每个学生把机理中的每一步都掌握。

此外，为了体现有机化学的实用性，本教材所举例子大多来自科研及生产实际。为了便于学生自学，每章习题均附上了参考答案。

考虑到学生们将来阅读英文文献的需要，本教材引入了一些简单的专业英语，主要体现在有机物及有机反应的英文名称上。本教材中有机物的英文名称混合使用了 IUPAC 命名法名称与英文普通命名法名称，旨在让学生在有限的时间内尽可能接触到不同的名称。

本教材第 1 ~ 第 11 章由北京石油化工学院王萍编写，第 12 章由首都师范大学饶红华编写，全书由王萍整理、统稿和定稿。衷心感谢北京市安全生产工程技术研究院副院长高建村教授在全书主线与重点内容确定方面提供的指导，感谢北京石油化工学院安全工程学院亢永老师以及周尚勇、刘新新、杨金龙等学生在本书知识点取舍方面给出的大量建议，感谢林泽原、尚岩等学生在教材修改过程中付出的辛勤劳动，更感谢中国石化出版社给予的无限信任，以及编者家人给予的大力支持。

由于编者水平有限，书中难免有错误和不当之处，若您对本书有更好的建议，非常欢迎与编者联系。

编　者

目　　录

第1章 绪论

1.1 有机化合物及其一般特征

1.1.1 有机化合物与有机化学

我们每天都在与各种各样的有机化合物打交道，我们日常的吃穿住用行均离不开有机化合物。古人很早就懂得加工、利用动植物里的有机物，如造酒、造纸、熬中药治病等。据记载，中国古代曾制取到一些较纯的有机物，例如982～992年间制取到的没食子酸，1037～1101年间制取到的甘露醇等。在国外，早期的有机物也都是直接或间接来自于动植物体。例如1770年W. Scheele（舍勒）从酒石中提取出酒石酸，1773年Roulle（罗勒）从哺乳动物的尿液中提取出尿素等。1806年，瑞典化学家、有机化学之父J. Berzelius（贝采利乌斯）提出了“生命力论”，认为有机物只能由天然生命体中的“生命力”来制造，无法由纯粹的无机物合成，并首次提出了与无机化学相对立的概念——有机化学。然而，1828年，德国Göttingen（哥廷根）大学化学教授F. Wöhler（魏勒）首次用无机物氰酸铵NH_4CNO在实验室人工合成了有机物尿素NH_2CONH_2，并以论文《论尿素的人工合成》证伪了“生命力论”。之后，1845年H. Kolbe（柯尔伯）人工合成醋酸，1854年M. Berthelot（贝特罗）人工合成油脂……越来越多的人工合成有机物不断出现，最终将“生命力论”彻底推翻，有机化学进入合成时代。尽管“生命力论”早已被抛弃，但是“有机化学”这个概念却沿用至今。

目前已知无机化合物约几十万种，有机化合物已超过三千万种。那么，什么是有机化合物？

有机化合物（简称有机物）通常指碳氢化合物及其衍生物。碳元素是有机物的核心元素，除此之外，氢元素也是有机物中的常见元素，许多有机物还含有氮、氧、卤素、磷、硅、硫等其他元素。然而，碳单质及其氧化物、碳酸盐等尽管含有碳元素，却并不是有机化合物；硼烷（如乙硼烷B_2H_6）、氮化硼（BN）等尽管不含碳元素，却属于有机化合物。有机物与无机物之间的界限并不是绝对的，人们通常依据化合物的性质来区分二者。

有机化学是研究有机化合物的结构、性质、合成以及有关理论、变化规律和方法学的科学。随着有机化学的飞速发展，现代有机化学与无机化学、分析化学、物理化学、生物化学等多个学科领域相互交叉、相互渗透，形成了诸多交叉学科，比如金属有机化学、物理有机化学、生物有机化学等。研究这些交叉领域的问题，就需要融汇多学科的知识。

1.1.2 有机化合物的一般性质特征

我们之所以将有机化合物归为一类，是因为它们在性质上具有一些共同特征，一般表现为以下几点：1）易燃烧；2）熔点低，一般在400℃以下；3）难溶于水，易溶于有机溶剂；4）

反应速率比较慢；5）反应产物复杂，副反应较多。通常，我们书写有机化学反应方程式时，为简明起见常常只写出主要的有机物产物，有机物副产物和无机物产物经常省略不写。

当然，有些有机物在某些性质方面也存在着例外。比如，四氯化碳不但不易燃，还可以作灭火剂；乙醇能与水以任意比例互溶等。

1.1.3 有机化合物的一般结构特征

化合物的性质往往是由其结构决定的。有机物在结构上也存在着一些共性，主要表现为以下几点：

1）碳原子通常以共价键与其他原子相连。由于碳元素位于第四主族，最外层有四个电子，不易给电子也不易失电子，因而有机物中的碳原子常以共用电子对的形式与其他原子成键，即形成共价键。若所成共价键均为单键，一个碳原子可形成四根共价单键。

2）碳原子之间易自相结合成键。在有机物中，碳碳双键（C=C）与碳碳三键（C≡C）普遍存在，碳原子之间还可以相互连接成环。

3）同分异构现象普遍存在。同分异构现象是指若干个化合物分子式相同而结构不同的现象。例如，分子式同为 C_6H_{12} 的有机物环己烷、1－己烯和3－己烯互为同分异构体：

$CH_3(CH_2)_3CH{=}CH_2$　　$CH_3CH_2CH{=}CHCH_2CH_3$

1.2 有机化合物中的共价键

1.2.1 共价键的形成

共价键指原子间通过共用电子对而产生的强相互作用，由成键原子的原子轨道相互重叠而形成。原子轨道指原子的核外电子在空间可能出现的区域，有 s 轨道、p 轨道、d 轨道等。原子轨道重叠程度越大，所形成的共价键就越牢固。两成键原子的原子核之间的连线称为键轴。通常情况下，当两原子轨道沿键轴方向头对头重叠时，重叠程度最大。

在有机化合物中，依据原子轨道两种不同的重叠方式，可形成 σ 键和 π 键两种不同的共价键，如图 1－1 所示。以 p 轨道为例，当两个 p 轨道沿着对称轴的方向相互靠近，以头对头的方式重叠，形成的共价键称为 σ 键。σ 键的电子云沿键轴呈圆柱状分布，因而 σ 键可沿键轴自由旋转。当两个 p 轨道以对称轴相互平行的方式相互靠近，以肩并肩的方式重叠，形成的共价键称为 π 键。π 键的电子云以键轴为分界线分布在键轴的上下两侧，符号相反，因而 π 键不能沿键轴旋转。

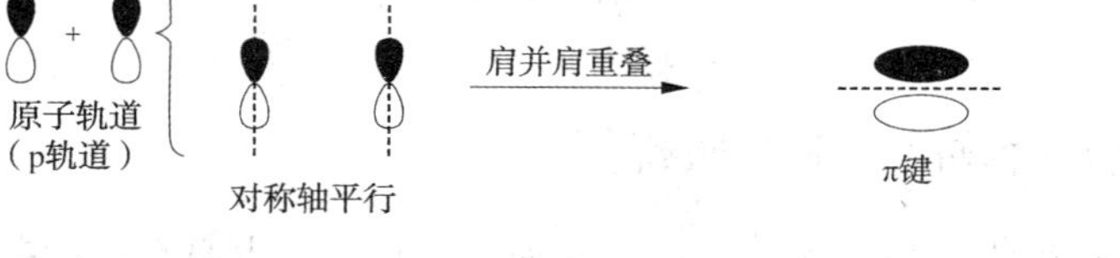

图 1－1　共价键的形成

由σ键和π键的形成过程可看出二者的差异：1)σ键可沿键轴自由旋转，而π键不能。π键的不能沿键轴旋转就使含π键的分子存在着构型异构体。2)形成σ键时原子轨道的重叠程度较形成π键时大，因此σ键键能较高，较π键稳定。3)σ键可以独立存在，而π键不能。π键需要依附于σ键存在。事实上，共价键中的单键均为σ键，双键则是由一根σ键和一根π键共同组成。当双键发生化学反应需要断裂其中一根化学键时，首先断裂的必定是π键。

目前用来解释共价键形成的最常见的理论有两个：价键理论和分子轨道理论。二者最大的区别在于成键电子是否离域。价键理论认为，形成共价键的电子对固定在两个成键原子之间，是定域的。分子轨道理论认为，分子轨道是原子轨道的线性组合，成键电子按照能量由低到高的顺序成对填充在分子轨道上；成键电子不是固定在某个原子周围，而是围绕整个分子运动。价键理论和分子轨道理论在解释有机物的结构与相关化学反应时各有优势，也均存在着局限。涉及分子的构型时多采用价键理论(特别是价键理论中的杂化轨道理论，详见第二章2.2等)解释，处理具有明显电子离域现象的分子结构时多采用分子轨道理论。

1.2.2 共价键的属性

共价键的属性包括键长、键能、键角、键的极性等。键长指分子内成键两原子的核间平衡距离。键角指分子内同一原子所成两个化学键之间的夹角。键能指断裂有机物中某一类化学键所需的平均能量。一般而言，共价键键长越长，键能越低，该共价键在化学反应中就越易断裂而发生反应。例如，一氯甲烷 CH_3Cl 中，C—Cl 键键长为 177pm，键能为 339.0kJ/mol；一碘甲烷 CH_3I 中 C—I 键键长为 213pm，键能为 217.6kJ/mol。比较键长与键能数据可知，C—I 键比 C—Cl 键容易断裂。许多实验也能支持上述推断，例如，分别以一氯甲烷和一碘甲烷为原料进行涉及碳—卤键断裂的反应，一碘甲烷的反应速率要快于一氯甲烷。

当两个不同原子形成共价键时，成键电子会偏向电负性较大的原子一端，从而使共价键显极性。例如，一氯甲烷 CH_3Cl 中的 C—Cl 键为极性键。形成共价键的两原子电负性差值越大，所成共价键极性就越大。

共价键的极性用偶极矩 μ 来度量。偶极矩是一个矢量，其方向沿着共价键由带部分正电荷的原子指向带部分负电荷的原子；其大小为正(或负)电荷中心所带的电荷量(q，单位为库仑，C)与正负电荷中心之间的距离(d，单位为米，m)的乘积，即：

$$\mu = q \times d$$

分子的偶极矩为分子内所有共价键偶极矩的矢量和。若分子的偶极矩为零，则该分子为非极性分子；否则，为极性分子。例如，四氯化碳 CCl_4 分子中，尽管 C—Cl 键为极性键，但四根 C—Cl 键偶极矩的方向分别从正四面体中心指向其四个顶点，矢量和为0，因而四氯化碳分子为非极性分子。可见，分子内含有极性共价键并不表明该分子一定具有极性。

1.2.3 共价键的断裂及有机化学反应类型

共价键的断裂伴随着成键电子的转移。若共价键断裂后，成键电子由两成键原子各保留一个，生成两个带有单电子的原子或基团，这种断裂方式称为均裂，所产生的带有单电子的原子或基团称为自由基(或游离基)。单电子转移用单钩箭头符号⇀表示。自由基是一类非常活泼的反应中间体，不能长时间存在，而是会很快发生后续反应，生成不带单电子的最终产物。像这种反应过程中产生自由基中间体的反应，称为自由基型反应。

若共价键断裂后，成键电子由两成键原子的其中之一全部获得，获得电子的原子或基团称为负离子，失去电子的原子或基团称为正离子，这种断裂方式称为异裂。共价键发生异裂时，电子成对转移，生成正、负离子中间体。电子对转移用双钩箭头符号⟶表示。正、负离子也是非常活泼的中间体，也会很快发生后续反应，生成电中性的最终产物。像这种反应过程中产生离子型中间体的反应，称为离子型反应。

常见的有机反应类型除了上述的自由基型反应和离子型反应外，还有协同反应。在协同反应过程中，旧键的断裂与新键的生成同时进行，反应经过过渡态生成产物，没有中间体产生。

1.3 有机化合物的分类

有机物通常按碳架及官能团两种方式进行分类。

1.3.1 按碳架分类

按照有机物中碳架的组成方式可将有机物分为开链化合物和环形化合物。

碳原子相互连接成链状的化合物称为开链化合物。由于这类化合物最初是从动物脂肪中获得的，因而又称脂肪族化合物。

碳原子相互连接成环状的化合物称为环形化合物。若环上只有碳原子，称为碳环化合物；若环上含有杂原子(即，非碳原子)，称为杂环化合物。依据所成的环是否具有芳香性，又可将碳环化合物分为脂环族化合物(不具有芳香性)和芳香族化合物(具有芳香性)，将杂环化合物分为脂杂环化合物(不具有芳香性)和芳杂环化合物(具有芳香性)。图 1－2 列出了各类化合物的一些代表性化合物。

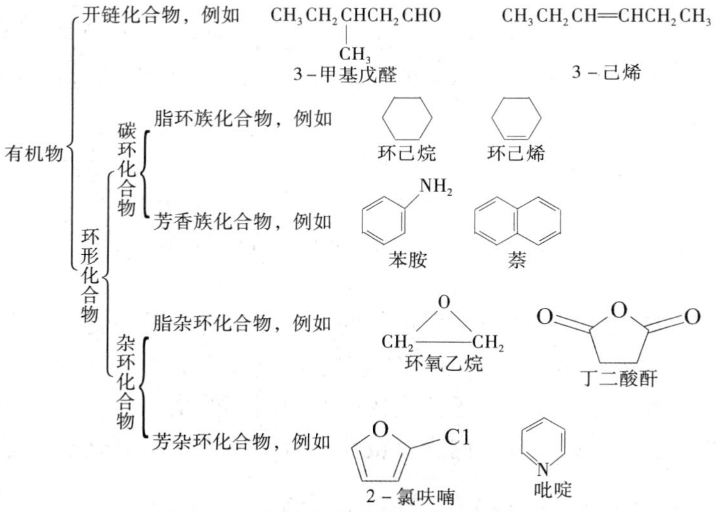

图 1－2　有机物的分类及代表性有机物

1.3.2 按官能团分类

分子中较活泼而易发生反应的原子或基团称为官能团，官能团决定化合物的主要性质。常见官能团及其典型有机物见表 1－1。有些官能团由于具有特殊结构而使相应的化合物容易发生爆炸，爆炸性物质所特有的官能团见表 1－2。

1.4 有机化合物的表示方式

分子内原子相互连接的顺序和方式称为分子结构。表示分子结构的化学式称为结构式。将所有原子和化学键均写出来的蛛网式是有机化学中表示有机物结构的最基础的方式，但由于其过于繁琐，并不实用。最常用来表示有机物结构的方式有两种：结构简式与键线式。

表 1-1 有机物中的官能团

化合物类别	官能团构造	官能团名称	化合物举例	名称
烯烃	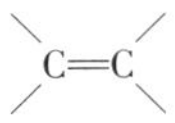	碳碳双键	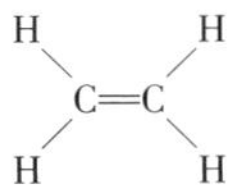	乙烯
炔烃	—C≡C—	碳碳三键	H—C≡C—H	乙炔
卤代烃	—X(F、Cl、Br、I)	卤素原子	CH_3CH_2Cl	氯乙烷
硝基化合物	$—NO_2$	硝基	$CH_3CH_2NO_2$	硝基乙烷
胺	$—NH_2$	氨基	$CH_3CH_2NH_2$	乙胺
醇和酚	—OH	羟基	CH_3CH_2OH	乙醇
醚	—O—	醚键	$CH_3CH_2OCH_2CH_3$	乙醚
醛	—CHO	醛基(甲酰基)	CH_3CHO	乙醛
酮		酮羰基	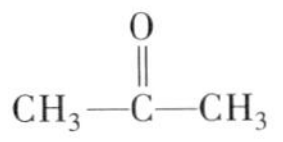	丙酮
腈	—CN	氰基	CH_3CN	乙腈
羧酸	—COOH	羧基	CH_3COOH	乙酸
磺酸	$—SO_3H$	磺酸基	$CH_3CH_2SO_3H$	乙磺酸

表 1-2 爆炸性物质所特有的官能团

官能团	化合物名称	官能团	化合物名称
—C≡C—	炔烃	—O—O—H	氢过氧化物
$—NO_2$	硝基化合物	—O—O—	过氧化物
$—O—NO_2$	硝酸酯、硝酸盐	$—CO_3H$	过氧酸
—NO	亚硝基化合物	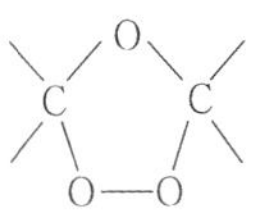	臭氧化物
—O—NO	亚硝酸酯、亚硝酸盐	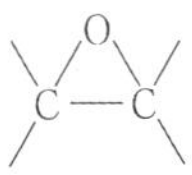	环氧化合物
$—\overset{+}{N}≡N$	重氮化合物	$—ClO_4$	高氯酸盐

续表

官能团	化合物名称	官能团	化合物名称
—N═N—	偶氮化合物	—O—N═C<	雷酸盐
$—N═\overset{+}{N}═\overset{-}{N}$	叠氮化合物	$—ClO_3$	氯酸盐
═N—Cl	*N*-氯胺	—O—X	次卤酸化合物

以异丙醇为例，书写结构简式时，常将所有与氢相连的共价键均省去不写，碳碳单键也可以省去不写；侧链可写在所连碳原子的上方或下方，也可加括号写在所连碳原子的右侧；相同基团可以合并。

书写键线式时，以折线的端点及拐点来代表碳原子，以线段代表共价键，单线代表单键，双线代表双键，三线代表三键。碳原子以及与碳原子相连的氢原子均省略，其余原子不能省略。单键与单键之间的键角约109°，单键与双键之间的夹角约120°，单键与三键之间的夹角为180°。

CH_3CHCH_3
　　|
　OH
异丙醇（结构简式）

$CH_3CH(OH)CH_3$
异丙醇（结构简式）

OH
异丙醇（键线式）

$CH_3(CH_2)_4CH_3$
正己烷（结构简式）

正己烷（键线式）

$(CH_3)_2CHCH_2CH_3$
异戊烷（结构简式）

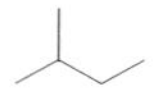
异戊烷（键线式）

1.5　有机化合物的命名

外文专业文献资料中最常用的命名法是普通命名法和国际纯粹与应用化学联合会（International Union of Pure and Applied Chemistry）命名法，后者简称为IUPAC命名法。在我国，中国化学会结合IUPAC的命名原则与中国文字的特点，制定了系统命名法。系统命名法在中文文献资料中使用较为普遍。此外，衍生物命名法以及有机物的俗名也都在某些情况下被较多地使用。不管哪一种命名法，其目的均是以最简单的方式明确、无误解地给出某个有机物的名称。一个有机物可以有多个名称，但一个名称只能对应一种结构的有机物。

1.5.1　系统命名法与IUPAC命名法

系统命名法与IUPAC命名法所遵循的原则基本相同，只是系统命名法结合了中国文字的特点，给出的是有机物的中文名称，而IUPAC命名法给出的是有机物的英文名称。本书重点介绍系统命名法，对IUPAC命名法仅作简单介绍。

1. 直链有机物的命名

系统命名法命名直链有机物时，将化合物的名称表示为：

母体官能团的位次＋碳原子数＋化合物类别

例如：　　2　－　丁　　醇

其中，阿拉伯数字与中文汉字之间以半字线“-”隔开。“碳原子数+母体官能团的位次+化合物类别”的书写形式同样被认可，如丁-2-醇。名称格式中各部分的具体确定方法为：

(1) 首先确定“化合物类别”。用来决定化合物类别的官能团称为母体官能团。例如，化合物 $CH_3CH_2CH(OH)CH_3$ 所含官能团为羟基，该化合物就称为醇，羟基为其母体官能团。

(2)“母体官能团的位次”指母体官能团在分子中的位置。确定母体官能团的位次时，将直链上的碳原子从一端起沿直链用阿拉伯数字依次编号，母体官能团所含碳原子(指母体官能团上有碳时，如羧基—COOH、醛基—CHO 等)或母体官能团所连碳原子(指母体官能团上无碳时，如羟基—OH，氨基—NH_2 等)的编号即为母体官能团的位次。编号时遵循最低系列原则，即从靠近母体官能团的一端开始编号，使母体官能团位次最低。例如上述分子编号时从右端开始，羟基的位次为 2。

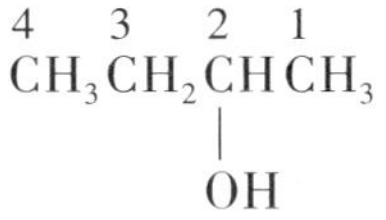

(3)判断“碳原子数”。碳原子数在 10 以内时，用天干来表示，即 1 ~ 10 个碳原子数依次表示为：甲、乙、丙、丁、戊、己、庚、辛、壬、癸。碳原子数超过 10 时，用中文数字来表示。表 1 – 3 给出了一些直链烷烃对应的中英文名称。

表 1 – 3　一些直链烷烃对应的中英文名称

中文名称	分子式	英文名称	中文名称	分子式	英文名称
甲烷	CH_4	methane	庚烷	C_7H_{16}	heptane
乙烷	C_2H_6	ethane	辛烷	C_8H_{18}	octane
丙烷	C_3H_8	propane	壬烷	C_9H_{20}	nonane
丁烷	C_4H_{10}	butane	癸烷	$C_{10}H_{22}$	decane
戊烷	C_5H_{12}	pentane	十一烷	$C_{11}H_{24}$	undecane
己烷	C_6H_{14}	hexane	十二烷	$C_{12}H_{26}$	dodecane

因此，上述化合物名称为：2 – 丁醇。

例如 $CH_3(CH_2)_5COOH$，母体官能团为羧基，对应的化合物类别为酸，可从羧基的碳原子开始进行编号，共 7 个碳，故化合物名称为：1 – 庚酸。位次为 1 时往往可以将其省略，因此上述化合物也可简写为庚酸。其他位次在不引起误解的情况下也可以省略。

(4)若化合物中含有两种或两种以上的官能团时，按照表 1 – 4 的优先顺序来确定母体官能团。表中越靠上的官能团优先性越高。母体官能团确定后，其余的官能团均作为取代基对待。编号时，使母体官能团位次最低。

表 1 – 4　官能团作为母体官能团的优先性顺序表(从上到下优先性递降)

官能团	词头名称		词尾名称	
	中文	英文	中文	英文
—COOH	羧基	carboxy	酸	—carboxylic acid 或—oic acid
—SO_3H	磺酸基	sulfo	磺酸	—sulfonic acid

官能团	词头名称		词尾名称	
	中文	英文	中文	英文
$-\overset{\overset{O}{\|}}{C}-O-\overset{\overset{O}{\|}}{C}-$			酸酐	—anhydride
—COOR	烃氧甲酰基	R－oxycarbonyl	酯	R…carboxylate（或 R…oate）
—COX	卤甲酰基	halo carbonyl	酰卤	—carbonyl halide 或—oyl halide
$-CONH_2$	氨甲酰基	carbamoyl	酰胺	—amide
—CN	氰基	cyano	腈	—nitrile
—CHO	醛基（甲酰基）	formyl	醛	—carbaldehyde 或—al
$-\overset{\overset{O}{\|}}{C}-$	羰基（氧代）	oxo	酮	—one
—OH	羟基	hydroxy	醇	—ol
—OH	羟基	hydroxy	酚	—ol
—SH	巯基	sulfanyl	硫醇，硫酚	—thiol，—thiophenol
$-NH_2$	氨基	amino	胺	—amine
—OR	烃氧基	R－oxy	醚	—ether
—R	烃基	alkyl		
—X（X＝F、Cl、Br、I）	卤代	halo（fluoro，chloro，bromo，iodo）		
$-NO_2$	硝基	nitro		
—NO	亚硝基	nitroso		

例如 $CH_3CH_2CH(OH)CH_2CHO$，分子中含有羟基和醛基两种官能团。由上表可知，醛基作为母体官能团的优先性高于羟基，因此化合物母体官能团为醛基，化合物为醛。编号时优先使醛基位次最低。故化合物名称为：3－羟基－1－戊醛，或3－羟基戊醛。

2. 支链化合物的命名

系统命名法命名支链有机物时，将化合物的名称表示为：

取代基＋母体

取代基部分的组成依次为：

取代基位次＋取代基个数＋取代基名称

例如：　5，5　－　二　甲基

母体部分的组成依次为：

母体官能团位次＋主链碳原子数＋化合物类别

例如：　2　－　己　醇

其中，表示位次的阿拉伯数字之间用逗号隔开，阿拉伯数字与中文汉字之间用半字线"－"隔开。书写母体部分时按照"主链碳原子数+母体官能团位次+化合物类别"的形式亦可，即，己-2-醇。名称格式中各部分的具体确定方法为：

（1）首先确定母体。以最优官能团确定化合物类别，选择含有母体官能团的、最长的、含支链最多的碳链作为主链，将母体官能团与主链一起作为化合物的母体。化合物母体之外

的部分都作为取代基对待。例如

该分子的官能团为羟基，对应化合物类别为醇，母体为含有羟基的6个碳原子的直链，羟基位于直链中第二个碳原子上，因而母体为：2-己醇。剩余两个甲基为分子的取代基。化合物名称为5，5-二甲基-2-己醇。

(2)取代基的命名。烷烃在形式上去掉一个氢原子后剩余的部分称为烷基，常表示为R—。一个烷烃分子中可能含有多种氢原子，相应地可形成多种取代基。

氢原子的种类可由其所连接的碳原子种类来确定。碳原子依据所连其他碳原子的数目可分为伯、仲、叔、季四种。连一个碳的碳原子称为伯碳(或一级碳)，用1°标记，与伯碳相连的氢称为伯氢(或一级氢)；连两个碳的碳原子称为仲碳(或二级碳)，用2°标记，与仲碳相连的氢称为仲氢(或二级氢)；连三个碳的碳原子称为叔碳(或三级碳)，用3°标记，与叔碳相连的氢称为叔氢(或三级氢)；连四个碳的碳原子称为季碳(或四级碳)，用4°标记。

例如下图所示2，2，3-三甲基戊烷分子中有5个伯碳，1个仲碳，1个叔碳，1个季碳。相应地，有15个伯氢，2个仲氢，1个叔氢。其中，15个伯氢依据其在分子中所处的位置又可分为3种：与季碳相连的3个甲基的9个氢属于等位氢，与叔碳相连的甲基的3个氢属于等位氢，与仲碳相连的甲基的3个氢属于等位氢。分子去掉等位氢得到相同的基团，去掉不等位氢则得到不同的基团。

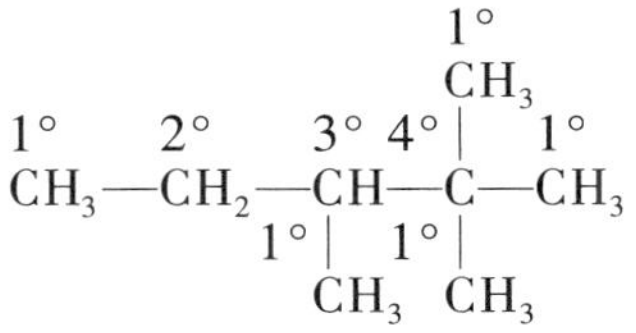

常见的烷基及其名称如表1-5所示。

表1-5　常见烷基及其名称

基团	中文名	英文名	基团	中文名	英文名
$CH_3—$	甲基	methyl	$CH_3—CH(CH_3)—CH_2—$	异丁基	isobutyl
$CH_3CH_2—$	乙基	ethyl	$CH_3—CH_2—CH(CH_3)—$	仲丁基	*sec*-butyl
$CH_3CH_2CH_2—$	正丙基	*n*-propyl	$CH_3—C(CH_3)_2—$	叔丁基	*tert*-butyl
$CH_3—CH(CH_3)—$	异丙基	isopropyl	$CH_3—CH_2—C(CH_3)_2—$	叔戊基	*tert*-pentyl
$CH_3CH_2CH_2CH_2—$	正丁基	*n*-butyl	$CH_3—C(CH_3)_2—CH_2—$	新戊基	neopentyl

烷烃去掉两个氢原子后剩余的部分称为亚基。例如，—CH_2—为亚甲基。若去掉的氢原子分别来自两个碳原子，则需要注明所去掉氢原子的位置，例如，—CH_2CH_2—为 1,2 - 亚乙基。

(3)取代基编号的确定。编号时，在保证母体官能团位次最低的前提下，或者在没有官能团的烷烃中，应尽量使第一个取代基的位次最低。若在保证母体官能团位次最低的前提下或者在没有官能团的烷烃中，使第一个取代基位次最低的编号方式不止一种时，应使第二个取代基位次最低；若使第二个取代基位次最低的编号方法仍不止一种时，应使第三个取代基位次最低……以此类推，直至能够完成编号为止。例如

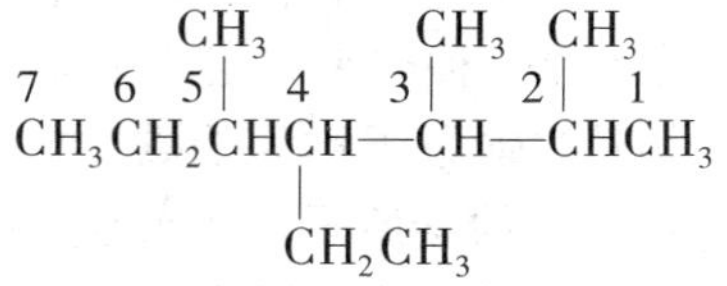

上述分子编号时，从右端碳原子开始编号，第一个取代基位次为2，从左端碳原子开始编号，第一个取代基位次为3，因此应从右端开始编号。取代基位次依次为2，3，4，5。再例如

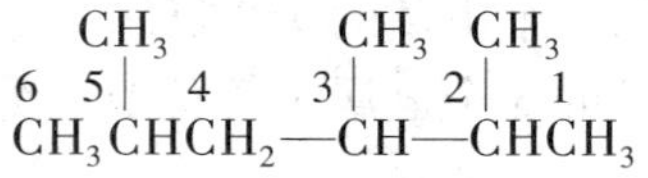

该分子编号时，从右端碳原子开始编号，取代基位次依次为2，3，5；从左端碳原子开始编号，取代基位次依次为2，4，5。第一个取代基编号相同，但从右端编号时第二个取代基的位次要低于从左端编号时第二个取代基的位次，因此应从右端开始编号。

(4)编号时，若两种不同的取代基相互竞争，则需要按照次序规则来比较取代基的大小，使小基团位次低(即，使小基团编号小)。次序规则(有的书上也称“顺序规则”)包含以下几点：

1)对于单原子取代基，原子序数大的基团大。

例如，按照次序规则由大到小有：—I >—Br >—Cl >—F >—D，因而若氯与溴在编号时相互竞争，优先使氯处于较低位次。例如下图分子应从靠近氯原子的一端编号，名称为3 - 氯 - 5 - 溴庚烷。

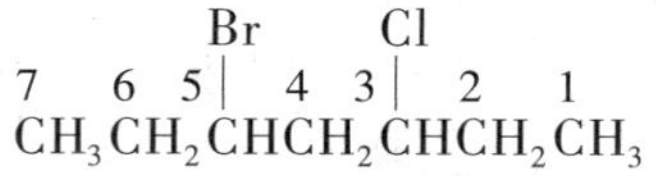

2)对于多原子取代基，从自由价(即取代基的短线)开始先比较第一个原子，原子序数大的原子其所在基团大；若第一个原子相同，则比较与它相连的第二个原子中最大的原子，原子序数大的原子其所在基团大；若仍相同，再顺序比较居中的、最小的。若第二个原子相同，再顺序比较第三个原子中最大的、第二大的、第三大的……直至比较出大小为止。

例如，按次序规则比较—CH_3 与—NH_2 的大小。—CH_3 中与自由价直接相连的第一个原子为 C，—NH_2 中与自由价直接相连的第一个原子为 N，N 的原子序数大于 C，因此—NH_2 大于—CH_3。

再例如，按次序规则比较—CHF_2 与—CH_2Cl 的大小。—CHF_2 及—CH_2Cl 中与自由价直接相连的第一个原子均为 C，—CHF_2 中与第一个原子相连的第二个原子按原子序数从大到小排列依次为 F、F、H，而—CH_2Cl 的第二个原子按原子序数从大到小排列依次为 Cl、H、H。Cl 的原子序数大于 F，因此—CH_2Cl 大于—CHF_2。

3）对于含有双键或三键的基团，可认为以单键连有两个或三个相同的原子。例如，在甲酰基中，可将碳氧双键拆分为：碳原子以两根单键连接两个氧原子，同时，氧原子以两根单键连接两个碳原子。

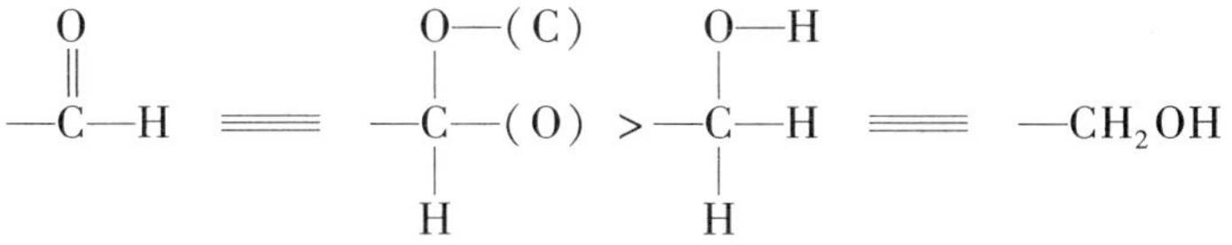

因此，若比较甲酰基—CHO 与羟甲基—CH_2OH 的大小，二者的第一个原子均为 C，—CHO 的第二个原子由大到小为 O、O、H，—CH_2OH 的第二个原子由大到小为 O、H、H。两基团第二个原子中最大的原子均为 O，需要继续比较居中的原子。—CHO 居中的原子为 O，大于—CH_2OH 居中的原子—H，因此，—CHO > —CH_2OH。

碳碳三键及苯基可拆分如下：

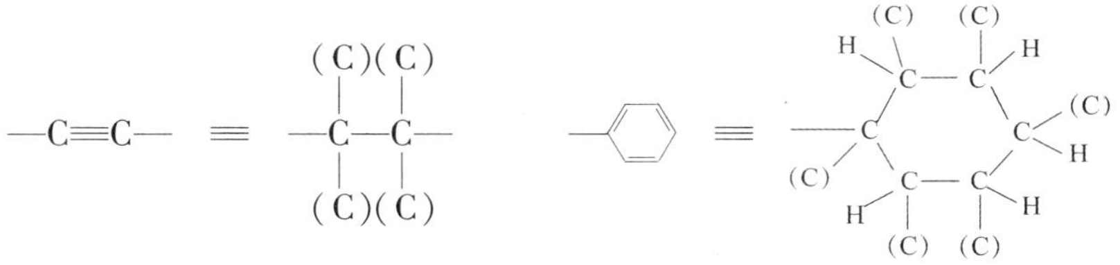

4）若参与比较的两基团的原子数目不相等，可以适量补充原子序数为零的假想原子。例如—$NHCH_3$ 可认为与 N 相连的原子由大到小依次为 C、H、假想原子。

（5）化合物中含有多个取代基时，将相同的取代基合并，将不同取代基按照次序规则由小到大的顺序依次书写。合并的取代基需标明该类取代基所有的位次，位次由小到大排列并以逗号隔开；还需用中文数字标明该类取代基的数目。例如下图化合物名称为：2,3,5 – 三甲基 – 4 – 乙基庚烷。

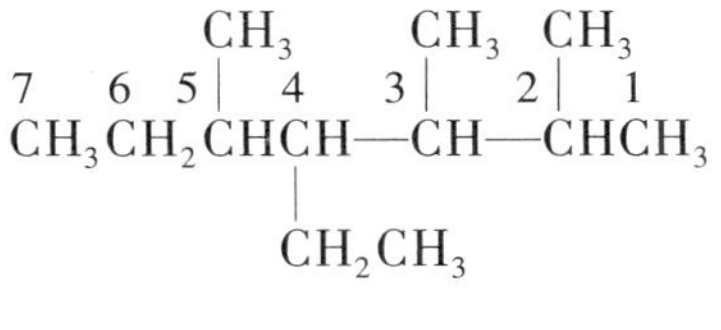

需注意的是，位次与取代基之间、位次与母体之间均以半字线隔开，取代基数目与取代基之间无需半字线。此外，取代基与母体之间若无阿拉伯数字相隔，也无需半字线。

（6）若支链上还有取代基，则需要对支链进行编号。编号时，以直接与母体主链相连的碳原子为 1 位，沿支链的最长碳链依次编号。例如，下图中作为支链的仲丁基系统命名法名称为：1 – 甲基丙基。

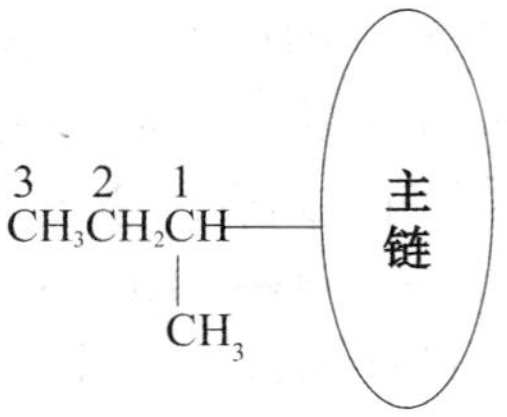

命名时，为了区分母体主链的编号与支链的编号，可将整个支链名称写在括号内，也可用带撇的数字表明取代基在支链中的位次。例如下图化合物名称为：2－甲基－5－(1,1－二甲基丙基)壬烷，或2－甲基－5－1′,1′－二甲基丙基壬烷。

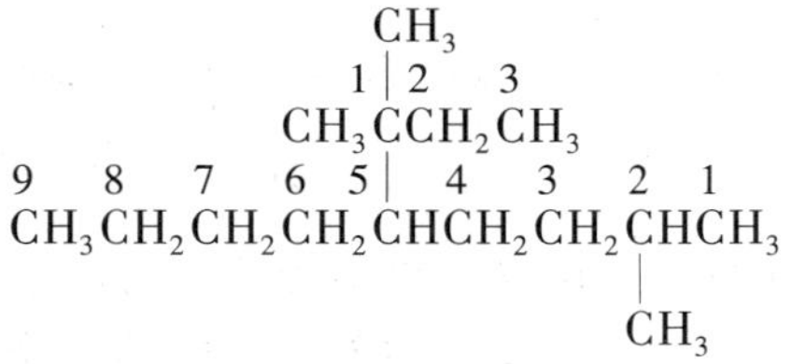

3. 构型的标注

若化合物存在构型异构体，还需要在名称前注明其构型(化合物的构型判断详见2.6环烷烃的命名、3.2烯烃的命名及5.3手性化合物的命名)，即，将化合物的名称表示为：

构型＋取代基＋母体

4. IUPAC 命名法概述

IUPAC 命名法所遵循原则与系统命名法基本相同，不同之处在于：编号及书写名称的过程中，需要比较相互竞争的取代基时，不是按照次序规则比较，而是将取代基英文名称的首字母按照字母表顺序进行比较，在字母表中靠前的取代基优先编号、优先书写。例如化合物2,3,5－三甲基－4－乙基庚烷，甲基 methyl 首字母为 m，乙基 ethyl 首字母为 e，因此其英文名称为：4－ethyl－2,3,5－trimethylheptane。

本书所介绍的系统命名法以1980年颁发的《有机化学命名原则》为依据。中国化学会在2017年颁发了新版《有机化合物命名原则》，其所遵守规则与IUPAC命名法更加趋于统一，不同取代基在编号及书写时产生竞争的情况下，将按照取代基英文名称首字母的字母表顺序进行排序。新规定还将母体化合物表述为：碳原子数＋母体官能团位次＋化合物类别，如己－2－烯。现阶段，新旧两种规定给出的化合物名称都会得到人们的认可。

1.5.2 普通命名法

普通命名法可以用来命名一些结构较简单的有机物。其通常由三部分构成：

构造＋碳原子数＋化合物类别

其中，碳原子数和化合物类别的判断方法同系统命名法。描述“构造”的词有：“正”、“异”、“新”、“仲”、“叔”等。仲、叔的含义详见1.5.1。正、异、新既可以用来描述取代基的构造，也可以用来描述分子的构造。

“正”描述取代基时，表示该取代基是一条直链，无支链。例如 $CH_3CH_2CH_2CH_2$—可命名为正丁基。“正”描述分子时，表示分子是一条直链，无支链。例如 $CH_3CH_2CH_2CH_2CH_3$ 可命名为正戊烷。

“异”描述取代基时，表示该取代基的倒数第二位(与自由价相连的碳原子为1位)有且仅有一个甲基，其余部分为直链。例如 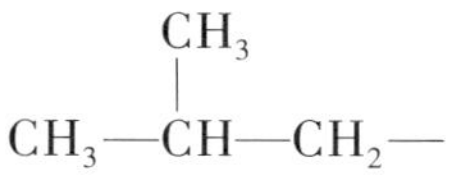 可命名为异丁基。“异”描述分子时，表示分子的第二位有且仅有一个甲基，其余部分为直链。例如 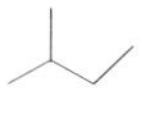 可命名为异戊烷。

“新”描述取代基时，指碳原子数为 5 或 6、在倒数第二位有两个甲基取代基、其余部分为直链的基团。例如 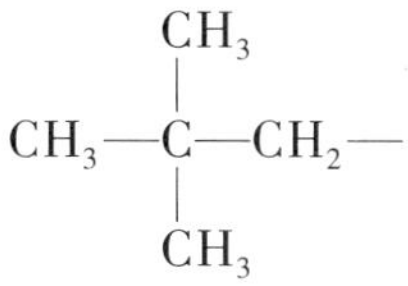 名称为新戊基。当碳原子数小于 5 时，对应的丁基 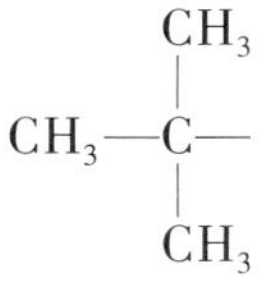 通常称为叔丁基，而不是新丁基。“新”描述分子时，指碳原子数为 5 或 6 的分子在第二位有两个甲基取代基、其余部分为直链。例如 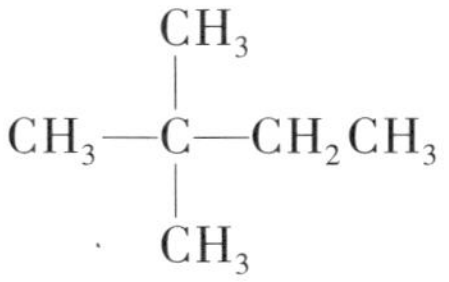 名称为新己烷。

1.5.3 衍生物命名法

烷烃的衍生物命名法以甲烷为母体。一般选连有取代基最多的碳原子作为甲烷的碳原子，其他部分作为甲烷的取代基。命名时，将取代基按照次序规则由小到大的顺序依次排列，最后加“甲烷”作为后缀。例如，

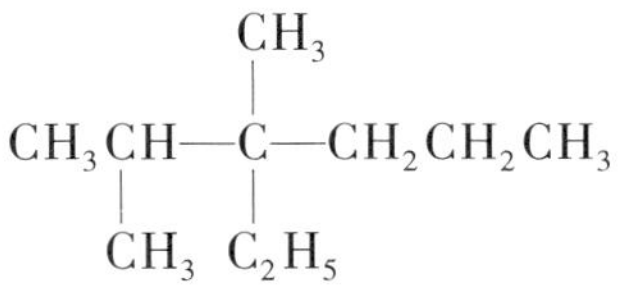

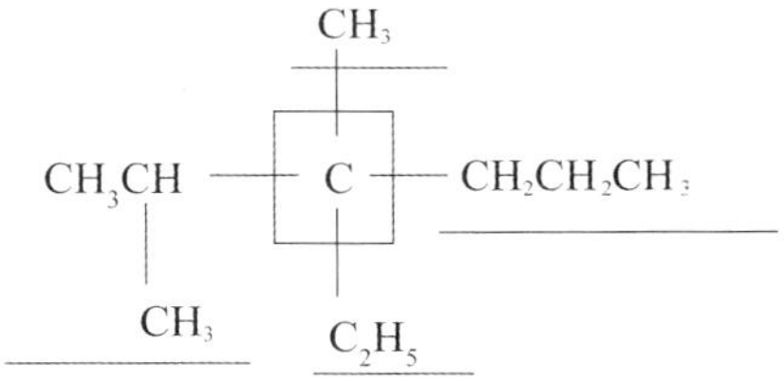

用衍生物命名法命名为：甲基乙基正丙基异丙基甲烷。

可作为母体的除了甲烷外，还可以是乙烯、乙炔、甲苯、均三甲苯等。

1.5.4 俗名

许多有机物的俗名是依据其来源来命名的，例如，从柳树皮中提取出的邻羟基苯甲酸俗名水杨酸，从赤蚁体内提取出的甲酸俗名蚁酸，通过木材干馏获得的甲醇俗名木精。

1.6 危险化学品中的有机物与典型有机反应中的危险因素

1.6.1 危险化学品中的有机物

化学品中那些具有易燃、易爆、有毒、有害及腐蚀性等特性，对人员、设施、环境能造

成伤害或损害的化学品称为危险化学品。《常用危险化学品分类及标志》(GB 13690—92)将危险化学品分为8类。

1. 爆炸品

爆炸品是指在加热、摩擦、撞击等外界作用下能发生剧烈化学反应，瞬时产生大量气体和热量，使周围压力急剧上升从而引发爆炸，并对周围环境造成破坏的物品。很多含硝基的有机化合物都是爆炸品，如苦味酸的起爆温度只有200℃。

爆炸极限是衡量某种物质(特别是气体物质)发生爆炸难易程度的重要参考依据。可燃蒸气、气体或粉尘与空气组成的混合物遇火源即能发生爆炸的最低浓度称为爆炸下限，最高浓度称为爆炸上限。上限与下限统称为爆炸极限，上限与下限之间的浓度范围称为爆炸范围。爆炸范围越宽，爆炸下限越低，爆炸危险性就越大。

通常情况下，可燃物浓度在爆炸范围之外时不会着火或爆炸。但是，浓度在爆炸上限以上的可燃物，若由于渗漏等原因混入了足量的空气，遇火源仍然可以发生爆炸。因此，浓度在爆炸上限以上的可燃物仍然是危险的。

2. 压缩气体和液化气体

压缩气体和液化气体是指压缩、液化或加压溶解的气体，且需要符合下述两种情况中的一种：

1)临界温度低于50℃，或在50℃时，其蒸气压力大于294kPa的压缩或液化气体；

2)温度在21.1℃时，气体的绝对压力大于275kPa；或在54.4℃时，气体的绝对压力大于715kPa的压缩气体；或在37.8℃时，雷德蒸气压大于275kPa的液化气体或加压溶解气体。

还有一种简单的说法，即气体经加压或降低温度而被压入钢瓶中，这种气体称为压缩气体；对压缩气体继续加压，并辅以适当降温，压缩气体就会变成液态，称为液化气体。

甲烷、含甲烷的天然气、乙烷、乙烯等气体在储存和运输的过程中既能以压缩气体的形式存在，也能以液化气体的形式存在。乙炔在一定压力下会分解爆炸，加压后需溶解在适当溶剂中方可储存在钢瓶内，因而乙炔是典型的加压溶解气体。

3. 易燃液体

在一定温度下，液体表面的蒸气和空气形成的混合物与火焰接触时，能发生一闪即灭的瞬间燃烧，这种现象称为闪燃。液体发生闪燃的最低温度叫作闪点。测定闪点的方法有两种：用规定的开口闪点测定器测得的闪点称为开杯闪点(GB/T 267—88)，也称为开口闪点；用规定的闭口闪点测定器测得的闪点称为闭杯闪点(GB/T 261—2008)，也称为闭口闪点。易燃液体是指闭杯闪点等于或低于61℃的液体、液体混合物或含有固体物质的液体，但不包括由于其危险性已列入其他类别的液体。戊烷、乙醚、乙醇、煤油等都属于易燃液体。

在闪点温度，液体蒸发速度较慢，表面积累的蒸气遇火瞬间就能燃烧完全，新蒸发的蒸气来不及补充，因而液体在闪点温度时不能持续燃烧。然而，液体表面蒸气浓度会随温度的上升而增大。能维持液体持续燃烧的温度称为该液体的着火点(又称燃点)。易燃液体的闪点与着火点相差不大，一般相差1~5℃；而可燃液体的闪点与着火点却可能相差几十摄氏度。闪点越低，火灾危险性越大。

易燃液体结构与燃爆危险性的关系通常有如下规律：1)沸点低的液体往往闪点也低，燃爆危险性也就越大。2)同一类有机物中，相对分子质量小的液体蒸发速度快，燃爆危险性也就越大。例如甲醛的燃爆危险性高于乙醛。3)在脂肪族含氧有机物中，醚的燃爆危险性最大，醛酮酯类次之，醇类又次之，酸类较低。4）在芳香族有机物中，苯环上卤素、羟基等取代基越多，燃爆危险性越低。但硝基化合物相反，苯环上硝基越多，燃爆危险性越大。5）液体分子中不饱和键越多，就越易被空气中的氧气氧化，燃爆危险性也就越大。

4. 易燃固体、自燃物品和遇湿易燃物品

易燃固体是指燃点低，对热、摩擦、撞击敏感，易被外部火源点燃，燃烧迅速，并可能散发出有毒烟雾或有毒气体的固体。许多易燃固体有毒，或其燃烧产物有毒，如二硝基苯、二硝基苯酚、二氯苯等。

自燃物品是指自燃点低，在空气中易于发生氧化反应，放出热量并自行燃烧的物品。自燃物品大多具有易被氧化或易分解的特性，氧化或分解产生的热量不断蓄积，积热使温度达到该物质的自燃点时便开始自发着火燃烧。硝化纤维素、硝化甘油等暴露在空气中均易发生自燃。

遇湿易燃物品则指遇水或受潮时发生剧烈化学反应，放出大量的易燃气体和热量的物品，有些不需明火即能燃烧或爆炸。如硼氢类化合物遇湿会剧烈反应，放出 H_2 和大量热量，控制不当便会造成 H_2 燃烧爆炸。

5. 氧化剂和有机过氧化物

氧化剂指处于高氧状态，具有强氧化性，易分解并放出氧和热量的物质。有机过氧化物指分子组成中含有过氧键（—O—O—）的有机物。有机过氧化物本身易燃易爆，极易分解，对热、摩擦、振动极为敏感，比无机氧化剂更具有火灾和爆炸危险。例如，过氧化二苯甲酰遇硫酸能立即发生爆炸。

6. 毒害品和感染性物品

毒害品和感染性物品指进入肌体并累计达到一定的量后，能与体液和组织发生生物化学作用或生物物理学作用，扰乱或破坏肌体的正常生理功能，引起暂时性或持久性病理改变甚至危及生命的物品。人们习惯上把较小剂量就能造成生物体损害的化学物质称为毒物，其余为非毒物。实际上，毒物与非毒物之间并没有绝对的界限，而只是以引起生物体损害的剂量的大小进行相对地区分。

常用半数致死量或半数致死浓度（LD50 或 LC50）来表示物质的毒性，指染毒动物半数死亡的剂量或浓度。半数致死量或半数致死浓度越小，毒性越大。除浓度外，毒物对人体的损害程度还与毒物的剂量、暴露时间、吸收率、温度、毒物进入人体的途径、是否具有累积性、个体的身体状况等多种因素有关。

毒物可通过呼吸道、消化道、皮肤与黏膜进入人体内。生产过程中的职业中毒大部分是由毒物经呼吸道进入人体内而引起的。毒物沸点越低，挥发性越强，其蒸气就越易被吸入肺泡。对于固体毒物，其颗粒越小，分散度越高（特别是悬浮在空气里的固体毒物），越易被吸入肺泡。一旦有毒物质进入肺内，身体对它几乎没有防御能力，因此，气体毒物是最危险的，而呼吸系统则是毒物进入人体的最危险的途径。

个人卫生习惯不好或者发生意外时，毒物可通过消化道进入人体内。通过消化道进入人体的毒物主要在小肠内被人体吸收。

完整的皮肤是一道防毒的屏障，然而，脂溶性好的毒物（例如苯、氯仿等）能穿透皮肤表面的类脂质保护层进入人体；脂溶性好又兼具一定水溶性的毒物（例如苯胺等），在穿透皮肤后，又会进一步被血液吸收而进入血液循环。因此，毒物水溶性或脂溶性越好，毒性就越大。此外，液体、固体、气体毒物均可通过皮肤的伤口进入人体。

毒物的毒性与其化学结构有密切关系。一般而言有以下规律：1）有机物不饱和度越大，毒性越大。例如乙炔毒性大于乙烯。2）同系物中碳原子数越多，毒性越大。例如丁醇毒性大于乙醇。3）卤代烃中，含卤原子数越多，毒性越大。例如四氯化碳毒性大于二氯甲烷。

毒物对人体的危害主要表现在以下几个方面：1）对皮肤、眼睛、呼吸系统产生刺激。例如，甲醛易被鼻咽部湿润的表面所吸收，从而刺激呼吸系统。2）引起皮肤或呼吸系统过敏。例如，偶氮染料会造成皮肤过敏，甲苯会引起职业性哮喘。3）导致窒息。例如，工作场所内有机气体浓度过高会导致空气中氧气量不足，从而导致窒息。4）麻醉和昏迷。例如，乙醇、丙醇、丙酮、丁酮、乙炔、乙醚、异丙醚等均具有一定的麻醉作用。5）致癌。例如，长期接触联苯胺、萘胺可导致膀胱癌，长期接触煤焦油、石油产品可导致皮肤癌，长期接触氯乙烯可导致肝癌，长期接触苯可导致白血病。6）致畸。麻醉性气体、有机溶剂能干扰正常的细胞分裂过程，孕期接触这些化学物质就可能导致胎儿畸形。7）其他危害，如全身中毒等。

在工业防毒技术中，常综合考虑毒害品的存在形态、作用特点、理化性质等多个因素来对其进行分类，一般分为下述 6 类：1）金属、类金属毒物，如汞、砷等；2）刺激性或窒息性气体，如氯气、光气等；3）有机溶剂类毒物，如苯、四氯化碳等；4）苯的氨基、硝基化合物类毒物，如硝基苯、苯胺等；5）农药类毒物，如有机磷、有机氯等；6）高分子化合物类毒物，如树脂类产品等。

7. 放射性物品

放射性物品指放射性比活度大于 7.4×10^4 Bq/kg 的物品。

8. 腐蚀品

腐蚀品指能灼伤人体组织并对金属等物品造成损坏的固体或液体。许多有机酸如氯磺酸等属于腐蚀品。

1.6.2 典型有机反应中危险因素的识别

能量与有害物质是化学反应中危险产生的根源。概括来说，化学反应中的危险因素可大致分为火灾危险因素、爆炸危险因素、毒性危险因素、环境污染危险因素等。

以反应的放热剧烈程度为例，加氢、磺化、异构化等反应属于轻微放热反应，烷基化、酯化、加成、聚合、缩合以及一般程度的氧化反应等属于中等放热反应，卤化、使用强氧化剂的氧化反应等属于剧烈放热反应，硝化反应则属于特别剧烈放热反应。其中，对于剧烈放热反应和特别剧烈放热反应，一旦反应失控，就会有严重火灾、爆炸危险。

在化工生产过程中，与有机反应相关的典型单元过程有氧化、还原、硝化、磺化、氯化、裂化、重氮化、烷基化、聚合、催化等。石油化工生产过程的催化裂化、催化氧化、加氢裂化等也都涉及有机反应。对化工生产及石油化工工艺过程中危险因素的识别，可以优先考虑从以下几种工艺过程中进行辨识：

存在不稳定物质的工艺过程（如原料、添加物、中间产物、副产物或杂质等不稳定）；

含有易燃物料，且在高温高压下运行的工艺过程；

含有易燃物料，且在冷冻状态下运行的工艺过程；

在爆炸极限范围内或接近爆炸极限运行的工艺过程；

可能形成爆炸性混合物的工艺过程；

有剧毒、高毒物料存在的工艺过程；

能使危险物的良好防护状态遭到破坏或损害的工艺过程；
在危险品生产或使用过程中，存在强烈机械作用的工艺过程(如摩擦、冲击、压缩等)；
物质混合容易产生危险的工艺或有使危险物出现配伍禁忌可能性的工艺等。

1.6.3 工业生产中化学品危害预防与控制的一般措施

在工业生产中，常采取以下措施来预防与控制化学品危害：1)选择燃爆性或毒害性相对较低的化学品来代替已有的易燃易爆或有毒有害的化学品。例如，用乙酸乙酯作为溶剂来代替涂料中的苯。2)变更工艺流程。例如，将乙醛的制备工艺由乙炔水合制备变更为乙烯氧化制备，这样就不必再使用汞催化剂，消除了汞害。3)通过设置保护屏障、佩戴防护用品等措施，将作业人员与有害环境隔离开来。4)设置有效的通风设施，以确保作业场所空气中有害物质的浓度低于安全浓度。5)作业人员需严格按照规定与要求进行操作，规范操作，并注意个人卫生。6)生产部门需严格遵守国家法律和标准，对危险化学品、危险工艺流程、作业场所以及作业人员进行规范化管理。

【阅读材料】

阅读材料1：《首批重点监管的危险化学品名录(有机物部分)》

序号	化学品名称	别名	CAS号
1	苯(含粗苯)		71－43－2
2	苯胺		62－53－3
3	苯酚	石炭酸	108－95－2
4	苯乙烯		100－42－5
5	丙酮氰醇	2－甲基－2－羟基丙腈	75－86－5
6	1－丙烯、丙烯		115－07－1
7	丙烯腈	氰基乙烯、乙烯基氰	107－13－1
8	丙烯醛、2－丙烯醛		107－02－8
9	丙烯酸		79－10－7
10	1，3－丁二烯		106－99－0
11	二甲胺		124－40－3
12	过氧乙酸	过乙酸、过醋酸	79－21－0
13	环氧丙烷		75－56－9
14	环氧氯丙烷	3－氯－1，2－环氧丙烷	106－89－8
15	环氧乙烷	氧化乙烯	75－21－8
16	甲苯	甲基苯、苯基甲烷	108－88－3
17	甲苯二异氰酸酯	TDI	584－84－9
18	甲醇	木醇、木精	67－56－1
19	甲基肼		60－34－4
20	甲基叔丁基醚		1634－04－4
21	甲醚		115－10－6

续表

序号	化学品名称	别名	CAS 号
22	甲烷、天然气		74－82－8(甲烷)
23	六氯环戊二烯		77－47－4
24	硫酸二甲酯		77－78－1
25	氯苯		108－90－7
26	氯甲基甲醚		107－30－2
27	氯甲酸三氯甲酯	双光气	503－38－8
28	氯乙烯		75－01－4
29	汽油(含甲醇汽油、乙醇汽油)、石脑油		8006－61－9(汽油)
30	三氟化硼		7637－07－2
31	三氯甲烷	氯仿	67－66－3
32	碳酰氯	光气	75－44－5
33	烯丙胺	3－氨基丙烯	107－11－9
34	硝基苯		98－95－3
35	液化石油气		68476－85－7
36	一甲胺		74－89－5
37	一氯甲烷		74－87－3
38	乙醛		75－07－0
39	乙炔	电石气	74－86－2
40	乙酸乙烯酯		108－05－4
41	乙酸乙酯		141－78－6
42	乙烷		74－84－0
43	乙烯		74－85－1
44	异氰酸甲酯	甲基异氰酸酯	624－83－9
45	原油		

注：表格摘自中央政府门户网站，原文链接

http：//www. gov. cn/zwgk/2011－06/22/content_ 1890458. htm。

阅读材料 2：《第二批重点监管的危险化学品名录(有机物部分)》

序号	化学品名称	CAS 号
1	*N*，*N*′－二亚硝基五亚甲基四胺	101－25－7
2	过氧化甲乙酮	1338－23－4
3	过氧化(二)苯甲酰	94－36－0
4	过氧化苯甲酸叔丁酯	614－45－9
5	2,2′－偶氮－二－(2,4－二甲基戊腈) (即偶氮二异庚腈)	4419－11－8
6	2,2′－偶氮二异丁腈	78－67－1

续表

序号	化学品名称	CAS 号
7	硝化甘油	55－63－0
8	硝化纤维素	9004－70－0
9	硝基胍	556－88－7
10	硝酸胍	506－93－4
11	乙醚	60－29－7

注：表格来源于安全监管总局网站，原文链接

http：//www. chinasafety. gov. cn/newpage/Contents/Channel_ 6288/2013/0217/197358/content_ 197358. htm。

【习题】

一、下列有机物中哪些互为同分异构体？

（1）$CH_3CH{=}CHCH_2OH$　　（2）$CH_3OCH_2\overset{\overset{O}{\|}}{C}CH_3$　　（3）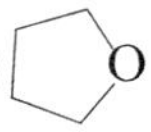

（4）$CH_3\underset{}{\overset{\overset{CH_3}{|}}{C}}HCHO$　　（5）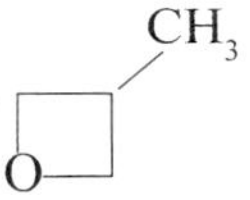　　（6）$CH_3CH{=}CHOCH_3$

二、将下列化合物由键线式改写成结构简式。

（1）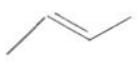　　（2）　　（3）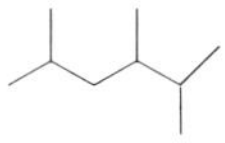

（4）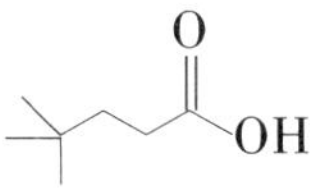　　（5）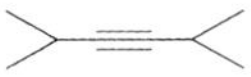

三、分别指出下述分子中的伯碳、仲碳、叔碳和季碳。

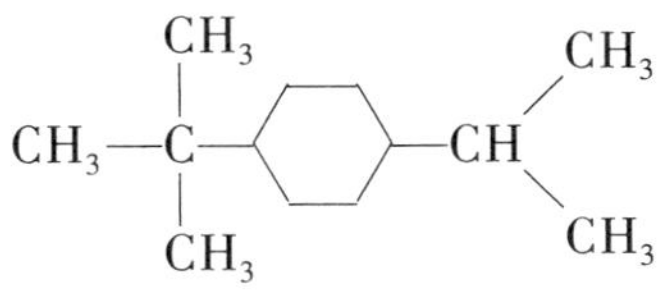

四、将下列基团按次序规则由小到大排列。

$—CH_2CH_3$，$—CH_2OH$，$—CH_2NH_2$，$—CH_2CH_2CH_3$，$—COOH$，$—CH_2Cl$，$—CBr_3$，$—OCH_3$，$—CH_2D$。

五、用系统命名法命名下列化合物。

（1）$CH_3CH_2CH(CH_3)CH_2CH_2C(CH_3)(CH_2CH_3)CH_2CH_3$　　（2）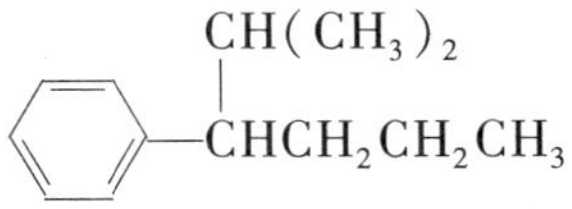

(3) 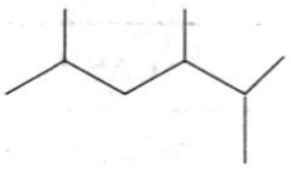

(4) 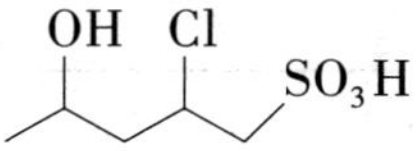

(5) 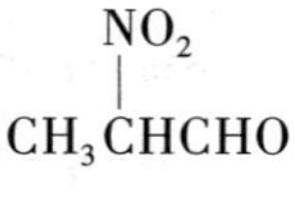

(6) 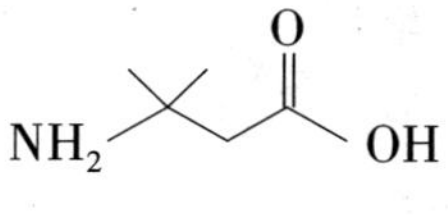

第 2 章　饱和烃

烃(hydrocarbon)是指只含有碳氢两种元素的有机物，又称碳氢化合物。依据分子中是否含有碳碳重键(双键或三键)，烃可分为饱和烃与不饱和烃。饱和烃指碳原子之间仅以单键相连的化合物，例如烷烃、环烷烃。不饱和烃则指含有碳碳重键的烃，例如含有碳碳双键的烯烃、含有碳碳三键的炔烃。依据分子中碳链为开链还是环状以及环状结构是否具有芳香性，烃又可分为脂肪烃(开链，例如烷烃、烯烃)、脂环烃(环状但无芳香性，例如环烷烃、环烯烃)和芳香烃(环状且有芳香性，例如苯)。烃的上述两种分类方式之间是有交叉的，比如，饱和烃可分为开链的烷烃和环状的环烷烃。

Ⅰ　烷烃

烷烃(alkane)指碳原子之间以单键相互连接成开链状结构，碳原子其他价键均与氢原子相连的化合物。

2.1　烷烃的命名

烷烃可看作没有母体官能团，只有主链，化合物类别为烷。按照系统命名法命名烷烃时，依次按照找主链、编号、书写名称三个步骤来进行。以下图烷烃为例，该烷烃最长的碳链有两条：直线型的 A 链和“C”型的 B 链，都含有 7 个碳原子。然而，A 链含有 4 条支链，B 链仅含有 3 条支链，因而该烷烃的主链应选择支链数较多的 A 链，称为“庚烷”。

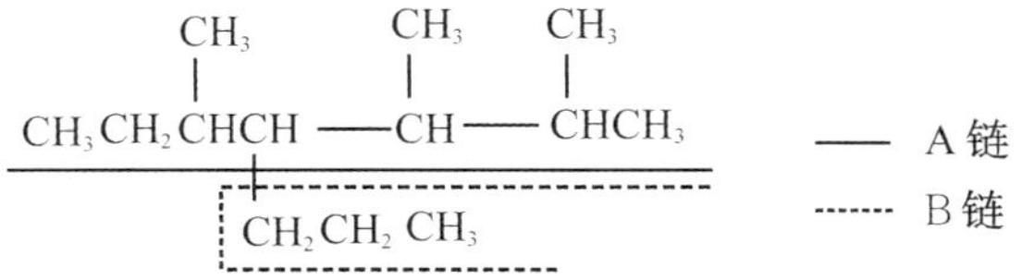

编号时，应从 A 链的右端(即更靠近支链的一端)开始编号，使第一条支链位次最低。因此，4 条支链的位次依次为 2，3，4，5。

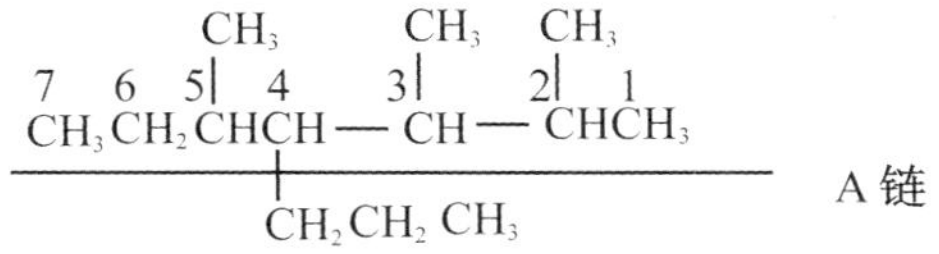

按照“小取代基位次 - 小取代基个数与名称 - 大取代基位次 - 大取代基个数与名称 - 母体名称”的顺序，并结合次序规则，书写上述烷烃的名称：2，3，5 - 三甲基 -4 - 正丙基庚烷。其中，“正”字可以省略。

2.2　烷烃的结构

2.2.1　通式、同系物与同分异构体

甲烷分子式为 CH_4，乙烷分子式为 C_2H_6，丙烷分子式为 C_3H_8，丁烷分子式为 C_4H_{10}……以此类推，碳原子数为 n 的烷烃，分子式为 C_nH_{2n+2}，这也是烷烃的通式。对比不同烷烃的分子式可发现，任意两个烷烃的分子式之间相差 1 个或多个 CH_2。像这种通式相同，组成上相差一个或多个 CH_2 的化合物称为同系列。同系列中的各化合物互为同系物。同系物化学性质相似，物理性质呈规律性变化。我们可以通过学习同系物中代表性化合物的结构与性质，然后用举一反三的方法来预测和学习同系物中其他化合物的结构与性质。

同分异构体(isomer)是指若干个分子式相同，结构不同的化合物。按照分子中原子的连接次序，可以把同分异构体分为构造异构体和立体异构体。互为构造异构体的化合物，分子中原子的连接次序不同；互为立体异构体的化合物，原子的连接次序相同而空间排列方式不同。例如，图 2－1 中分子Ⅰ的 A、B 两原子之间间隔 3(或 4)个碳原子，分子Ⅱ的 A、B 两原子仅间隔 1 个碳原子，原子连接次序不同，因而分子Ⅰ与分子Ⅱ互为构造异构体。分子Ⅲ中 A、B 两原子之间间隔的碳原子数与分子Ⅰ相同，而且分子Ⅲ中所有原子的连接次序均与分子Ⅰ相同。然而，分子Ⅰ中 A、B 两原子分别位于五元环的两侧，分子Ⅲ中 A、B 两原子却位于五元环的同一侧，分子Ⅰ中 A、B 两原子在空间的距离要大于分子Ⅲ，原子空间排列方式不同，因而分子Ⅰ与分子Ⅲ互为立体异构体。

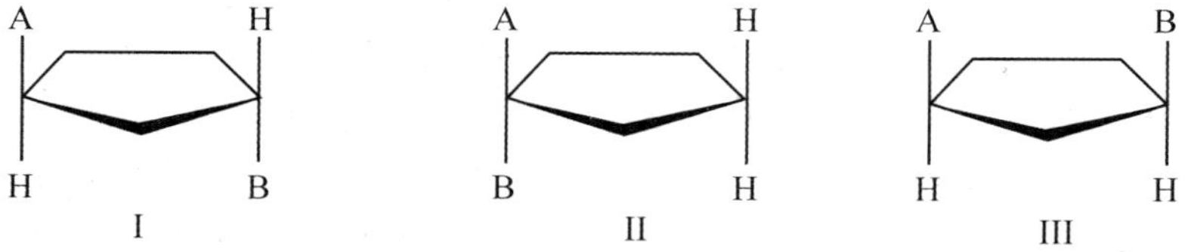

图 2－1　构造异构与立体异构

构造异构体可分为碳架异构体、位置异构体、官能团异构体等，举例见表 2－1。其中，互为碳架异构体的化合物其碳骨架不同，例如正戊烷与异戊烷。互为位置异构体的化合物其官能团或取代基在碳骨架上的位置不同，例如 2－甲基戊烷与 3－甲基戊烷。互为官能团异构体的化合物其特征官能团不同，例如 2－戊烯与环戊烷。

表 2－1　构造异构体举例

构造异构体	分子式	举例化合物 1	举例化合物 2
碳架异构体	C_5H_{12}	$CH_3CH_2CH_2CH_2CH_3$ 正戊烷	CH_3 | $CH_3CHCH_2CH_3$ 异戊烷
位置异构体	C_6H_{14}	CH_3 | $CH_3CHCH_2CH_2CH_3$ 2－甲基戊烷	CH_3 | $CH_3CH_2CHCH_2CH_3$ 3－甲基戊烷
官能团异构体	C_5H_{10}	$CH_3CH{=}CHCH_2CH_3$ 2－戊烯	 环戊烷

同分异构体，特别是构造异构体，往往物理性质与化学性质均不相同。烷烃的构造异构体的数目随碳原子数的增加迅速增加，如表 2－2 所示。

表 2－2　烷烃构造异构体数目

碳原子数	异构体数	碳原子数	异构体数
1～3	1	8	18
4	2	9	35
5	3	10	75
6	5	15	4,347
7	9	20	366,319

2.2.2　烷烃的杂化与成键方式

1. 碳原子轨道的 sp^3 杂化

实验证明，甲烷 CH_4 分子为正四面体结构，碳原子位于正四面体中心，四个氢原子分别位于正四面体四个顶点上，任意两个 C—H 键之间的夹角相等，为 109.5°。然而，碳原子基态时最外层电子的分布为：$2s^2 2p_x^1 2p_y^1 2p_z^0$。它是如何形成四面体结构的呢？

首先，碳原子 2s 轨道上的一个电子能够吸收能量而被激发到 $2p_z$ 轨道上，形成 $2s^1 2p_x^1 2p_y^1 2p_z^1$ 的电子分布状态，从而使碳原子可以形成四根共价单键。此外，甲烷分子中四个完全相同的 C—H 键暗示了碳原子 4 个价电子所在的轨道是完全等价的。为了解释这种等价现象，Pauling(鲍林)等人提出了杂化轨道理论。杂化轨道理论认为，原子轨道可以混杂后平均分配成等数量的、完全等价的新轨道，这种混杂后平均分配的过程就称为轨道杂化，所成新轨道称为杂化轨道。杂化轨道的能量介于杂化前各轨道之间；其形状也发生了较大变化，变得一头大一头小，成键时以大头与其他轨道重叠，因此轨道重叠程度大大增强，所成化学键更加牢固。

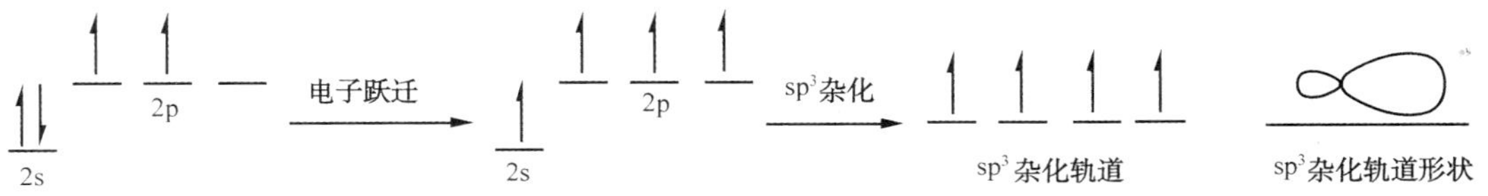

图 2－2　碳原子的 sp^3 杂化及 sp^3 杂化轨道

依据杂化轨道理论，甲烷中的碳原子可采取 sp^3 杂化方式，即最外层的 1 个 2s 轨道与 3 个 2p 轨道杂化为 4 个完全等价的 sp^3 杂化轨道，每个 sp^3 杂化轨道含有 1/4 的 s 轨道成分和 3/4 的 p 轨道成分。sp^3 杂化轨道与氢原子成键，可形成 4 个完全相同的 C—H 键。4 个完全相同的 sp^3 杂化轨道以两两之间 109.5°的夹角分布时，即分别位于由正四面体中心指向四个顶点的位置时，才能在空间上彼此相距最远，使彼此之间的斥力最小，因此甲烷分子为正四面体构型，且键角∠H—C—H 为 109.5°。烷烃中的碳原子均采取 sp^3 杂化的方式。

2. 烷烃中的成键方式

在有机物中，杂化轨道所成共价键都是 σ 键。形成甲烷分子时，4 个氢原子以各自的 1s 轨道分别与碳原子的 4 个 sp^3 杂化轨道头对头重叠，形成 4 个 C—Hσ 键。烷烃中所有的 C—H 键和 C—C 键均为 σ 键，成键原子可沿键轴任意旋转。

2.2.3 烷烃的结构特征与稳定构象

1. 烷烃的结构特征

碳原子 sp^3 杂化轨道的四面体构型，使得含三个及三个以上碳原子的烷烃分子呈锯齿状结构。例如，正丁烷的空间结构如图 2－3 所示。分子的立体模型常用球棍模型或者比例模型来表示。球棍模型又称 Kekulé(凯库勒)模型，是以球表示原子、以棍表示化学键的模型。比例模型又称 Stuart(斯陶特)模型，是以分子中原子的实际大小为基础按比例放大，同时保持分子实际键角的模型。

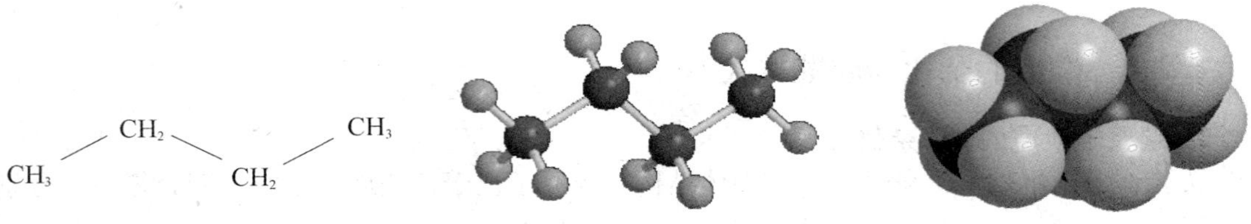

(a)　　(b)　　(c)

图 2－3　正丁烷的分子结构

(a)正丁烷的锯齿状结构；(b)正丁烷的球棍模型；(c)正丁烷的比例模型

2. 烷烃的稳定构象

分子的构象(conformation)是指由于分子的某一部分围绕 σ 键旋转而产生的分子中原子或基团在空间的不同排列方式。最稳定的构象与最不稳定的构象统称极限构象。

(1)乙烷的极限构象。

乙烷的两个甲基可以围绕 C—C 键自由旋转，从而产生无数个构象。如图 2－4 所示，若沿着 C—C 键的方向看，当两个甲基上的氢原子前后两两相互重叠时，这些氢原子彼此距离最近，斥力也最大，这种构象最不稳定，我们称之为重叠式构象。当其中一个甲基的氢原子处于另一个甲基的两个氢原子正中间的位置，这时这些氢原子彼此距离最远，斥力最小，这种构象最稳定，我们称之为交叉式构象。

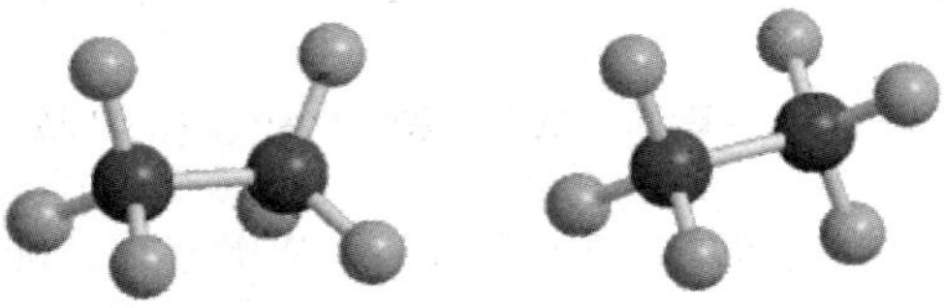

叠式(eclipsed)构象　　交叉式(staggered)构象

图 2－4　乙烷的极限构象(球棍模型)

重叠式构象与交叉式构象都是乙烷的极限构象，二者之间的能量差为 12.6kJ/mol；乙烷其他构象间的能量差要更小些。室温下分子间碰撞可以产生 83.8kJ/mol 的能量，足以实现乙烷各种构象间的转化，因此，室温下的乙烷气体是各种构象异构体的动态平衡混合体系，而交叉式构象所占的比例最大。

构象常见的表示方法有两种：锯架式和 Newman(纽曼)投影式。锯架式是透视式的一种，其从斜侧面来观察分子的构象。例如，乙烷分子的锯架式如图 2－5 所示。Newman 投影式沿 C—C 键轴来观察分子的构象，为分子在平面上的投影图像。Newman 投影式中，距离观察者较远的碳原子用圆圈来表示，距离观察者较近的碳原子用位于圆圈圆心处的点来表示。在圆圈与圆心上分别连有三根 C—Hσ 键。从投影的角度看，同一个碳原子上的 C—H 键键角互为 120°。

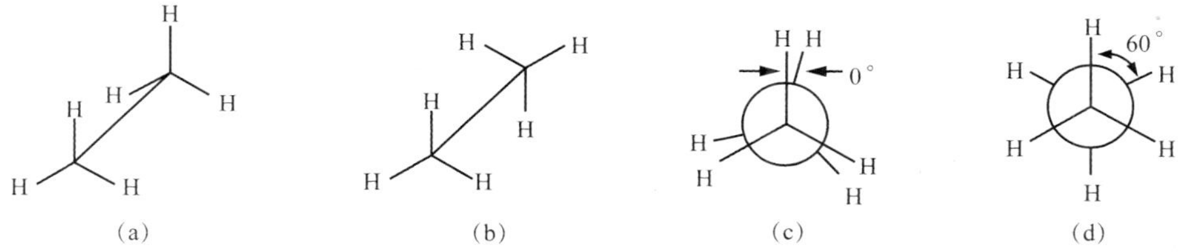

图 2－5　乙烷分子的极限构象（锯架式与 Newman 投影式）

（a）锯架式表示的重叠式构象；（b）锯架式表示的交叉式构象；

（c）Newman 投影式表示的重叠式构象；（d）Newman 投影式表示的交叉式构象

用 Newman 投影式表示的乙烷不同构象的能量曲线图如图 2－6 所示。

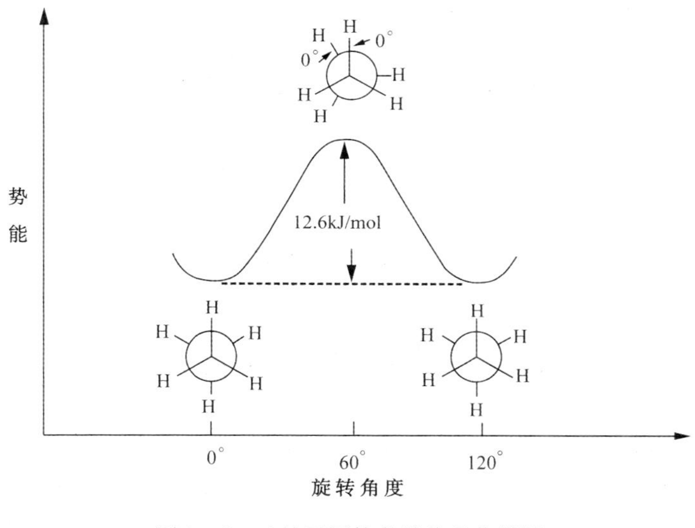

图 2－6　乙烷不同构象的能量曲线图

（2）正丁烷的极限构象。

若将正丁烷沿第二个碳原子（C_2）和第三个碳原子（C_3）之间的 σ 键键轴旋转，会产生图 2－7 所示的四种典型构象：对位交叉式、邻位交叉式、部分重叠式、全重叠式。其中，C_1 甲基与 C_4 甲基位于对位的对位交叉式最稳定，因为此时 C_1 甲基与 C_4 甲基距离最远，斥力最小。C_1 甲基与 C_4 甲基位于邻位的邻位交叉式稳定性比对位交叉式差些，但要比重叠式稳定。而在两种重叠式构象中，甲基与氢原子位于重叠位置的部分重叠式又要比两甲基位于重叠位置的全重叠式稳定。

正丁烷不同构象的能量曲线图如图 2－8 所示。

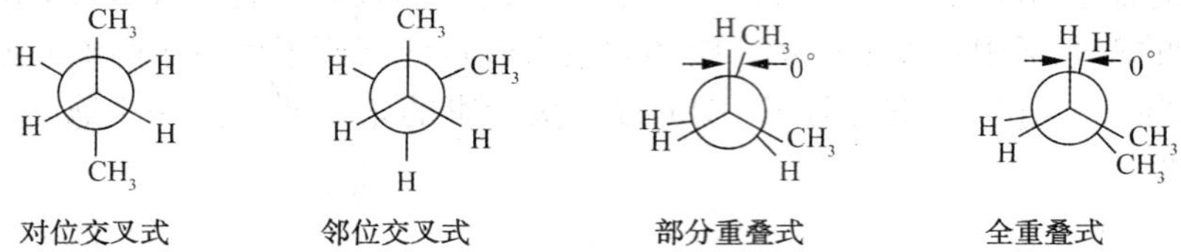

图 2－7　正丁烷分子的典型构象

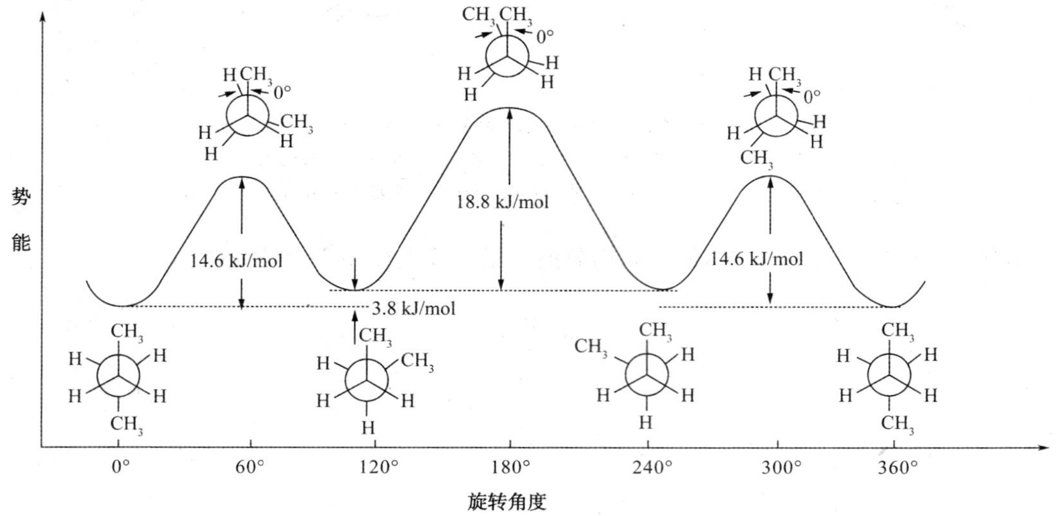

图 2－8　正丁烷不同构象的能量曲线图

2.3　烷烃的物理性质

有机化合物的物理性质通常包括其物理状态、熔点、沸点、相对密度、溶解度、折射率等。通过对熔点、沸点、折射率等物理常数的测量，可以鉴定有机物并判断其纯度。在同系列中，物理常数常常随相对分子质量的增加而呈规律性变化。

常温常压下，1～4 个碳原子的直链烷烃为气态，5～16 个碳原子的直链烷烃为液态，17 个碳原子及以上的直链烷烃为固态。

2.3.1　沸点

影响沸点的主要因素是分子间作用力。分子间作用力越大，液态分子变为气态分子就需要更多的能量，相应地沸点就越高。

同系物的沸点往往随碳原子数的增加而升高。烷烃分子多为非极性或弱极性分子，分子间作用力主要为范德华力(Van der Waals forces)。通常情况下，随着烷烃碳原子数的增加，相对分子质量增大，范德华力随之增大，表现为沸点升高。例如，正丁烷的沸点为－0.5℃，正己烷的沸点为 68.7℃。在烷烃同系列中，每增加一个 CH_2，沸点通常升高 20～30℃。见表 2－3。

表 2-3　常见正构烷烃的物理常数表

名称	分子式	沸点/℃	熔点/℃	相对密度(d_4^{20})
甲烷	CH_4	-161.7	-182.6	
乙烷	C_2H_6	-88.6	-172.0	
丙烷	C_3H_8	-42.2	-187.1	0.5005
丁烷	C_4H_{10}	-0.5	-135.0	0.5788
戊烷	C_5H_{12}	36.1	-129.3	0.6264
己烷	C_6H_{14}	68.7	-94.0	0.6594
庚烷	C_7H_{16}	98.4	-90.5	0.6837
辛烷	C_8H_{18}	125.6	-56.8	0.7028
壬烷	C_9H_{20}	150.7	-53.7	0.7179
癸烷	$C_{10}H_{22}$	174.0	-29.7	0.7298
十一烷	$C_{11}H_{24}$	195.8	-25.6	0.7404
十二烷	$C_{12}H_{26}$	216.3	-9.6	0.7493

碳原子数相同时，含支链多的烷烃沸点低。这是因为，与直链烷烃相比，支链烷烃分子更接近球形，分子间的接触面积小，分子间作用力弱，因而沸点较低。例如，正戊烷沸点为36.1℃，异戊烷沸点为28℃，新戊烷沸点为9.5℃。

2.3.2　熔点

影响熔点的主要因素是分子间作用力以及分子在晶格中的排列情况。

直链烷烃的熔点也随着碳原子数的增加而升高。这也是由于分子间作用力随着烷烃碳原子数的增加而增加，导致熔点升高。烷烃的熔点还随着分子对称性的增加而升高。这是由于对称性高的分子在晶格中排列更整齐、紧密，分子间吸引力更大。含有偶数碳原子的直链烷烃的对称性优于含有奇数碳原子的直链烷烃，因而前者熔点高于后者。

2.3.3　相对密度

烷烃的相对密度以4℃的水($d_{水} = 1g/cm^3$)作为比较标准计算而得。烷烃是密度最小的有机物，相对密度小于水，但会随相对分子质量增加而增大。

2.3.4　溶解度

物质溶解度的大小同样与分子间作用力的大小有关。当溶质分子与溶剂分子间的作用力大于原溶质分子间的作用力时，溶质就能很好地溶解在溶剂中。在有机物的溶解性能方面有一个经验规律，称为“相似相溶”原理，即极性大的物质易溶于极性大的溶剂，极性小的物质易溶于极性小的溶剂。

溶剂可分为质子溶剂、极性非质子溶剂和非(或弱)极性溶剂。其中，水、醇、酸等分子内含有活泼氢质子的溶剂为质子溶剂，丙酮、乙腈等分子内不含活泼氢质子但含有极性基团的溶剂为极性非质子溶剂，烃类、醚类、卤代烃类等则属于非(或弱)极性溶剂。

依据“相似相溶”原理，非极性或弱极性的烷烃难溶于水等极性溶剂，易溶于非(或弱)极性有机溶剂。

2.4 烷烃的危险性

低级烷烃最常见、最普遍的危险性当属其易燃烧、易爆炸的特性。气态烷烃爆炸极限宽，爆炸下限低。例如，甲烷的爆炸极限为5.0% ~15.0%（体积分数）。液态烷烃挥发性高，闪点低，自燃点或引燃温度低。例如，正己烷闭杯闪点为 -22℃。绝大多数固态烷烃也是可燃的物质。

除了易燃烧爆炸的特性外，许多烷烃还具有一定的毒性。有些烷烃可对中枢神经造成抑制，具有麻醉作用，例如乙烷。有些烷烃对眼睛和皮肤具有一定的刺激性，甚至造成皮肤过敏，例如正十八烷。有些烷烃还会干扰细胞的正常分裂过程，导致胎儿畸形，例如正己烷。

此外，烷烃对环境造成的危害也是多种多样的，如破坏臭氧层、造成温室效应、形成光化学烟雾等。

2.5 烷烃的化学性质

烷烃的化学性质较稳定，常温下与强酸碱、氧化剂、还原剂一般都不反应，常被用来作反应的溶剂。但烷烃并不是绝对惰性的，烷烃中的化学键，即C—C键与C—H键，极性较弱，在高温或光照的条件下易发生均裂，原成键原子各带走一个电子而成为自由基中间体，发生自由基型反应。

2.5.1 取代反应与自由基

1. 取代反应

分子中的某原子被其他原子或基团取代的反应称为取代反应（substitution）。分子中的氢原子被卤素取代的反应，称为卤代反应（halogenation），又称卤化反应。烷烃与卤素在加热、光照（$h\nu$）或自由基引发剂作用下发生卤代反应，生成卤代烷和卤化氢，该反应可用下述通式表示。

$$R—H + X_2 \xrightarrow{\text{加热或光照}} R—X + HX$$

卤素进行卤代反应的活性顺序为：$F_2 > Cl_2 > Br_2 > I_2$。由于氟过于活泼，氟代反应是高度放热反应，难以控制，甚至有可能导致爆炸，不宜采用烷烃直接氟代的方法来制备氟代烷。而碘单质活性太差以致于在室温下与烷烃几乎不发生反应。常用的卤代反应主要是指氯代和溴代。还需注意的是，烷烃在光照下氯代时需采用漫射光，强光照射有可能会因反应过于剧烈而引起爆炸。

烷烃的卤代反应选择性较差，产物常为多种卤代烷的混合物。例如，甲烷与氯气的反应很难停留在一氯代阶段，生成的一氯甲烷会继续发生氯代反应生成二氯甲烷、三氯甲烷和四氯化碳。在工业上，若要使一氯甲烷为主要产物，可在400 ~450℃的反应温度下控制甲烷与氯气的投料比为10∶1；若要使四氯化碳为主要产物，可在相同反应温度下控制甲烷与氯气的投料比为0.263∶1。但制备二氯甲烷和三氯甲烷的条件不易控制。

$$CH_4 + Cl_2 \xrightarrow{\text{加热或光照}} CH_3Cl + CH_2Cl_2 + CHCl_3 + CCl_4$$

烷烃中不同种类的氢原子发生卤代反应的速度不同。实验表明，烷烃中氢原子卤代反应速度由快到慢有：叔氢 > 仲氢 > 伯氢 > 甲烷的氢。例如

$$CH_3CH_2CH_3 + Br_2 \xrightarrow[125℃]{光照} \underset{97\%}{CH_3\overset{Br}{\overset{|}{C}}HCH_3} + \underset{3\%}{CH_3CH_2CH_2Br}$$

2. 自由基反应与自由基

反应机理指反应物转化为产物所经历的途径，也称反应历程。反应机理是依据反应结果及反应现象，结合化合物结构等知识，对反应过程作出的理论推测。研究反应机理可以了解反应的内在规律，找出影响反应的因素，并通过调控影响因素使预期反应产物产率增加、副反应产物减少。还可以借助反应机理来预测反应产物，设计新反应。

由于在卤代反应过程中生成了带有单电子的自由基(free radical)，因而卤代反应机理为自由基取代反应。以甲烷氯代为例，反应过程如图 2－9 所示。

自由基反应可分为链引发、链增长和链终止三个阶段。链引发阶段为最早产生自由基的阶段，由反应物中最易均裂的化学键断裂来生成相应的自由基。在本反应中由 Cl—Cl 键均裂来产生引发反应的氯自由基，也可以通过添加自由基引发剂来产生自由基。在链增长阶段，自由基不断地与分子发生反应产生大量新的自由基，本过程产生了甲基自由基、氯甲基自由基等多种自由基。反应的主要中间体(甚至主要产物)将在链增长阶段生成。在链终止阶段，自由基之间相互结合生成不带单电子的分子，使自由基消耗殆尽，最终使反应停止。

链引发　$Cl_2 \xrightarrow{加热或光照} 2Cl\cdot$

链增长　$CH_4 + Cl\cdot \longrightarrow HCl + \cdot CH_3$

$\cdot CH_3 + Cl_2 \longrightarrow CH_3Cl + Cl\cdot$

$CH_3Cl + Cl\cdot \longrightarrow HCl + \cdot CH_2Cl$

$\cdot CH_2Cl + Cl_2 \longrightarrow CH_2Cl_2 + Cl\cdot$

$CH_2Cl_2 + Cl\cdot \longrightarrow HCl + \cdot CHCl_2$

$\cdot CHCl_2 + Cl_2 \longrightarrow CHCl_3 + Cl\cdot$

$CHCl_3 + Cl\cdot \longrightarrow HCl + \cdot CCl_3$

$\cdot CCl_3 + Cl_2 \longrightarrow CCl_4 + Cl\cdot$

链终止　$Cl\cdot + Cl\cdot \longrightarrow Cl_2$

$\cdot CH_3 + \cdot CH_3 \longrightarrow CH_3CH_3$

$\cdot CH_3 + Cl\cdot \longrightarrow CH_3Cl$

(其他反应方程式略)

图 2－9　甲烷氯代反应的机理

单电子位于碳原子上的自由基称为碳自由基，其常见结构如图 2－10 所示。在碳自由基中，碳原子采取 sp^2 杂化方式(详见第 3 章第 Ⅰ 节 3.1.1)，所连三个取代基位于同一平面上，单电子所在轨道垂直于该平面。书写时，在带单电子的碳原子附近画一个圆点来表示单电子。

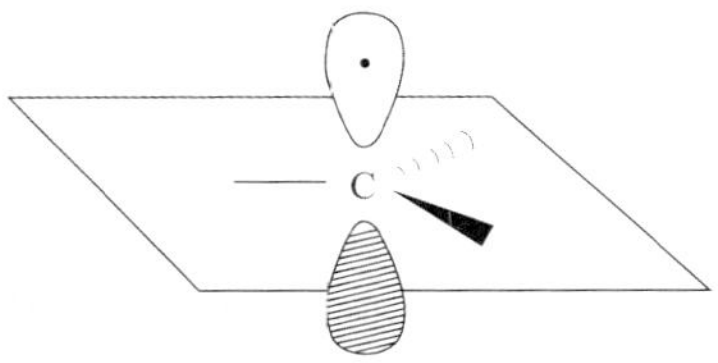

图 2－10　碳自由基常见结构

在有机化学反应中，若某反应能生成多种稳定性不同的中间体，那么反应会优先沿着生成稳定性最高的中间体的方向进行。碳自由基的稳定性顺序由高到低有：叔碳自由基 > 仲碳自由基 > 伯碳自由基 > 甲基自由基。这也就解释了叔氢卤代反应活性高于仲氢和伯氢的实验结果。

2.5.2　氧化、裂解及异构化反应

烷烃的氧化(oxidation)、裂解(pyrolysis)及异构化反应(isomerization)均为自由基反应。

1. 氧化反应

烷烃的常见用途之一是用作燃料。在足够的温度和空气中，烷烃充分燃烧可生成二氧化

碳和水。

$$C_nH_{2n+2} + O_2 \xrightarrow{\text{燃烧}} CO_2 + H_2O$$

在催化剂存在下，烷烃可发生部分氧化，被氧化为醇、醛、酮、羧酸等。由于原料便宜，这类反应在工业上具有一定的应用。例如，用来制造肥皂的高级脂肪酸常通过高级烷烃的氧化来生产。

2. 裂解反应

烷烃在无氧条件下的热分解反应称为裂解反应，又称热解反应。烷烃的裂解反应既涉及C—C 键的断裂，又涉及 C—H 键的断裂，产物既有相对分子质量减小的烷烃，也有烯烃、氢气等。例如，丙烷的裂解可用来生产乙烯和丙烯。

$$CH_3CH_2CH_3 \xrightarrow{460℃} \begin{cases} CH_2=CH_2 + CH_4 \\ CH_3CH=CH_2 + H_2 \end{cases}$$

裂解反应在石油化工行业非常重要，是制备轻质油和低级烯烃的基本反应。

3. 异构化反应

化合物从一种异构体转变为另一种异构体的反应称为异构化反应。异构化反应可将直链或支链少的烷烃变为支链多的烷烃。例如：

$$CH_3CH_2CH_2CH_3 \xrightarrow[\substack{90\sim95℃, \\ 1\sim2MPa}]{AlCl_3,\ HCl} \begin{array}{c} CH_3CHCH_3 \\ | \\ CH_3 \end{array}$$

异构化反应可以改善油品的辛烷值，提高油品质量。但反应使用的催化剂 $AlCl_3$ 和 HCl 都具有强腐蚀性，存在安全隐患。

Ⅱ　环烷烃

分子中含有环状结构的烷烃称为环烷烃(cycloalkane)。根据分子中碳环的个数，环烷烃可分为单环烃和多环烃。单环烃按成环碳原子数可分为小环(环上 3 ~ 4 个碳原子)、普通环(环上 5 ~ 7 个碳原子)、中环(环上 8 ~ 11 个碳原子)以及大环(环上 12 个及以上碳原子)。多环烃按碳环间共用的原子数可分为联环烃(碳环间以共价键相连，不共用碳原子)、螺环烃(碳环间共用 1 个碳原子)、桥环烃(碳环间共用 2 个或多个碳原子)等。

环烷烃的通式为 C_nH_{2n}。尽管环烷烃分子中只有碳碳单键和碳氢单键，属于饱和烃，但依据不饱和度计算公式：

$$\Omega = (\text{碳原子数} \times 2 + 2 - \text{氢原子数} - \text{卤素原子数} + \text{氮原子数})/2$$

可得，环烷烃的不饱和度 $\Omega = 1$。

2.6　环烷烃的命名

按照系统命名法的一般步骤来命名环烷烃，首先确定母体，然后沿主链进行编号，最后以“取代基 + 母体”的格式写出化合物的名称。若环烷烃存在构型异构体，例如图 2 - 11 所示1，3－二取代环戊烷分子Ⅰ和Ⅱ，还需标明化合物的构型以区分构型异构体，以“构型＋取代基＋母体”的格式写出化合物的名称。

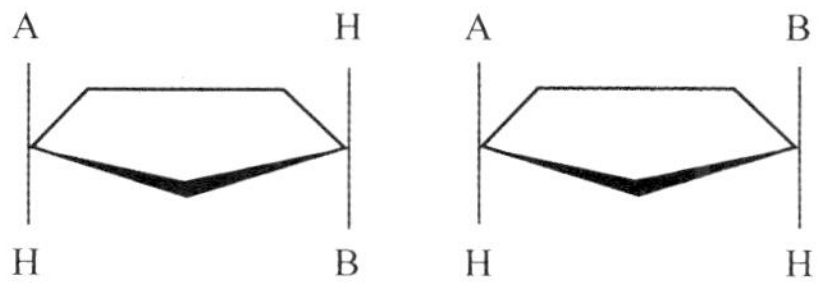

Ⅰ　　　　Ⅱ

图2－11　环烷烃的构型异构体

2.6.1　单环烃的命名

若环烷烃含有链状取代基，那么命名时选择碳环还是碳链做母体，需要比较碳环与碳链的复杂程度，谁复杂就以谁做母体。

1. 简单单环烃

无取代基或取代基较简单的单环烷烃命名时选择碳环作为母体，称为“环某烷”。然后按照最低系列原则沿着碳环进行编号，尽可能使所有取代基编号小，且次序规则中的小基团优先编号。例如：

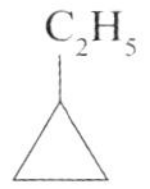

乙基环丙烷

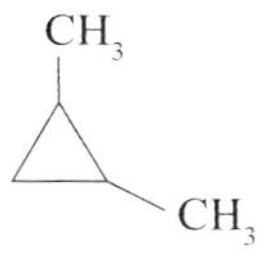

1，2–二甲基环丙烷

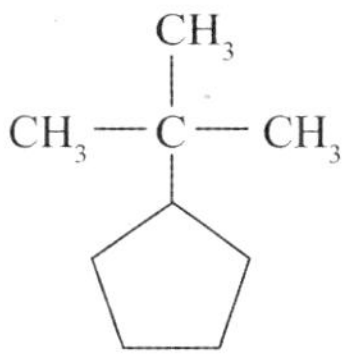

叔丁基环戊烷

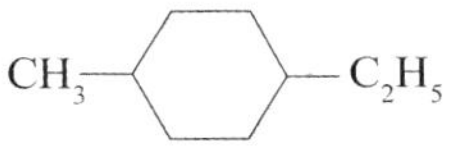

1–甲基–4–乙基环己烷

2. 复杂单环烃

当环烷烃的环上碳原子数少于链上碳原子数时，或碳链较复杂时(如分支较多或含有复杂官能团等)，或碳链上有多个碳环时，以碳链为母体，碳环为取代基。例如：

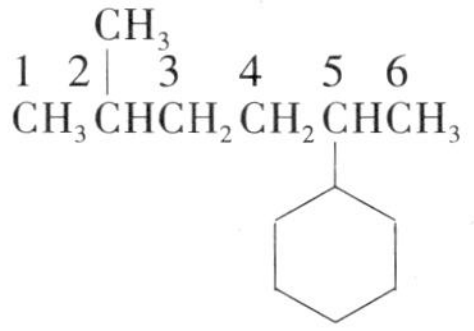

2－甲基－5－环己基己烷

3. 环烷烃的构型表示(顺/反)

取代环烷烃的构型常用“顺”(或 *cis*－)和“反”(或 *trans*－)来表示。取代基在环的同侧称为“顺”(或 *cis*－)，在环的两侧称为“反”(或 *trans*－)。例如

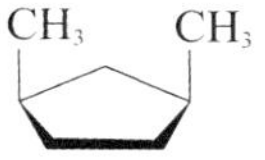

顺－3,3－二甲基环戊烷

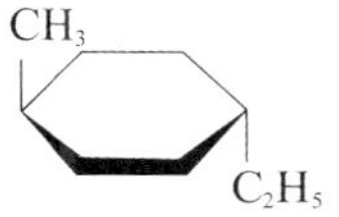

反－1－甲基－4－乙基环己烷

2.6.2 联环烃的命名

若两环不同，依据谁复杂谁作母体的原则，大环或侧链较多的环作母体，小环或侧链较少的环作取代基。例如环丙基环己烷。若两环相同，则在单环名称前加“联二”作为前缀，例如联二环戊烷。

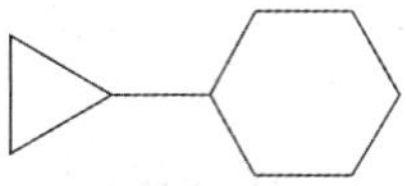
环丙基环己烷

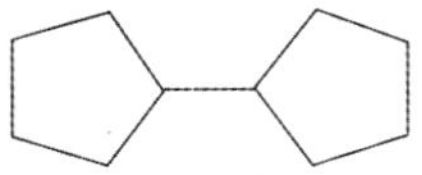
联二环戊烷

2.6.3 螺环烃的命名

两个碳环共用一个碳原子的脂环烃称为螺环烃，共用的碳原子称为螺原子。若为环烷烃，螺环烃的名称格式为：取代基＋螺[X. X]某烷。

1. 母体的选择与表达

以螺环为母体，由螺环上的碳原子总数确定母体的碳原子数，称“某烷”。例如右图化合物为六元环与三元环组成的螺环化合物，螺环上碳原子总数（不包括取代基）为8，因而称为辛烷。“某烷”前加词头“螺”表示螺环。然后将各螺环中非螺原子的数目按由小螺到大螺的顺序写在“螺”与母体之间的方括号内，数字间用圆点隔开。因此，右图化合物母体名称为：螺[2.5]辛烷。

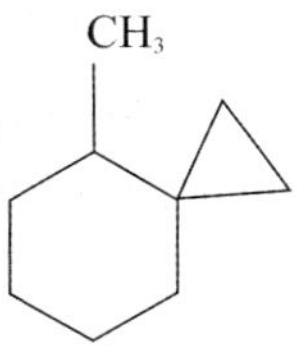

2. 取代基的表达

从小螺环中紧邻螺原子的第一个非螺原子开始编号，绕小螺环编号一圈，然后经螺原子编到大螺环并绕其一圈结束，编号应使取代基位次最小。因此，图中化合物名称为：4－甲基螺[2.5]辛烷。

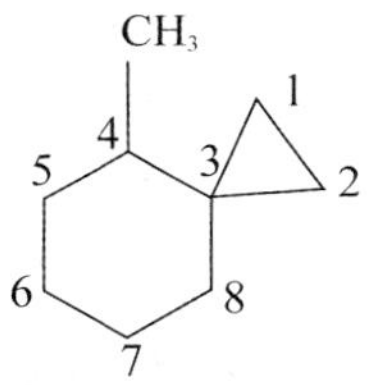

2.6.4 桥环烃的命名

共用两个或两个以上碳原子的脂环烃称为桥环烃，共用的碳原子称为桥头碳。若为环烷烃，桥环烃的名称格式为：取代基＋某环[X. X. X]某烷。

1. 母体的选择与表达

以桥环作为母体，以桥环所含碳原子总数作为母体的碳原子数，称为“某烷”。例如右图化合物桥环所含碳原子总数为10，因而称为癸烷。然后，以将所有环均变为开链所需打断的C—C键的最少数目为碳环数，碳环数加“环”字作为词头，即名称中的“某环”。图中化合物变为开链至少需要打断两根C—C键，因而为“二环”。然后，将各桥中非桥头碳原子的数目按由长桥到短桥的顺序写在“某环”与“某烷”之间的方括号内，数字间用圆点隔开。因此，该化合物母体为：二环[3.3.2]癸烷。

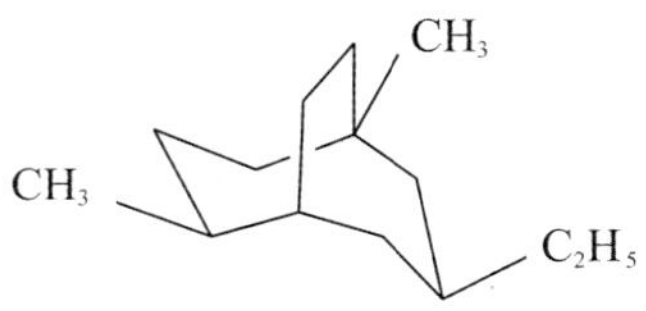

2. 取代基的表达

从最长桥的一个桥头碳开始编号，沿最长桥编至其另外一个桥头碳，再继续沿次长桥编号，跨过已编号的桥头碳，继续编号更短一些的桥，如此直到编完最短桥。编号时应使取代基

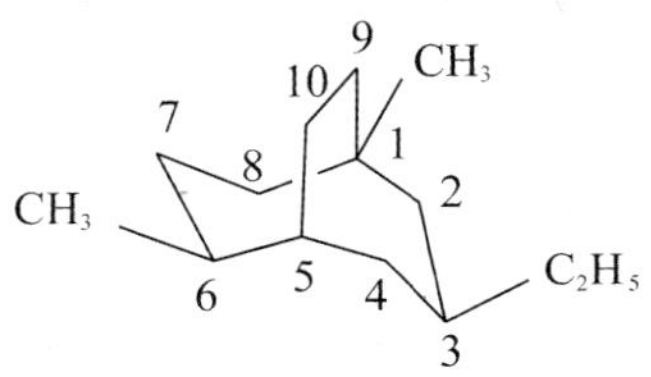

位次最小。因此，该化合物名称为：1,6 - 二甲基 - 3 - 乙基二环[3.3.2]癸烷。

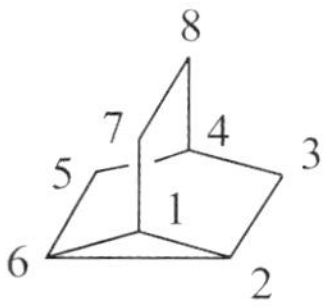

如果存在未通过主桥头碳的碳链，则用该链起止碳原子的编号作为该链碳数的上标来表示该碳链，上标数字间用逗号隔开。例如右图化合物名称为：三环[2.2.2.$0^{2,6}$]辛烷。

2.6.5 俗名

常见复杂环烷烃的结构及对应的俗名举例如下。

立方烷　　棱柱烷　　金刚烷　　双环丁烷

2.7 环烷烃的结构

2.7.1 环烷烃的同分异构体

环烷烃的通式为 C_nH_{2n}，与含有一个碳碳双键的烯烃互为官能团异构。以分子式为 C_5H_{10} 的环烷烃为例，该环烷烃存在着由成环碳原子数不同而引起的碳架异构，由取代基所连碳原子不同而引起的基团位置异构，由取代基在环的同侧还是两侧而引起的顺反异构。此外，还存在对映异构(对映异构详见第5章)。具体分子结构见图2-12。

2.7.2 小环的结构与稳定性

无取代的环烷烃其边为等长的C—C键。若环烷烃为平面结构，那么其应为正多边形，键角应为正多边形的内角，即环丙烷(三元环)键角为60°，环丁烷(四元环)键角为90°，环戊烷(五元环)键角为108°，环己烷(六元环)键角为120°……然而，环烷烃中碳原子采取 sp^3 杂化方式，该杂化方式对应的正常键角应为约109.5°。可见，若环烷烃为平面正多边形结构的话，所成键角就偏离了正常键角，会产生一种使键角恢复正常的张力。这种由于偏离正常键角而产生的张力称为角张力。

为了缓解角张力，环丙烷所成的碳碳键向外弯曲，形成弯曲键(如图2-13所示)，因形状像香蕉又称为香蕉键。实验测得，弯曲键的存在使环丙烷的实际键角∠C—C—C为105.5°。由于形成弯曲键的两原子轨道不能很好地重叠，因而弯曲键不稳定，易断裂。因此，环丙烷较活泼，易发生开环反应。

若环烷烃变为非平面型结构，角张力也会降低。事实上，除了环丙烷，其余的环烷烃均为非平面型结构。其中，环丁烷为蝴蝶式构象，环戊烷为信封式构象，环己烷为椅式或船式构象。

环丁烷蝴蝶式构象　　环戊烷信封式构象

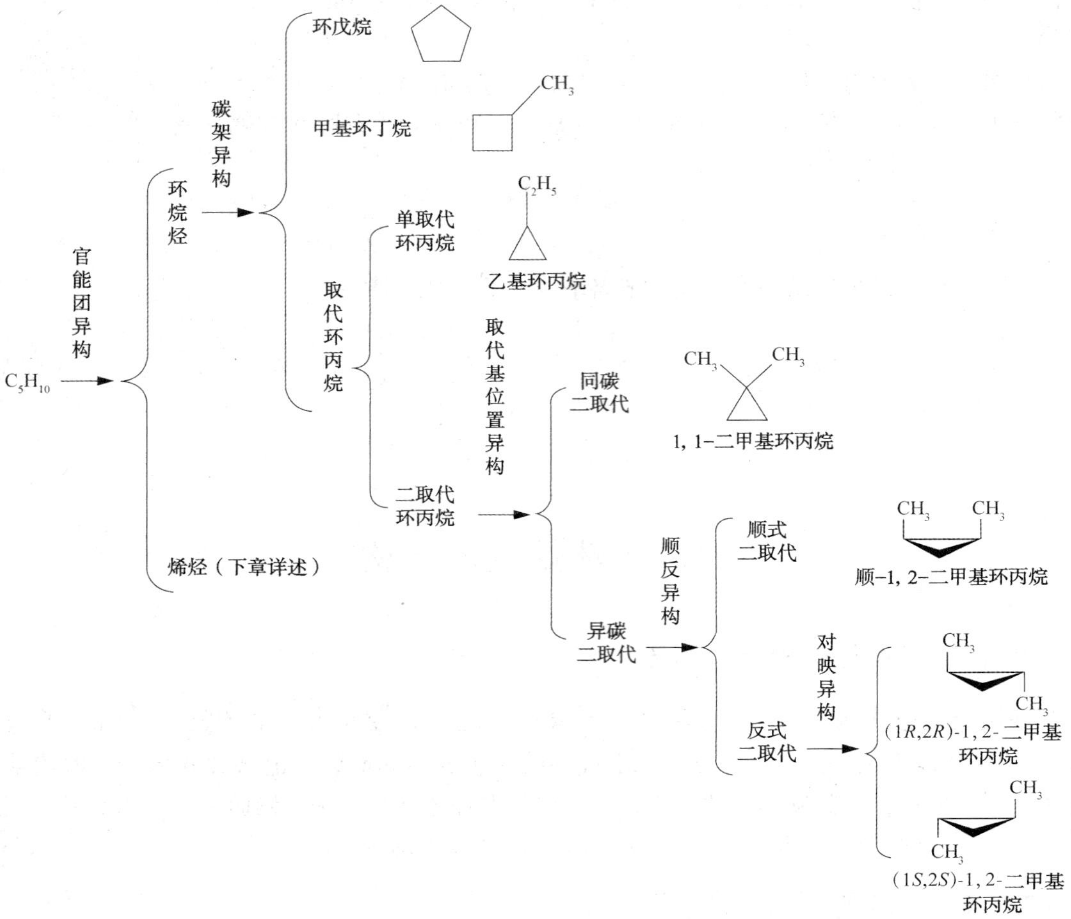

图 2－12　分子 C_5H_{10}的环烷烃类同分异构体

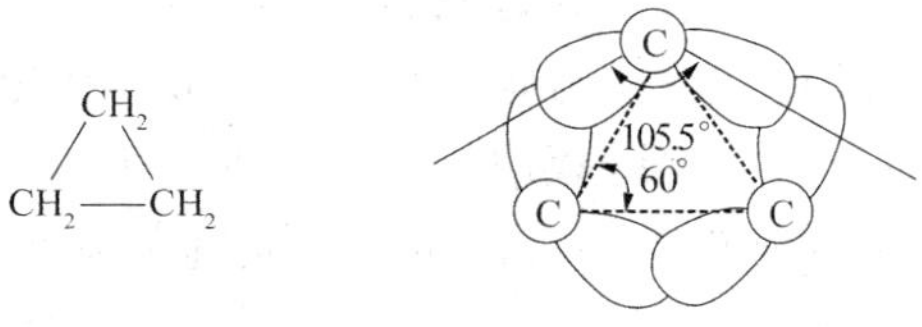

图 2－13　环丙烷分子中的弯曲键

环烷烃的实际稳定性顺序为：普通环、中环、大环 > 四元环 > 三元环。

2. 7. 3　六元环的结构与稳定构象

采取非平面型构象的环已烷，其实际键角约为 109. 5°，为 sp^3 杂化碳原子的正常键角，因此环已烷较稳定。环已烷的典型构象有两种：船型构象和椅型构象。其中，椅型构象最稳定，为优势构象。

1. 船型构象

如图 2－14 所示，C_2、C_3、C_5、C_6共平面，C_1、C_4在平面的同一侧，形似小船。由于

C_1 和 C_4 上的氢原子之间的距离只有 183pm，小于两氢原子的范德华半径之和，因此斥力较大，构象不稳定。但船型构象可通过翻转而转变为较稳定的椅型构象。

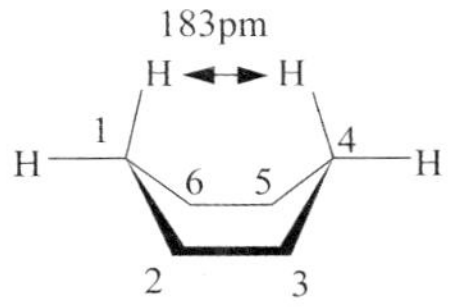

图 2－14　环己烷的船型构象

2. 椅型构象

如图 2－15 所示，C_1、C_2、C_4、C_5 四个原子共平面，C_3、C_6 在该平面两侧，形似椅子。C_1、C_3、C_5 所在平面与 C_2、C_4、C_6 所在平面平行。在 12 根 C—H 键中(为清楚起见，图中仅显示 C_1 上的两个氢原子，其余氢原子省略)，有 6 根键垂直于 C_1—C_3—C_5 平面，称为直立键(或 a 键)，6 根键与 C_1—C_3—C_5 平面成 19.5°的倾斜角，称为平伏键(或 e 键)。从 a 键与 e 键的上下朝向来看，相邻两个碳原子的 a 键上下朝向相反；同一个碳原子的 a 键与 e 键上下朝向亦相反。不过，a 键与 e 键不是固定不变的。当环发生翻转时，所有 a 键变为 e 键，同时所有 e 键变为 a 键，二者可随着环的翻转相互转变。

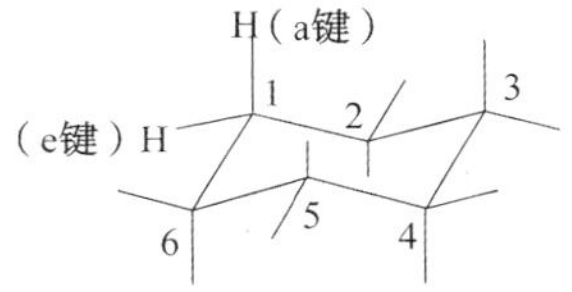

图 2－15　环己烷的椅型构象

3. 取代环己烷的构象

以甲基环己烷为例，当甲基位于 a 键时，甲基与同样位于 a 键且朝向与甲基相同的氢原子距离较近，二者之间存在着一定的斥力。若甲基位于 e 键，则斥力消失。因此，取代基位于 e 键的构象是单取代环己烷的稳定构象。对于多取代环己烷，最大的基团以及尽量多的基团位于 e 键的构象是稳定构象。

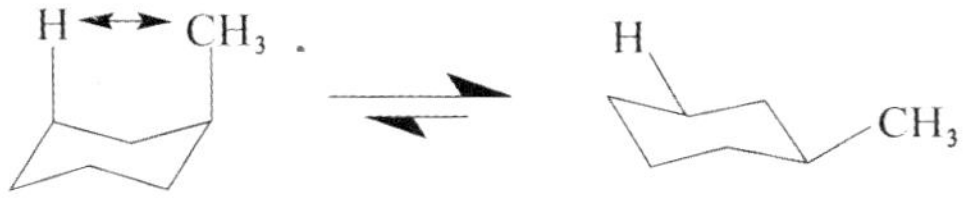

2.8　环烷烃的物理性质

低级环烷烃为气体，从环戊烷开始为液体，高级环烷烃为固体。与烷烃类似，环烷烃的熔点、沸点也是随碳原子数的增加而递增的。由于环烷烃分子排列较烷烃紧密，分子间作用力也更大些，因此环烷烃的熔点、沸点、密度均高于相应的烷烃。环烷烃的极性较弱，不溶于水，密度小于水。

表 2－4　常见环烷烃的物理常数表

名称(分子式)	英文名称	熔点/℃	沸点/℃	相对密度(d_4^{20})
环丙烷(C_3H_6)	cyclopropane	－127.6	－32.7	0.617(25℃)
环丁烷(C_4H_8)	cyclobutane	－80	12.5	0.7030(0℃)
环戊烷(C_5H_{10})	cyclopentane	－93.9	49.3	0.7457
环己烷(C_6H_{12})	cyclohexane	6.6	80.7	0.7786
环庚烷(C_7H_{14})	cycloheptane	－12.0	118.5	0.8098

2.9 环烷烃的危险性

低级环烷烃属于易燃气体或易燃液体，火灾爆炸危险性大。例如环丙烷的爆炸极限仅为2.4%～10.3%(体积分数)，少量环丙烷便可与空气形成爆炸性混合物。环己烷的闪点为-16.5℃，其蒸气爆炸极限为1.3%～8.3%(体积分数)，遇明火、高温便可燃烧爆炸。

此外，许多环烷烃还具有神经毒性与麻醉作用，对眼睛、上呼吸道、皮肤等亦具有一定的刺激作用。

2.10 环烷烃的化学性质

环烷烃在结构上与链状烷烃相似，因而二者在化学性质上也存在一些相似之处。除此之外，环烷烃还具有一些自己独特的性质。

2.10.1 取代反应

环烷烃在紫外线照射或高温下，可与卤素发生取代反应，生成卤代环烷烃。与烷烃的卤代反应一样，此反应也是一个自由基型反应。

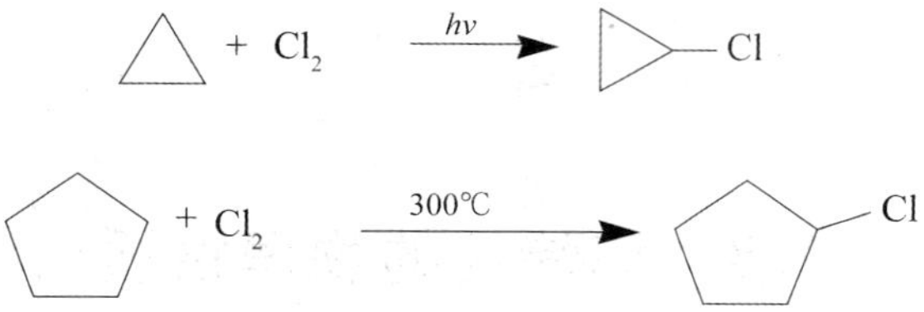

2.10.2 开环加成反应

环丙烷在室温下可与卤素发生开环加成反应，生成二卤代烷。环丁烷若要与卤素发生类似的开环加成反应，需要加热。环戊烷、环己烷则不易发生开环反应。

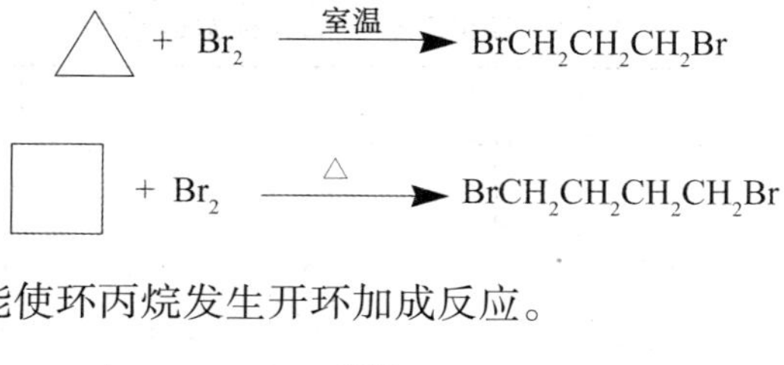

卤化氢在常温下也能使环丙烷发生开环加成反应。

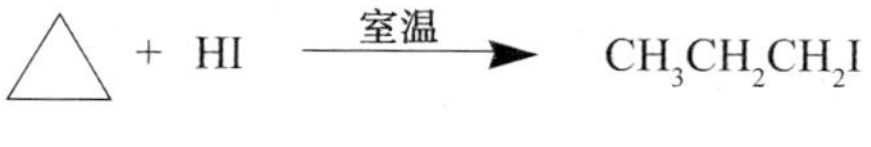

2.10.3 还原反应

在催化剂存在下，环烷烃可与H_2发生反应，开环并加成两个氢原子，生成相应的链状烷烃。该反应称为催化氢化。从元素价态上看，环烷烃催化氢化变为烷烃后，碳原子化合价降低，被还原。环丙烷与环丁烷催化氢化要易于环戊烷和环己烷，环己烷以上的环烷烃通常难以发生催化氢化。

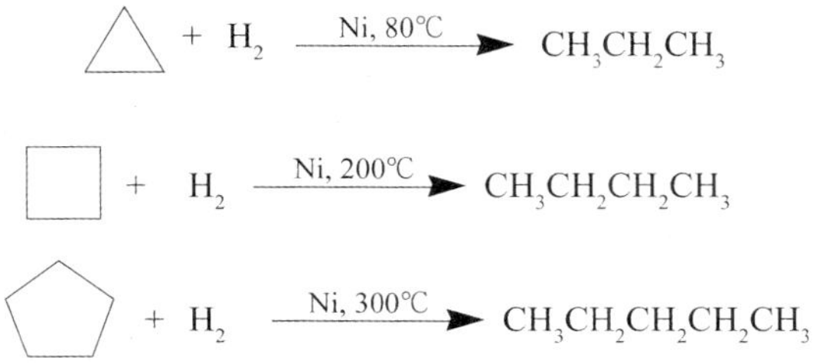

2.10.4 氧化反应

环烷烃对氧化剂比较稳定。常温下，即便是环丙烷也不会使 $KMnO_4$ 溶液褪色，因而可以利用这一性质来区分环丙烷与丙烯。

环烷烃在加热条件下可以被强氧化剂氧化，生成醇、酮，甚至开环生成羧酸。

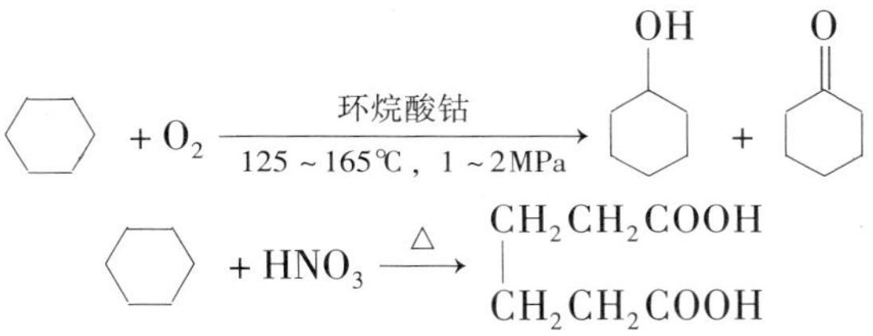

上述两个反应的产物环己酮和己二酸均是重要的化工原料，两反应在工业生产上均有应用。

【阅读材料】

阅读材料1：饱和烃中的典型危险化学品

《首批重点监管的危险化学品名录》中，典型的饱和烃类危险化学品有：甲烷、乙烷。

甲烷为无色、无臭、无味气体。微溶于水。气体密度为0.7163g/L，爆炸极限为5.0% ~ 16%（体积分数），自燃温度537℃，闪点 -188℃。

用途：主要用作燃料和用于炭黑、氢、乙炔、甲醛、硝基甲烷、三氯甲烷等的制造。

危险性：极易燃，与空气混合能形成爆炸性混合物，遇热源和明火有燃烧爆炸的危险。纯甲烷对人基本无毒，浓度极高时可成为单纯性窒息剂。皮肤接触液化甲烷可导致冻伤。

火灾扑救：切断气源。若不能切断泄漏气源，则不允许熄灭泄漏处的火焰。用大量水冷却容器。喷雾状水抑制蒸气，禁止用水直接冲击泄漏物或泄漏源。在确保安全的前提下，将容器从火场移至空旷处。灭火剂：干粉、二氧化碳、雾状水、泡沫。

急救：若吸入，迅速脱离现场至空气新鲜处。保持呼吸道通畅。如呼吸困难，给氧。如呼吸停止，立即进行人工呼吸。就医。若皮肤接触，如果发生冻伤，将患部浸泡于38 ~ 42℃的温水中复温。如有不适，就医。

乙烷为无色无臭的气体。微溶于水和丙酮。气体密度为1.36g/L，爆炸极限为3.0% ~ 16%（体积分数），自燃温度472℃。

用途：主要用于乙烯、氯乙烯、氯乙烷、冷冻剂等的制造。

危险性：极易燃，与空气混合能形成爆炸性混合物，遇热源和明火有燃烧爆炸的危险。

高浓度时有窒息和轻度麻醉作用。

火灾扑救：切断气源。若不能切断泄漏气源，则不允许熄灭泄漏处的火焰。用大量水冷却容器。喷雾状水抑制蒸气，禁止用水直接冲击泄漏物或泄漏源。在确保安全的前提下，将容器从火场移至空旷处。灭火剂：干粉、二氧化碳、雾状水、泡沫。

急救：迅速脱离现场至空气新鲜处。保持呼吸道通畅。如呼吸困难，给氧。如呼吸停止，立即进行人工呼吸。就医。

阅读材料 2：裂化反应的危险性分析

裂化反应，有时也称为裂解反应，是指在高温下使有机物中的碳碳键、碳氢键等化学键断裂，由一个较大分子生成几个较小分子的反应过程。裂化通常在高温下进行，并在裂化过程中产生大量的裂化气，无论原料、中间产物、目标产物、还是副产物，都是易燃化学品，火灾危险性较大。若裂化在超过油品的自燃温度的反应温度下进行，那么一旦油品不慎泄漏，就能立即起火。若裂化气不慎泄漏，其能与空气形成爆炸性混合物，遇到明火就有发生爆炸的危险。

在催化裂化反应过程中，生成的焦炭会不断沉积在催化剂上，使催化剂失去活性。通常采用吹入空气烧去焦炭的方法使催化剂再生，达到循环使用的目的。但若在此过程中操作不当，误使再生器内的空气和火焰进入到反应器中，就会造成恶性爆炸。

单纯的裂化反应是吸热反应，若在裂化反应的同时发生催化加氢反应（即加氢裂化），则变为强烈的放热反应，反应过程中就必须严格控制反应器的温度。此外，在加氢裂化的高温高压下，氢气可渗入到钢材反应设备中，并夺取钢材中的碳而生成甲烷，使钢材变脆。若检查或更换不及时，设备就会在高压下爆炸。

【习题】

一、用系统命名法命名下列化合物。

（1）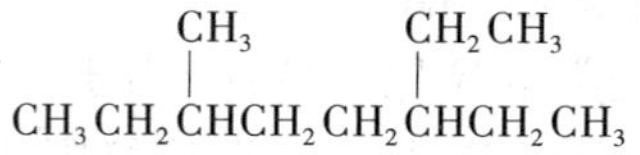

（2）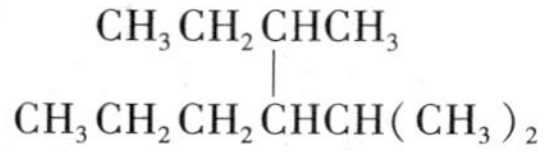

（3）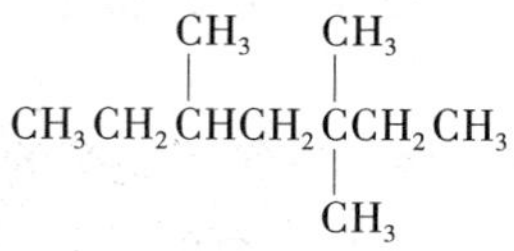

（4）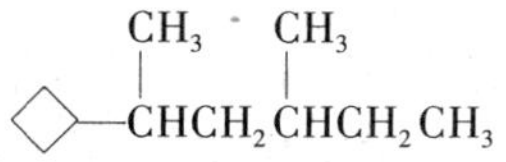

（5）

（6）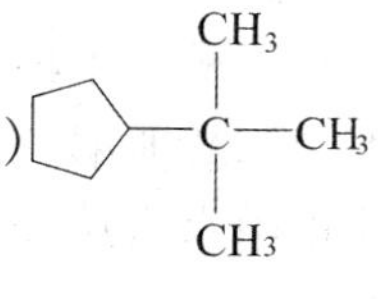

（7）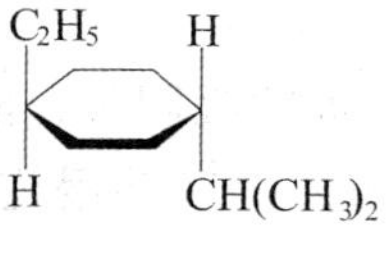

（8）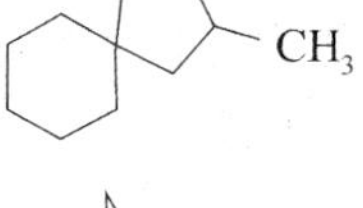

（9）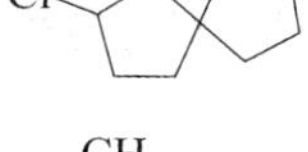

（10）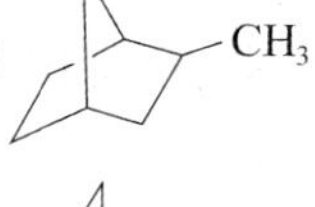

（11）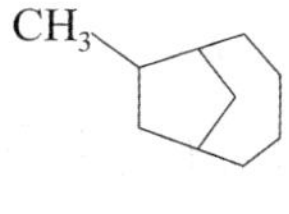

（12）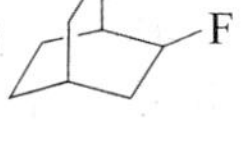

二、用 Newman 投影式画出下列分子的优势构象。

(1)异丁烷(沿 C_1—C_2 观察)　　(2)1-溴丁烷(沿 C_1—C_2 观察)

三、用锯架式画出下列分子的优势构象。

(1)新戊烷　　(2)2-甲基戊烷

四、画出下列化合物的优势构象。

(1) 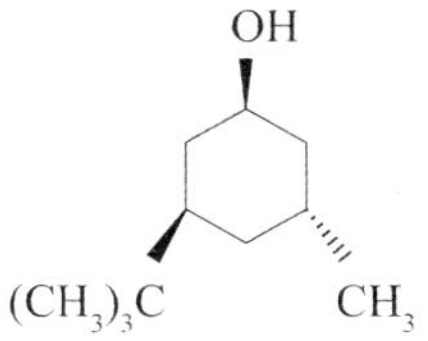

(2) 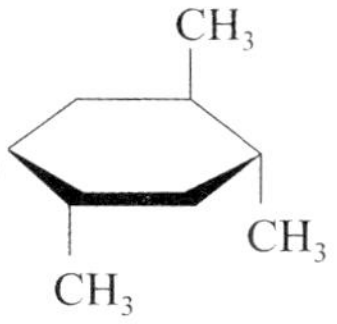

五、异戊烷可以生成哪几种自由基？写出它们的结构简式，并按稳定性由大到小的顺序排列。

六、写出甲基环丙烷在下列条件下的反应产物：

(1) Br_2，500℃　　(2) Br_2，室温

(3) Br_2，光照

第3章　不饱和烃

不饱和烃指含有碳碳双键或碳碳三键的烃。我们所说的烯烃(alkene)通常是指只含有一个碳碳双键的开链烃，含有两个碳碳双键的开链烃称为二烯烃(diene)。同样，我们所说的炔烃(alkyne)通常是指只含一个碳碳三键的开链烃。因此，烯烃的通式为 C_nH_{2n}，不饱和度 $\Omega=1$；二烯烃与炔烃的通式为 C_nH_{2n-2}；不饱和度 $\Omega=2$。

Ⅰ　烯烃和炔烃

3.1　烯烃和炔烃的结构

碳碳双键的键长为0.134nm，短于碳碳单键(0.154nm)。碳碳双键的键能为611kJ/mol，高于碳碳单键(347kJ/mol)，但低于碳碳单键键能的2倍。可见，碳碳双键不是两根碳碳单键的简单叠加，而是由一根σ键和一根π键组成。碳碳三键的键长为0.120nm，比碳碳双键更短，键能为837kJ/mol，也比碳碳双键更高。碳碳三键是由一根σ键和两根π键组成。

3.1.1　烯烃的杂化与成键方式

1. 碳原子轨道的 sp^2 杂化

烯烃的双键碳原子采取的是 sp^2 杂化方式。如图3-1所示，碳原子2s轨道上的一个电子被激发到2p轨道上之后，2s轨道与两个2p轨道进行杂化，形成3个等价的 sp^2 杂化轨道，剩余一个含单电子的p轨道。由参与杂化的轨道可知，每个 sp^2 杂化轨道含1/3的s轨道成分和2/3的p轨道成分。三个杂化轨道位于同一平面上(见图3-2)，分别指向等边三角形的三个顶点。剩余未杂化的p轨道垂直于该平面。

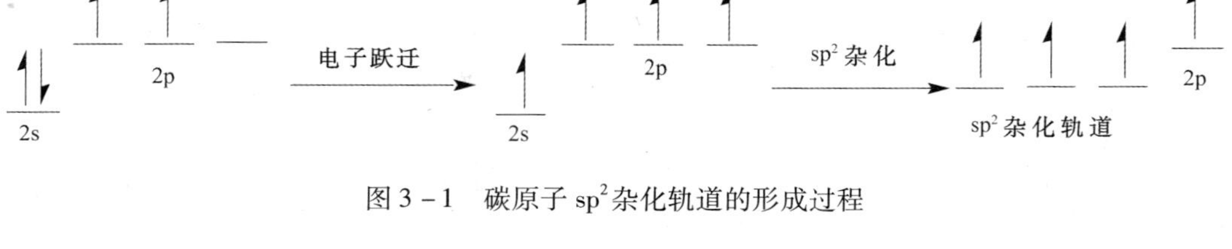

图3-1　碳原子 sp^2 杂化轨道的形成过程

2. 烯烃的成键方式

烯烃中两个 sp^2 杂化的碳原子各拿出一个 sp^2 杂化轨道头对头重叠形成σ键，同时两原子各自未杂化的p轨道肩并肩重叠形成π键，从而在两碳原子间生成碳碳双键。碳原子 sp^2 杂化轨道的平面分布结构决定了双键碳原子以及直接与之相连的原子分布在同一个平面上，即碳碳双键为平面结构，键角 $\angle R^1—C—C=\angle R^1—C—R^2=120°$(见图3-3)。

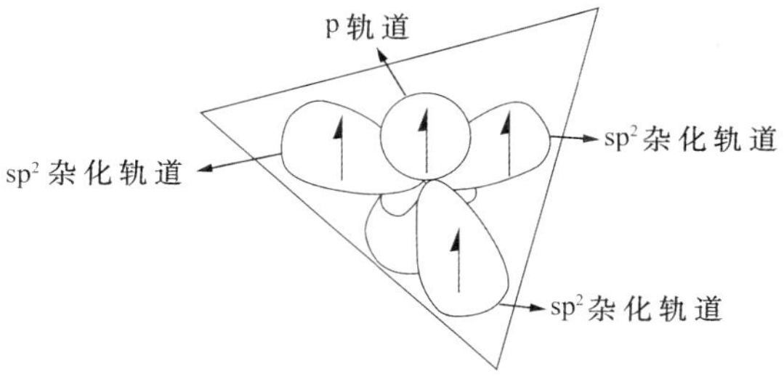

图 3－2　sp^2 杂化碳原子的轨道及电子分布

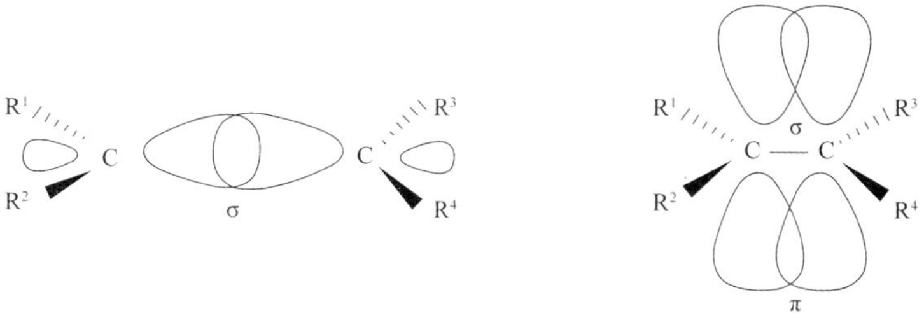

图 3－3　烯烃中碳碳双键的组成（σ 键＋π 键）

3.1.2　烯烃的立体构型与同分异构体

π 键不能自由旋转使得烯烃可能存在构型异构体。例如 2－戊烯存在两种同分异构体。二者的原子连接顺序（即构造）相同，但原子的空间排布（即构型）不同。我们把相同原子或基团位于双键同侧的构型称为“顺式”，相同原子或基团位于双键两侧的构型称为“反式”，像图中所示的构型异构体又称为顺反异构体。

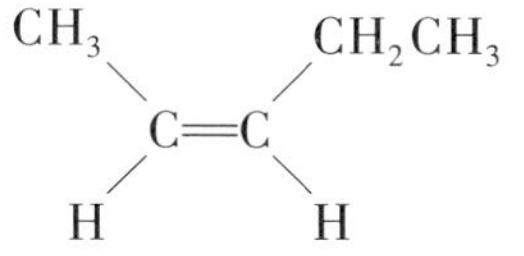

顺式

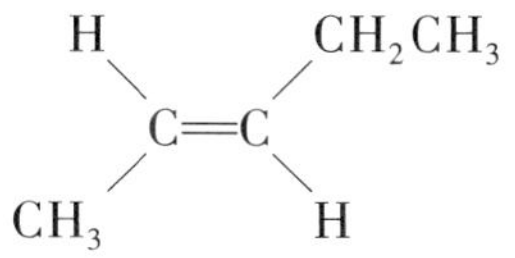

反式

以分子式为 C_5H_{10} 的烯烃为例，其同分异构体如图 3－4 所示。

C_5H_{10} 的同分异构体既存在着由双键所在碳链长短不同而引起的碳架异构，又存在着由双键在碳链上的位置不同而引起的位置异构。对于双键在碳链内部的烯烃，还存在着顺反异构。

3.1.3　炔烃的杂化与成键方式

1. 碳原子轨道的 sp 杂化

炔烃的三键碳原子采取的是 sp 杂化方式。如图 3－5 所示，电子激发后的 2s 轨道与一个 2p 轨道进行杂化，形成两个等价的 sp 杂化轨道，剩余两个 p 轨道。由参与杂化的轨道可知，每个 sp 杂化轨道含 1/2 的 s 轨道成分和 1/2 的 p 轨道成分。两个杂化轨道位于同一直线，剩余未杂化的两个 p 轨道垂直于该直线并且相互垂直（见图 3－6）。

2. 炔烃的成键方式

如图 3－7 所示，炔烃中两个碳原子以 sp 杂化轨道头对头重叠形成 σ 键，同时两对未杂化的 p 轨道分别肩并肩重叠形成两个相互垂直的 π 键，从而在两碳原子间生成碳碳三键。

碳原子 sp 杂化轨道的直线分布结构决定了三键碳原子以及直接与之相连的原子在同一条直线上，即碳碳三键为直线型结构，键角∠R^1—C—C = 180°。

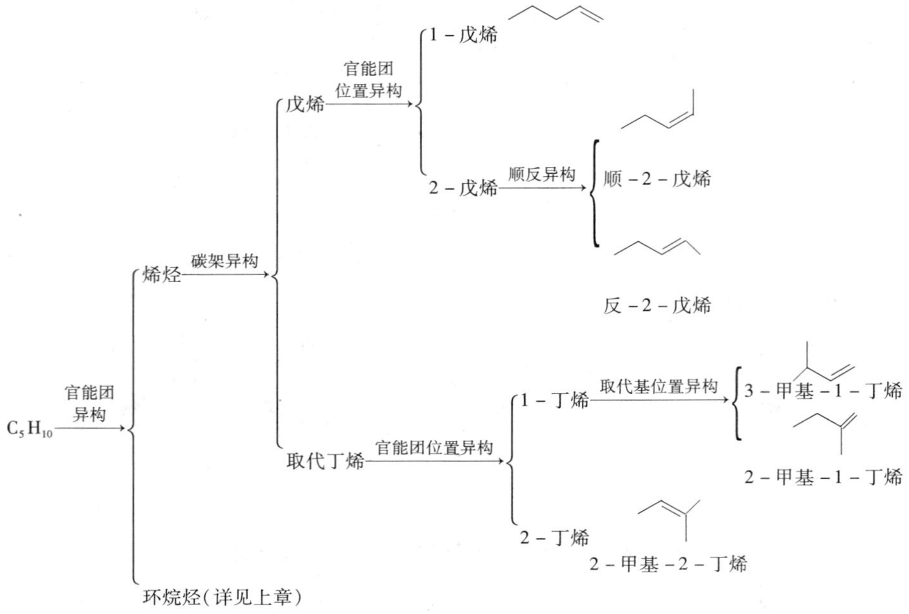

图 3 - 4　分子 C_5H_{10} 的烯烃类同分异构体

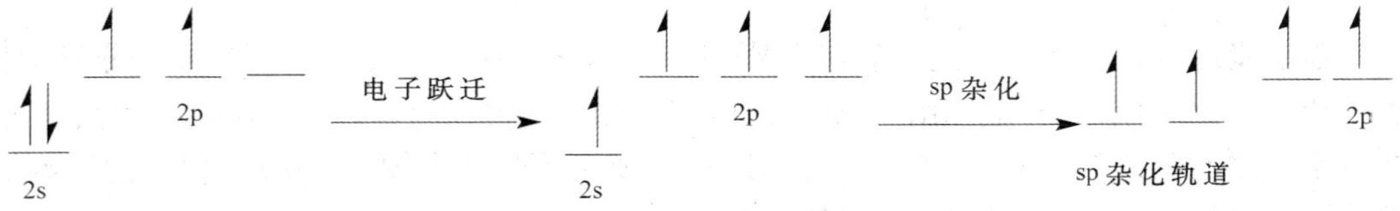

图 3 - 5　碳原子 sp 杂化轨道的形成过程

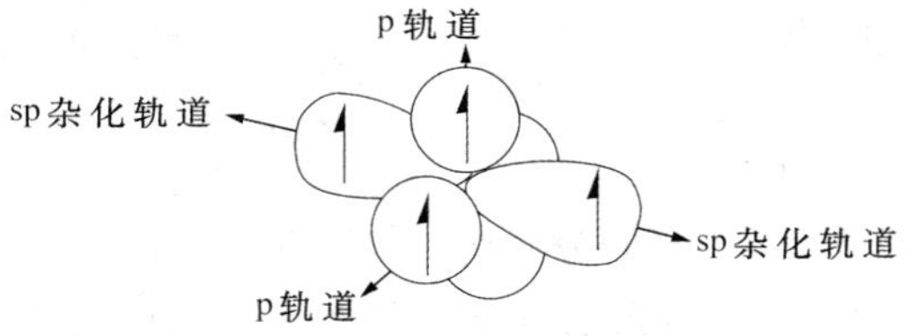

图 3 - 6　sp 杂化碳原子的轨道及电子分布

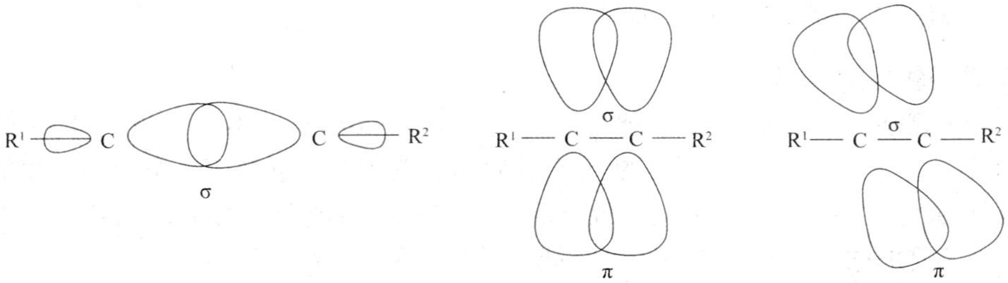

图 3 - 7　炔烃中碳碳三键的组成（σ + π + π）

3.1.4 炔烃的同分异构体

炔烃不存在顺反异构体，其与二烯烃互为官能团异构体。

3.2 不饱和烃的命名

3.2.1 单烯烃的命名

对单烯烃进行系统命名时，以碳碳双键为母体官能团，选择含碳碳双键的最长碳链作为主链，从靠近碳碳双键的一端开始编号。在标明双键的构型时，既可以用“顺”“反”表示，也可以用 *Z*、*E* 表示。“顺/反”含义为：相同原子或基团位于双键同侧称为“顺”，位于双键两侧称为“反”。*Z/E* 含义为：依据次序规则分别比较每个双键碳各自所连两基团的大小，大基团在双键同侧记为 *Z*，在双键两侧记为 *E*。例如下图(1)所示分子名称为：(*Z*) –3 – 甲基 –4 –(1 – 甲基乙基) –3 – 庚烯。图(2)所示分子名称为：(*E*) –3 – 甲基 –2 – 戊烯，或顺 –3 – 甲基 –2 – 戊烯。

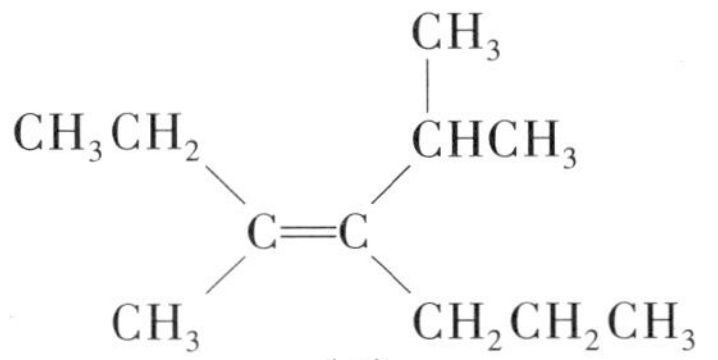

(1)

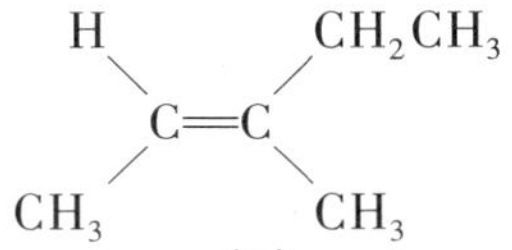

(2)

当主链超过 10 个碳时，记为：中文数字 +“碳烯”。例如$CH_3(CH_2)_{13}CH{=}CH_2$ 名称为：1 – 十六碳烯，或，十六碳烯。像 1 – 十六碳烯这样双键位于碳链一端的烯烃称为端烯烃，又称为 α – 烯烃。下面列出几个常见的烯烃取代基。

$CH_2{=}CH—$	$CH_3—CH{=}CH—$	$CH_2{=}CH—CH_2—$
乙烯基	丙烯基	烯丙基

3.2.2 二烯烃的命名

烯烃分子中不止一个双键时，选择包含双键数量最多的最长碳链作为主链，且应分别标明每一个双键的构型，并分别在构型前注明第一个双键碳的编号。当主链编号有两种可能时，从靠近 *Z* 型双键一端开始编号。例如

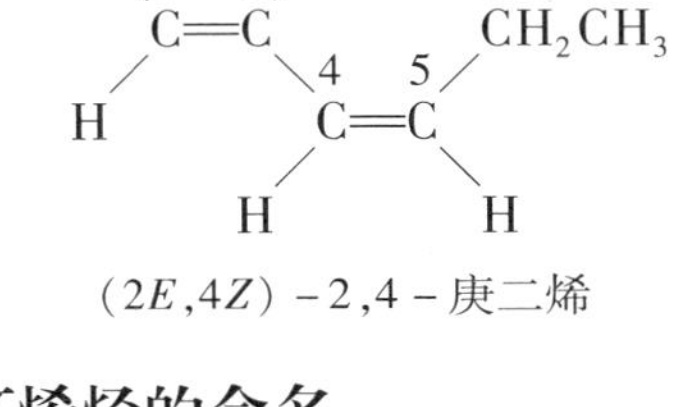

(2*E*,4*Z*) –2,4 – 庚二烯

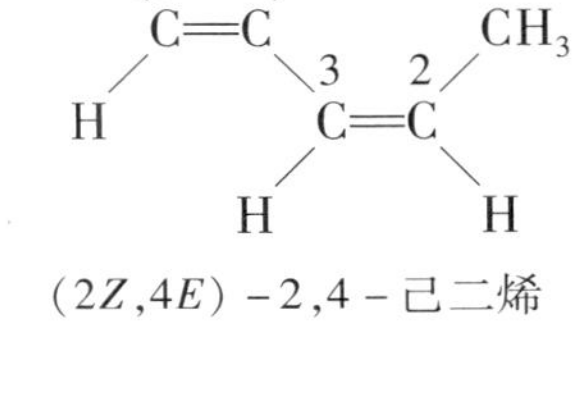

(2*Z*,4*E*) –2,4 – 己二烯

3.2.3 环烯烃的命名

若环上含有碳碳双键，以含有双键的环为母体，称为“环某烯”。编号时从双键开始，并尽量使其他取代基位次低。双键位次为 1 时，1 可省略。例如

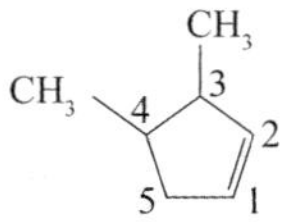

3,4-二甲基环戊烯

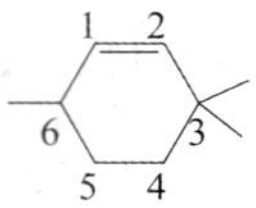

3,3,6-三甲基环己烯

3.2.4 炔烃及烯炔的命名

系统命名法命名炔烃时以碳碳三键为母体官能团，编号时使三键位次最低。炔烃没有顺反异构体，命名时无需标明构型。三键位于碳链一端的炔烃称为端炔烃。

双键与三键同时存在时，选同时含双键与三键的最长碳链为主链，称“X－某烯－Y－炔”，需要将双键的位次X标注在“某烯”前，将三键的位次Y标注在“炔”前。编号时，靠近链端的不饱和键(既可以是双键，也可以是三键)优先编号。例如下图分子名称为：3－戊烯－1－炔。

$$\overset{5}{C}H_3\overset{4}{C}H{=}\overset{3}{C}H\overset{2}{C}{\equiv}\overset{1}{C}H$$

当双键与三键同位次时，双键优先编号。例如下图分子名称为：5－乙基－2－辛烯－6－炔。

$$\overset{8}{C}H_3\overset{7}{C}{\equiv}\overset{6}{C}\underset{\displaystyle |\atop \displaystyle CH_2CH_3}{\overset{5}{C}H}\overset{4}{C}H_2\overset{3}{C}H{=}\overset{2}{C}H\overset{1}{C}H_3$$

3.3 烯烃和炔烃的物理性质

常温下，4个碳及以下的烯烃和炔烃为气体，碳原子数为5～18的烯烃为液体，高级烯烃为固体。炔烃沸点比相同碳数的烯烃略高。烯烃和炔烃的熔点、沸点均随相对分子质量的增加而增大。与烷烃类似，烯烃的沸点随分子间作用力的增大而增大，熔点则更多地随分子对称性的提高而增大。例如，顺－2－丁烯极性大于反－2－丁烯，且分子间更易靠近，分子间作用力较大，故顺－2－丁烯沸点较高；反－2－丁烯偶极矩为零，顺－2－丁烯偶极矩不为零，反－2－丁烯对称性更高，故反－2－丁烯熔点高。常见烯烃和炔烃的熔点、沸点数据见表3－1。

烯烃和炔烃均难溶于水，易溶于非极性和弱极性的有机溶剂，密度比水小。

表3－1　一些常见烯烃和炔烃的物理常数表

结构式	名称	英文名称	熔点/℃	沸点/℃	相对密度(d_4^{20})
$CH_2{=}CH_2$	乙烯	ethene	－169.5	－103.7	0.3840 (－10℃)
$CH_3CH{=}CH_2$	丙烯	propene	－185.2	－47.4	0.5193
$CH_3CH_2CH{=}CH_2$	1－丁烯	1－butene	－130	－6.3	0.5951
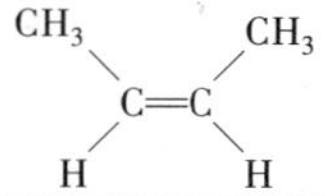	(*Z*)－2－丁烯	(*Z*)－2－butene	－139.3	3.7	0.6213

续表

结构式	名称	英文名称	熔点/℃	沸点/℃	相对密度(d_4^{20})
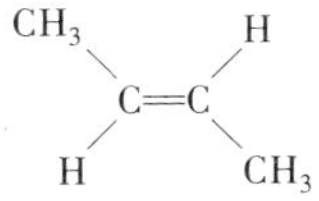	(*E*)-2-丁烯	(*E*)-2-butene	-105.5	0.88	0.6042
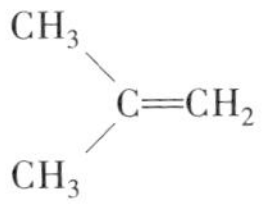	异丁烯	2-methylpropene	-140.8	-6.9	0.5902
$CH_3(CH_2)_2CH=CH_2$	1-戊烯	1-pentene	-166.2	30.0	0.6405
$CH_3(CH_2)_3CH=CH_2$	1-己烯	1-hexene	-139	63.4	0.6731
$CH_3(CH_2)_4CH=CH_2$	1-庚烯	1-heptene	-119	93.6	0.6970
$CH\equiv CH$	乙炔	ethyne	-82 (压力下)	-82 (升华)	0.6208 (-82℃)
$CH\equiv CCH_3$	丙炔	propyne	-102.5	-23	0.7062 (-50℃)
$CH\equiv CCH_2CH_3$	1-丁炔	1-butyne	-122	8	0.6784 (0℃)

3.4 烯烃和炔烃的危险性

烯烃和炔烃最常见的危险性是其易燃烧、易爆炸的特性。气态烯烃爆炸极限宽，爆炸下限低，例如乙烯的爆炸极限为2.7%~34.0%(体积分数)，丙烯的爆炸极限为2.0%~11.7%(体积分数)，丁烯的爆炸极限为1.6%~9.3%(体积分数)，1，3-丁二烯的爆炸极限为1.4%~16.3%(体积分数)，乙炔的爆炸极限为1.5%~82.0%(体积分数)。某些烯烃和炔烃在受热时会发生分解，产生大量的热，进而引发爆炸，这种爆炸称为气体热分解爆炸。乙烯、丙二烯、乙炔、甲基乙炔等均能发生热分解爆炸。此外，乙炔被压缩到两个大气压以上时也会分解，此时仅需很少能量甚至无需能量即可发生爆炸。

此外，乙炔还具有麻醉作用，接触高浓度的乙炔可导致中枢神经抑制。

3.5 烯烃和炔烃的化学性质

不饱和键是烯烃和炔烃的官能团，是主要的反应中心。受不饱和键影响，直接与不饱和键相连的碳原子上的氢原子也是反应活性位点。

3.5.1 亲电加成与马氏规则

不饱和键中的π键不稳定，易断裂而给出电子，与能接受电子的试剂结合形成σ键。这种碳碳双键(或碳碳三键)中的π键断开，形成两个(或四个)σ键，由两个(或三个)分子结合成一个分子的反应称为加成反应(addition)。加成反应是烯烃和炔烃最主要的反应。

由缺电子或带正电荷的试剂进攻 $C=C$ 或 $C\equiv C$ 而引发的加成反应称为亲电加成(electrophilic addition)。缺电子或带正电荷的试剂称为亲电试剂(electrophilic agent)，记为 E^+。

1. 与卤素的加成

烯烃与卤素加成生成邻二卤代物，又称连二卤代物。

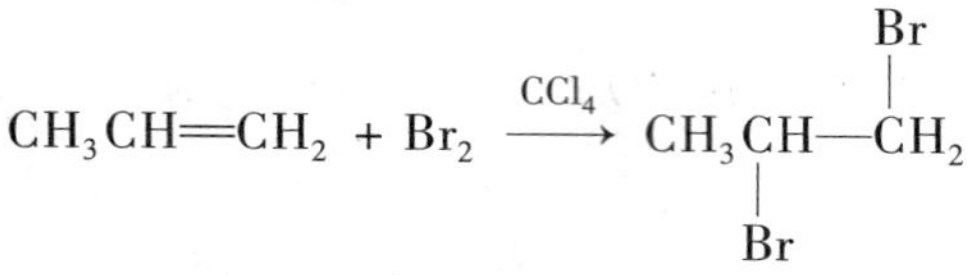

该反应机理如图 3 - 8 所示。反应过程中，烯烃以碳碳双键的 π 电子接近 Br_2 并促使 Br—Br 键断裂，形成环状溴鎓离子并释放出 Br^-。随后 Br^- 从溴鎓离子的背面进攻三元环上的碳原子，打破三元环的同时形成新的 C—Br 键，得到反式加成的邻二溴代物。

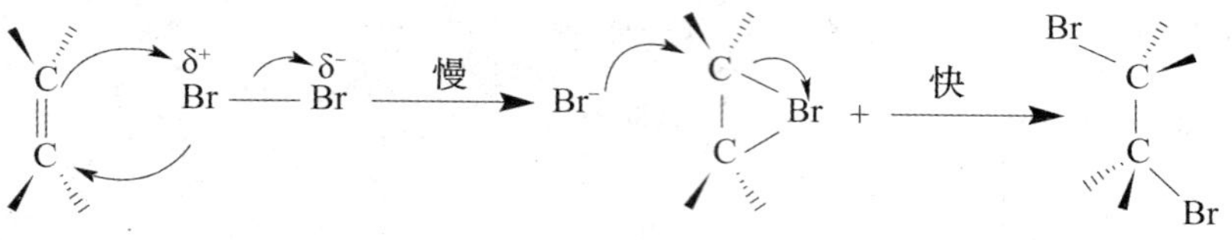

图 3 - 8　烯烃与溴加成的反应机理

炔烃与卤素加成，可生成二卤代烯，也可进一步加成生成四卤代烷。

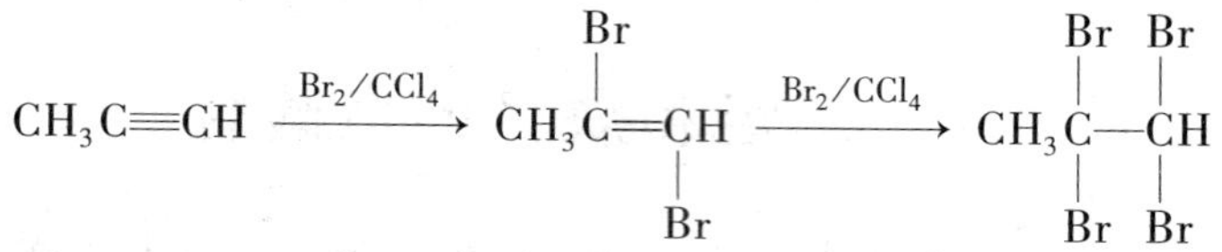

烯烃(或炔烃)与溴的反应可用来区分烯烃(或炔烃)与烷烃，前者能使溴水(或溴的四氯化碳溶液)褪色，后者不能。卤素的加成反应活性顺序有：$F_2 > Cl_2 > Br_2 > I_2$。与催化加氢活性相反，双键加成卤素的活性要高于三键，主要原因在于 sp^2 杂化的双键碳原子给出电子的能力强于 sp 杂化的三键碳原子。

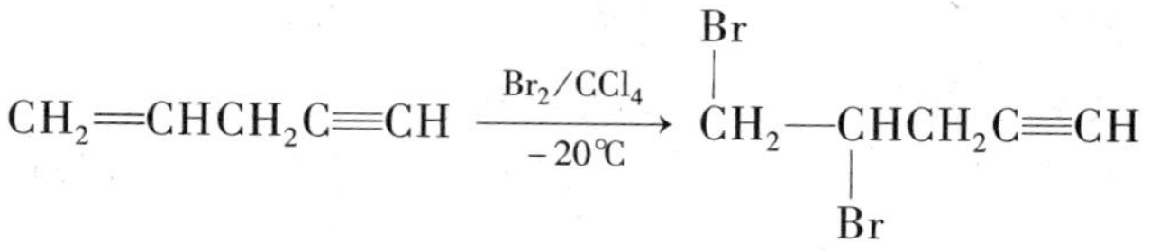

2. 与氢卤酸的加成及马氏规则

烯烃与氢卤酸加成生成卤代烷。乙烯与氯化氢气体的加成速度很慢，工业上常用 Lewis 酸(如无水 $AlCl_3$)作催化剂来加速反应。

$$CH_2{=}CH_2 + HCl \xrightarrow{AlCl_3} CH_3CH_2Cl$$

烯烃与氢卤酸的反应机理如图 3 - 9 所示。反应过程中，碳碳双键先以 π 电子与 H^+ 结合，生成碳正离子中间体。这一步比较慢，是整个加成反应的决速步。碳正离子一旦生成，能迅速与卤素负离子结合生成最终的加成产物。

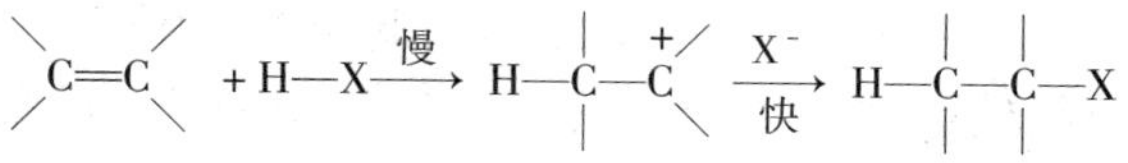

图 3 - 9　烯烃与 HX 加成的反应机理

若烯烃是不对称的，两个双键碳原子连有不同的原子或基团，那么其与氢卤酸的加成方向将主要由所生成的碳正离子中间体的稳定性决定。实验研究表明，不对称烯烃与氢卤酸加成时，优先沿着生成最稳定碳正离子的路线反应。碳正离子的中心碳原子(即正电荷所在的碳原子)采取的是平面型 sp^2杂化方式，空的 p 轨道垂直于 3 个 sp^2杂化轨道所在的平面。碳正离子上的电荷越分散，碳正离子就越稳定。

对于取代基只有烷基的碳正离子，sp^3 杂化的烷基显示出一定的给电子作用，可以分散中心碳原子上的正电荷，因而中心碳原子连接的烷基越多，相应的碳正离子就越稳定。因此，碳正离子的稳定性顺序由大到小有：叔碳正离子 > 仲碳正离子 > 伯碳正离子 > 甲基碳正离子。同理，中心碳原子连接的吸电子基越多，该碳正离子就越不稳定。

以异丁烯与氢卤酸的加成为例来分析加成反应的取向。如图 3 – 10 所示，异丁烯与氢卤酸加成时，随 H^+ 加成取向的不同会分别生成叔碳正离子和伯碳正离子两种稳定性不同的中间体。反应倾向于沿着生成稳定性更高的中间体的方向进行，因此优先生成叔碳正离子，主要产物为卤素加在叔碳上的卤代烷。

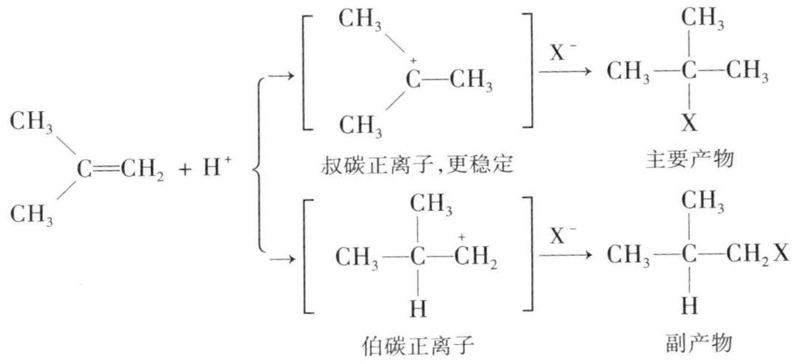

图 3 – 10　异丁烯与氢卤酸的加成反应取向分析

上述规律就是 Markovnikov(马尔科夫尼科夫)规则，简称为马氏规则，具体表述为：氢卤酸等不对称试剂与不对称烯烃加成时，试剂的带正电荷的部分加在含氢较多的双键碳上，带负电荷的部分加在含氢较少的双键碳上。马氏规则本质为，反应过程中倾向于生成较稳定的碳正离子中间体。

炔烃与氢卤酸的加成也符合马氏规则。反应过程中，炔烃首先加成一分子氢卤酸生成一卤代烯，随后继续加成一分子氢卤酸生成卤素连在同一个碳原子上的偕二卤代物。通过控制反应条件，可使反应停留在一卤代烯阶段。例如：

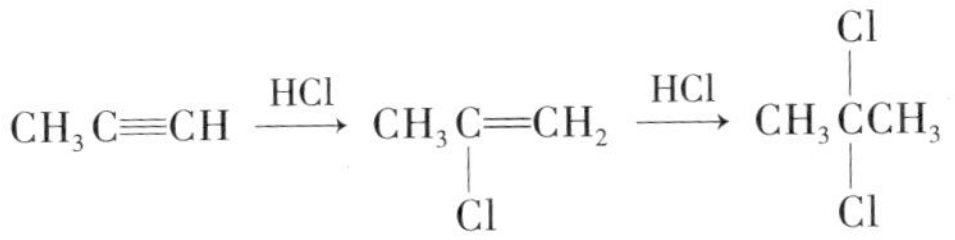

对比一卤代烯与氢卤酸反应所生成的碳正离子中间体(Ⅰ)和(Ⅱ)。在(Ⅰ)中，由于卤素直接与带正电荷的中心碳原子相连，卤素能通过形成 C═X 双键而分散正电荷(如结构Ⅰ′所示)，从而使正离子稳定。而在(Ⅱ)中，卤素与中心碳原子之间间隔一个碳原子，卤素仅仅显示吸电子的性质，这会使中心碳原子上正电荷更加集中，使碳正离子更加不稳定。因此，反应优先生成(Ⅰ)结构的碳正离子，最终生成偕二卤代物。

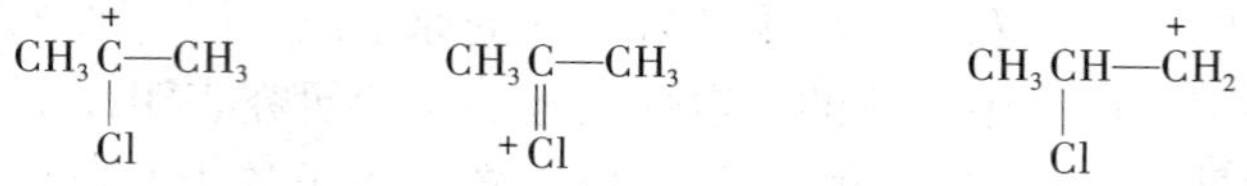

（Ⅰ）　　（Ⅰ′）　　（Ⅱ）

与加成卤素的反应活性类似，碳碳三键与氢卤酸加成的活性要低于碳碳双键。乙炔与氯化氢的加成需要使用氯化汞 $HgCl_2$ 催化。

3. 与水的加成

烯烃在酸性条件下与水的加成称为烯烃的水合反应（hydration），是工业上制备醇类的方法之一。烯烃的水合符合马氏规则，水中的氢加在含氢较多的碳上，剩余的部分（—OH）加在含氢较少的碳上。因此，除了乙烯水合可得伯醇外，其余烯烃水合皆得仲醇或叔醇。

$$CH_3CH{=}CH_2 + H_2O \xrightarrow[195℃,\ 2MPa]{H_3PO_4} (CH_3)_2CHOH$$

炔烃水合也符合马氏规则，但需要在稀硫酸水溶液中使用汞盐催化。炔烃水合后的直接产物为烯醇。烯醇不稳定，会经互变异构迅速重排为较稳定的酮式同分异构体。除乙炔外，其余炔烃水合皆得酮。

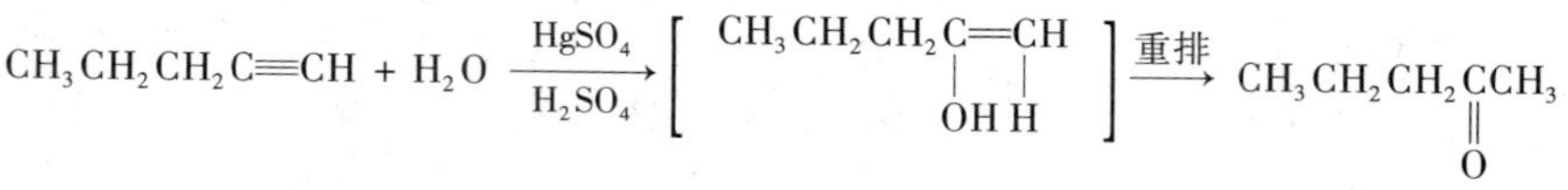

乙炔在 10% 硫酸和 5% 硫酸汞水溶液中发生水合反应可生成乙醛，这曾是工业上制备乙醛的重要方法。

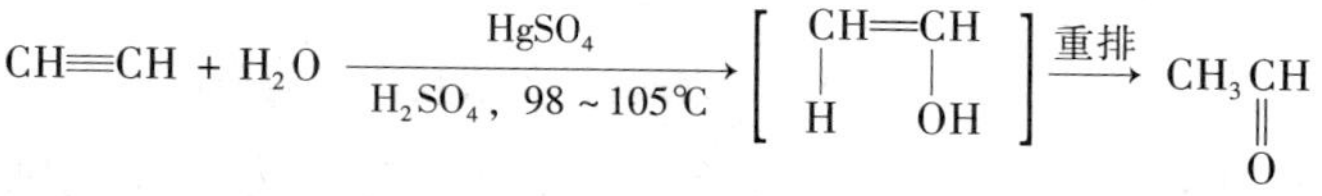

然而，汞盐有剧毒，为了避免其对人体和环境造成危害，目前多用其他非汞催化剂来催化炔的水合反应。

4. 与硫酸的加成

烯烃与硫酸的加成取向符合马氏规则，即硫酸中的氢加在含氢较多的碳上，剩余部分（$—OSO_3H$）加在含氢较少的碳上，生成硫酸氢酯。硫酸氢酯可溶于硫酸，因而可用浓硫酸洗去烷烃中的少量烯烃杂质。硫酸氢酯还可进一步水解为醇，因此这也是由烯烃制备醇的一种方法，称为间接水合法。烯烃与有机酸、醇、酚等的加成与硫酸类似，都符合马氏规则。

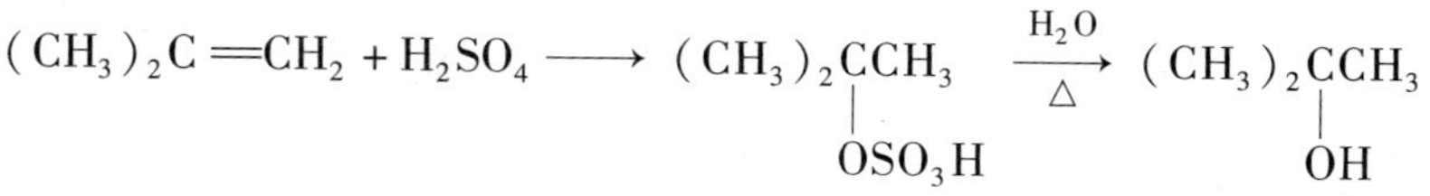

5. 与次卤酸的加成

烯烃在水溶液中与卤素加成可得 β－卤代醇，形式上如同烯烃与次卤酸加成的产物。反应加成取向符合马氏规则，即次卤酸中带正电荷的部分（—X）加在含氢较多的碳上，带负电荷的部分（—OH）加在含氢较少的碳上。

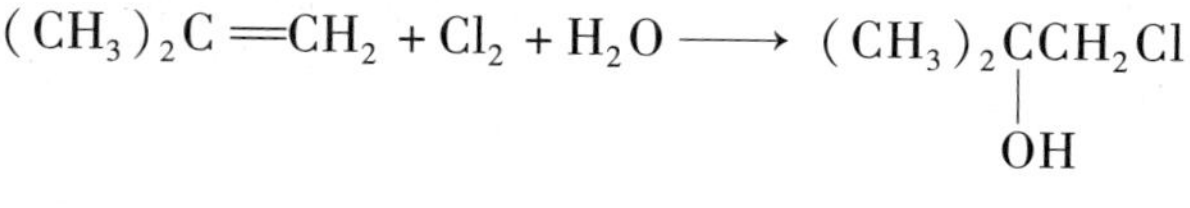

工业上常用烯烃、氯气和水的反应来制备β-氯代醇，又称次氯酸化反应。对于气态烯烃，通常是将烯和氯气通入水中来进行反应。

6. 不符合马氏规则的情况

马氏规则是个以大量实验结果为基础总结而来经验规则，存在着例外的情况。常见的不符合马氏规则的情况有以下几种。

(1)碳正离子重排(carbocation rearrangement)。碳正离子重排指邻位碳上的氢或烷基带着一对成键电子迁移到中心碳原子上，使中心碳原子上的正电荷发生相应地转移，生成更稳定的碳正离子的过程。稳定性增强是碳正离子发生重排的主要驱动力。迁移过程中，氢优先于烷基发生迁移。

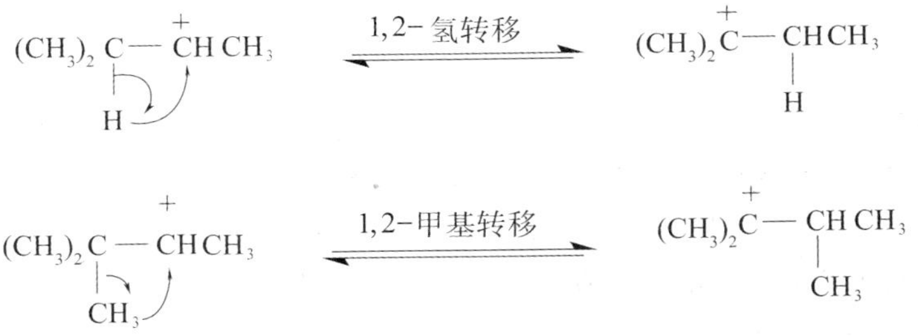

例如，3-甲基-1-丁烯与HCl加成时，3-甲基-1-丁烯结合H^+生成的仲碳正离子经重排可变为更加稳定的叔碳正离子，因而后者结合氯原子的产物2-甲基-2-氯丁烷为该加成反应的主要产物。

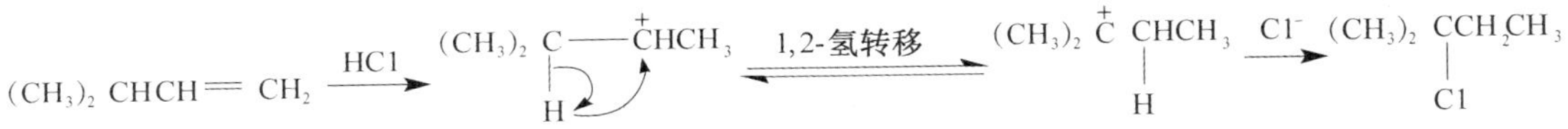

(2)强吸电子作用的基团(如$—CF_3$，$—NO_2$，—CN等)直接与双键相连的烯烃。例如3,3,3-三氟丙烯与HCl加成时，生成的仲碳正离子$CF_3\overset{+}{C}HCH_3$因中心碳原子直接连着具有强吸电子作用的三氟甲基($—CF_3$)，反而不如相应的伯碳正离子$CF_3CH_2CH_2{}^+$稳定，因此反应倾向于沿着生成伯碳正离子的方向进行，主要产物为氢加在含氢较少的碳上、卤素加在含氢较多的碳上的反马氏规则产物。

$$CF_3CH{=}CH_2 + HCl \longrightarrow CF_3CH_2CH_2Cl$$

(3)过氧化物效应(peroxide effect)。过氧化物效应又称Kharasch(卡拉施)效应，指过氧化物(常用ROOR表示)的存在使反马氏规则产物成为烯烃加成反应主要产物的现象。例如，丙烯在过氧化物存在下与HBr加成，主要得到溴加在含氢较多的C_1上的产物1-溴丙烷。

$$CH_3CH{=}CH_2 + HBr \xrightarrow[-30\sim50℃]{\text{过氧化物}} \underset{98\%}{CH_3CH_2CH_2Br} + \underset{2\%}{CH_3CHBrCH_3}$$

这是由于过氧化物存在下，烯烃的加成反应不再是离子型反应，而是一个自由基反应。反应过程中，首先与碳碳双键结合的不是H^+而是溴自由基$Br^{\cdot}$，生成碳自由基中间体。碳自由基的稳定性顺序由大到小为：叔碳自由基>仲碳自由基>伯碳自由基>甲基自由基。因而溴自由基加在C_1上，优先生成仲碳自由基。反应机理如下图所示。需要注意的是，只有

HBr 存在过氧化物效应，其他氢卤酸、水等均不能发生这种加成。

链引发：$ROOR \longrightarrow 2RO\cdot$

$RO\cdot + HBr \longrightarrow ROH + Br\cdot$

链转移：$CH_3CH{=}CH_2 + Br\cdot \longrightarrow CH_3\dot{C}HCH_2Br$

$CH_3\dot{C}HCH_2Br + HBr \longrightarrow CH_3CH_2CH_2Br + Br\cdot$

链终止：略

（4）硼氢化－氧化反应。烯烃与甲硼烷反应可生成烷基硼，称为硼氢化（hydroboration）反应。

$$R{-}CH{=}CH_2 \xrightarrow{B_2H_6} RCH_2{-}CH_2{-}BH_2$$

由于甲硼烷极不稳定，实际反应使用的试剂是乙硼烷的醚溶液，乙硼烷在反应时能分解释放出甲硼烷。参照鲍林标度的元素电负性表可知，硼原子电负性为 2.04，氢原子电负性为 2.20。甲硼烷中，硼原子带部分正电荷，氢原子带部分负电荷。加成碳碳双键时，硼原子部分（$-BH_2$）加在带部分负电荷的碳（即含氢较多的碳）上，氢原子部分（—H）加在带部分正电荷的碳（即含氢较少的碳）上，得到反马氏规则的产物。

该反应是个协同反应（图 3－11），反应过程经过一个四中心环状过渡态，因而氢与硼加在双键的同侧，为顺式加成。反应过程中没有碳正离子或碳自由基中间体生成，没有重排。由于硼原子体积较大，甲硼烷的加成取向受空间位阻的影响较大，也使得硼原子部分易于加在含氢较多的碳上。

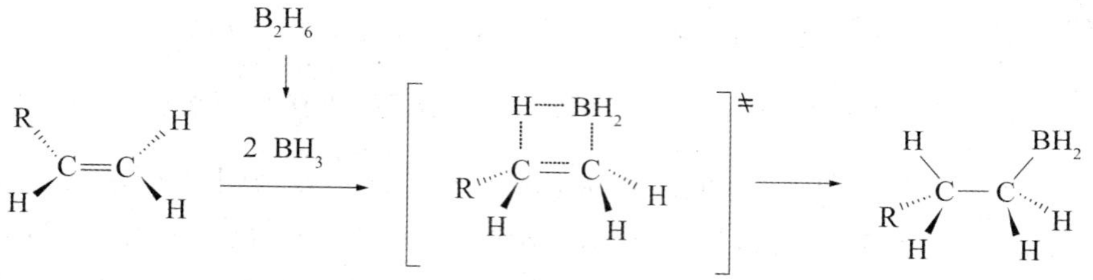

图 3－11　烯烃的硼氢化反应机理

硼氢化反应的最终产物通常不是一烷基硼，而是三烷基硼。

$$RCH{=}CH_2 + 1/2B_2H_6 \longrightarrow RCH_2CH_2BH_2 \xrightarrow{2RCH{=}CH_2} (RCH_2CH_2)_3B$$

三烷基硼在碱性水溶液中可被双氧水氧化为醇。

$$(RCH_2CH_2)_3B \xrightarrow{H_2O_2,\ OH^-} RCH_2CH_2OH$$

烯烃先生成硼烷再被氧化为醇的反应，称为硼氢化—氧化反应。从产物上来看，硼氢化—氧化反应最终使烯烃在碳碳双键上加成了一分子水。若反应物为端烯烃，所得醇便为伯醇。因此，硼氢化—氧化反应可作为烯烃水合反应的重要补充。

$$CH_3CH{=}CH_2 \xrightarrow[(2)H_2O_2,\ OH^-]{(1)B_2H_6} CH_3CH_2CH_2OH$$

3.5.2 还原反应

烯烃和炔烃在镍 Ni、钯 Pd、铂 Pt 等催化剂的作用下与氢气发生加成反应，被还原为饱和的烷烃。

$$(C_2H_5)_2C{=}CHCH_3 + H_2 \xrightarrow[5MPa]{Ni,\ 90 \sim 100℃} (C_2H_5)_2CHCH_2CH_3 \quad 70\%$$

$$CH_3C{\equiv}CCH_3 + H_2 \xrightarrow[5MPa]{Ni,\ 90 \sim 100℃} CH_3CH_2CH_2CH_3$$

反应过程中，H_2 在催化剂表面受到活化而变为两个氢原子，随后加成到同样吸附在催化剂表面的烯烃双键或炔烃三键上。三键催化加氢的活性要高于双键。在汽油生产过程中，将汽油中易聚合的烯烃通过催化加氢变为烷烃，可提高油品的稳定性。

若通过更换低活性的催化剂来控制反应条件，可使炔烃的加成产物停留在烯烃的阶段。常用的催化剂有：Pd－$BaSO_4$/喹啉或 Pd－$CaCO_3$/$Pb(OAc)_2$ 等，统称为 Lindlar 催化剂。P－2 催化剂（分子式为 Ni_xB_y，常见 Ni_2B）也可以实现上述反应。以 Lindlar 催化剂或 P－2 催化剂催化炔烃与 H_2 的反应时，氢原子加在三键的同侧，发生顺式加氢，得 *Z*－构型烯。

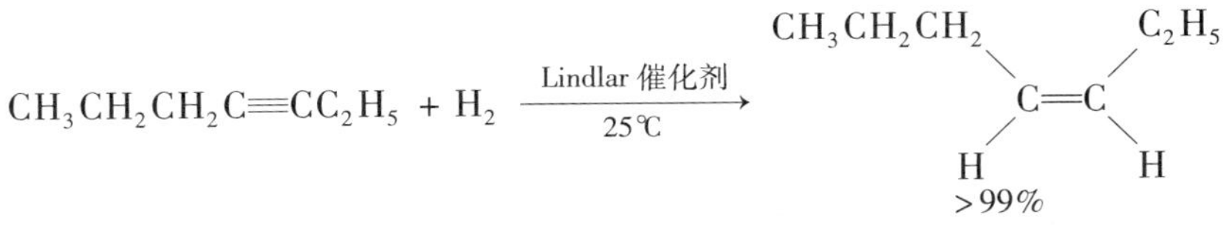

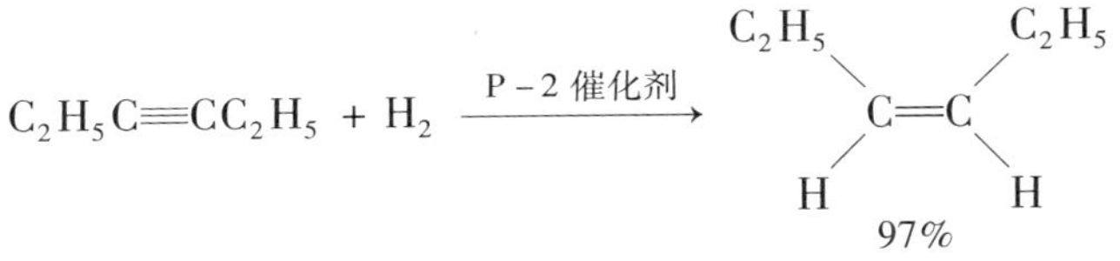

以 Na/液 NH_3 来还原炔烃时，同样可以得到烯烃产物。从加成方式上看，氢原子加在三键两侧，发生反式加氢，得 *E*－构型烯。加成时，炔烃先从 Na 获得一个电子，再从液氨获得一个质子，从而将一个氢原子加在其中一个三键碳原子上；然后继续从 Na 得电子、从液氨得质子，进而将两个氢原子逐步加在三键两端。

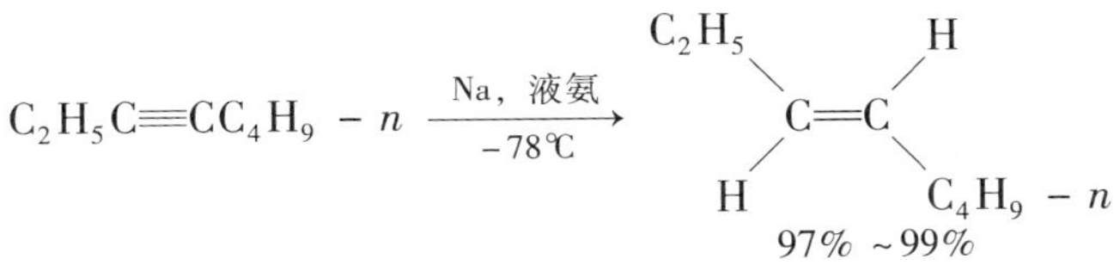

3.5.3 聚合反应

由低相对分子质量的有机物相互作用生成高相对分子质量化合物的反应称为聚合反应（polymerization）。聚合反应中，低相对分子质量的反应物称为单体，高相对分子质量的产物称为聚合物，聚合物结构式中方括号内的单元称为链节，右下角码 *n* 称为聚合度。烯烃或炔烃发生聚合反应时，不饱和键的 π 键打开并相互连接形成 σ 键。乙烯及其衍生物的聚合反应是生产塑料、合成橡胶、合成纤维等的重要途径，对应的聚合产物也具有广泛的用途。例如，高压聚乙烯可用来制作食品用及农用薄膜等，低压聚乙烯可用来制造中空容器、塑料零部件等，聚乙烯醇可用于制作伤口敷料、人工关节、药用膜、人工肾膜等。

$$nCH_2{=}\underset{\displaystyle A}{\underset{|}{CH}} \xrightarrow{\text{催化剂}} \left[CH_2{-}\underset{\displaystyle A}{\underset{|}{CH}} \right]_n$$

A = H(聚乙烯)，OH(聚乙烯醇)，CH_3(丙纶)，CN(腈纶)

聚合反应通常需要在高温高压的条件下进行，而催化剂的使用可以降低反应发生时所需的压力或者温度。例如，由四氯化钛 $TiCl_4$ 和三乙基铝 $Al(C_2H_5)_3$ 组成的 Ziegler - Natta(齐格勒 - 纳塔)催化剂可以常压催化乙烯聚合，Ziegler 和 Natta 也因此获得 1963 年的诺贝尔化学奖。

$$nCH_2{=}\underset{\displaystyle CH_3}{\underset{|}{CH}} \xrightarrow[50℃,\ 2MPa]{TiCl_4 - Al(C_2H_5)_3} \left[CH_2{-}\underset{\displaystyle CH_3}{\underset{|}{CH}} \right]_n$$

乙炔在不同催化剂作用下可选择性地聚合成链状或环状不饱和化合物。例如，在氯化亚铜 - 氯化铵催化下可发生链状二聚或三聚。

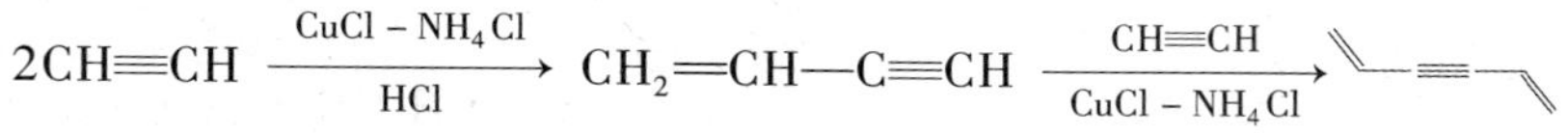

3.5.4 氧化反应

烯烃的氧化反应(oxidation)较为多样。使用不同的氧化剂，可将烯烃氧化为不同的产物。

1. 臭氧氧化

低温下，将含有 6% ~8% 臭氧(O_3)的氧气通入烯烃的非水溶液或烯烃中，可生成不稳定的臭氧化物。臭氧化物易爆炸，通常会将其接着在还原剂(常用锌粉)作用下进行水解，生成醛和酮。

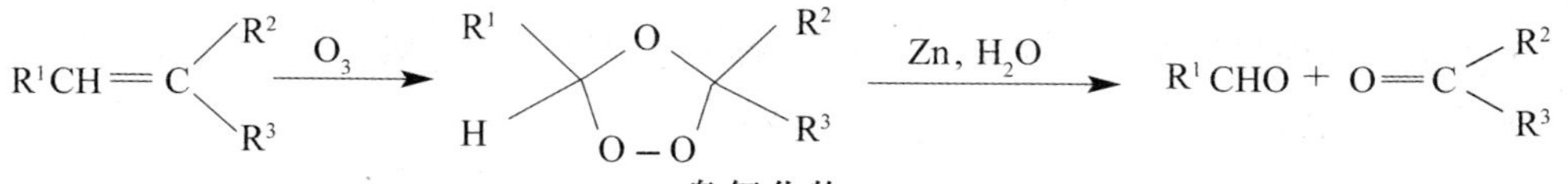

臭氧化物

例如：

$$(CH_3)_2C{=}CH_2 \xrightarrow{O_3} \xrightarrow{Zn,\ H_2O} (CH_3)_2C{=}O + HCHO$$

利用烯烃臭氧化 - 还原水解(ozonization - reductive hydrolysis)所生成的醛和酮可推测烯烃的结构。而炔烃在臭氧的氧化作用下生成酸和 CO_2。

$$CH_3CH_2CH_2C{\equiv}CCH_2CH_3 \xrightarrow{O_3} \xrightarrow{H_2O} CH_3CH_2CH_2COOH + CH_3CH_2COOH$$

2. 酸性或热浓的碱性 $KMnO_4$ 溶液氧化

烯烃被酸性 $KMnO_4$ 或热浓的碱性 $KMnO_4$ 溶液氧化，碳碳双键以及与双键相连的 C—H

键均能断裂，生成酮、酸或者 CO_2。三取代乙烯被氧化得酮和酸，二取代端烯烃被氧化得酮和 CO_2。

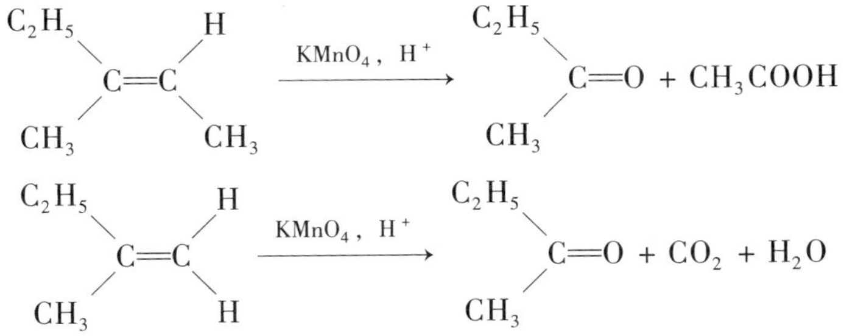

炔烃被 $KMnO_4$氧化，碳碳三键断裂生成两分子羧酸。若为端炔烃，则氧化产物为羧酸和 CO_2。

$$CH_3CH_2CH_2C \equiv CH \xrightarrow{KMnO_4,\ H^+} CH_3CH_2CH_2COOH + CO_2 + H_2O$$

对于 $KMnO_4$溶液的氧化反应，同样可以依据氧化产物的结构来推测原料烯烃或炔烃的结构。此外，不饱和键与 $KMnO_4$溶液反应可观察到紫红色 $KMnO_4$溶液褪色，生成褐色沉淀 MnO_2。该现象可用来鉴别含有不饱和键的化合物。

3. 冷、稀、中性或碱性 $KMnO_4$溶液氧化

烯烃被冷、稀、中性或碱性 $KMnO_4$溶液氧化，碳碳双键中的 π 键断裂，生成邻二醇。反应经过一个环状中间体，两个—OH 加在双键同侧。例如

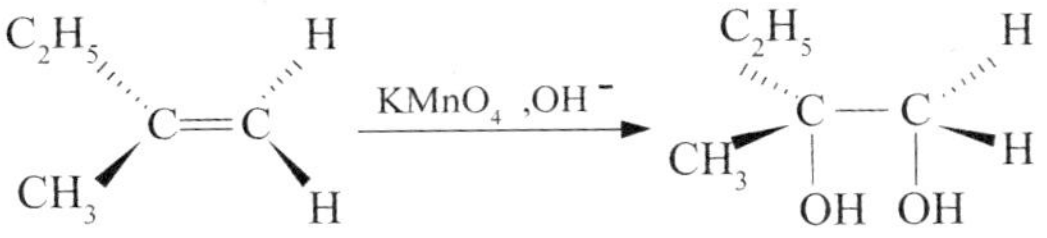

该反应同样可用来鉴别含不饱和键的烃，反应现象也是紫红色 $KMnO_4$溶液褪色。

4. 过氧酸氧化

烯烃被过氧酸(RCO_3H)氧化，碳碳双键中的 π 键断裂生成 1，2 - 环氧化合物，该反应又称为烯烃的环氧化(epoxidation)。常用过氧酸有过氧乙酸(CH_3CO_3H)、过氧三氟乙酸(CF_3CO_3H)等。例如

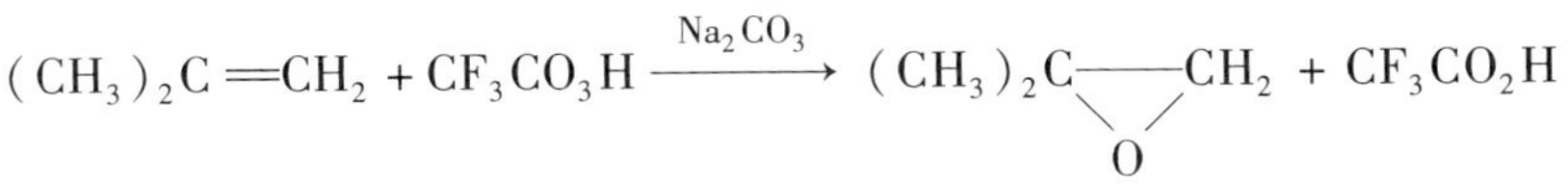

在杂多酸季铵盐(如($\pi - C_5H_5$)N($C_{16}H_{33}$)[PW_4O_{16}])存在下，双氧水(H_2O_2)也可以使某些烯烃环氧化，能被双氧水催化环氧化的烯烃主要是 α - 烯烃和单环烯烃。双氧水毒性小，副产物为水，反应条件温和，因而以双氧水为氧化剂的氧化反应是一类环境友好、清洁的反应。

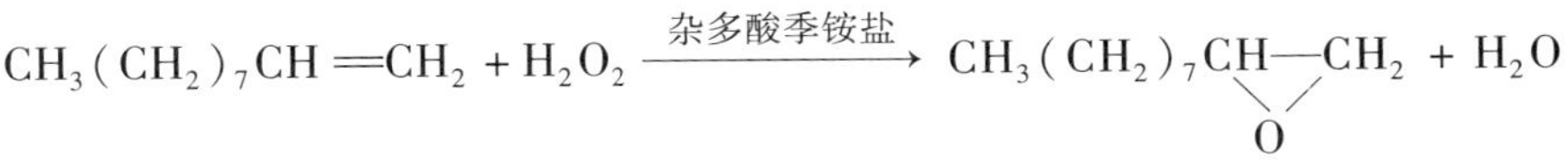

5. 空气或氧气氧化

乙烯在银催化下被空气中的氧气氧化，生成环氧乙烷。这是工业上生产环氧乙烷的主要方法，但仅适用于环氧乙烷的制备，不能用来制备其他环氧化物。此外，该反应还需严格控制反应温度在300℃以下，否则主要产物将会是二氧化碳和水。

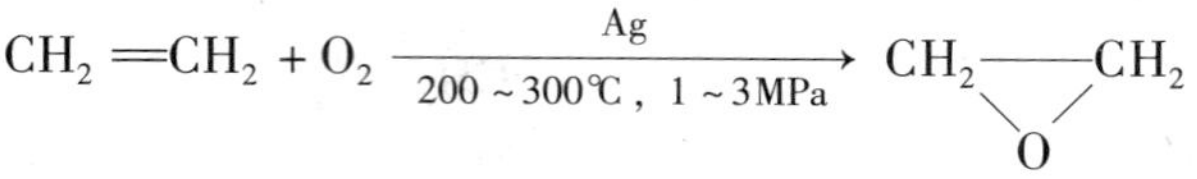

若将反应的催化剂更换为氯化钯和氯化铜的水溶液，乙烯被空气氧化的主要产物将变为乙醛。其他 α－烯烃在此催化条件下可被氧化为相应的甲基酮。

$$CH_2{=}CH_2 + O_2 \xrightarrow[100 \sim 120^\circ C]{PdCl_2 - CuCl_2} CH_3CHO$$

$$CH_3CH{=}CH_2 + O_2 \xrightarrow[100 \sim 120^\circ C]{PdCl_2 - CuCl_2} CH_3COCH_3$$

若采用金属氧化物催化剂(如 Cu_2O)，在一定的温度和压力下，丙烯被空气氧化的产物为丙烯醛，即丙烯中与双键相连的饱和碳上的氢(即 α－氢)被氧化，碳碳双键未受影响。

$$CH_2{=}CHCH_3 + O_2 \xrightarrow[350^\circ C,\ 0.25MPa]{Cu_2O} CH_2{=}CHCHO$$

3.5.5 α－氢的卤代反应

直接与官能团相连的碳原子称为 α－碳，α－碳上的氢称为 α－氢。烯烃(或炔烃)中的 α－氢指与双键(或三键)直接相连的碳上的氢。该 α－氢原子尽管与饱和碳直接相连，但因受不饱和键的影响而非常活泼，易被氧化，也易被卤素取代。

在高温或光照下，烯烃可发生 α－氢的卤代反应，其反应活性高于烷烃和环烷烃中的氢。与烷烃卤代类似，烯烃 α－氢的卤代也是自由基型反应。值得注意的是，烯烃与卤素在300℃以上时反应才主要发生 α－氢的卤代反应，200℃以下时的反应主要为双键的加成反应。工业上利用丙烯与氯气在高温下的 α－氢氯代反应来生产3－氯丙烯。

$$CH_2{=}CHCH_3 + Cl_2 \begin{cases} \xrightarrow{<200^\circ C} CH_2ClCHClCH_3 \\ \xrightarrow{>300^\circ C} CH_2{=}CHCH_2Cl \end{cases}$$

实验室常用 NBS(即 *N*－溴代丁二酰亚胺)作为溴代试剂，在光照或过氧化物[例如过氧化苯甲酰 $(PhCOO)_2$]引发下对烯烃的 α－氢进行溴代。

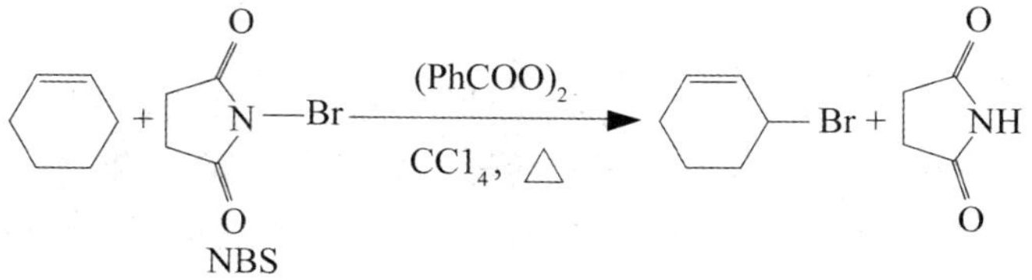

NBS

3.5.6 炔氢的反应

端炔指 C≡C 位于碳链一端的炔烃，结构通式为 RC≡CH 。炔氢则是指与三键碳直接相连的氢。受碳碳三键影响，炔氢较活泼，可发生多种反应。

1. 酸性

与烷烃和端烯相比，端炔的酸性较强。这是由于碳原子的杂化方式影响其电负性。一般而言，杂化轨道所含 s 轨道成分越大，对应原子的电负性就越强，因此，电负性由大到小为：三键碳原子 > 双键碳原子 > 烷烃碳原子。当这些碳原子的 C—H 键异裂释放出质子而显示酸性时，相应的酸性由大到小为：端炔 > 端烯 > 烷烃。乙炔、乙烯、乙烷的酸性如表 3 - 2 所示。

表 3 - 2　部分有机物的 pK_a 值

化合物	H_2O	$HC{\equiv}CH$	NH_3	$CH_2{=}CH_2$	CH_3CH_3
pK_a	15.7	25	34	44	50

2. 碱金属炔化物的生成

端炔可与碱金属发生置换反应，或与强碱发生酸碱中和反应，均生成碱金属炔化物。例如，乙炔与金属钠反应可生成乙炔一钠，同时放出氢气，乙炔一钠继续与金属钠反应可生成乙炔二钠。乙炔与氨基钠的液氨溶液反应，同样可以生成乙炔二钠和乙炔二钠。

$$\underset{}{HC{\equiv}CH} \xrightarrow[\text{或 } NaNH_2,\ NH_3(l)]{Na} \underset{\text{乙炔一钠}}{HC{\equiv}CNa} \xrightarrow[\text{或 } NaNH_2,\ NH_3(l)]{Na} \underset{\text{乙炔二钠}}{NaC{\equiv}CNa}$$

碱金属炔化物可进一步与卤代烃反应来制备较高级炔烃。

$$CH_3CH_2C{\equiv}CH \xrightarrow[NH_3(l)]{NaNH_2} CH_3CH_2C{\equiv}CNa \xrightarrow{CH_3I} CH_3CH_2C{\equiv}CCH_3$$

3. 过渡金属炔化物的生成

将端炔加入银氨溶液或亚铜氨溶液中，分别生成白色炔化银沉淀或砖红色炔化亚铜沉淀。因此，可用银氨溶液或亚铜氨溶液来鉴别端炔，也可利用此反应来萃取 Ag^+ 或 Cu^+。过渡金属炔化物用稀硝酸处理会重新变回端炔，可用此反应来精制端位炔烃。

$$RC{\equiv}CH \xrightarrow{[Ag(NH_3)_2]^+} RC{\equiv}CAg\downarrow \xrightarrow{HNO_3} RC{\equiv}CH$$

$$HC{\equiv}CH \xrightarrow{[Cu(NH_3)_2]^+} CuC{\equiv}CCu\downarrow$$

需要注意的是，金属炔化物干燥后受热或撞击均会发生强烈爆炸！

Ⅱ　二烯烃

3.6　二烯烃的分类

依据碳碳双键的相对位置不同，可将二烯烃分为：双键共用一个碳原子的累积二烯烃，如丙二烯；双键之间间隔一根单键的共轭二烯烃，如 1,3 - 丁二烯；双键之间间隔两根或两根以上单键的孤立二烯烃，如 1,5 - 己二烯。三类二烯烃中，累积二烯烃比较活泼，不易稳定存在；孤立二烯烃的化学性质与单烯烃相似；共轭二烯烃既能稳定存在，性质又较为特殊，本节将主要介绍共轭二烯烃。

$CH_2=C=CH_2$ 丙二烯　　$CH_2=CH-CH=CH_2$ 1,3－丁二烯　　$CH_2=CHCH_2CH_2CH=CH_2$ 1,5－已二烯

3.7　1，3－丁二烯的结构

1,3－丁二烯是典型的共轭二烯烃，其结构如图3－12所示。实验数据表明，1,3－丁二烯的所有原子均共平面，所有键角均接近120°。价键理论指出，1,3－丁二烯的4个碳原子均采取sp^2杂化方式，且所有sp^2杂化轨道全部位于同一平面上，相邻碳原子之间以sp^2杂化轨道头对头重叠形成σ键。每个碳原子剩余的含单电子的p轨道均垂直于1,3－丁二烯平面，因而4个p轨道相互平行。C_1与C_2的p轨道之间以及C_3与C_4的p轨道之间肩并肩重叠形成π键的同时，C_2与C_3之间也存在着p轨道较小规模的肩并肩重叠，从而形成一个贯穿4个碳原子的、包含4个轨道、4个电子的"大π键"，称为共轭π键。从分子的结构式来看，像1,3－丁二烯这样单双键交替的结构，是一种典型的共轭结构。

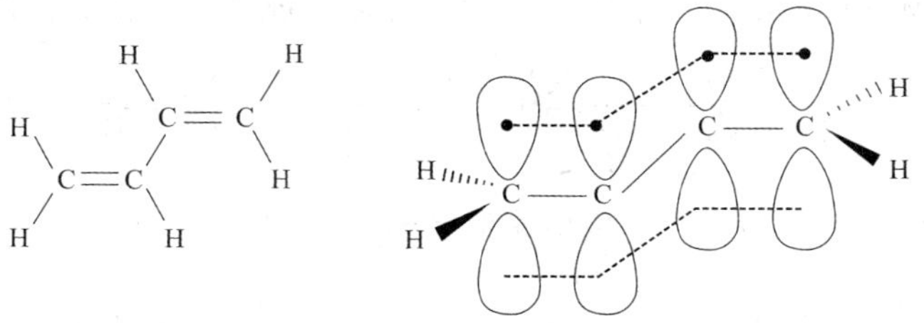

图3－12　1，3－丁二烯分子中的共轭π键

共轭π键所含的p电子不是固定在某个碳原子周围，而是在4个碳原子周围都有一定的几率出现，离域在4个碳原子上，因而共轭π键又称为离域π键。p电子的离域使整个共轭体系能量降低，降低的数值称为离域能。共轭分子的离域能常借用氢化热来描述。氢化热指不饱和分子加氢变为相应的饱和分子所放出的热量。因此，共轭分子的氢化热比非共轭分子降低的数值就是离域能。表3－3列出了一些单烯与二烯烃的氢化热。任何共轭体系均具有p电子离域的特点。

表3－3　单烯烃与二烯烃的氢化热举例

化合物	分子的氢化热/(kJ/mol)	每根双键的平均氢化热/(kJ/mol)
$CH_3CH_2CH=CH_2$	126.8	126.8
$CH_2=CH-CH=CH_2$	238.9	119.5
$CH_3CH_2CH_2CH=CH_2$	125.9	125.9
$CH_2=CHCH_2CH=CH_2$	254.4	127.2
$CH_2=CH-CH=CHCH_3$	226.4	113.2

电子衍射法测量键长可发现，1,3－丁二烯中的碳碳双键键长(0.1337nm)与普通单烯烃中碳碳双键键长(0.134nm)相近，但其碳碳单键键长(0.146nm)却明显短于普通烷烃中碳碳单键键长(0.154nm)，这是由于成键电子的离域使1,3－丁二烯的碳碳单键与碳碳双键键长

趋于平均化。可见，我们常用来描述1,3-丁二烯的结构式并不能反映其真实结构。

事实上，1,3-丁二烯的真实结构目前还无法准确表述。共振论认为，共轭体系的真实结构是多个经典结构按一定比例的叠加，这种叠加称为共振。其中的每个经典结构称为极限结构或共振结构，各极限结构之间用共振符号“$\longleftrightarrow$”来连接。实际上，极限结构是不存在的，只是目前还不能找到一个合适的结构式来准确地描述共轭分子的真实结构，只能使用多个极限结构来共同表达。例如，1,3-丁二烯的真实结构可看作是下面7个极限结构的共振，而我们常用来描述1,3-丁二烯的结构式只是其最稳定的极限结构之一。

$$CH_2=CH-CH=CH_2 \longleftrightarrow \overset{-}{C}H_2-CH=CH-\overset{+}{C}H_2 \longleftrightarrow \overset{+}{C}H_2-CH=CH-\overset{-}{C}H_2$$

$$\longleftrightarrow \overset{-}{C}H_2-\overset{+}{C}H-CH=CH_2 \longleftrightarrow \overset{+}{C}H_2-\overset{-}{C}H-CH=CH_2$$

$$\longleftrightarrow CH_2=CH-\overset{-}{C}H-\overset{+}{C}H_2 \longleftrightarrow CH_2=CH-\overset{+}{C}H-\overset{-}{C}H_2$$

3.8 常见共轭体系及共轭效应

共轭体系不限于单双键交替的结构。轭本意是指耕田或驾车时放置在牛马脖子上的木架子。二牛共负一轭可使负重分散。将二牛共负一轭的形象引入有机化学中，可将某共价单键（例如C—C键）视为轭，将该单键左右两端所连的相互平行的轨道（例如π轨道、p轨道等）视为两头牛，这就组成了一个共轭体系。在共轭体系中，共价单键两端相互平行的轨道之间存在一定程度的重叠，重叠轨道的电子离域在整个共轭体系中，使体系能量降低，键长趋于平均化。

由于轨道重叠及电子离域而使共轭体系内电子云形状发生变化的效应称为共轭效应（conjugative effect），记为C。共轭效应可分为吸电子的共轭效应（记为-C）和给电子的共轭效应（+C）。常见共轭体系及其对应的共轭效应有以下几种。

3.8.1 π-π共轭体系与π-π共轭效应

从分子结构上看，π-π共轭体系是一根单键连接两根双键而成的体系。单键所连的两个π轨道相互平行重叠，p电子离域在两个π键上。例如1,3-丁二烯（如图3-13所示）。

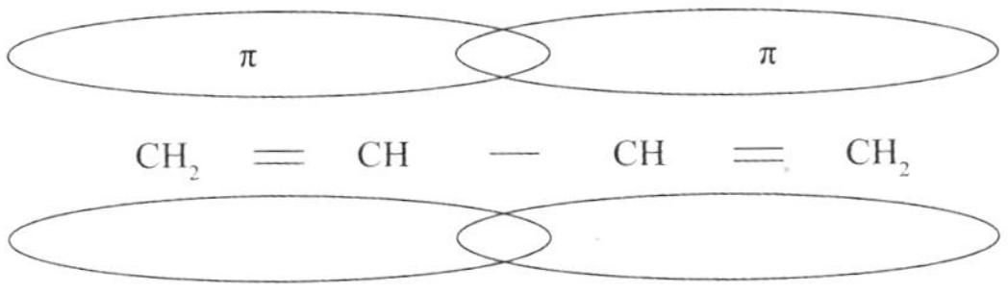

图3-13 1，3-丁二烯中的π-π共轭

一般而言，π-π共轭效应依据成键原子的电负性可分为两种情况：

（1）吸电子的π-π共轭效应。例如碳碳双键上连有硝基（$—NO_2$）、氰基（—CN）、羧基（—COOH）、羰基（—CO—）等含有双键或三键的基团时，由于这些基团的双键或三键上有电负性比碳大的原子（如氧、氮等）存在，使碳碳双键的π电子向这些基团的双键或三键偏移，因而对于碳碳双键来说，这些基团显示出吸电子的共轭效应。

（2）既不吸电子也不给电子的π-π共轭效应，例如1，3-丁二烯中的共轭效应。

3.8.2　p－π共轭体系与p－π共轭效应

从分子结构上看，p－π共轭体系是一根单键连接一根双键和一个p轨道而成的体系。该p轨道与双键的π键平行，可由卤素原子、氧原子、氮原子、碳正离子等多种原子提供。p－π共轭体系中，平行的π轨道与p轨道相互重叠，p电子离域在一个p轨道和一个π键上。例如图3－14所示分子。

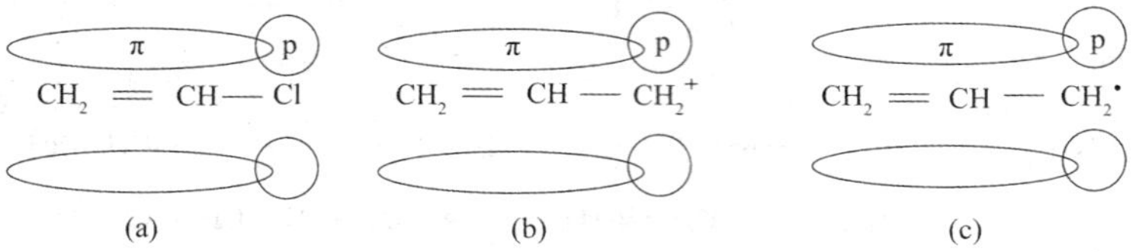

图3－14　不同分子中的p－π共轭

(a)氯乙烯；(b)烯丙基碳正离子；(c)烯丙基自由基

一般而言，p－π共轭效应依据p轨道上的电子数可分为三种情况：

(1)吸电子的p－π共轭效应。例如烯丙基碳正离子CH_2═CH—CH_2^+中，带正电荷的中心碳原子有一个无电子的p轨道，该p轨道与碳碳双键共轭后，π电子会从碳碳双键离域到空的p轨道上来，因而对于碳碳双键来说，中心碳原子显示出吸电子的共轭效应。

(2)给电子的p－π共轭效应。例如氯乙烯中，氯原子有一个与π键平行的、带有一对未成键电子的p轨道，该p轨道与碳碳双键共轭后，p电子会从电子云密度相对较高的p轨道离域到碳碳双键上来，因而对于碳碳双键来说，氯原子显示出给电子的共轭效应。同样显示给电子共轭效应的基团还有羟基(—OH)、烷氧基(—OR)、氨基及取代氨基(—NH_2，—NHR，—NRR′)、其他卤素(—F，—Br，—I)等。

(3)不吸也不给电子的p－π共轭效应。例如烯丙基自由基中的p－π共轭效应。

3.8.3　超共轭体系与σ－π、σ－p超共轭效应

从分子结构上看，σ－π超共轭体系是指一根单键连接一根双键和一根C—Hσ键而成的体系。由于氢原子半径较小，C—Hσ键与p轨道在形状上有一定的相似之处。当C—Hσ键沿C—C键旋转到合适的位置时，该C—Hσ键也能与C—C键另一端的π键产生一定程度的重叠，使π键p电子及C—Hσ键成键电子共同离域在π键和C—Hσ键上，形成σ－π超共轭体系。例如图3－15所示分子。

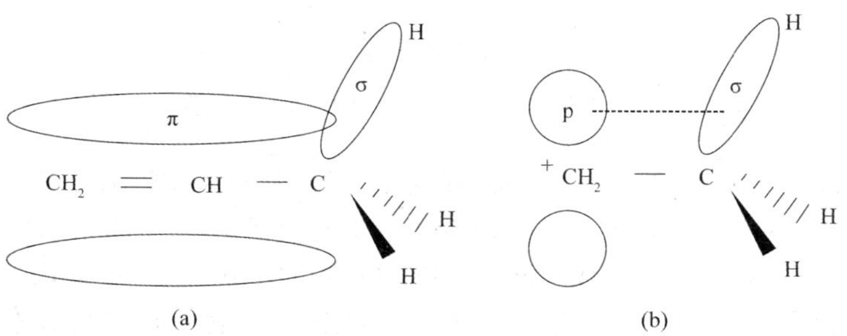

图3－15　分子中的σ－π、σ－p超共轭

(a)丙烯分子中的σ－π超共轭；(b)乙基碳正离子中的σ－p超共轭

$\sigma-p$ 超共轭体系是指一根单键连接一个 p 轨道和一根 C—Hσ 键而成的体系。p 轨道可由卤素原子、氧原子、氮原子、碳正离子等多种原子提供。该 p 轨道与 C—Hσ 键位于同一平面内，近似于相互平行，在一定程度上相互重叠，使 p 电子和 C—Hσ 键成键电子共同离域在一个 p 轨道和一个 σ 键上。例如乙基碳正离子。

由于 C—Hσ 键中含有一对成键电子，因而通常显示出给电子的超共轭效应。但 C—Hσ 键与 π 键或 p 轨道不能完全平行，因而不能很好地相互重叠，共轭效应较弱。

共轭效应及超共轭效应可以用来解释碳正离子的稳定性顺序：$CH_2=CH—CH_2^+ > (CH_3)_3C^+ > (CH_3)_2CH^+ > CH_3CH_2^+ > CH_3^+$。$CH_2=CH—CH_2^+$ 中存在的 $p-\pi$ 共轭效应强于其他几个碳正离子中的 $\sigma-p$ 超共轭效应，因而 $CH_2=CH—CH_2^+$ 稳定性最强。$(CH_3)_3C^+$ 中有 9 个给电子的 C—Hσ 键，$(CH_3)_2CH^+$ 有 6 个，$CH_3CH_2^+$ 有 3 个，CH_3^+ 没有，因而稳定性越来越低。

3.8.4 共轭效应的传递

共轭效应只能沿着共轭链进行传递，传递的结果使正负电荷沿共轭链交替出现，例如：

$$\overset{\delta-}{C}H_2=\overset{\delta+}{C}H—\overset{\delta-}{C}H=\overset{\delta+}{C}H—\overset{\delta-}{C}H=\overset{\delta+}{C}H—Cl$$

共轭效应在传递过程中强弱始终保持不变。

3.9 共轭二烯烃的化学性质

共轭二烯烃具有普通双键的性质，能发生亲电加成反应、聚合反应、氧化反应、α－氢的卤代反应等。但由于其双键处于共轭状态，因而相应的亲电加成反应等又与单烯烃有所不同。

3.9.1 亲电加成反应

1,3－丁二烯与 1 当量氢溴酸发生亲电加成反应，产物为 3－溴－1－丁烯与 1－溴－2－丁烯的混合物。其中，3－溴－1－丁烯为 1,2－加成产物，1－溴－2－丁烯为 1,4－加成产物。

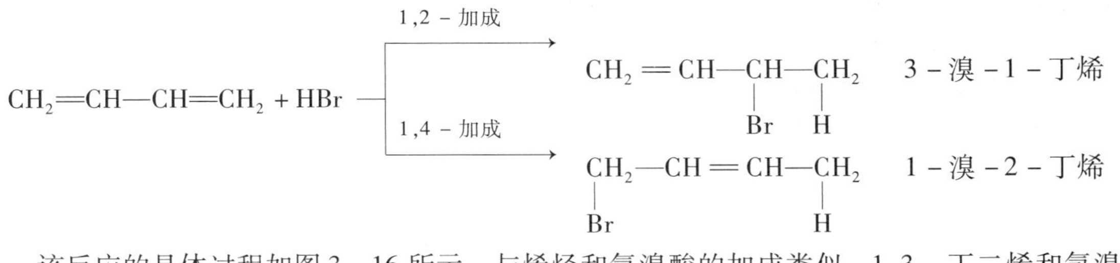

该反应的具体过程如图 3－16 所示。与烯烃和氢溴酸的加成类似，1,3－丁二烯和氢溴酸的加成同样是碳碳双键先与 H^+ 结合生成碳正离子，且 H^+ 的加成取向符合马氏规则，即氢加在含氢较多的碳上，优先生成较稳定的烯丙基碳正离子。烯丙基碳正离子中存在的 $p-\pi$ 共轭使电子离域并使正电荷离域，正负电荷交替分布的共轭效应传递方式使正电荷主要集中在 C_2 和 C_4 上，Br^- 进攻 C_2 可得 1,2－加成产物，进攻 C_4 则得 1,4－加成产物。由于在 1,4－加成中整个共轭体系都参与了反应，因而 1，4－加成又称为共轭加成。

含有 1,3－丁二烯结构片段的共轭二烯烃均能发生共轭加成。一般而言，共轭二烯烃加

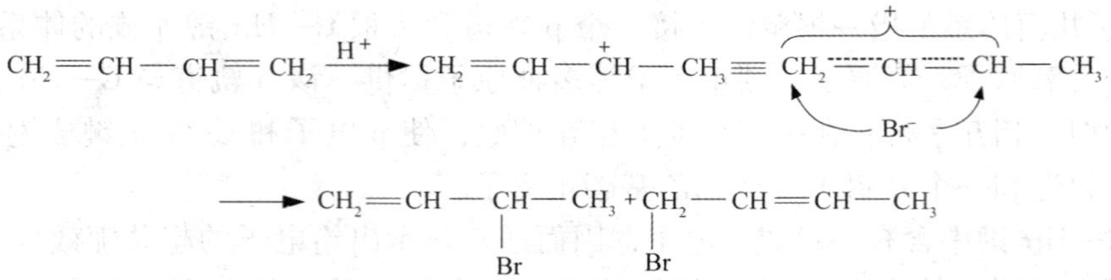

图 3-16　1,3-丁二烯的 1,2-加成与 1,4-加成机理

成方式的选择性有如下规律：低温下或弱极性溶剂中以 1,2-加成为主，常温下或极性溶剂中以 1,4-加成为主。1,3-丁二烯与卤素的加成同样有上述规律。

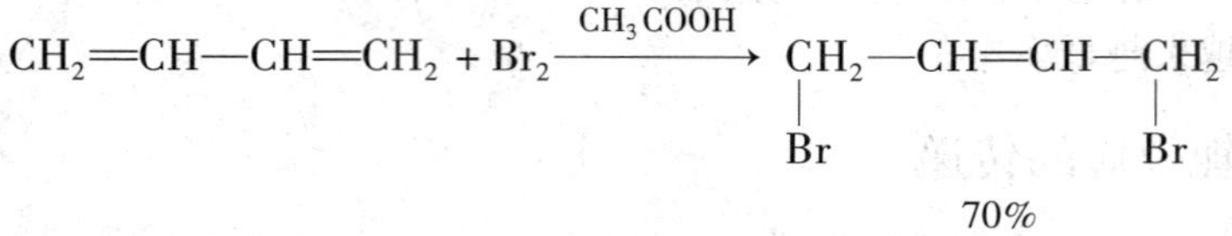

3.9.2　双烯合成

共轭二烯烃与含有不饱和键的化合物进行 1,4-加成，经过一个六元环状过渡态，生成六元环状化合物的反应，称为双烯合成，又称 D-A 反应或 Diels-Alder(狄尔斯-阿尔德)反应。其中，共轭二烯烃称为双烯体，与共轭二烯烃反应的含有不饱和键的化合物称为亲双烯体。在产物新生成的六元环中，原反应物中的单键变双键，双键变单键，不参与组成六元环的部分则保持不变。双烯合成是有机合成中制备六元环的重要反应。

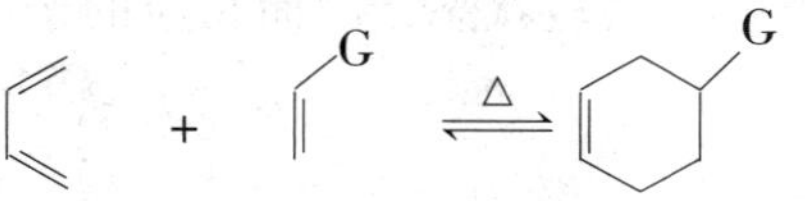

双烯体　　亲双烯体

若将双烯体或亲双烯体中的不饱和碳原子换为氧、氮等杂原子，反应同样可以进行，产物为六元杂环化合物。1,3-丁二烯与乙烯的反应需要在较高的温度和压力下才能进行。当双烯体连有给电子基团，或者亲双烯体连有吸电子基团时，反应就会变得很容易。低级共轭二烯烃能与马来酸酐(又称顺丁烯二酸酐)很快发生双烯合成反应，产物为固体沉淀，因而可用马来酸酐鉴别低级共轭二烯烃。

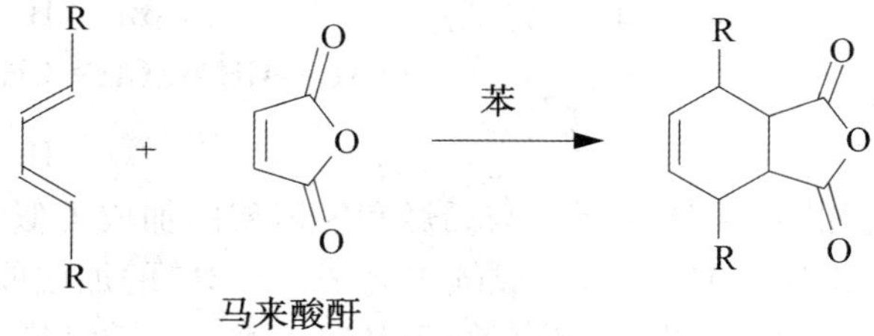

马来酸酐

【阅读材料】

阅读材料 1：不饱和烃中的典型危险化学品

《首批重点监管的危险化学品名录》中，典型的不饱和烃类危险化学品有：乙烯、丙烯、1,3-丁二烯、乙炔、液化石油气。

乙烯为无色气体，带有甜味。不溶于水，微溶于乙醇，溶于乙醚、丙酮和苯。气体密度为1.26g/L，爆炸极限为2.7%～36.0%（体积分数），自燃温度425℃。

用途：合成纤维、合成橡胶、合成树脂的基本化工原料，可用于生产聚乙烯、二氯乙烷、氯乙烯、环氧乙烷、乙二醇、苯乙烯、乙苯等；也可用作水果、蔬菜的催熟剂。

危险性：极易燃，与空气混合能形成爆炸性混合物，遇明火、高热或与氧化剂接触，有引起燃烧爆炸的危险。高温或接触氧化剂能引起燃烧或爆炸性聚合。具有较强的麻醉作用。皮肤接触液态乙烯可发生冻伤。

火灾扑救：切断气源。若不能切断泄漏气源，则不允许熄灭泄漏处的火焰。用大量水冷却容器。喷雾状水抑制蒸气，禁止用水直接冲击泄漏物或泄漏源。在确保安全的前提下，将容器从火场移至空旷处。灭火剂：干粉、二氧化碳、雾状水、泡沫。

急救：迅速脱离现场至空气新鲜处。保持呼吸道通畅。如呼吸困难，给氧。如呼吸停止，立即进行人工呼吸。就医。如果发生冻伤，将患部浸泡于38～42℃的温水中复温，使用清洁、干燥的敷料包扎。

1,3－丁二烯为无色气体，有芳香味。易液化。气体密度为2.43g/L，爆炸极限为1.4%～16.3%（体积分数），自燃温度415℃。

用途：主要用于合成橡胶、ABS树脂、酸酐、补强剂和硬化剂、水性及油性涂料等。

危险性：极易燃，与空气混合能形成爆炸性混合物，遇高热、明火或氧化剂有燃烧爆炸危险。蒸气比空气重，能在较低处扩散到相当远的地方，遇火源会着火回燃和爆炸。皮肤接触液态1,3－丁二烯可发生冻伤。

火灾扑救与急救：同乙烯。

乙炔为无色无臭气体，微溶于水，溶于乙醇、丙酮和苯。气体密度为1.17g/L，爆炸极限为2.1%～80.0%（体积分数），自燃温度305℃。

用途：有机合成的重要原料，可用于合成纤维、橡胶和塑料。也用于氧炔焊割。

危险性：极易燃易爆，与空气混合能形成爆炸性混合物，爆炸范围非常宽。遇明火、高热或氧化剂有燃烧爆炸危险。对撞击和压力敏感。具有弱麻醉作用。

火灾扑救：同乙烯。

急救：迅速脱离现场至空气新鲜处。保持呼吸道通畅。如呼吸困难，给氧。如呼吸停止，立即进行人工呼吸。就医。

液化石油气主要组分为丙烷、丙烯、丁烷、丁烯，并含有少量戊烷、戊烯和微量硫化氢杂质。不溶于水。相对蒸气密度（空气＝1）为1.5～2.0，爆炸极限为5.0%～33.0%（体积分数），自燃温度426～537℃。

用途：用作民用燃料、发动机燃料、加热炉燃料以及打火机的气体燃料，亦用作乙烯或制氢原料、化工原料。

危险性：极易燃，蒸气与空气可形成爆炸性混合物，遇明火、高热极易爆炸。蒸气比空气重，能在较低处扩散到相当远的地方，遇火源会着火回燃。在火场中，受热的容器有爆炸危险。吸入有毒，有麻醉作用。皮肤接触液化石油气可发生冻伤。

火灾扑救：切断气源。若不能切断泄漏气源，则不允许熄灭泄漏处的火焰。用大量水冷却容器。喷雾状水抑制蒸气，禁止用水直接冲击泄漏物或泄漏源。在确保安全的前提下，将容器从火场移至空旷处。灭火剂：二氧化碳、泡沫。

急救：同乙烯。

阅读材料 2：聚合反应的危险性分析

将若干个分子结合为一个较大的组成相同而相对分子质量较高的化合物的反应过程称为聚合反应。聚合反应多为中等放热反应。

聚合反应按照聚合方式可分为本体聚合、溶液聚合、悬浮聚合、乳液聚合和缩合聚合。其中，本体聚合是指在没有其他介质的情况下，用浸在冷却剂中的管式聚合釜进行的一种聚合方法。乙烯的高压聚合就是本体聚合。在高压聚乙烯生产中，每聚合 1kg 乙烯会放出 3. 8MJ 的热量。若这些热量未及时移去，使釜内温度升高到一定数值，就会使乙烯分解而强烈放热，发生暴聚进而引发爆炸。

聚合反应过程中还可能伴有易燃溶剂的挥发和静电火花的产生，有的聚合过程还会产生可燃气体，这些都是危险因素。此外，很多聚合反应的单体原料属于易燃易爆物质。

【习题】

一、命名下列分子或取代基。

(1) 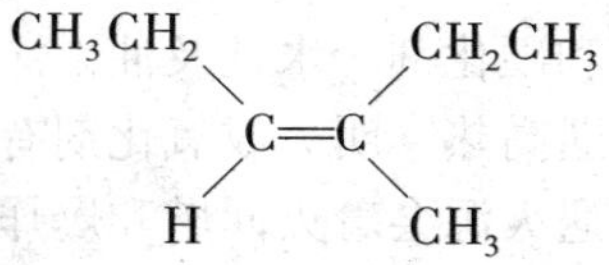

(2) 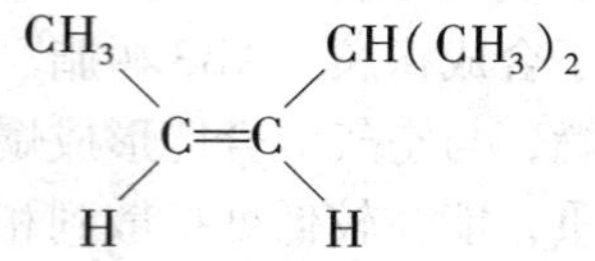

(3) 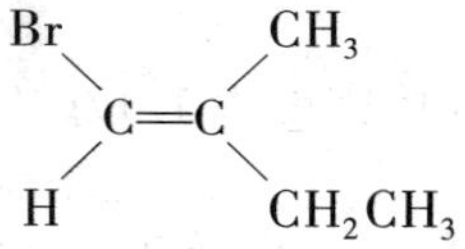

(4) 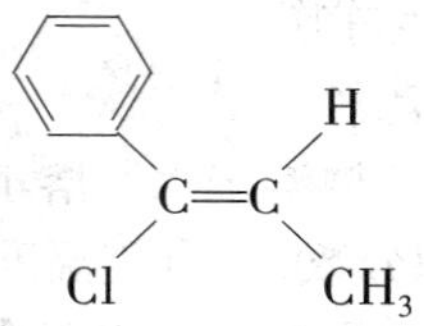

(5) 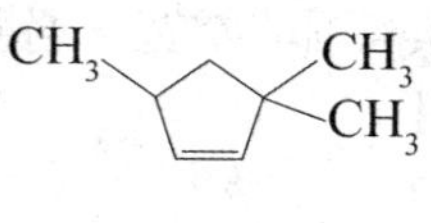

(6) 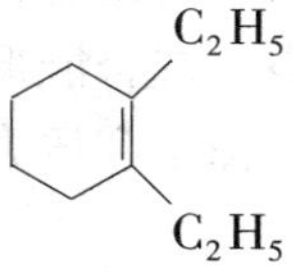

(7) 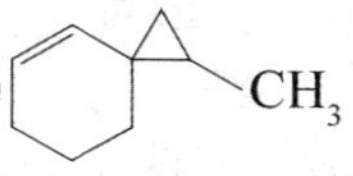

(8) 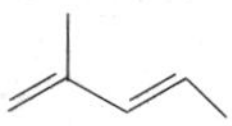

(9) $CH_3CH=CHCH=CH_2$

(10) 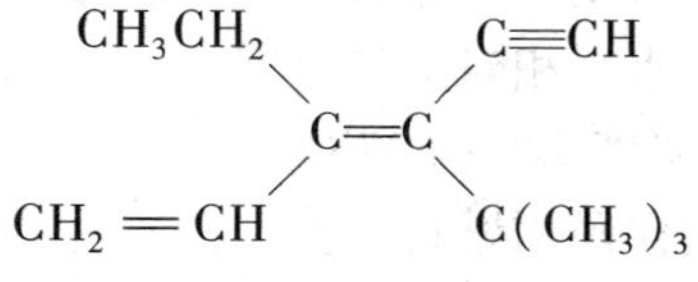

(11) 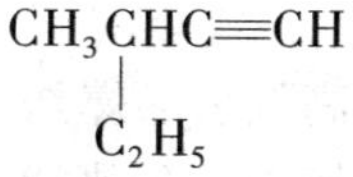

(12) $CH_2=CHCH_2—$

二、将下列碳正离子按照稳定性由大到小的顺序排列。

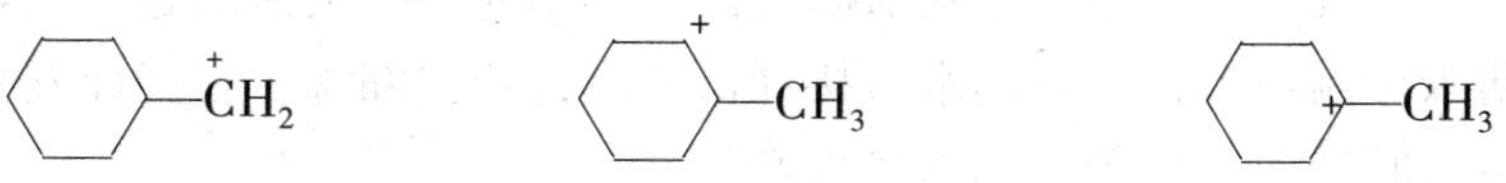

三、完成下列反应，写出主要产物。

(1) $CH_3C\equiv CCH_3 \xrightarrow{H_2，\text{Lindlar 催化剂}}$

(2) $CH_2{=}CHCH_2C\equiv CH \xrightarrow{1\,mol\ Cl_2}$

(3) 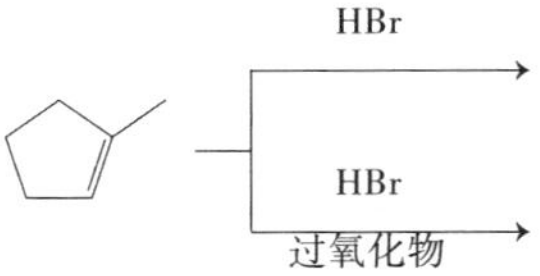

(4) $CH_3C\equiv CH \xrightarrow{1\,mol\ HCl} ? \xrightarrow[\triangle]{CH_2{=}CHCH{=}CH_2}$

(5) 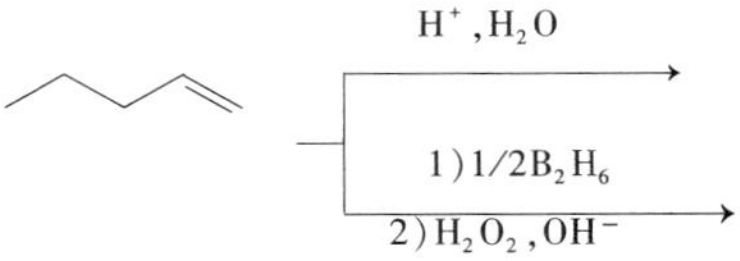

(6) 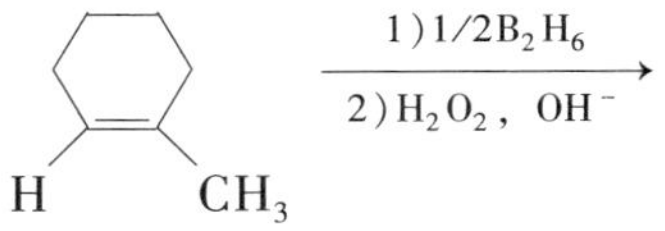

(7) 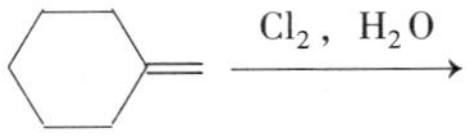

(8) $(CH_3)_2CHCH{=}CH_2 \xrightarrow{HI}$

(9) 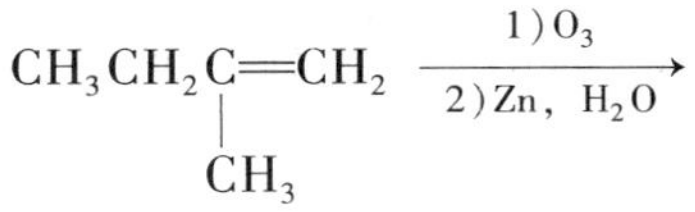

(10) 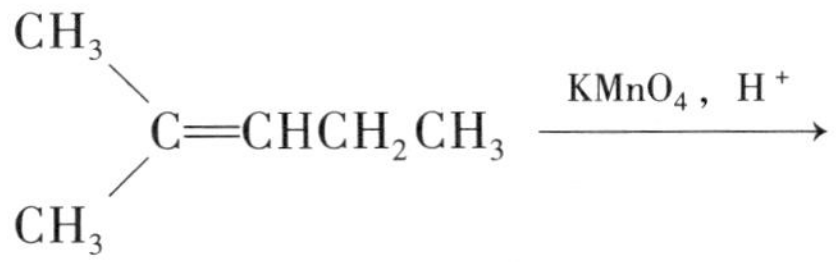

(11) 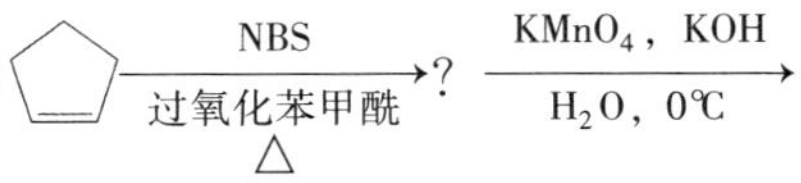

(12) 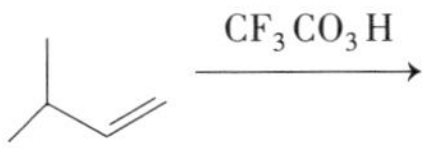

(13) 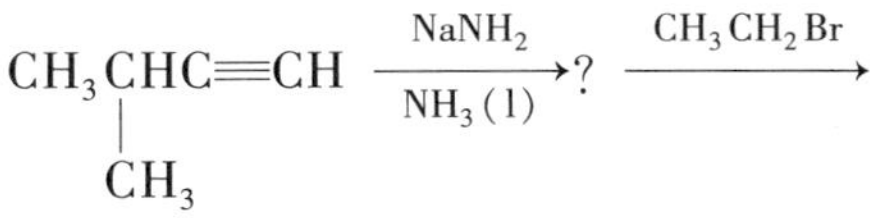

(14) 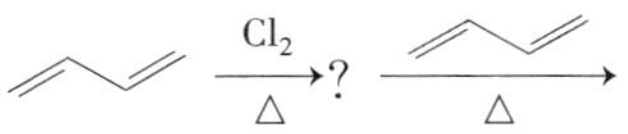

(15) 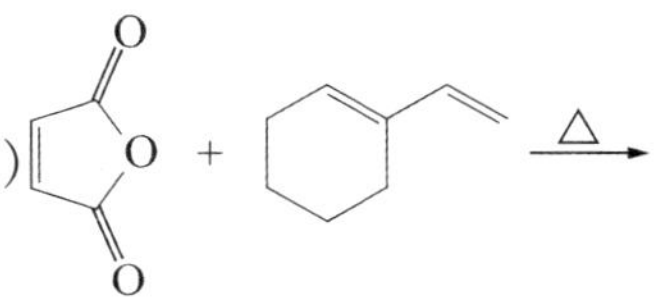

四、下列分子中存在哪些类型的共轭？

(1) $CH_3CH=CHCH=CH\overset{+}{C}H_2$　　　(2) $CH_2=CH\overset{+}{C}(CH_3)_2$

五、比较下列化合物哪个更稳定？

(1)1－乙基－1,3－环己二烯，1－乙基－1,4－环己二烯

(2)4－甲基－2,4－庚二烯，4－甲基－2,5－庚二烯

六、完成下列指定合成。

(1)以 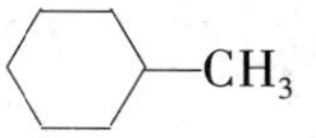 为原料合成 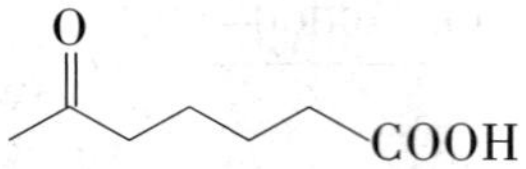 ，其他试剂自选。

(2)以乙炔和丙烯为原料合成 $CH_2=CHCH_2C\equiv CH$，其他试剂自选。

(3)以乙炔为原料合成顺－3－己烯，其他试剂自选。

七、选择合适的试剂鉴别下列各组化合物。

(1)环丙烷，丙烷，丙烯(三者均为惰性溶剂配制的溶液)

(2)1－戊炔，2－戊炔，1,3－戊二烯

(3)环丁烷，1－丁烯，1－丁炔，1,3－丁二烯(四者均为惰性溶剂配制的溶液)

八、化合物 A、B、C 具有相同的分子式 C_5H_8，它们都能使溴的四氯化碳溶液褪色。A 能与硝酸银的氨溶液作用生成沉淀，B、C 则不能。用酸性高锰酸钾氧化时，A 得到 $CH_3CH_2CH_2COOH$ 和 CO_2，B 得到 CH_3CH_2COOH 和 CH_3COOH，C 得到 $HOOCCH_2COOH$ 和 CO_2。试写出 A、B、C 的构造式。

第 4 章　芳烃

芳香化合物最早的定义为从植物胶中取得的具有芳香气味的物质。后来，人们发现有些不具有芳香气味但在结构上含有苯环的化合物，其性质却与人们过去所认识的芳香化合物相似，于是将芳香化合物的定义更正为苯和含有苯环的化合物。随着对芳香化合物研究的进一步深入，人们发现某些不含有苯环的化合物同样具有与芳香化合物相同的性质，于是把这种共同的的性质称为“芳香性(aromaticity)”，并将芳香化合物的范畴进一步扩大为具有芳香性的化合物。而芳香性则可以粗略地理解为一种特殊的稳定性。

4.1　芳烃的分类

芳烃(aromatic hydrocarbon)指具有芳香性的碳氢化合物，也称芳香烃。其按结构可分为三类。

(1)单环芳烃。即分子中只含有一个苯环的芳烃。例如：

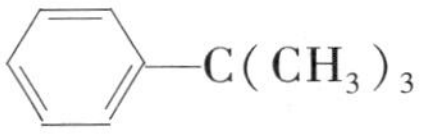

叔丁基苯

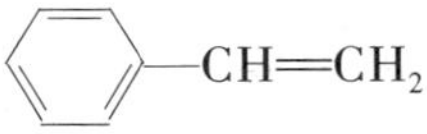

苯乙烯

(2)多环芳烃。即分子中含有两个及以上苯环的芳烃。依据苯环之间的相对关系，多环芳烃又可分为稠环芳烃、联苯、多苯代脂烃等。稠环芳烃中，两个或多个苯环之间共用碳原子，例如蒽。联苯与多苯代脂烃中，苯环之间不共用碳原子，而是相互独立的。例如 1,3,5 - 三苯基苯属于联苯，1,2 - 二苯乙烷属于多苯代脂烃。

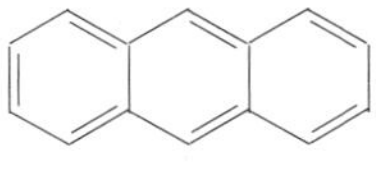
蒽

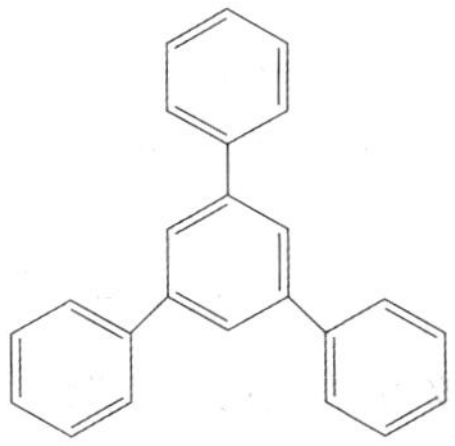
1,3,5 - 三苯基苯

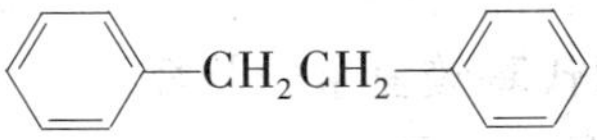

1,2 - 二苯乙烷

(3)非苯芳烃。即分子中不含有苯环的芳烃。轮烯是由单双键交替连接而组成的环状结构，其按照共轭环上碳原子的总数而命名。如[18]轮烯：

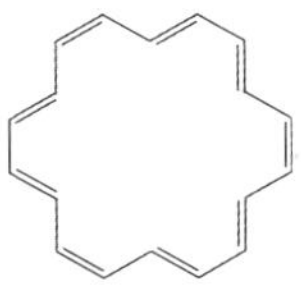
[18]轮烯

4.2　芳烃的命名

4.2.1　单环芳烃的命名

1. 简单取代的芳烃

当苯环上的取代基较简单时，以苯为母体，沿着苯环进行编号，并遵循最低系列原则和次序规则。例如：

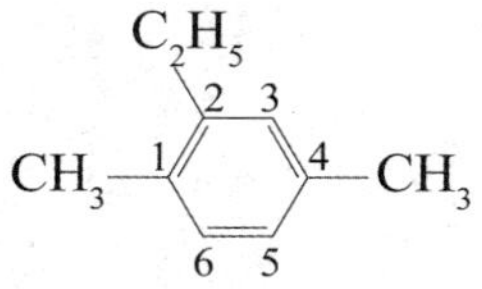

1,4–二甲基–2–乙基苯

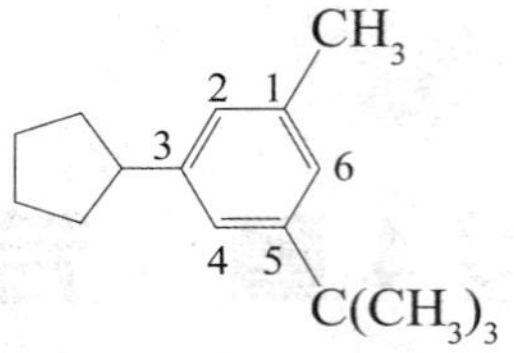

1–甲基–3–环戊基–5–叔丁基苯

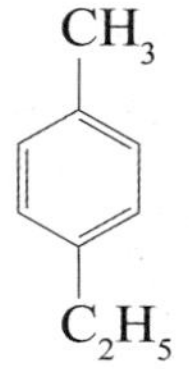

1–甲基–4–乙基苯

有时也会按照俗名习惯将某些烃基苯（如甲苯、苯乙烯等）作为母体。例如上述 1 – 甲基 – 4 – 乙基苯也可以选择甲苯作为母体，命名为 4 – 乙基甲苯或对乙基甲苯。

苯环上只有两个取代基时，取代基的相对位置可用邻（*o* – ）、间（*m* – ）、对（*p* – ）来描述。“邻”表示两取代基分别位于苯环上两相邻碳原子上；“间”表示两取代基分别位于苯环上间隔一个碳原子的两碳原子上；“对”表示两取代基分别位于苯环上两个相对碳原子上。用邻、间、对描述两取代基相对位置时，两个取代基可以是相同的，也可以是不同的。

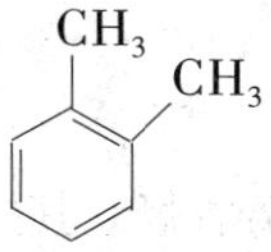

邻二甲苯

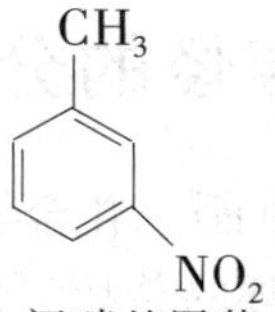

间硝基甲苯

对氯甲苯

苯环上有三个相同的取代基时，取代基的相对位置可用连、偏、均来描述。“连”表示三个取代基分别位于苯环上三个相邻的碳原子上；“偏”表示三个取代基中仅有两个位于苯环上相邻的碳原子上；“均”表示三个取代基所连的苯环碳原子均不相邻。用连、偏、均描述取代基相对位置时，三个取代基必须是相同的。

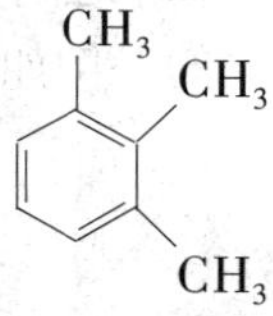

连三甲苯（1,2,3 – 三甲苯）

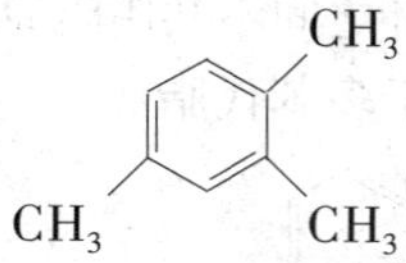

偏三甲苯（1,2,4 – 三甲苯）

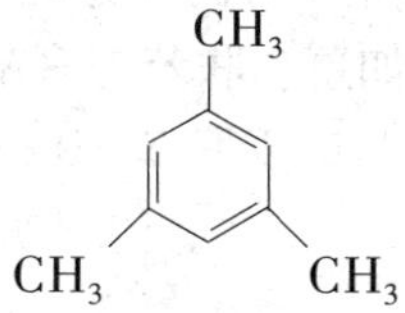

均三甲苯（1,3,5 – 三甲苯）

2. 取代基较复杂的芳烃

当苯环上的取代基较复杂时，比如直链上含有多个支链，命名时将苯作为取代基对待。例如下图分子，常选择己烷为母体。依据最低系列原则和次序规则可知，当甲基与苯基距离链端远近相同时，次序规则中较小的甲基优先编号，因此，化合物名称为：2 – 甲基 – 5 – 苯基己烷。

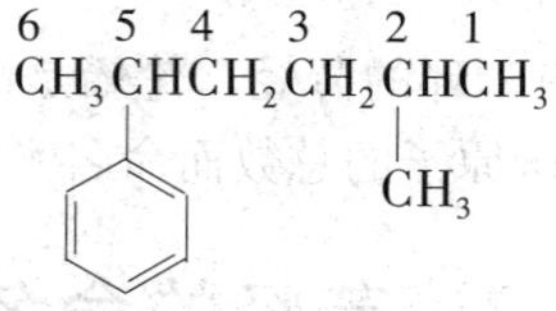

当烃基苯的烃基链上含有高级官能团时，将含有最高级官能团的烃基链作为母体，将苯作为取代基对待。例如：

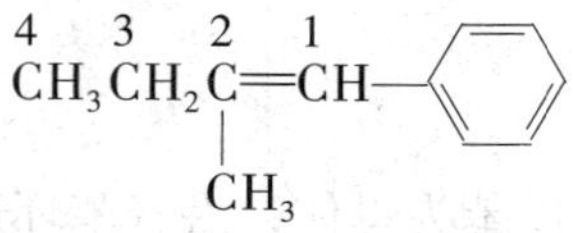

2 – 甲基 – 1 – 苯基 – 1 – 丁烯

3. 几个芳烃相关的取代基

苯分子去掉一个氢后剩余的部分称为苯基，记为 Ph—；芳烃的芳环上去掉一个氢后剩余的部分称为芳基，记为 Ar—；甲苯的甲基上去掉一个氢后剩余的部分称为苯甲基或苄基，记为 Bz—。

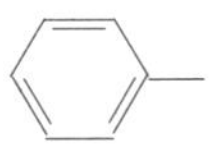
苯基(Ph—)

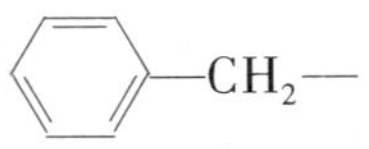
苄基(Bz—)
苯甲基

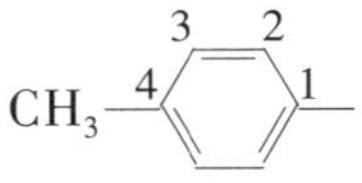
对甲基苯基
4 - 甲基苯基

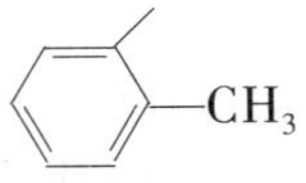
邻甲基苯基
2 - 甲基苯基

4.2.2 多环芳烃的命名

1. 多苯代脂肪烃

多苯代脂肪烃命名时，以脂肪链为母体，以苯基为取代基。例如：

1,2 - 二苯乙烷

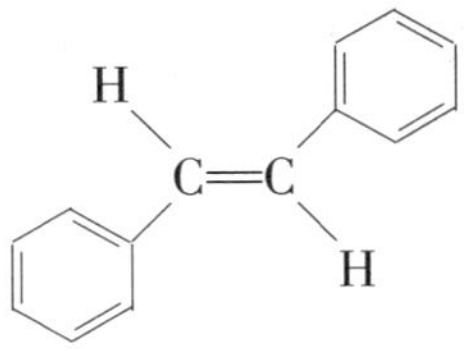
(*E*) - 1,2 - 二苯乙烯

2. 稠环芳烃

稠环芳烃一般有自己固定的编号。若连有取代基，需优先遵循稠环芳烃的固定编号，然后再考虑最低系列原则。例如：

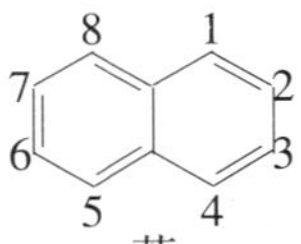
萘

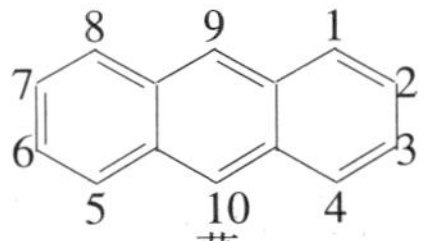
蒽

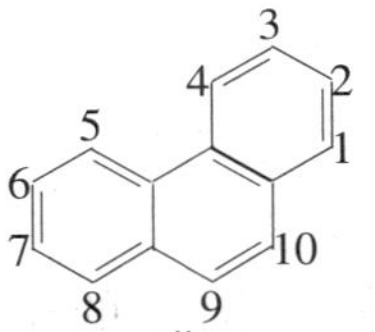
菲

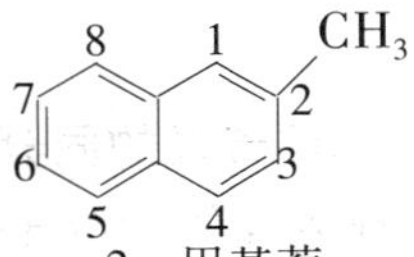
2 - 甲基萘

4.2.3 多官能团芳香化合物的命名

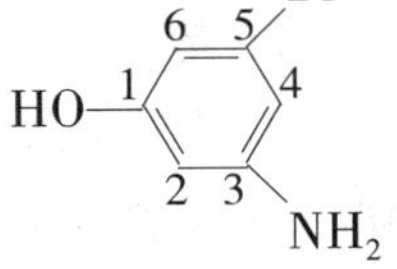

当芳香化合物中含有多种官能团时，按照第一章中表 1 - 4 官能团优先性顺序表确定母体官能团，剩余的官能团按取代基对待。例如右图化合物中优选羟基作为母体官能团，相应化合物的类别为苯酚。编号时，优先使羟基位次最低。按照次序规则有—Br > —NH_2，因此—NH_2 在编号及书写时均优先于—Br。化合物的名称为：3 - 氨基 - 5 - 溴苯酚。

4.3 芳烃的结构

4.3.1 苯的结构及单环芳烃的同分异构体

1. 苯的结构

苯的分子式为 C_6H_6，其不饱和度 $\Omega = 4$。然而，高度不饱和的苯并不易发生亲电加成反应或氧化反应，反而容易进行取代反应，而且邻二取代产物只有一种结构，说明苯分子在结构上具有特殊性。近代物理方法证明，苯分子所有原子在同一个平面内，六条碳碳键是等长的，组成一个正六边形。碳碳键长度约为140pm，介于碳碳单键与碳碳双键之间。所有键角均为120°。

杂化轨道理论认为，苯的6个碳原子均采取sp^2的杂化方式，相邻碳原子的sp^2杂化轨道头对头重叠形成共计6根C—Cσ键，剩余sp^2杂化轨道分别与6个氢原子形成6根C—Hσ键。碳原子上6个未杂化p轨道垂直于碳环平面，相互平行重叠，形成一个环形的、6个电子的大π键。这种成键方式使苯环成为一个高度对称的正六边形分子。

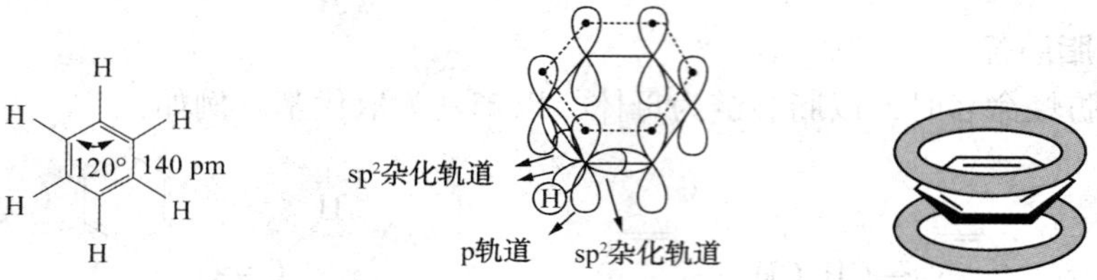

图4－1　苯的结构及其环状大π键

凯库勒结构式(I)将苯环描述为单双键交替的环状结构，清楚地显示出苯环上π电子的数目；表达式(II)则更形象地显示出环状大π键以及苯环的高度对称。目前两种表达式都在广泛使用。

（Ⅰ）

（Ⅱ）

2. 单环芳烃的同分异构

单环芳烃的构造异构可分为侧链上的异构和苯环上的异构。例如，正丙苯与异丙苯之间的异构属于侧链上的异构，邻二甲苯、对二甲苯与间二甲苯之间的异构属于苯环上的异构。

4.3.2　萘、蒽、菲的结构及同分异构体

1. 萘

萘的分子式为$C_{10}H_8$，也是一个平面型的分子。萘的10个碳原子均采取sp^2杂化方式，10个p轨道相互平行，肩并肩重叠形成一个含有10个电子的闭合环状大π键。萘具有芳香性，但芳香性比苯差。

尽管萘的结构式常写为两个苯环共用一条碳碳键的形式，但萘骨架上的碳碳键并非完全等长，10个碳原子也不是完全等同的。实验测量可知，1、4、5、8四个位置的碳原子等同，称为α位；2、3、6、7四个位置的碳原子等同，称为β位。因此，萘的一元取代物存在两种同分异构体：α－取代物(或1－取代物)和β－取代物(或2－取代物)。萘的α位电子云密度大于β位，因而α位是多种反应的活性位点。

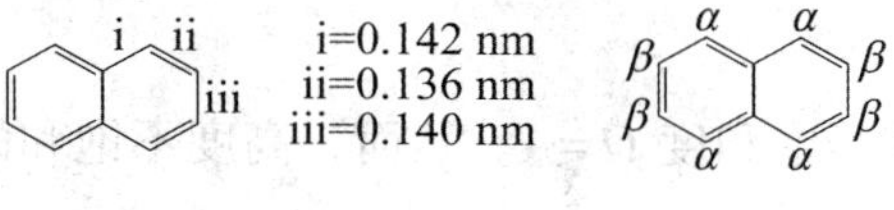

2. 蒽和菲

蒽和菲均由三个苯环稠合而成，蒽中苯环排成一条直线，菲则排成一条弧线，二者互为同分异构体。蒽和菲分子内均具有多种长度的碳碳键，均有芳香性，但芳香性均弱于萘。二者的化学反应活性位点均为 C_9 和 C_{10}。由于分子含有大的共轭体系，蒽和菲的固体或溶液在紫外光照射下能发出蓝色荧光。

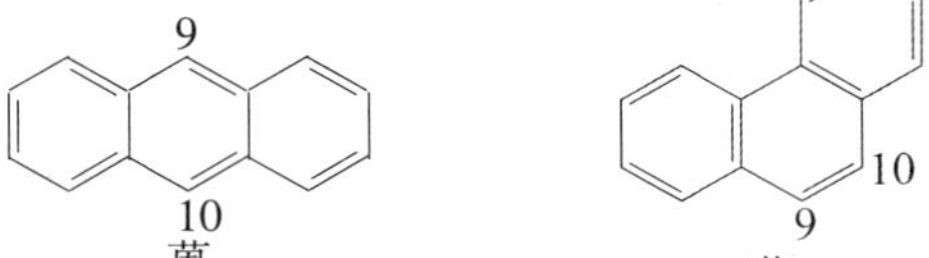

蒽　　　　菲

4.3.3　非苯芳烃的结构及芳香性

非苯芳烃尽管不含有苯环，但同苯一样具有芳香性物质所特有的结构，该结构可以通过 Hückel（休克尔）规则加以描述。Hückel 规则指出，若单环共轭多烯结构的共轭原子共平面、封闭且离域 π 电子数为 $4n+2$（$n=0$，1，2…），该结构就具有芳香性。该规则又称为 $4n+2$ 规则。例如下面几种分子或离子均具有芳香性，属于非苯芳烃。

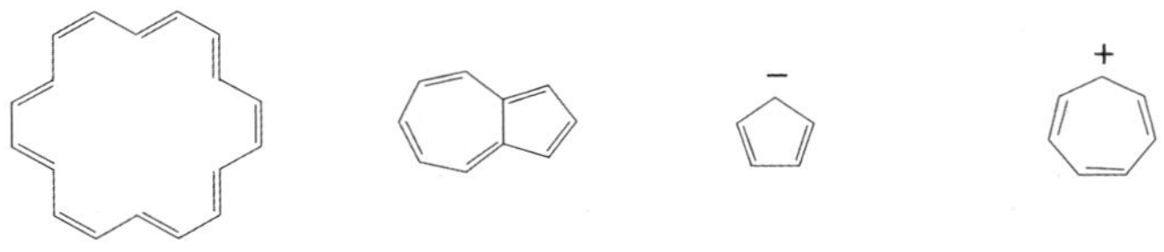

[18]轮烯　　　薁　　　环戊二烯负离子　　环庚三烯正离子

判断稠环化合物的芳香性时，可仅考虑其最外围的碳环，近似地将其视为单环化合物。以薁为例，判断其芳香性时，先写成双键尽量多地位于最外围碳环上的结构［图 4－2 结构式（Ⅱ）］。此时，最外围碳环上含有 10 个碳原子和 5 根碳碳双键，是一个平面、封闭、共轭的大环，且环上 π 电子数为 10，符合 $4n+2$ 规则。因此，薁具有芳香性。

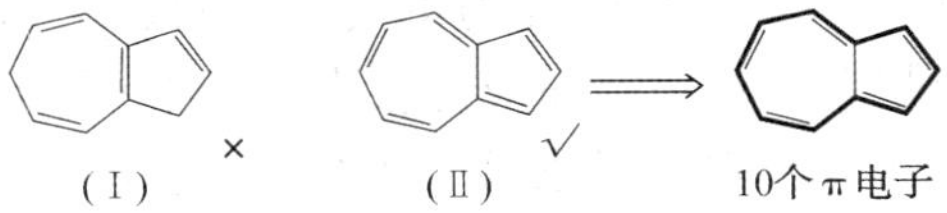

图 4－2　薁的芳香性判断

判断离子型化合物的芳香性时，碳环上带一个正电荷的原子可视为不贡献电子而仅仅贡献 p 轨道，带一个负电荷的原子可视为贡献 p 轨道的同时贡献两个电子。例如，环戊二烯负离子 π 电子数为 6，环庚三烯正离子 π 电子数也为 6，均具有芳香性。

概括而言，芳香性化合物在结构和化学性质上的典型表现有：高不饱和度（例如一个苯环 $\Omega=4$）；成环原子间的键长趋于平均化；化学性质稳定，易发生亲电取代反应而不易发生加成反应等等。

4.4　芳烃的物理性质

常温下，芳烃为液体或固体化合物，大多具有特殊气味，相对密度在 0.85～0.9，小于水而大于相对分子质量相近的脂肪烃和脂环烃。芳烃极性较弱，不溶于水，易溶于乙醚等有机溶剂。

表4-1　常见芳烃的物理常数表

名称	英文名称	熔点/℃	沸点/℃	相对密度(d_4^{20})
苯	benzene	5.5	80	0.879
甲苯	methylbenzene 或 toluene	-95	111	0.866
乙苯	ethylbenzene	-95	136	0.867
正丙苯	*n*-propylbenzene	-99	159	0.862
异丙苯	isopropylbenzene 或 cumene	-96	152	0.864
邻二甲苯	1,2-dimethylbenzene 或 *o*-xylene	-25	144	0.881
间二甲苯	1,3-dimethylbenzene 或 *m*-xylene	-48	139	0.864
对二甲苯	1,4-dimethylbenzene 或 *p*-xylene	13	138	0.861
萘	naphthalene	80	218	1.162
蒽	anthracene	2.7	354	1.147
菲	phenanthrene	101	340	1.179

4.5　芳烃的危险性

芳烃多为易燃易爆物质，具有较高的火灾危险性。例如，苯的闪点为-11℃，自燃温度为560℃，爆炸极限为1.5%~8.0%(体积分数)，燃烧的直线速度为18.9cm/h(煤油为6.6cm/h)。合成或精制苯的厂房火灾危险性为甲类。当萘、二硝基萘等能升华的易燃固体发生火灾时，不仅要将明火焰及时扑灭，还应在救火过程中不断向火灾区域上方及周围喷射雾状水，以防止升华的易燃蒸气与空气形成爆炸性混合物。焦化厂精萘厂房火灾危险性为乙类。苯环上—CH_3，—Cl，—OH，—NH_2 等取代基数量越多，着火爆炸危险性越小；而—NO_2 取代基数量越多，着火爆炸危险性越大。

芳烃具有一定的毒性。例如，苯可通过皮肤和呼吸道进入人体，造成白细胞和血小板减少，甚至全血减少，引起再生障碍性贫血；而苯引起的白血病则是我国法定的职业性肿瘤之一。甲苯会使呼吸系统过敏而引起职业性哮喘，常见症状为咳嗽和呼吸困难。萘会引起新生儿急性溶血，严重时会损伤其大脑。在稠环芳烃中，许多由四个及四个以上苯环稠合而成的芳烃具有致癌作用，称为致癌烃，如䓛、苯并芘、3-甲基胆蒽、苯并蒽等。

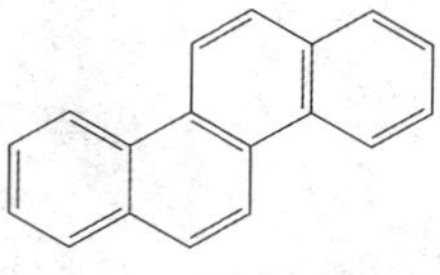

䓛

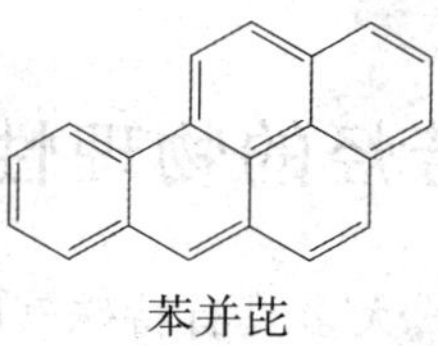

苯并芘

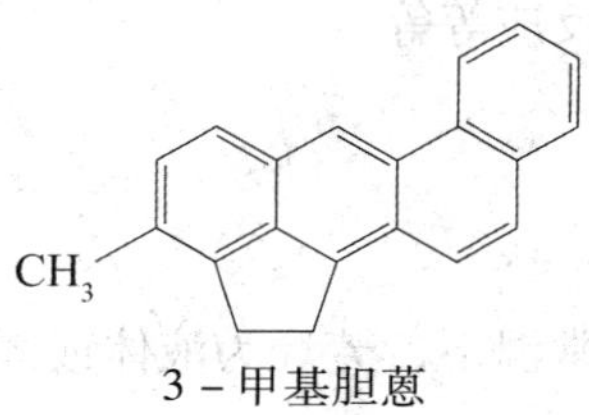

3-甲基胆蒽

对于芳香化合物，其毒性与其化学结构密不可分。例如，苯环上硝基增加，则毒性增强；卤素引入芳香族硝基化合物中，毒性亦增强。硝基在苯环上的位置也会影响其毒性，例如表 4 – 2 所示，邻、间、对三种硝基取代的对硫磷，对位取代的对硫磷白鼠半数致死量仅为 18mg/kg，毒性高于邻硝基对硫磷，更是远高于间硝基对硫磷。

表 4 – 2　取代基位置与化合物毒性关系举例

名称	结构式	白鼠半数致死量/(mg/kg)
对硫磷	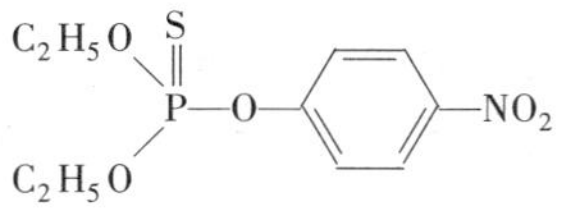	18
邻硝基对硫磷	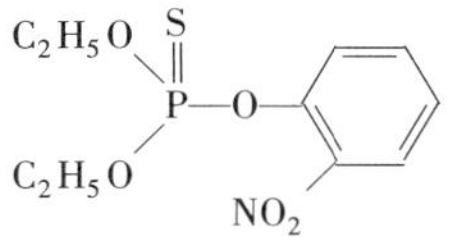	50
间硝基对硫磷	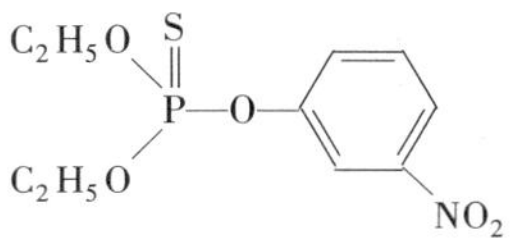	100 ~ 150

4.6　芳烃的化学性质

芳香性使芳烃具有特殊的稳定性，苯环上不易发生加成、氧化等反应，易发生亲电取代反应。另外，芳烃 α – 氢的活泼性与烯烃 α – 氢相似，容易发生卤代反应与氧化反应。

4.6.1　亲电取代反应

亲电取代反应(electrophilic substitution)指由于亲电试剂的进攻而发生的取代反应，记为 S_E。亲电取代反应中，缺电子或带正电荷的试剂同样称为亲电试剂，记为 E^+。苯的亲电取代反应指亲电试剂取代掉苯环上的氢原子而生成取代苯的反应，通式如下：

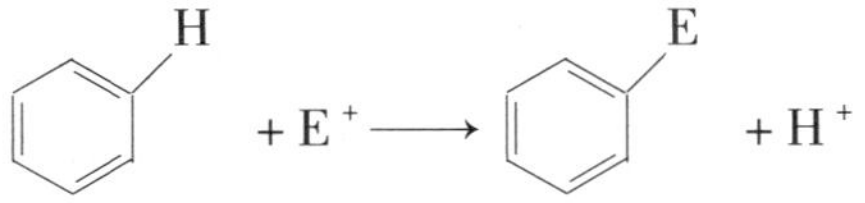

苯的亲电取代反应机理如图 4 –3 所示。亲电试剂靠近苯时，先与其环状 π 电子形成 π – 络合物。随后环状大 π 键被打开，其中一个碳原子由 sp^2 杂化变为 sp^3 杂化，并与亲电试剂之间生成 C—Eσ 键；同时正电荷转移到其相邻碳原子上，π – 络合物变为 σ – 络合物。σ – 络合物中，正电荷通过 p – π 共轭离域在 5 个 sp^2 杂化的碳原子上。σ – 络合物的生成速率很慢，为整个反应的决速步。σ – 络合物倾向于恢复苯环这种稳定结构，因而 sp^3 杂化的碳原子较易释放出 H^+ 而变回为 sp^2 杂化，并与其余 5 个碳原子重新生成环状大 π 键结构，得到取代苯。总的来说，该反应为加成 – 消除机理。

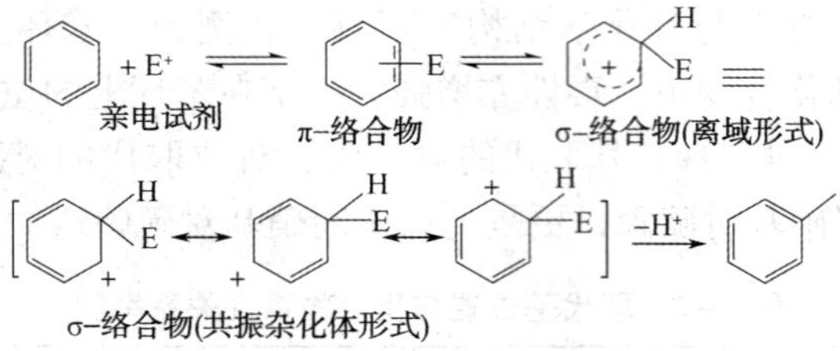

图 4 – 3　苯的亲电取代反应机理

σ – 络合物之所以较易释放出 H^+ 生成取代产物，而不是继续结合负离子生成加成产物，是由于取代反应所需越过的能垒比加成反应低，且具有芳香性的取代产物也比加成产物能量更低些。两种反应对应的能量曲线图如图 4 – 4 所示。

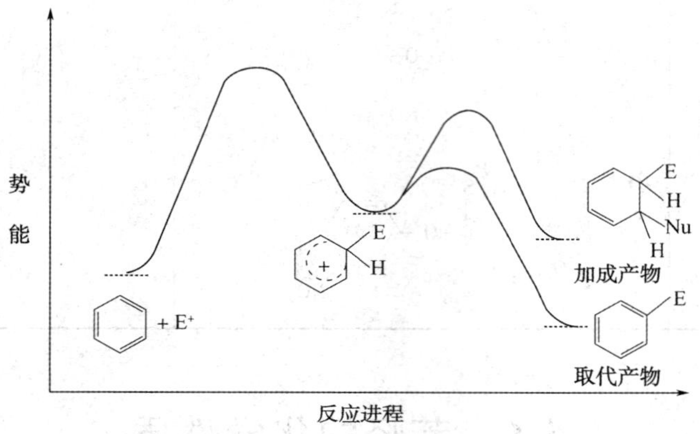

图 4 – 4　苯加成反应与取代反应的能量曲线图

1. 卤代反应

亲电试剂为卤素正离子 X^+ 时，芳烃发生卤代反应，生成氢原子被卤素原子取代了的产物卤苯。卤素与三卤化铁 FeX_3 等 Lewis 酸反应可释放出 X^+，因而芳烃的卤代反应需要加入 FeX_3 等 Lewis 酸作催化剂。由于 Fe 粉能与 X_2 反应生成 FeX_3，也可以用 Fe 粉来代替 FeX_3。

$$X_2 + FeX_3 \longrightarrow X^+ + FeX_4^-$$

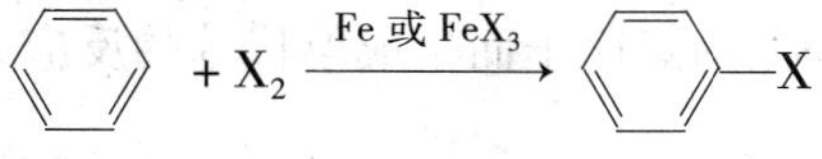

卤素的卤代反应活性由大到小有：$Cl_2 > Br_2 > I_2$。F_2 活性过高，与苯反应时生成的是非芳香性的氟化物而非氟苯。而 I_2 活性太低，需加入 HNO_3 等氧化剂才能发生碘代反应。工业及实验室较常用的是铁催化剂存在下苯与氯或溴的卤代反应，以此制备氯苯或溴苯。

强烈条件下，溴苯可继续发生溴代，溴代的位置主要在第一个溴取代基的邻位及对位，对应产物为邻二溴苯和对二溴苯。

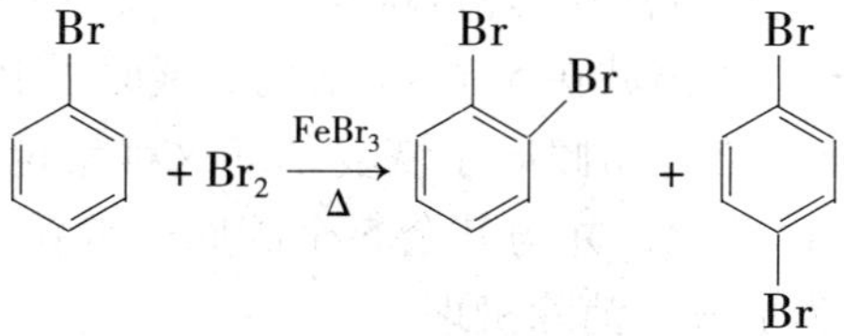

烃基苯的溴代比苯的溴代容易发生，且溴代的位置主要在烃基的邻位及对位。例如，甲苯溴代对应产物为邻溴甲苯和对溴甲苯。

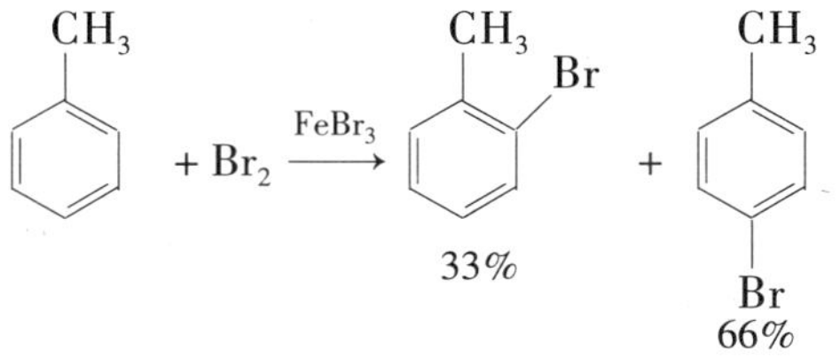

稠环芳烃可发生与单苯芳烃类似的亲电取代反应。萘的亲电取代反应常常优先发生在电子云密度相对较高的 α 位。

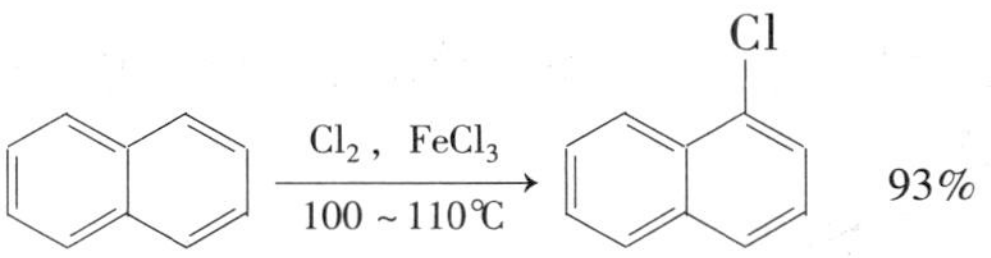

α－氯萘

2. 硝化反应

亲电试剂为硝酰正离子 NO_2^+ 时，芳烃发生硝化反应(nitration)，生成硝基苯。硝酸在浓硫酸作用下可释放出 NO_2^+，因而芳烃的硝化反应常以浓硝酸与浓硫酸的混酸作为硝化试剂。

$$HONO_2 + 2H_2SO_4 \longrightarrow NO_2^+ + H_3^+O + 2HSO_4^-$$

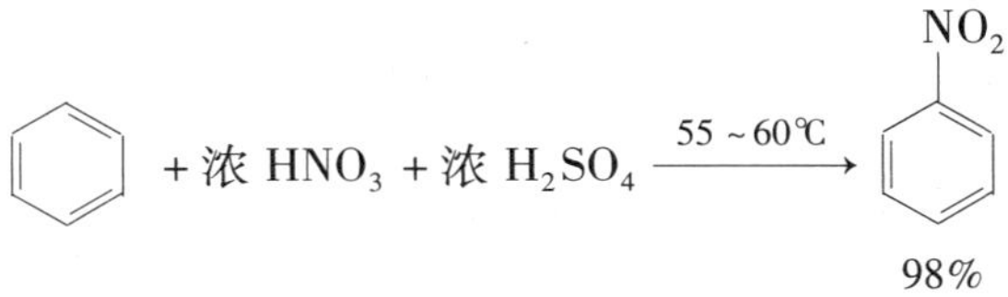

较高温度下，硝基苯可继续发生硝化，硝基的位置主要在第一个硝基取代基的间位，对应产物为间二硝基苯。

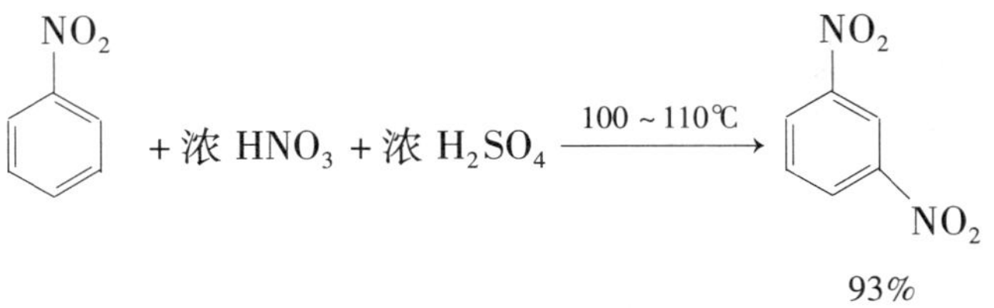

烃基苯的硝化则比苯容易，且硝基的位置主要在烃基的邻位及对位。例如，甲苯硝化对应的产物为邻硝基甲苯和对硝基甲苯。

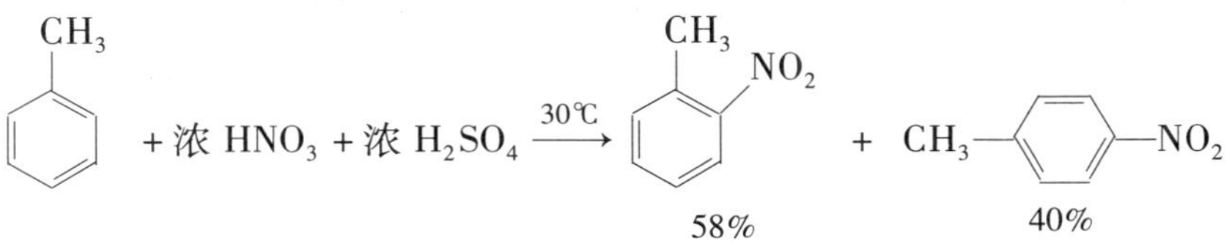

萘的硝化反应与其卤代反应发生位置相同，也在 α 位，生成 α－硝基萘。

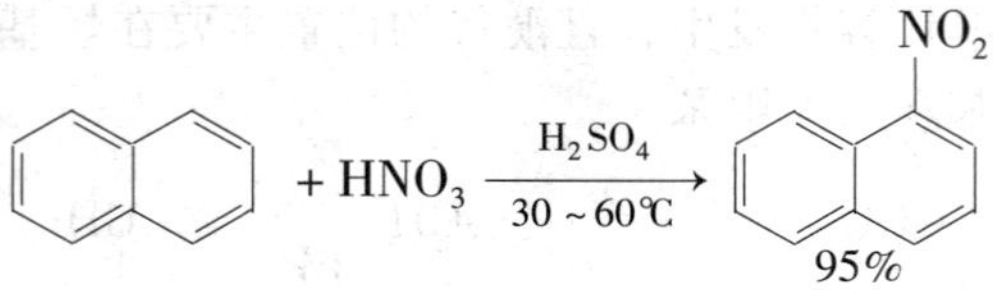

3. 磺化反应

亲电试剂为三氧化硫 SO_3 或其类似物时，芳烃发生磺化反应(sulfonation)，生成苯磺酸。磺化试剂通常为浓硫酸或发烟硫酸。

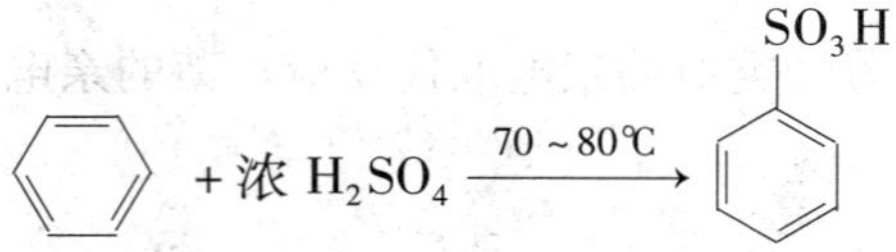

较高温度下，苯磺酸可继续与发烟硫酸发生磺化，磺酸基的位置主要在第一个磺酸基的间位，对应产物为间苯二磺酸。

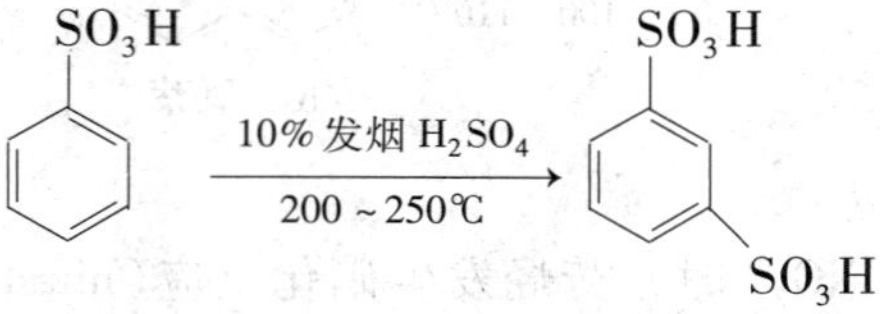

烃基苯的磺化比苯容易，且磺酸基的位置主要在烃基的邻位及对位。甲苯磺化对应产物为邻甲苯磺酸和对甲苯磺酸。0℃时，甲基苯的磺化反应对位取代产物与邻位取代产物产率相近。随着反应温度的升高，对位取代产物增多。100℃时，对位取代产物成为反应的唯一主产物。

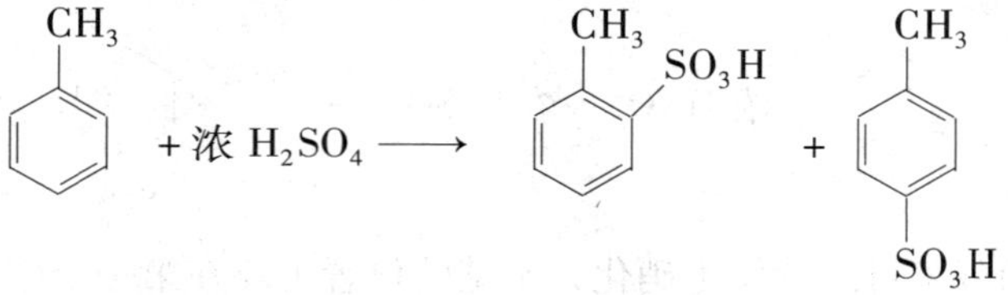

磺化温度	0℃	产率	43%	53%
磺化温度	100℃	产率	13%	79%

若将苯磺酸在稀硫酸(或水蒸气)中加热，磺酸基又可以被氢取代。该反应为磺化反应的逆反应，称为脱磺基反应。

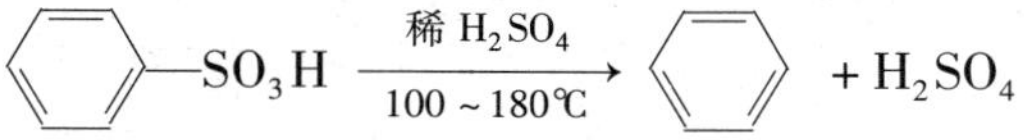

脱磺基反应与100℃时的磺化反应联合使用，可使磺酸基成为苯环的辅助定位基团，实现苯环邻位上的选择性取代。例如，以甲苯为原料来制备邻氯甲苯。先通过100℃下的磺化反应在甲基的对位引入磺酸基，将甲基的对位占据。随后的卤代反应引入的氯原子便只能进入甲基的邻位。再经过脱磺基反应，即可实现甲苯邻位上的选择性卤代。

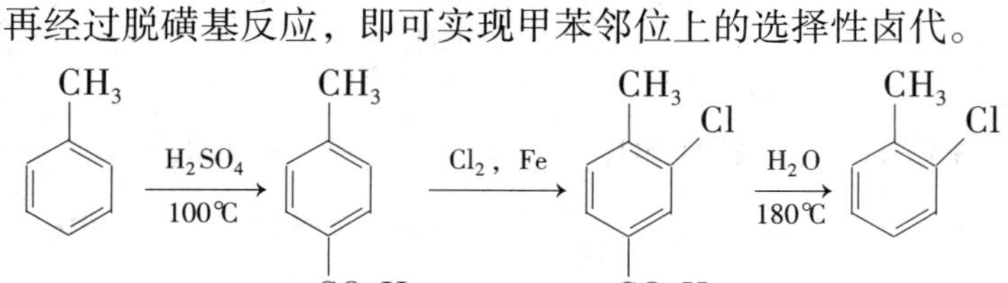

萘的磺化反应同样为可逆反应，在较低温度时主要发生在电子云密度相对较高的 α 位，较高温度下则主要生成结构更稳定的 β - 萘磺酸。将 α - 萘磺酸在硫酸中加热到 160℃时能转变为 β - 萘磺酸。

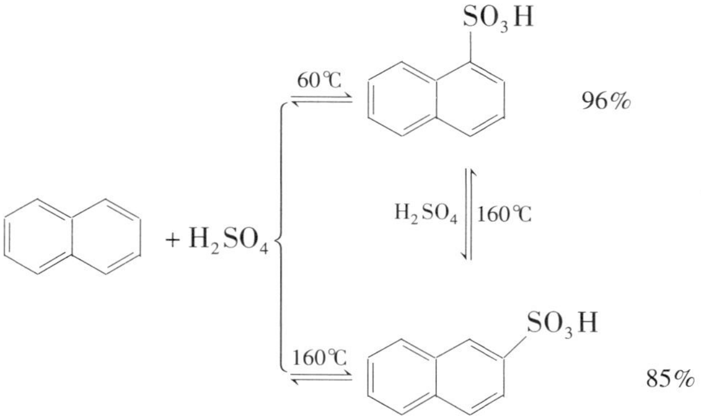

β - 萘磺酸之所以比 α - 萘磺酸更稳定，原因在于磺酸基—SO_3H 的空间效应。如图 4 - 5 所示，—SO_3H 位于 α 位时，与附近的氢原子之间存在较大的斥力；当其转移至 β 位后能有效地缓解这种斥力，因而 β - 萘磺酸更稳定。

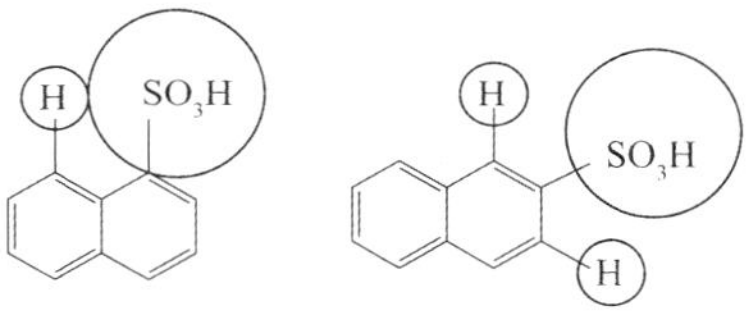

图 4 - 5　α - 萘磺酸与 β - 萘磺酸的分子内斥力比较

4. 烷基化和酰基化反应

亲电试剂为碳正离子时，芳烃发生 Friedel - Crafts(傅瑞德尔 - 克拉夫茨)反应，简称傅 - 克反应，或 F - C 反应。傅 - 克反应分为烷基化反应(alkylation)和酰基化反应(acylation)。

(1)烷基化反应。

亲电试剂为烷基碳正离子 R^+ 时，芳烃发生烷基化反应，生成烷基苯。酸催化下的卤代烷、烯烃、醇、环氧化物等均能生成碳正离子，因而傅 - 克烷基化反应既需要卤代烷、烯烃、醇或者环氧化物等作为烷基化试剂，又需要酸作为催化剂。酸既可以是无水 $AlCl_3$ 等 Lewis 酸，也可以是 H_2SO_4 等质子酸。

$RCl + AlCl_3 \longrightarrow R^+ + AlCl_4^-$

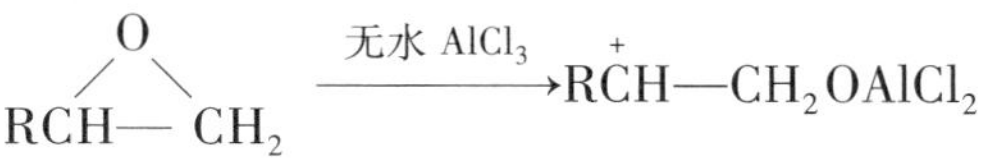

$RCH{=}CH_2 \xrightarrow{H^+} R\overset{+}{C}HCH_3$

$ROH \xrightarrow[-H_2O]{H^+} R^+$

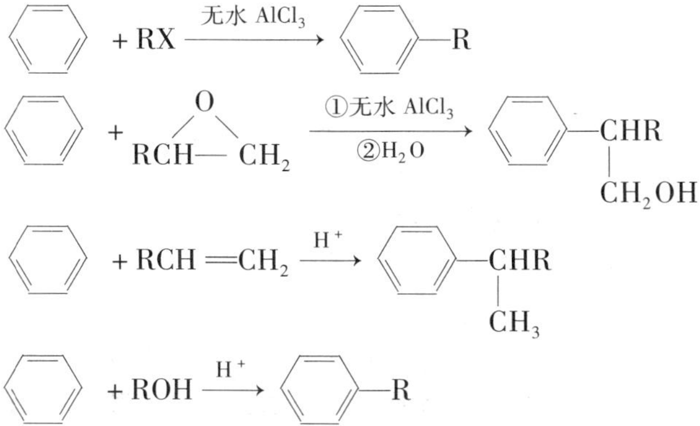

需要注意的是，芳环上连有强吸电子基（如—NO_2，—COR，—CN 等）的芳烃不能发生傅－克烷基化反应。

烷基化反应有以下几个特点：

1）由于烷基碳正离子能发生重排［详见第 3 章 3.5.1］，因而傅－克烷基化反应可能有重排产物生成。例如：

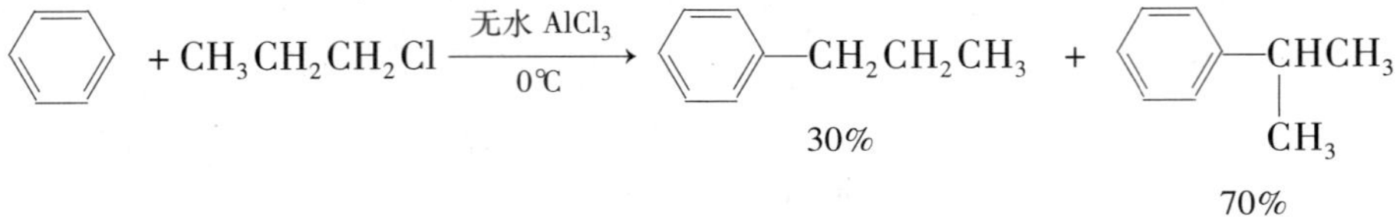

2）由于烷基为给电子基，烷基化过程中可发生多烷基化。例如：

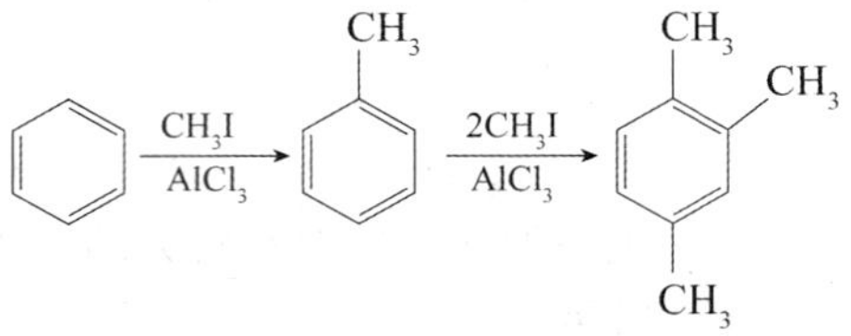

3）烷基化反应为可逆反应，反应过程中可发生歧化，即产物单烃基取代苯可以脱除烃基重新变回无取代苯，也可以继续烷基化生成多烃基取代苯。工业上利用这个反应把用途相对较窄的甲苯转化为用途更加广泛的苯和二甲苯。

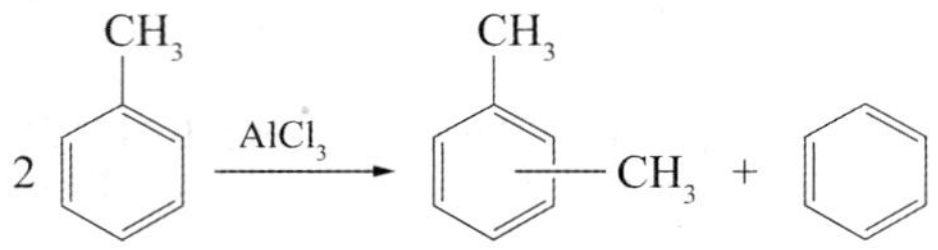

（2）酰基化反应。

亲电试剂为酰基碳正离子 $R—\overset{O}{\overset{\|}{C}}{}^+$ 时，芳烃发生酰基化反应，生成酮。酸催化下的酰卤、羧酸、酸酐等均能生成酰基碳正离子，因而傅－克酰基化反应既需要酰卤、羧酸或酸酐等作为酰基化试剂，又需要酸作为催化剂。酸同样既可以是无水 $AlCl_3$ 等 Lewis 酸，也可以是 H_2SO_4 等质子酸。

$$R—\overset{O}{\overset{\|}{C}}Cl + AlCl_3 \longrightarrow R—\overset{O}{\overset{\|}{C}}{}^+ + AlCl_4^-$$

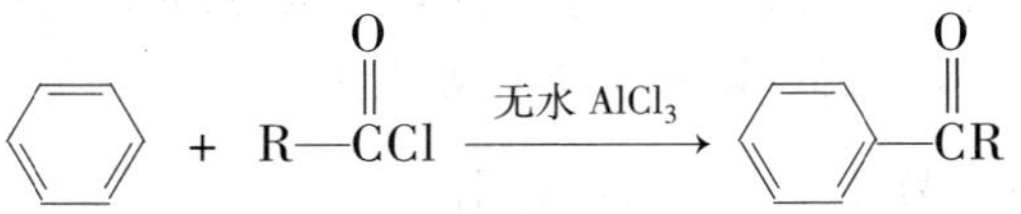

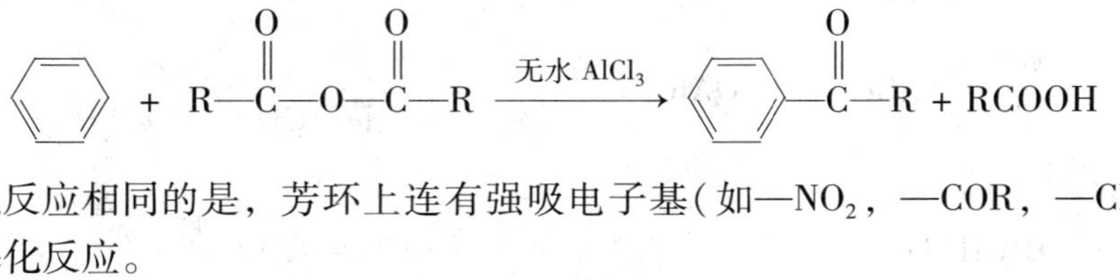

与烷基化反应相同的是，芳环上连有强吸电子基（如—NO_2，—COR，—CN 等）的芳烃不能发生酰基化反应。

对比烷基化反应，酰基化反应有以下几个特点：

1）酰基碳正离子不发生重排，因而反应无重排产物生成。

2）由于酰基为强吸电子基，一旦在苯环上引入酰基后，该苯环将不再发生酰基化反应。

因此，酰基化反应为一元取代反应。

3）酰基化反应不可逆。

4）酰基碳正离子的反应活性高于烷基碳正离子，因此，当二者形成竞争反应时，酰基化反应优先于烷基化反应而发生。例如：

Clemmenson（克莱门森）还原反应指醛酮的羰基在锌汞齐（Zn－Hg）与浓盐酸的作用下被还原为亚甲基（—CH_2—）的反应。

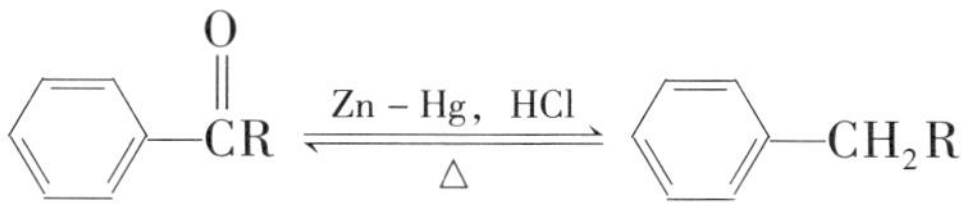

酰基化反应结合 Clemmenson 还原反应，可以制备直链烃基取代的烃基苯。

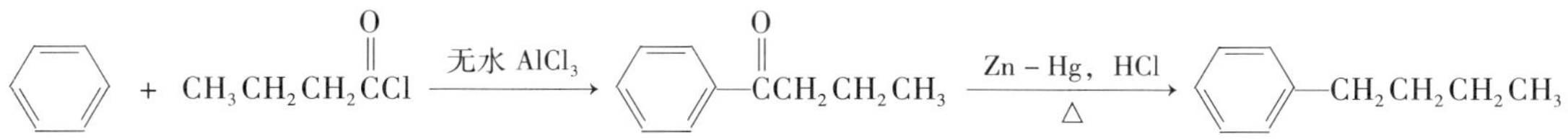

傅－克反应使用的催化剂无水 $AlCl_3$ 能与硝基苯形成络合物而溶于其中，因此常用硝基苯作为傅－克反应的溶剂。然而，硝基苯毒性较大，能将血红蛋白氧化或与之络合，使之失去运输氧的能力。其无论经呼吸道吸入还是经皮肤吸收，都能造成慢性中毒，使用时需注意安全。此外，$AlCl_3$ 是强 Lewis 酸，在反应结束后以强腐蚀性的水合三氯化铝的形式存在；H_2SO_4 等强质子酸的使用同样会产生大量废酸。因此，对傅－克反应进行后处理时需注意人员及环境安全。

5. 氯甲基化反应

在无水氯化锌 $ZnCl_2$ 催化下，苯与甲醛、HCl 反应可生成氯化苄，称为氯甲基化反应（chloromethylation）。反应过程如图 4－6 所示，甲醛与 HCl 反应生成的碳正离子中间体 $^{+}CH_2OH$ 充当亲电试剂，与苯反应生成苯甲醇，后者继续与 HCl 反应生成氯化苄。

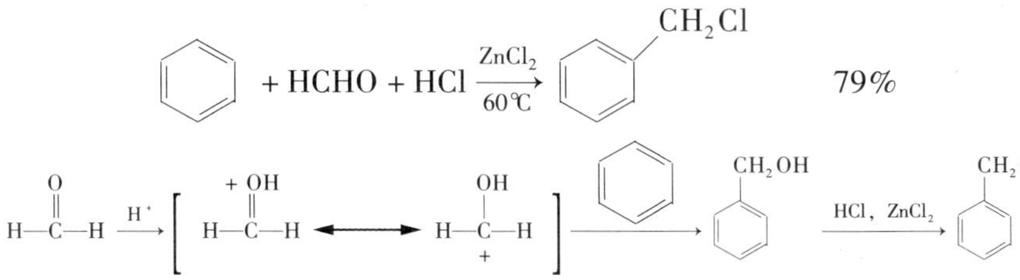

图 4－6　氯甲基化反应的机理

苄基上的氯原子非常活泼，能被多种官能团取代，因此，氯化苄是一类非常重要的有机合成中间体。

4.6.2　加成反应与还原反应

苯发生加成反应（addition）或还原反应（reduction）较亲电取代反应困难。在紫外线照射下，苯可与 Cl_2 发生加成反应，生成六氯代环己烷 $C_6H_6Cl_6$，俗称六六六。六六六是一种广谱的有机氯杀虫剂，但因其不易降解、对人和畜有累积性毒性而被禁止使用。

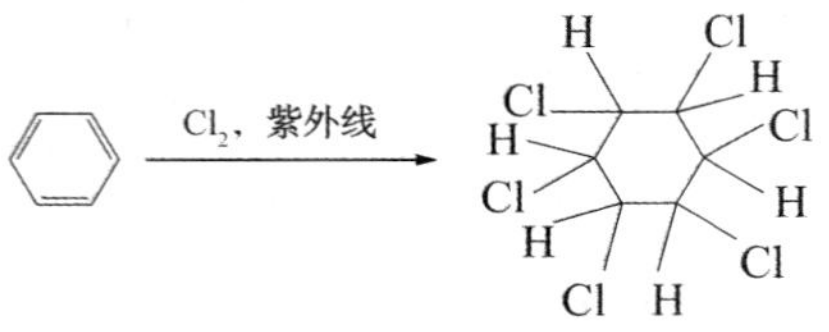

催化加氢是工业上生产环己烷的主要方法。取代苯催化加氢可生成取代环己烷。若取代基上有碳碳重键，碳碳重键优先于苯环被氢气还原。

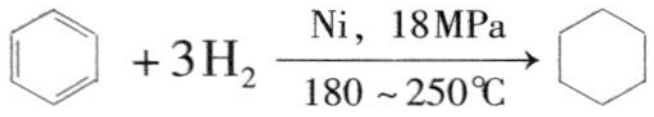

萘比苯容易进行加氢还原反应。萘可通过催化加氢被还原为1，2，3，4－四氢萘(又称萘满)，也可进一步还原为十氢萘(又称萘烷)。金属钠与醇在加热时同样可以将萘还原为1，2，3，4－四氢萘。

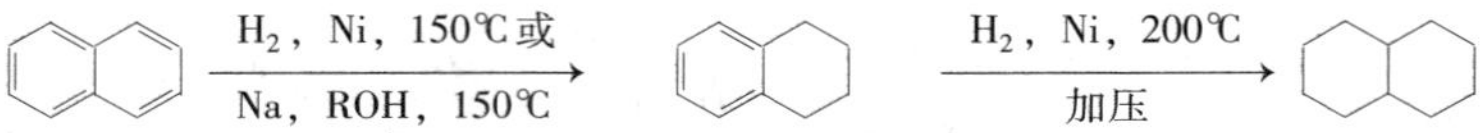

1,2,3,4－四氢萘　　十氢萘

4.6.3 氧化反应

破坏苯环的氧化反应(oxidation)需要较苛刻的反应条件。在高温和 V_2O_5 催化剂作用下，苯可被空气中的氧气氧化为顺丁烯二酸酐(又称马来酸酐或顺酐)。顺丁烯二酸酐是重要的有机合成原料，苯的催化氧化是工业上生产顺丁烯二酸酐的常用方法之一。

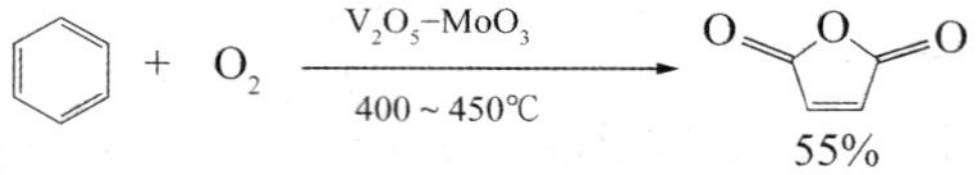

萘的氧化反应也较苯容易。萘在温和条件下(如铬酐 CrO_3 的醋酸溶液中)可被氧化为1，4－萘醌。在强烈氧化作用下(如氧气的催化氧化)，萘能开环生成邻苯二甲酸酐(俗称苯酐)。这是工业上生产邻苯二甲酸酐的方法之一。

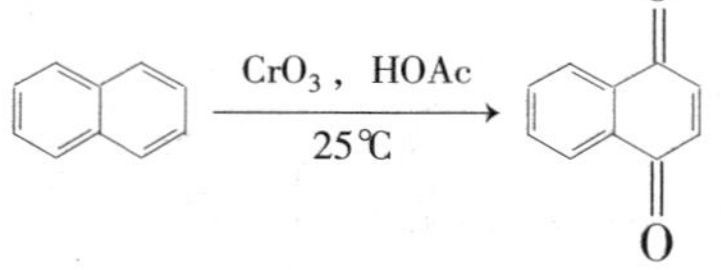

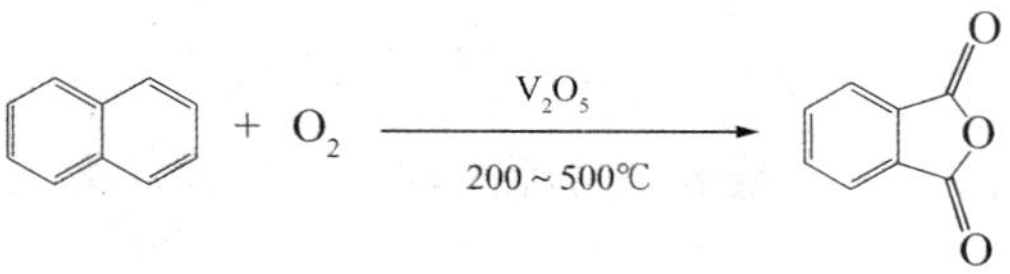

4.6.4 α－氢的反应

1. 卤代反应

高温、光照或者自由基引发剂引发下，烷基苯的 α－氢可发生卤代反应。该反应为自由基型反应。若烷基苯的侧链上含有多种氢，卤代反应的选择性与烷烃相似，反应活性由大到小为：苄基氢 > 叔氢 > 仲氢 > 伯氢。

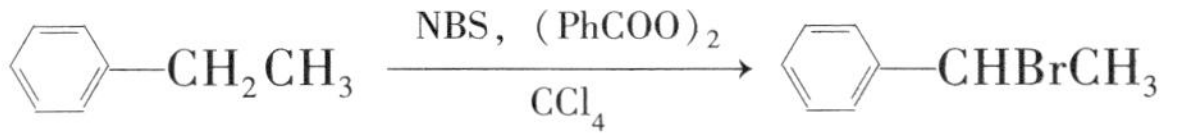

需要注意的是，烷基苯有两种不同的卤代方式，依反应条件不同而不同：

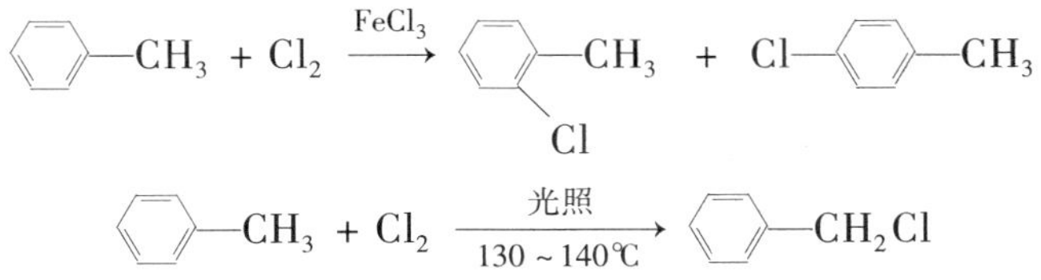

2. 氧化反应

与打破苯环的氧化反应相比，烃基苯侧链的氧化反应相对较易发生。侧链上若有 α－氢，则该侧链在弱氧化剂（如 MnO_2）作用下即可被氧化为酰基，在强氧化剂（如 $KMnO_4$）作用下则可被氧化为羧基。侧链若无 α－氢则不能被氧化。

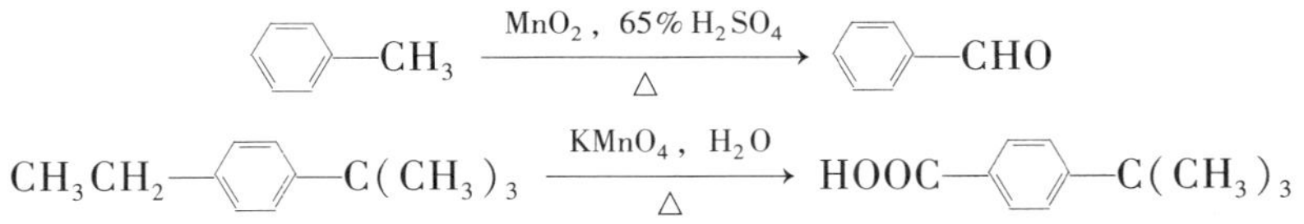

邻二甲苯在高温下以 V_2O_5 为催化剂进行催化氧化，可被空气中的氧气氧化为邻苯二甲酸酐。这是工业上生产邻苯二甲酸酐的又一常用方法。

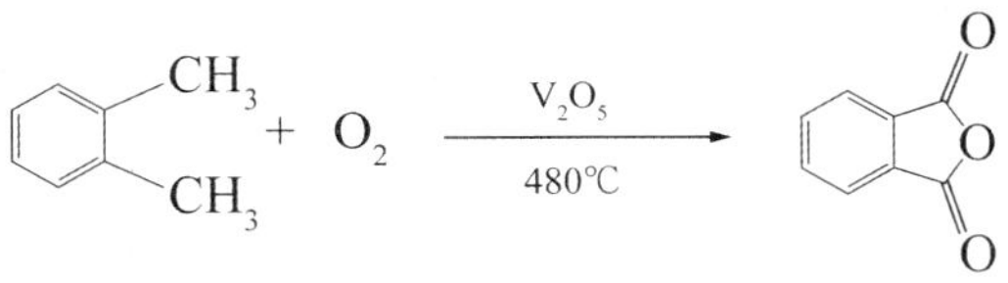

4.7 芳香环上亲电取代定位规律

4.7.1 单取代苯的定位规律

从统计学角度看，单取代苯上引入第二个取代基时，新引入取代基取代苯环上 5 个氢原子的概率相等，各占 20%。由于原取代基两邻位氢原子互为等位氢，因而邻位取代产物产率为 2 × 20%，即 40%。同理，间位取代产物产率也为 40%。然而，大量实验结果表明，取代反应的选择性并非如此。

以苯环上的硝化反应为例，苯及单取代苯的反应速率及产物分布如表 4－3 所示。与未取代苯相比，单取代苯的取代反应既在反应速度上存在差别，也在反应位置上存在选择性。

表 4－3　单取代苯硝化反应速率及硝化产物分布

取代基		相对速率	硝化产物产率/%		
			邻(*o*－)	对(*p*－)	间(*m*－)
	—H	1			
邻对位致活基团	$—OCH_3$	2×10^5	74	11	15
	—OH	$>2\times10^5$	55	45	痕量
	$—NHCOCH_3$	$<2\times10^5$	19	79	2
	$—CH_3$	25	58	38	4
	$—C(CH_3)_3$	16	12	80	8
邻对位致钝基团	—Cl	3.3×10^{-2}	30	69	1
	—Br	3×10^{-2}	37	62	1
间位致钝基团	—COOH	$<10^{-3}$	19	1	80
	$—NO_2$	6×10^{-8}	6	1	93
	$—N^+(CH_3)_3$	1.2×10^{-8}	0	11	89

概括来说，在反应速度上，有些取代苯的反应速度变慢，即苯环被原取代基钝化，称为致钝；有些反应速度变快，即苯环被原取代基活化，称为致活。在反应位置上，有些取代苯的二次取代主要发生在原取代基的邻位和对位，有些主要发生在原取代基的间位。苯环上原有的取代基对第二个取代基引入苯环的位置及取代速度的影响作用，称为定位作用。这种具有定位作用的取代基称为定位基。

常见定位基可划分为两类：

第一类定位基为邻对位定位基，包括使苯环活化的取代基如$—O^-$，$—NR_2$，—NHR，$—NH_2$，—OH，—OR，—NHCOR，—R，—Ar 等(按定位作用由强到弱排列)，和使苯环钝化的取代基如—F，—Cl，—Br，$—CH_2Cl$ 等。其中，致活基团定位作用强于致钝基团。第二类定位基为间位定位基，包括取代基$—N^+R_3$，$—NO_2$，$—CF_3$，—CN，$—SO_3H$，—CHO，—COR，—COOH，—COOR，$—CONH_2$ 等(按定位作用由强到弱排列)，全部使苯环钝化。从产物分布来看，邻对位定位基对应的邻位与对位产物产率之和大于60%，间位定位基对应的间位产物产率大于40%。

此外，邻对位定位基取代的单取代苯引入第二个取代基时，邻、对位异构体之间的比例将随原取代基以及新引入取代基的体积大小不同而变化。无论是原取代基还是新引入的取代基，均是体积越大，对位取代产物越多。这是因为体积越大的取代基，与邻近基团之间的斥力就会越大，导致邻位被取代的几率减小，相应的对位取代产物增多。这种由于原子或基团之间的排斥作用而使分子反应活性受到影响的现象称为基团的空间效应。常见的大体积基团有：—Br，$—CR_3$[例如$—C(CH_3)_3$]，$—SO_3H$ 等。

4.7.2　定位规律的解释

关于定位规律的解释有很多种，本书只介绍最简单易懂的一种。

1. 取代基致活与致钝的理论解释——取代基的电子效应

(1)诱导效应。

诱导效应指由于分子中原子或基团的电负性不同，引起成键电子云沿原子链向某一方向移动，从而致使分子内电子云形状发生变化的效应，用 I 表示。

电负性(inductive effect)是元素的原子在化合物中吸引电子能力的标度。元素电负性越大，相应原子在化合物中吸引电子的能力就越强。Pauling(鲍林)标度的元素电负性表(部分)如表 4－4 所示。

表 4－4　常见元素的电负性表(Pauling 标度)

IA	IIA	……	IB	IIB	IIIA	IVA	VA	VIA	VIIA
H 2.20									
Li 0.98	Be 1.57				B 2.04	C 2.55	N 3.04	O 3.44	F 3.98
Na 0.93	Mg 1.31				Al 1.61	Si 1.90	P 2.19	S 2.58	Cl 3.16
K 0.82	Ca 1.00	……	Cu 1.90	Zn 1.65	Ga 1.81	Ge 2.01	As 2.18	Se 2.55	Br 2.96
Rb 0.82	Sr 0.95		Ag 1.93	Cd 1.69	In 1.78	Sn 1.96	Sb 2.05	Te 2.1	I 2.66
……			Au 2.54	Hg 2.00	……				

一般而言，以氢原子为比较标准，电负性大的原子或基团常显示吸电子的诱导效应(记为－I)，电负性小的原子或基团常显示给电子的诱导效应(记为＋I)。然而，基团的诱导效应及其强弱常通过测量偶极矩或测量酸碱的解离常数来估量，而偶极矩或解离常数的测量通常都是在溶液中进行的，会受到溶剂化作用等多种因素的影响，因此，基团是吸电子还是给电子的诱导效应以及其诱导效应的强弱并非与其电负性完全一致。

常见基团的诱导效应及其大小顺序如下：

显示吸电子诱导效应的基团按照吸电子能力由大到小为：$—NO_2 > —CF_3 > —CN > —CO— \sim —F > —Cl > —Br > —I > —C{\equiv}CH > —OR > —OH > —Ph > —CH{=}CH_2$；

显示给电子诱导效应的基团按照给电子能力由大到小为：$—O^- > —COO^- > —CR_3 > —CHR_2 > —CH_2R > —CH_3$。

对于以氢原子为标准时烷基的诱导效应到底是吸电子的还是给电子的，尚存在争议。比如，化合物在气相中的酸碱性研究结果表明，气相中胺的碱性由大到小为：$(CH_3)_3N > (CH_3)_2NH > CH_3NH_2 > NH_3$，此时烷基体现了给电子的作用；而气相中醇的酸性由大到小却为：$(CH_3)_3COH > (CH_3)_2CHOH > CH_3CH_2OH > CH_3OH > H_2O$，此时烷基却体现了吸电子的作用。目前常见的观点还是倾向于认为烷基是显示给电子诱导效应的基团。

还需注意的是，基团的诱导效应是吸电子还是给电子，更多时候是相对于直接与该基团相连的原子而言的，相同的基团与电负性不同的原子相连可能显示出截然相反的诱导效应。例如，苯基—Ph 与炔基 —C≡C— 相连时，由于苯基 sp^2 杂化碳原子电负性弱于炔基 sp 杂化碳原子，苯基—Ph 显示给电子的诱导效应；苯基—Ph 与烷基—R 相连时，却由于苯基碳原子电负性强于烷基 sp^3 杂化碳原子，苯基—Ph 显示吸电子的诱导效应。

图 4－7 所示，诱导效应使正负电荷分别聚集在电负性差别最大的两个成键原子上，并沿着分子中的共价键传递。诱导效应的影响随原子链的增长而迅速减弱，经过三个共价单键后，其影响可忽略不计。但共轭体系可延长诱导效应的传递距离。

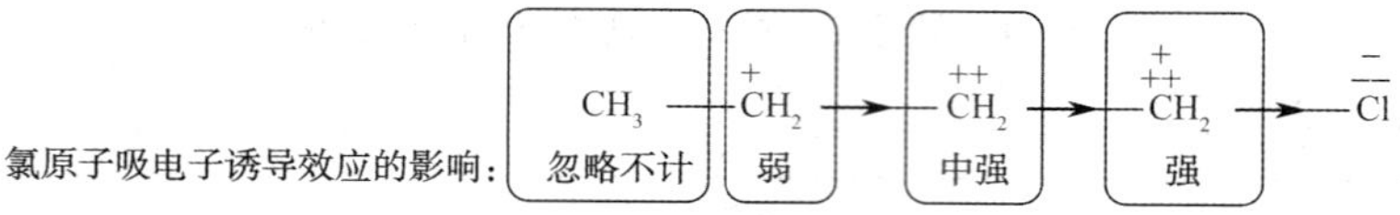

图 4－7　诱导效应的传递示意图

(2) 电子效应。

取代基的电子效应指取代基在分子中通过吸电子或者给电子作用使分子内电子云形状发生变化的效应，包括诱导效应、共轭效应、场效应等，最常见的是诱导效应和共轭效应。诱导效应普遍存在于各种有机物分子中，而共轭效应只存在于含有共轭体系的分子中。常见基团的共轭效应见第 3 章第Ⅱ节 3.8。

一般而言，常见基团的电子效应如下：

1) 显示强吸电子作用基团有：$—NO_2$，—CN，$—SO_3H$，—CHO，—COR，—COOH，—COOR 等(按吸电子能力递减排列)。它们的诱导效应与共轭效应均为强吸电子的。

2) 显示弱吸电子作用的基团有：—F，—Cl，—Br 等。它们显示吸电子的诱导效应和给电子的共轭效应，且诱导效应强于共轭效应。

3) 显示弱给电子作用的基团有：—R，—Ar 等。它们的诱导效应与共轭效应一般均为弱给电子的。

4) 显示强给电子作用的基团有：$—NR_2$，—NHR，$—NH_2$，—OH，—OR 等。它们显示吸电子的诱导效应和给电子的共轭效应，且共轭效应远远强于诱导效应。

5) 若取代基只显示诱导效应，那么其电子效应就由其诱导效应决定。例如，$—CF_3$ 的电子效应是吸电子的。

从电子效应来看，给电子的基团使苯环电子云密度增加，亲电取代反应活性也就随之增加，即苯环被活化；吸电子的基团使苯环电子云密度降低，亲电取代反应活性也就随之减小，即苯环被钝化。

2. 取代基定位选择性的解释——中间体的稳定性

取代苯发生二次取代时，同样会生成 σ－络合物中间体。取代基引入位置不同，所生成的 σ－络合物的结构(见图 4－8)及稳定性不同。哪种中间体稳定，则相应位置的取代反应就较易发生。

(1) 邻对位定位基。

以致活基团甲基为例分析邻对位定位基。甲苯发生亲电取代时，相应的 σ－络合物中间体可写成由几种极限结构叠加(即共振)而成的形式，具体如图 4－9 所示。在邻位和对位取代生成的 σ－络合物中，均有给电子基与带正电荷的原子直接相连的结构(结构 I 和 II)出

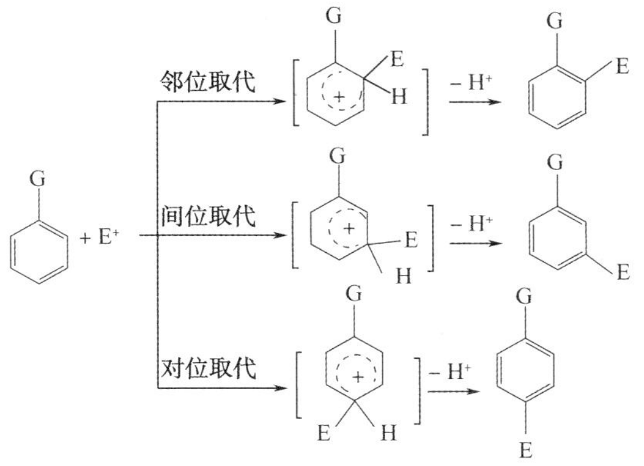

图 4 – 8　单取代苯二次取代的可能路线

现，这种极限结构中正电荷能得到有效分散，较稳定，因而其参与构成的 σ – 络合物也相对较稳定，稳定性强于间位取代生成的 σ – 络合物。所以，甲基苯以及类似致活基团取代的苯发生亲电取代时以邻对位取代为主。

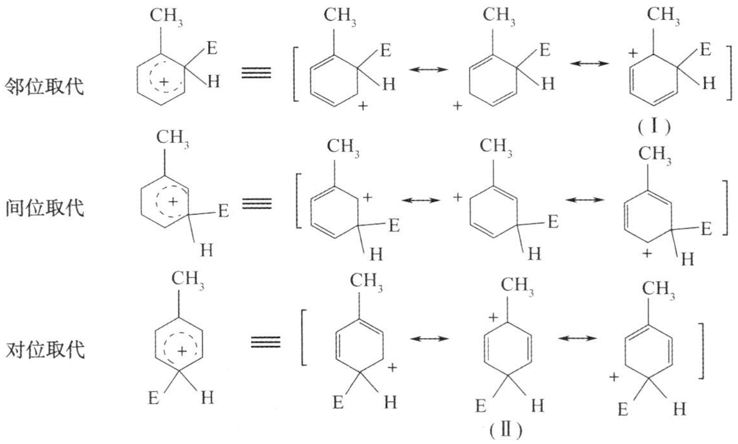

图 4 – 9　甲苯不同位置发生亲电取代对应的中间体

以致钝基团氯原子为例分析邻对位定位基。氯苯发生亲电取代时，相应的 σ – 络合物中间体也可以写成由几种极限结构叠加而成的形式，具体如图 4 – 10 所示。在氯苯邻位和对位取代生成的 σ – 络合物中，直接与氯原子相连的碳原子上带正电荷时，氯原子可通过 p – p 共轭将其一对未成键电子对拿来与 C^+ 共用，从而将正电荷分散到氯原子上，生成结构 III 和 IV。结构 III 和 IV 中，每个原子的最外层电子数均为 8(氢原子为 2)，达到了八隅体的稳定结构，因而其参与构成的 σ – 络合物也较稳定，稳定性强于间位取代生成的 σ – 络合物。所以，氯苯以及类似致钝基团取代的苯发生亲电取代时也以邻对位取代为主。

(2)间位定位基。

以硝基为例分析间位定位基。硝基苯发生亲电取代时，相应的 σ – 络合物中间体见图 4 – 11，极限结构Ⅴ和Ⅵ中正电荷更加集中，较不稳定，因而其参与构成的 σ – 络合物也较不稳定，稳定性弱于间位取代生成的 σ – 络合物。所以，硝基苯以及类似的取代苯发生亲电取代时以间位取代为主。

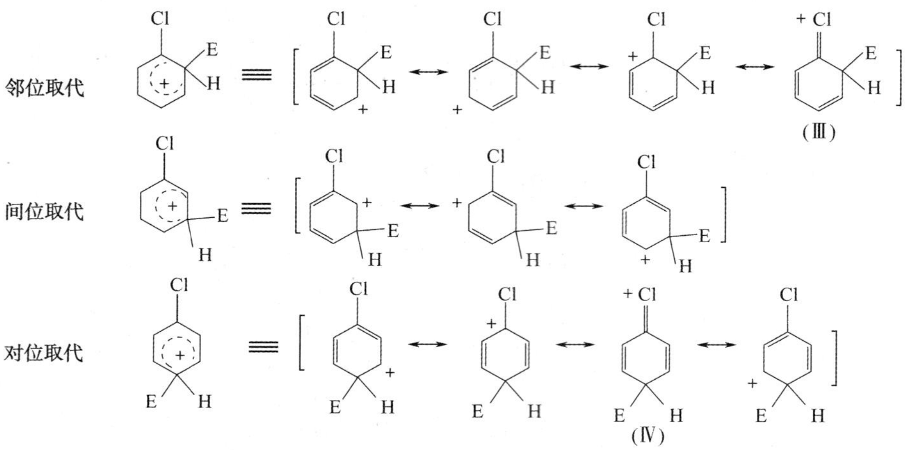

图 4-10　氯苯不同位置发生亲电取代对应的中间体

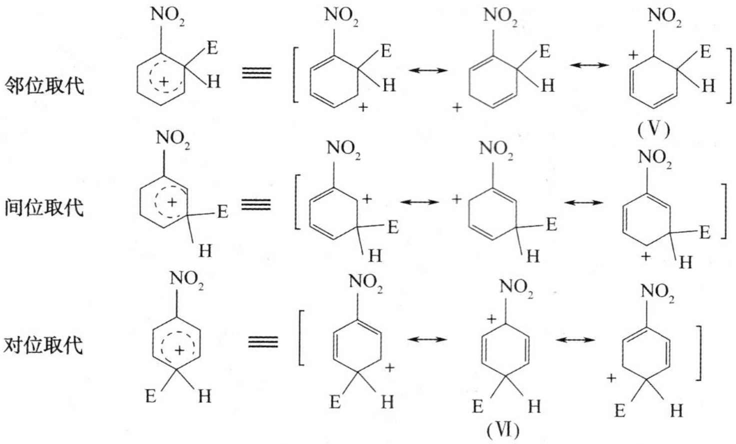

图 4-11　硝基苯不同位置发生亲电取代对应的中间体

若通过理论计算对几种典型取代苯进行电荷分布分析，分析结果也支持相应取代基的定位规律。例如，以苯的电子密度(即有效电荷)作为基准，以“-”表示电子密度比苯大，以“+”表示电子密度比苯小，苯胺、硝基苯及氯苯的电子密度分布如图 4-12 所示。结果表明，苯胺和氯苯的邻对位电子密度均比间位大，证明氨基和氯属于邻对位定位基；硝基苯的邻对位电子密度比间位小，证明硝基属于间位定位基。此外，苯胺的电子密度比苯大，氯苯和硝基苯的电子密度比苯小，证明氨基是致活基团，氯和硝基是致钝基团。

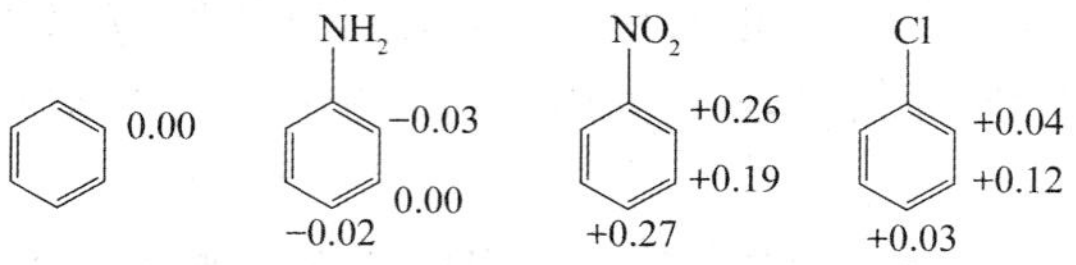

图 4-12　几种单取代苯的电荷分布

4.7.3 二取代苯的定位规律

二取代苯通过取代反应引入第三个取代基时，取代基引入的位置将由原有的两个取代基共同决定。具体来说，有以下规律。

(1)两取代基定位作用所指位置一致时，定位作用相互加强。但受空间位阻的影响，间位取代的芳香化合物，其两取代基之间的位置一般不容易引入第三个取代基。

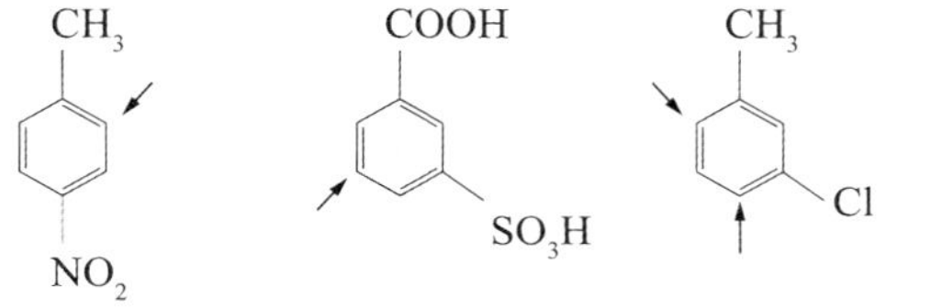

(2)两取代基定位作用所指位置不一致时，邻对位定位基定位作用大于间位定位基，若两基团为同一类定位基，定位作用强的基团优先决定新的取代基引入的位置。

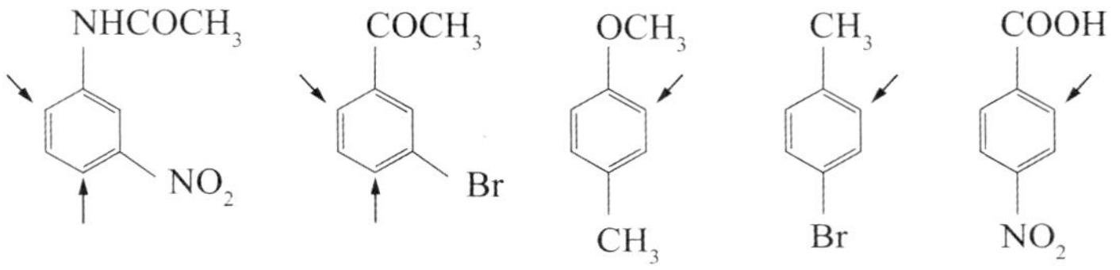

(3)两取代基定位作用所指位置不一致，但二者定位能力差别不大时，二者的定位作用均能表现出来，产物为混合物。

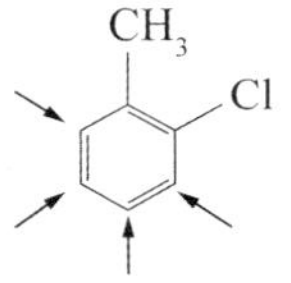

(4)对于多苯芳香化合物，取代基优先引入电子云密度最大的苯环。以 2－硝基联苯的硝化反应为例，未连硝基的苯环 Ar_a 电子云密度更高些，优先于苯环 Ar_b 被硝化。对于苯环 Ar_a 而言，其取代基 Ar_b—上尽管连有硝基，但仍属于芳基 Ar—，为邻对位定位基。同时考虑到原硝基的存在位置使新引入的硝基进入 Ar_a 的 2－、6－位时受到的斥力增加，邻位取代产物减少，因此，硝化反应主要发生在 Ar_a 的 4－位。

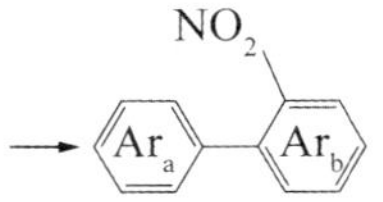

4.7.4 单取代萘的定位规律

萘环 α 位电子云密度高于 β 位。单取代萘引入第二个取代基时，既要考虑取代基的定位作用，还要考虑萘自身的电子云分布。

(1)若原取代基为邻对位定位基中的致活基团，直接与之相连的六元环将被活化，第二个取代基进入同环中原取代基的邻位或对位中的 α 位。

1)原取代基在 1 位时，第二个取代基将引入 4 位，即原取代基的对位。例如：

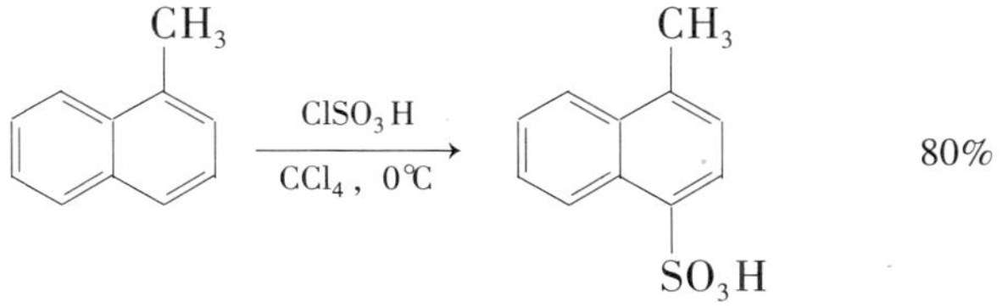

4－甲基－1－萘磺酸

2)原取代基在2位时，第二个取代基将引入1位，即原取代基的邻位。例如：

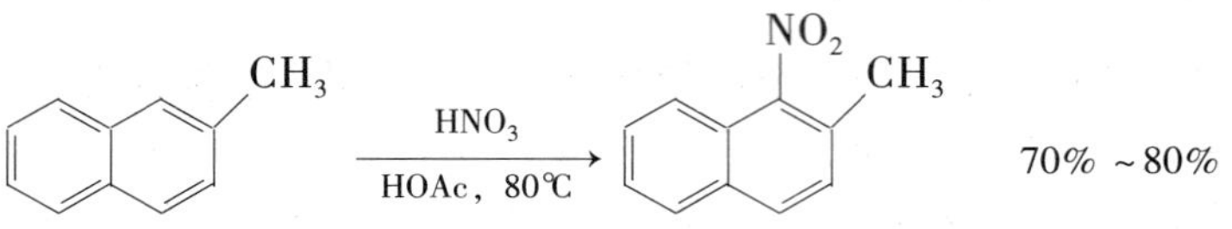

2-甲基-1-硝基萘

(2)若原取代基为间位定位基，直接与之相连的六元环将被钝化，第二个取代基进入另外一个六元环的 α 位。例如：

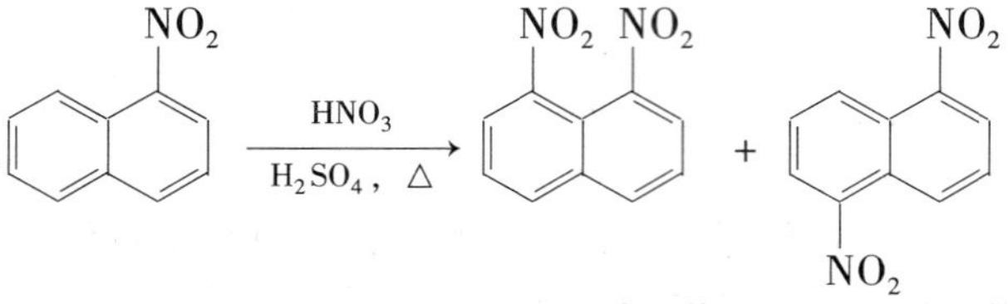

1,8-二硝基萘　1,5-二硝基萘

【阅读材料】

阅读材料1：芳香烃中的典型危险化学品

《首批重点监管的危险化学品名录》中，芳香烃类危险化学品有：苯、甲苯、苯乙烯。

苯为无色透明液体，有强烈芳香味。微溶于水，与乙醇、乙醚、丙酮混溶。熔点为5.5℃，沸点为80.1℃，相对密度(水=1)为0.88，闪点为-11℃。

用途：主要用于合成苯的衍生物、香料、染料、塑料、医药、炸药和橡胶，也用作溶剂和燃料掺合剂。

危险性：中闪点易燃液体，蒸气可与空气形成爆炸性混合物，遇明火、高热能引起燃烧爆炸。蒸气比空气重，能在较低处扩散到相当远的地方，遇火源会着火回燃。吸入高浓度苯蒸气对中枢神经系统有麻醉作用，重者意识丧失、抽搐，甚至死亡。长期接触对造血系统有损害，引起白细胞和血小板减少，重者导致再生障碍性贫血，还可引起白血病。具有生殖毒性。

火灾扑救：用大量水冷却容器。在确保安全的前提下，将容器从火场移至空旷处。若处于火场中的容器已变色或从安全泄压装置中产生声音，必须马上撤离。建议应急处理人员穿防毒服。灭火剂：干粉、二氧化碳、泡沫、砂土。用水灭火无效。

急救：若皮肤或眼睛接触，立即用大量水冲洗，就医。若吸入蒸气，迅速脱离现场至空气新鲜处。如呼吸困难，给氧。如呼吸停止，立即进行人工呼吸，就医。若误食，饮水催吐并就医。

甲苯为无色透明液体，有芳香味。不溶于水，与乙醇、乙醚、丙酮混溶。熔点为-94.9℃，沸点为110.6℃，相对密度(水=1)为0.87，闪点为4℃。

用途：主要用于合成甲苯衍生物、炸药、染料中间体、药物等。也用作溶剂和高辛烷值汽油添加剂。

危险性：中闪点易燃液体，蒸气可与空气形成爆炸性混合物，遇明火、高热能引起燃烧爆炸。蒸气比空气重，能在较低处扩散到相当远的地方，遇火源会着火回燃。流速过快时易产生和积聚静电。吸入高浓度甲苯蒸气对中枢神经系统有麻醉作用，可损害心肺。

火灾扑救与急救：同苯。

阅读材料2：烷基化反应的危险性分析

工业上的烷基化反应又称烃基化反应，是指在有机化合物中的氮、氧、碳等原子上引入烷基—R 的化学反应。其中，在碳原子上引入烷基通常利用傅－克反应。烷基化反应具有较高的火灾危险性。首先，被烷基化的物质大都具有火灾爆炸危险。如苯是甲类液体，闪点为－11℃。其次，烷基化试剂一般比被烷基化物质的火灾危险性更大。如丙烯是易燃气体，爆炸极限为2%～11%（体积分数）；甲醇为易燃液体，闪点为7℃。再次，烷基化过程中所使用的催化剂常常具有较强的反应活性。例如，无水三氯化铝遇湿会分解放热，有时能引发爆炸；若接触可燃物，则易着火。此外，烷基化反应都是在加热条件下进行，加料顺序颠倒、加料速度过快或搅拌中断等都会导致反应剧烈，造成着火或爆炸事故。另外，烷基化反应的产品亦有一定的火灾危险性。如异丙苯为乙类易燃液体，闪点为35.5℃。

【习题】

一、命名下列化合物。

（1）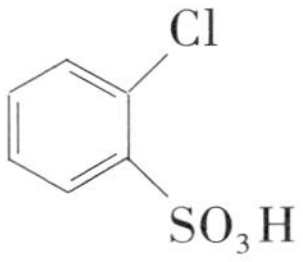

（2）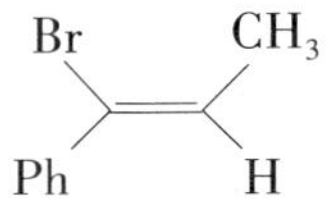

（3）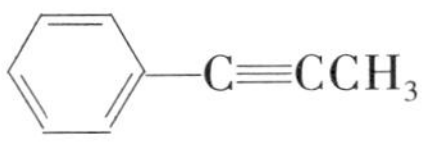

（4）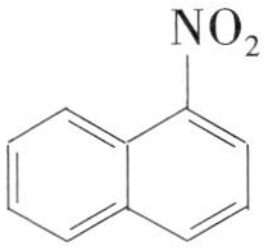

二、写出下列反应的主要产物。

（1）

（2）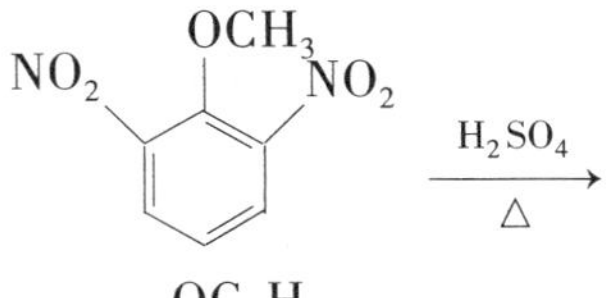

（3）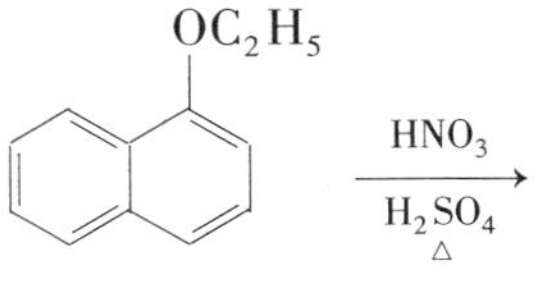

（4）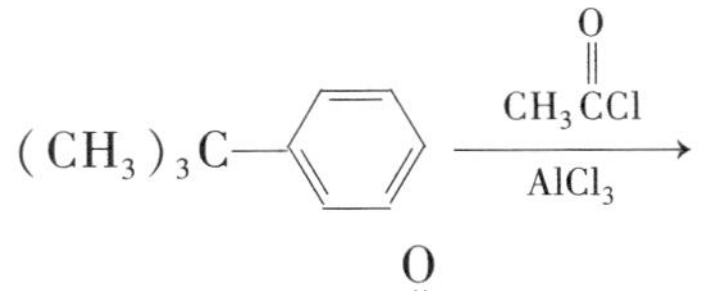

（5）

（6）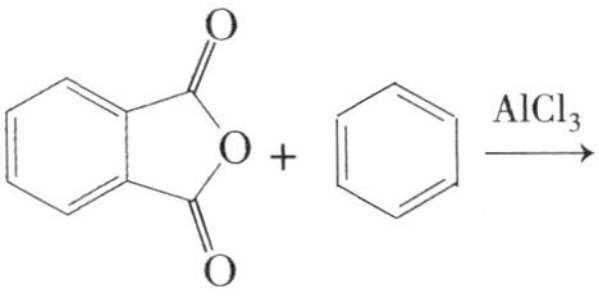

（7）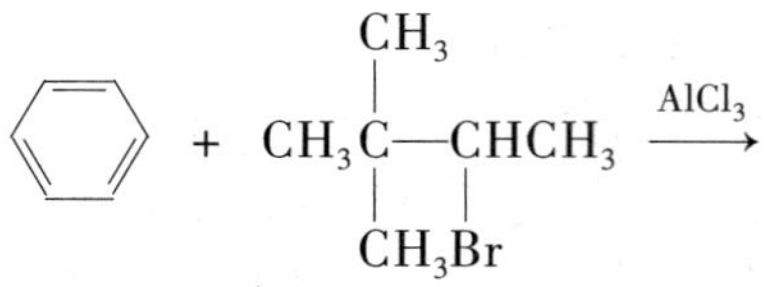

（8）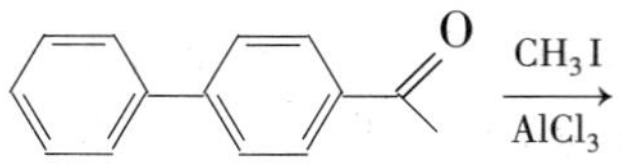

（9）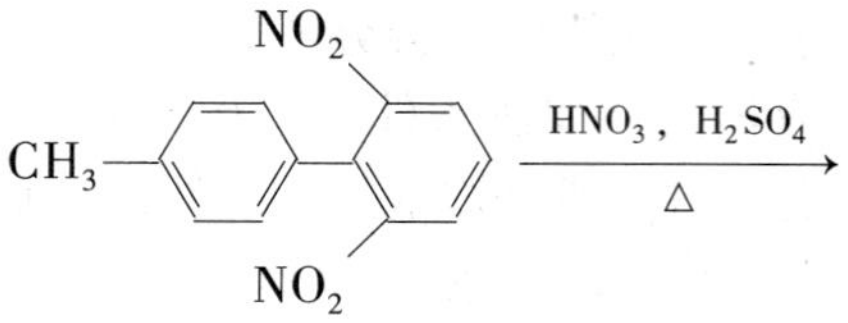

（10）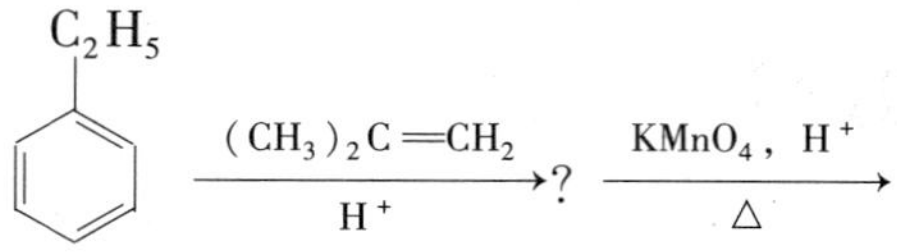

（11）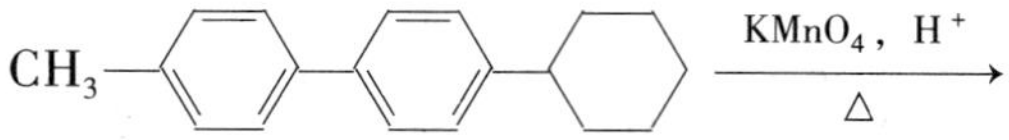

三、将下列化合物按照苯环上溴代反应活性由高到低的顺序排列。

（1）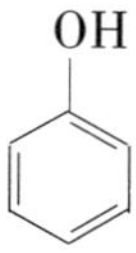

（2）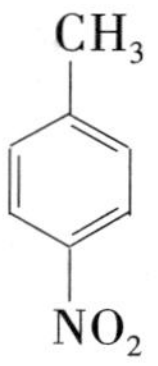

（3）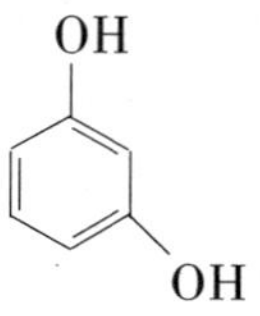

（4）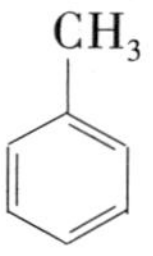

（5）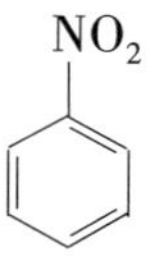

（6）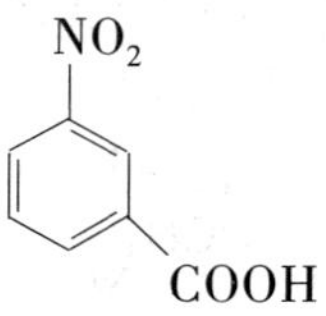

四、下列化合物哪些能在通常情况下发生傅－克反应？

（1）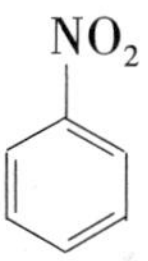

（2）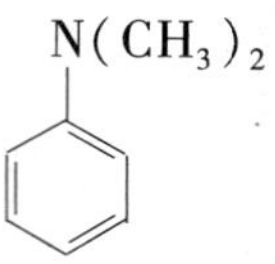

（3）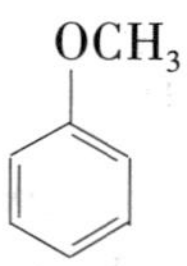

（4）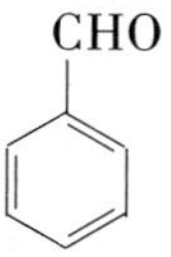

（5）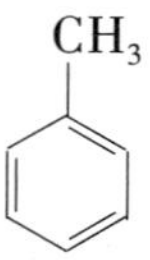

（6）

五、用箭头表示下列化合物发生硝化反应时硝基进入苯环的位置。

（1）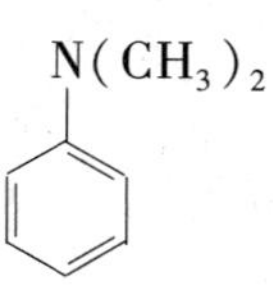

（2）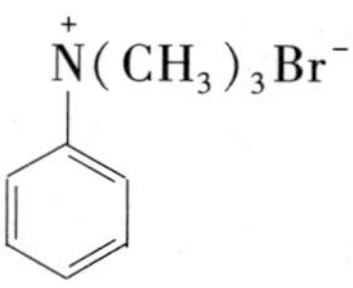

（3）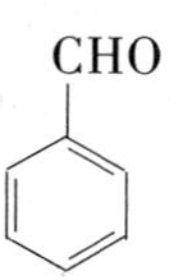

（4）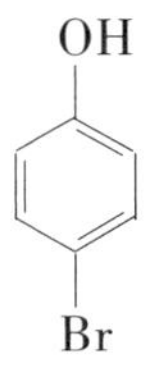　（5）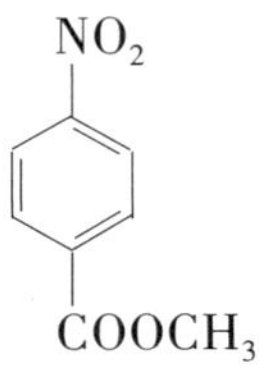　（6）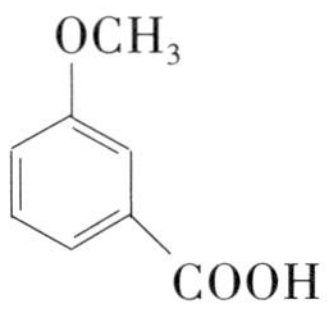

（7）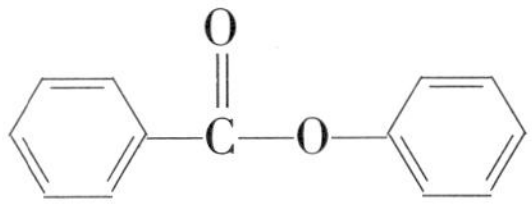　（8）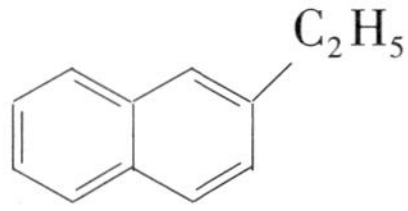　（9）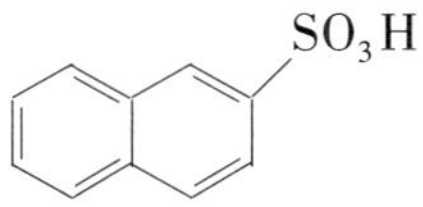

六、以指定原料完成下列有机合成。

（1）以甲苯为原料合成 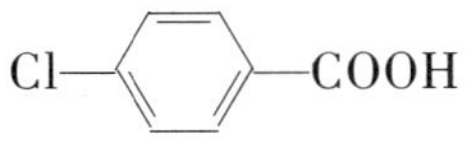

（2）以甲苯为原料合成 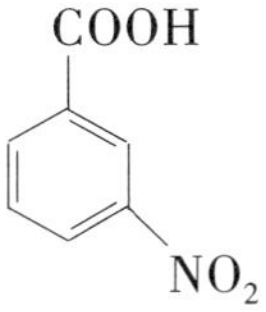

（3）以苯为原料合成 

（4）以甲苯为原料合成 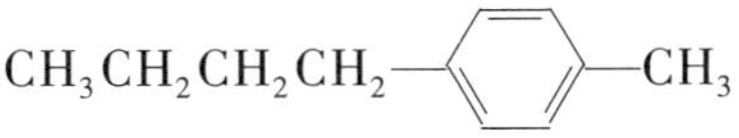

（5）以甲苯为原料合成 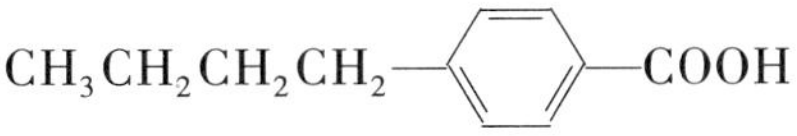

七、判断下面两个化合物哪个与 HBr 的加成速度更快？为什么？

（1）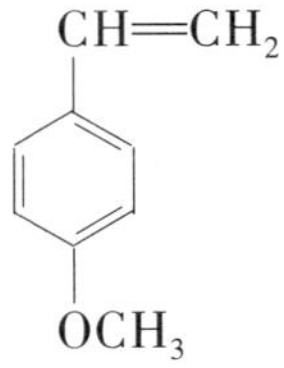　（2）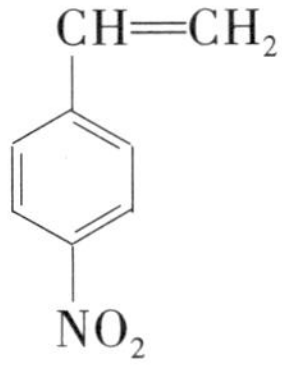

八、芳香化合物 A 分子式为 C_9H_{12}，在酸性重铬酸钾氧化作用下生成二元酸 $C_8H_6O_4$（B）。若将 A 硝化，所得一元硝基化合物只有两种：C 和 D。试写出 A、B、C、D 的结构式。

第 5 章　对映异构

组成有机物的元素只有碳、氢、氧、氮、硫、磷等有限的几种，但有机物的数量却非常庞大，其中一个重要原因就在于有机物中同分异构现象的普遍存在。

5.1　同分异构的分类

同分异构通常可按照图 5－1 所示进行分类。同分异构可分为构造异构和立体异构(详见 2.2.1)。构造异构通常包括碳架异构、位置异构、官能团异构。立体异构可分为构型异构和构象异构。构型异构与构象异构的区别在于，不同异构体之间的转化是否需要断裂共价键。若需要断裂共价键才能实现异构体之间的相互转化，那么对应的异构为构型异构。例如，烯烃中提到的顺反异构就属于构型异构的一种。若仅仅通过将基团围绕共价键旋转(例如烷烃的交叉式构象与重叠式构象之间的转化)或翻转(例如环己烷的椅型构象与船型构象之间的转化)即可实现异构体之间的相互转化，那么对应的异构为构象异构。由于构象异构体之间相互转化非常容易，许多教材中常将构象异构体视为同一种分子，提到立体异构体更多的是指构型异构体。

- 同分异构
  - 构造异构
    - 碳架异构
    - 位置异构
    - 官能团异构
  - 立体异构
    - 构型异构
      - 对映异构
      - 顺反异构
    - 构象异构

图 5－1　同分异构的分类

本章将介绍的对映异构属于构型异构的一种。对映异构现象在有机合成，特别是药物合成中占有举足轻重的地位。

5.2　关于对映异构的几个基本概念

5.2.1　旋光性、手性、对映体及外消旋体

1. 旋光性

普通光源发出的光线能在垂直于其前进方向的各个方向上振动。让光线通过 Nicol(尼可尔)棱镜可得到只在一个平面上振动的光线，即平面偏振光，简称偏振光或偏光。如图 5－2 所示，当平面偏振光通过某液态物质或某物质的溶液后，其振动方向发生了偏转，该物质就具有旋光性。

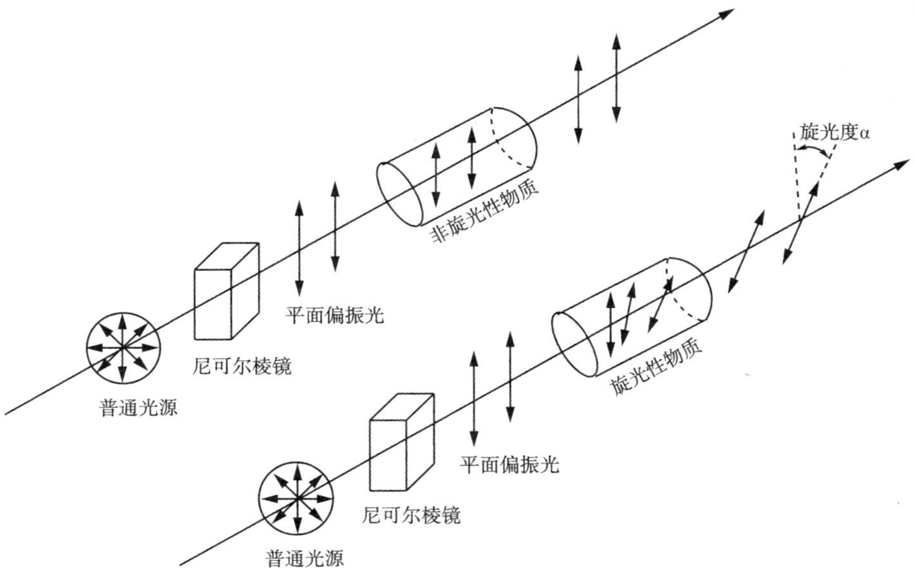

图 5－2　物质的旋光性示意图

迎着光线传播的方向看，使平面偏振光的振动平面向右（即顺时针方向）旋转的性质称为右旋，右旋分子记为（＋）－物质名称；使平面偏振光的振动平面向左（即逆时针方向）旋转的性质称为左旋，左旋分子记为（－）－物质名称。旋光性物质使平面偏振光的振动平面旋转的角度，称为旋光度，用 α 表示。

盛放被测物质的旋光管长度为 1dm、被测物浓度为 1g/mL 时的旋光度称为比旋光度，用 $[\alpha]_{\lambda}^{t}$ 表示，其中 t 表示测定时的温度，λ 表示测定时所用光源的波长。例如，20℃时用钠光源的旋光仪测得葡萄糖水溶液比旋光度为右旋 52.5°，则记为 $[\alpha]_{D}^{20} = +52.5°$（水）。

比旋光度与熔沸点等一样，是化合物的一个物理常数。

2. 手性、对映体及外消旋体

我们的左手和右手互为镜像却不能重合。像左右手那样自身与镜像不能重合的性质称为手性，自身与镜像不能重合的分子称为手性分子。互为自身与镜像关系但不能相互重合的一对分子称为对映异构体，或对映体。

在旋光性方面，互为对映异构体的两个分子均具有旋光性。其中，一个左旋光，称为左旋体，一个右旋光，称为右旋体。因此，对映异构体又称为旋光异构体。手性分子一般都具有旋光性，反之，具有旋光性的分子也必然具有手性。左旋体与右旋体比旋光度数值相等、方向相反。例如，右旋光乳酸存在于肌肉中，比旋光度 $[\alpha]_{D}^{15} = +3.82°$（水）；左旋光乳酸可由葡萄糖发酵得到，比旋光度 $[\alpha]_{D}^{15} = -3.82°$（水）。

若将一对对映异构体等量地混合在一起，左旋体和右旋体对平面偏振光造成的影响恰好相互抵消，混合物将不显示旋光性。这种混合物称为外消旋体。例如，牛奶中的乳酸就是以外消旋体的形式存在的，称为外消旋乳酸，记为（±）－乳酸。

互为对映异构体的分子，在非手性环境中其物理性质及化学性质相同；在手性环境中其物理性质及化学性质常存在差异。

5.2.2 手性分子的判断

1. 依据对称因素判断

可以通过观察分子结构中是否具有某些对称因素来判断该分子是否具有手性。若分子中既没有对称面，也没有对称中心，那么该分子是有手性的。对称面指将分子等分为互呈镜像关系的两个相同部分的平面。例如图 5－3 所示一氯乙烷，氯原子以及两个碳原子共同确定的平面就是该分子的对称面。

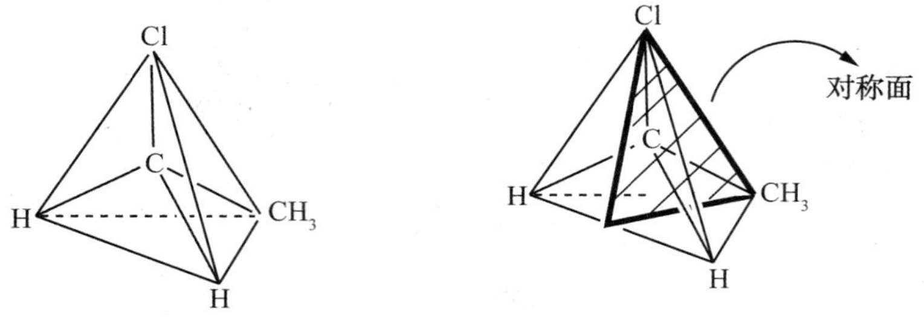

图 5－3 分子中的对称面

对称中心是这么一个点，将分子中任何一个原子或基团与该点连线并将线段延长等长的距离后，会遇到一个完全相同的原子或基团。例如图 5－4 所示四取代环丁烷分子，环丁烷正中心的点即为该分子的对称中心。判断单环化合物是否具有对称因素，无需将其转化为非平面的立体结构，其平面式结构的对称性即是其实际对称性。

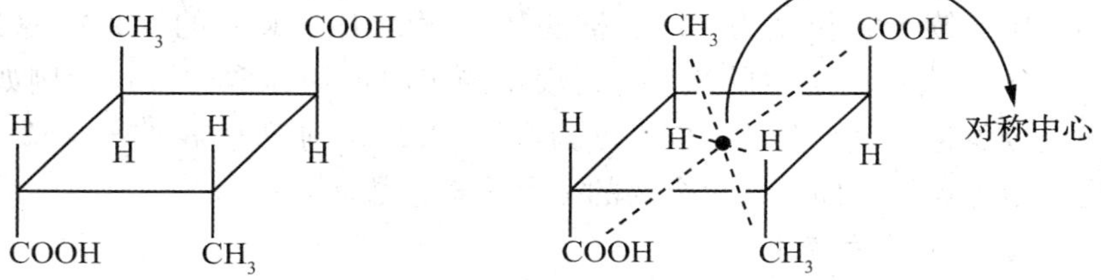

图 5－4 分子中的对称中心

需要注意的是，是否具有对称轴不能作为分子是否具有手性的判断依据，因为含有对称轴的分子有可能具有手性。例如右图分子 1,3－二甲基环戊烷，其具有对称轴，但不具有对称中心或对称面，分子有手性。

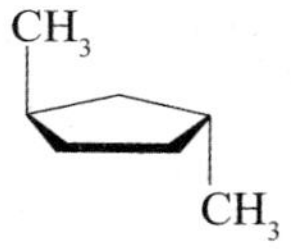

2. 依据手性碳原子判断

与四个不同原子或基团相连的碳原子称为手性碳原子，又称为不对称碳原子，记为 C^*。例如，3－羟基丁酸中的 C_3 分别连有氢原子、甲基、羧甲基、羟基，是手性碳原子。通过对 3－羟基丁酸的对称因素进行判断，可发现其既不含有对称面也不含有对称中心，为手性分子。使分子具有手性的手性碳原子称为该分子的手性中心。3－羟基丁酸中的 C_3 就是该分子的手性中心。下图的两个 3－羟基丁酸分子互呈实物与镜像的关系，为一对对映异构体。

通过分子中所含手性碳原子的个数与结构也能判断分子是否具有手性。一般而言，含有一个手性碳原子的分子没有对称因素，为手性分子。含有两个及以上手性碳原子的分子，由

于各手性中心之间的旋光作用相互影响，有的分子具有手性，有的分子不具有手性，需要结合手性碳的具体结构进行分析。

5.3 含一个手性碳的化合物

5.3.1 分子构型的表示方法

手性分子的构型通常有两种表示方法：楔形式和 Fischer(费歇尔)投影式。

1. 楔形式

楔形式又称透视式，上图中 3 - 羟基丁酸的表示方法就是楔形式。具体来说，用楔形式来表示分子的立体构型时，用实线(—)表示平躺于纸面上的键，用楔形实线(━)或粗实线(━)表示伸向纸面前方的键，用虚线(┈)表示伸向纸面后方的键。

2. Fischer(费歇尔)投影式

Fischer 投影式可看作四面体结构的分子在纸面上的投影。图 5 - 5 为 2 - 丁醇一对对映异构体的 Fischer 投影式。

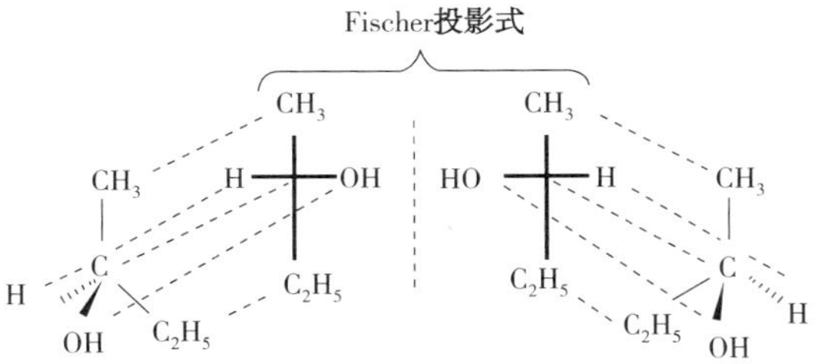

图 5 - 5　2 - 丁醇的 Fischer 投影式

书写 Fischer 投影式时，应遵循以下规则：

1)以"十"字来表示四根相互连接的共价键，将手性碳原子放在十字交叉点，表示该手性碳位于纸面上。

2)将主碳链竖放，并使编号小的部分在上端。在空间位置上，与手性碳原子竖直相连的两根化学键指向纸面后方，相应地，两根竖直共价键所连的两部分碳链均位于纸面后方。

3)将手性碳上剩余的两原子或基团放在水平的两根共价键上。在空间位置上，水平的共价键指向纸面前方，相应地，两根水平共价键所连的两原子或基团均位于纸面前方。

概括来说，十字中心手性碳原子所连基团的空间位置可以描述为"横前竖后"。

需要注意的是，将一个分子的 Fischer 投影式在纸面上旋转 90°，投影式所代表分子变为原分子的对映异构体；将 Fischer 投影式离开纸面翻转 180°，投影式所代表分子变为原分子的对映异构体；将 Fischer 投影式交换任意两基团，投影式所代表分子同样会变为原分子的对映异构体。

5.3.2 分子构型的命名

1. *R*－*S* 标记法

R－*S* 标记法是最常用来标记对映异构体构型的方法。

(1)判断楔形式分子 *R*－*S* 构型的步骤如下：

1)将手性碳所连的四个基团按次序规则由大到小排列。若基团构造相同，人为规定："*R*"大于"*S*"，"顺"大于"反"。

2)使最小的基团离观察者最远，并用手性碳原子将其挡住，其余三个基团则分布在眼睛的"上"、"下"、"左"、"右"四个方位中的三个。

3)将剩余三个基团按由大到小的方向旋转，若为顺时针旋转，则手性碳为 *R* 构型(拉丁文 rectus 的缩写，"右"的意思)；若为逆时针旋转，则手性碳为 *S* 构型(拉丁文 sinister 的缩写，"左"的意思)。可以概括表述为"顺 *R* 逆 *S*"。

例如判断图 5－6 分子 2，3－二羟基丙醛的立体构型。首先确定分子中手性碳原子为 C_2，其所连原子或基团由大到小依次为：—OH＞—CHO＞—CH_2OH＞—H。将最小的原子(—H)放在离眼睛最远的位置并用手性碳原子将其挡住后，剩余三个基团分别分布在眼睛的左(—OH)、上(—CHO)、右(—CH_2OH)三个方位。按由大到小的顺序旋转，应当从"左"向"上"再向"右"旋转，为顺时针旋转，因而该分子构型为 *R*。该化合物名称为：(*R*)－2，3－二羟基丙醛。

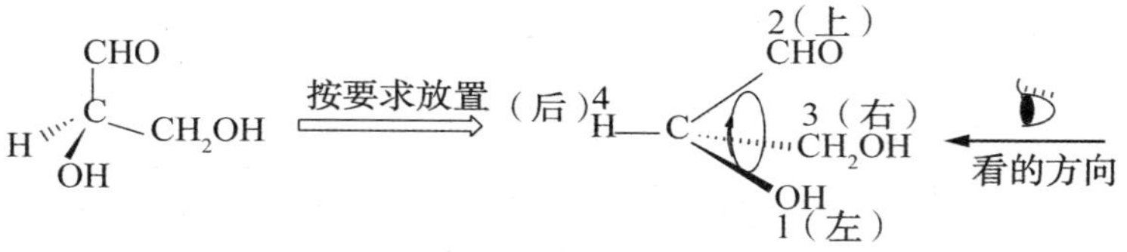

图 5－6　楔形式分子立体构型的判断

(2)判断 Fischer 投影式分子 *R*－*S* 构型的步骤如下：

1)将手性碳所连的四个基团按次序规则由大到小排列。若基团构造相同，人为规定："*R*"大于"*S*"，"顺"大于"反"。

2)最小基团位于竖直共价键上时，其余基团由大到小旋转，同样有"顺 *R* 逆 *S*"，即为顺时针旋转时，手性碳为 *R* 构型，为逆时针旋转时，手性碳为 *S* 构型。最小基团位于水平共价键上时，其余基团由大到小的旋转方向与分子立体构型的关系正好相反，为"顺 *S* 逆 *R*"。

3)也可以先将最小原子或基团忽略不看，剩余基团由大到小旋转，按照"顺 *R* 逆 *S*"的规则初步判断手性碳的立体构型，然后再参考最小原子或基团的位置对立体构型进行校正。若最小原子或基团位于竖直共价键上，则初步判断的分子立体构型即是其真实构型。若最小原子或基团位于水平共价键上，则初步判断的分子立体构型与其真实构型相反。

例如判断图 5－7 分子 3－羟基丁酸的立体构型。首先确定分子中手性碳原子为 C_3，其所连原子或基团由大到小依次为：—OH＞—CH_2COOH＞—CH_3＞—H。先将最小基团(—H)忽略掉，其余基团由大到小旋转为顺时针旋转，初步判断分子立体构型为 *R*。然后参考最小基团(—H)的位置可得，氢原子位于水平共价键上，初步判断的分子立体构型与其真实构型相反，因此，分子的真实构型为 *S*。该化合物名称为：(*S*)－3－羟基丁酸。

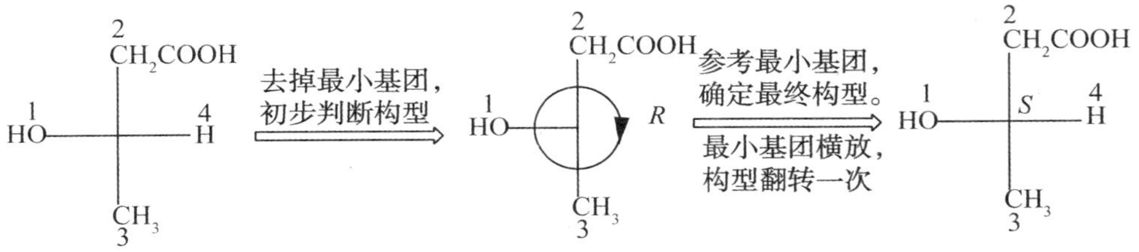

图 5 - 7　Fischer 投影式分子立体构型的判断

2. *D* - *L* 标记法

D - *L* 标记法多见于糖及氨基酸的构型的表示。人们规定了 *D* - 甘油醛、*L* - 甘油醛的构型，在不涉及手性碳的前提下，通过化学反应可以由 *D* - 甘油醛生成或生成 *D* - 甘油醛的手性分子为 *D* - 构型，由 *L* - 甘油醛生成或生成 *L* - 甘油醛的手性分子为 *L* - 构型。

D - 甘油醛　　　　*L* - 甘油醛

由于 *D* - *L* 标记法所表示的化合物构型是以甘油醛的构型为参照标准而确定的，因而又称为相对构型。而 *R* - *S* 标记法所表示的化合物构型能真实地反应分子中各原子或基团在空间的排列情况，因而又称为绝对构型。需要注意的是，化合物的构型是 *R* 型还是 *S* 型，与其是 *D* 型还是 *L* 型，或者与其是左旋(-)还是右旋(+)，都不是一一对应的，即 *R* - 构型化合物不一定是 *D* - 构型的，也不一定是右旋的。

5.4　含两个手性碳的化合物

分子中有 n(n = 1，2，3…)个手性碳，理论上有 2^n 个构型异构体。因此，具有 2 个手性碳的分子，理论上有 $2^2 = 4$ 个构型异构体。

5.4.1　含两个不同手性碳的化合物

以2，3，4 - 三羟基丁醛为例，该分子含有两个手性碳原子(C_2 与 C_3)，可写出4 个互为构型异构体的分子(Ⅰ) ~ (Ⅳ)(见图5 - 8)，名称分别为：(2*R*,3*R*) - 2,3,4 - 三羟基丁醛、(2*S*,3*S*) - 2,3,4 - 三羟基丁醛、(2*S*,3*R*) - 2,3,4 - 三羟基丁醛、(2*R*,3*S*) - 2,3,4 - 三羟基丁醛。

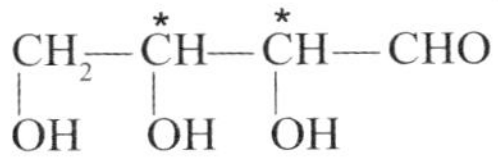

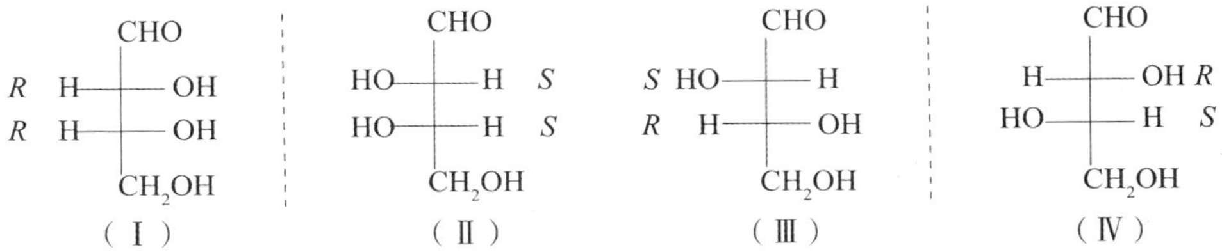

(Ⅰ)　　(Ⅱ)　　(Ⅲ)　　(Ⅳ)

图 5 - 8　2,3,4 - 三羟基丁醛的构型异构体

其中，（Ⅰ）和（Ⅱ）互为对映体，（Ⅲ）和（Ⅳ）互为对映体。将（Ⅰ）和（Ⅱ）等量混合，或者将（Ⅲ）和（Ⅳ）等量混合，均可得到外消旋体。（Ⅰ）和（Ⅲ）两分子构造相同，构型不同，互为构型异构体；但二者并不互呈实物与镜像的关系，因而二者不互为对映异构体。像这样互为构型异构体却不互为对映异构体的一对分子称为非对映异构体，简称非对映体。在2,3,4－三羟基丁醛的构型异构体中，（Ⅰ）和（Ⅳ）、（Ⅱ）和（Ⅲ）以及（Ⅱ）和（Ⅳ）也都互为非对映异构体。一对非对映异构体在物理性质上常常具有明显差异。

5.4.2 含两个相同手性碳的化合物

以2,3－二羟基丁二酸为例，该分子含有两个手性碳原子（C_2 与 C_3），理论上可写出4个互为构型异构体的分子（Ⅰ）~（Ⅳ）（见图5－9），名称分别为：（2*S*,3*S*）－2,3－二羟基丁二酸、（2*R*,3*R*）－2,3－二羟基丁二酸、（2*R*,3*S*）－2,3－二羟基丁二酸、（2*S*,3*R*）－2,3－二羟基丁二酸。

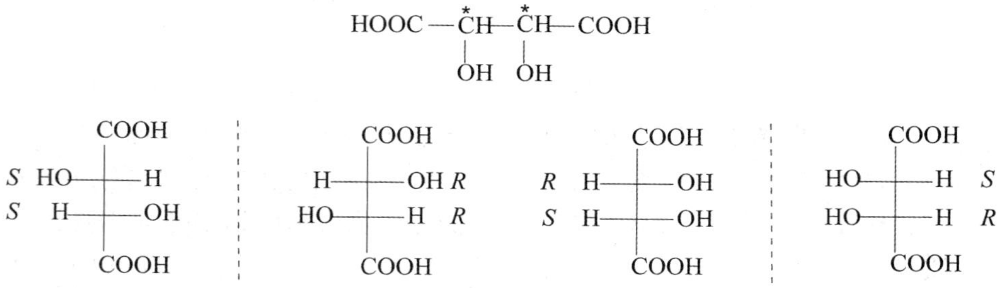

（Ⅰ）　　（Ⅱ）　　（Ⅲ）　　（Ⅳ）

图5－9　2,3－二羟基丁二酸的构型异构体

其中，（Ⅰ）和（Ⅱ）互为对映体，等量混合可得外消旋体。（Ⅰ）和（Ⅲ）、（Ⅱ）和（Ⅲ）互为非对映体。若寻找分子的对称因素可以发现，无论是（Ⅲ）还是（Ⅳ），二者在 C_2 与 C_3 之间均存在着对称面，分子内两手性碳原子（C_2 和 C_3）互成实物与镜像的对称关系，整个分子不具有旋光性。像（Ⅲ）或（Ⅳ）这种有手性中心却无手性的化合物称为内消旋体，记为*meso*－或*m*－。仔细观察可发现，将（Ⅲ）在纸面上旋转180°，其能与（Ⅳ）完全重合，表明（Ⅲ）和（Ⅳ）是同一种分子，而非构型异构体。2,3－二羟基丁二酸只有（Ⅰ）、（Ⅱ）、（Ⅲ）三种构型异构体。

在命名内消旋体时，*R*优先于*S*编号，因此（Ⅲ）和（Ⅳ）的规范名称应当为：（2*R*,3*S*）－2,3－二羟基丁二酸。也可以称为：*meso*－2,3－二羟基丁二酸。

可见，含有两个手性碳的分子可能含有对称因素，不一定是手性分子，即分子有手性碳原子不代表分子一定有手性。

【阅读材料】

阅读材料：手性与药物活性

手性药物常常以对映异构体的形式进入人体，而人体内的微环境往往是手性环境，不同异构体在药效、毒性等方面的表现往往相差甚远。人体内，接受药物作用的靶点受体具有一定的空间构型，手性药物要想发挥预期的治疗作用，其空间构型必须与受体的空间构型相匹配（如下图所示）。若手性药物在空间构型的制约下不能与靶点受体较好地结合，那么其疗效就不显著，甚至无效。更有甚者，若手性药物与人体内其他非预期靶点因空间构型相匹配而相结合，干扰了人体的正常代谢过程，就会造成中毒。

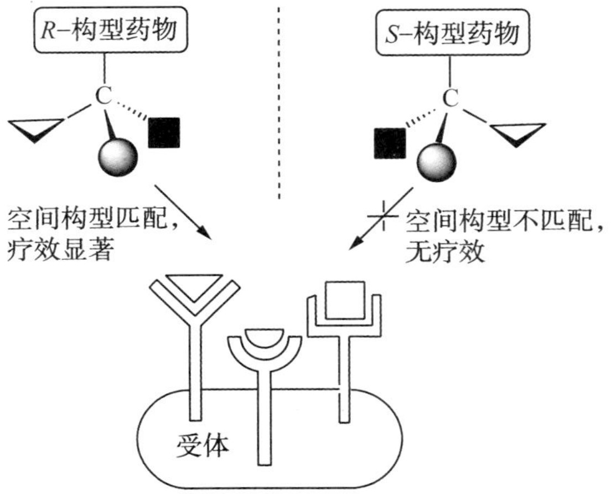

目前市场售药物60%以上为手性药物，许多手性药物的对映体在代谢过程中表现出不同的生理活性与药效。有的对映体在疗效上差别不大，或者二者相互补充，相互促进。例如，具有抗革兰氏阴性和阳性微生物活性的药物加替沙星，其左旋体与右旋体抗菌活性差别不大。再例如，右旋丙氧芬具有镇痛作用，左旋丙氧芬具有止咳作用。

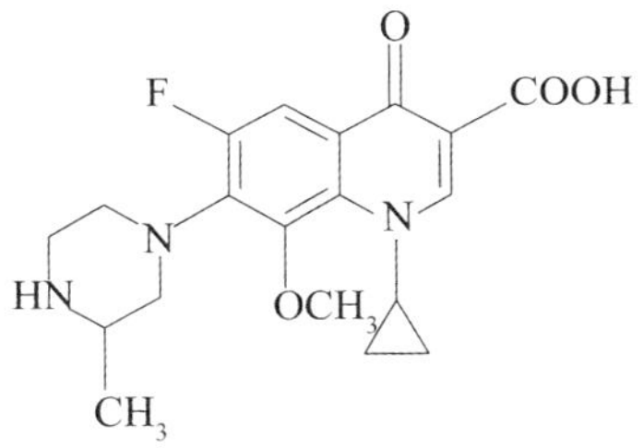

加替沙星

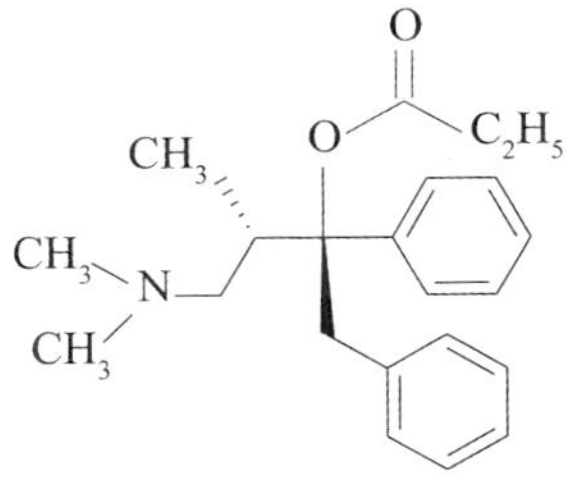

右旋丙氧芬

有的对映体仅其中一种具有显著的治疗作用，另外一种治疗作用较弱或者没有疗效。例如，氨氯地平的左旋体可有效治疗高血压与心绞痛，右旋体却没有此活性。(*S*)–布洛芬的消炎镇痛解热作用比(*R*)–布洛芬强28倍。

有的对映体其中一种有治疗作用，另一种药效恰好相反甚至有毒。例如，(*S*)–巴比妥酸盐可抑制神经活动，用作催眠镇痛药，(*R*)–巴比妥酸盐却具有兴奋作用。(*R*)–沙利度胺具有镇静作用，可缓解孕妇早晨的呕吐现象，(*S*)–沙利度胺却具有强烈的胎儿致畸作用。

目前，市场售手性药物大多是外消旋混合物。为了保证药物的生理活性，并使治疗作用尽可能好，世界上一些医药管理部门鼓励制药公司出售单一对映体的药物制剂，例如美国、日本及欧洲的药政部门均作出了针对手性药物的相应规定。在上述国家和地区，手性药物必须对不同的对映异构体分别给出药理和毒性数据。手性药物的研发已成为国际新药研发的重要方向之一。

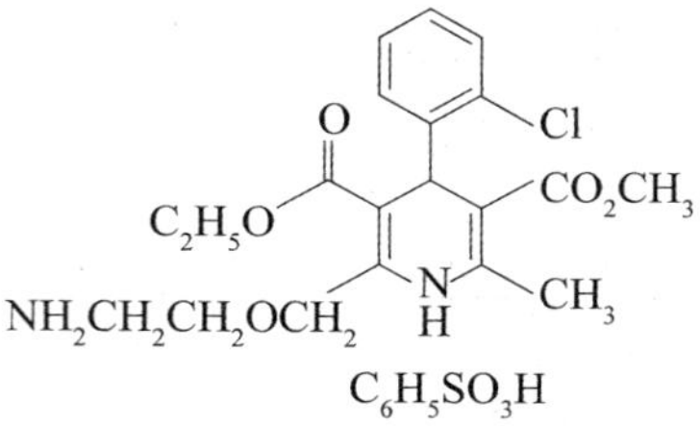

氨氯地平

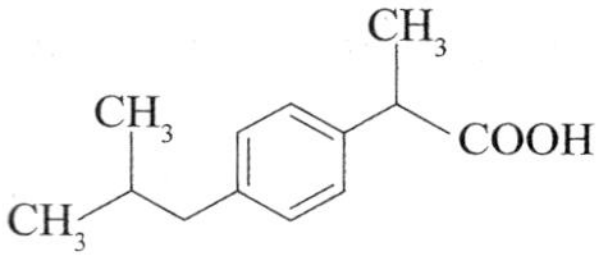

布洛芬

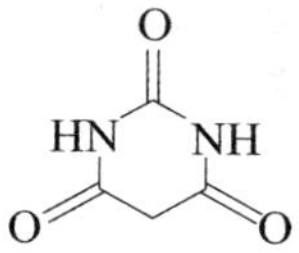

巴比妥酸

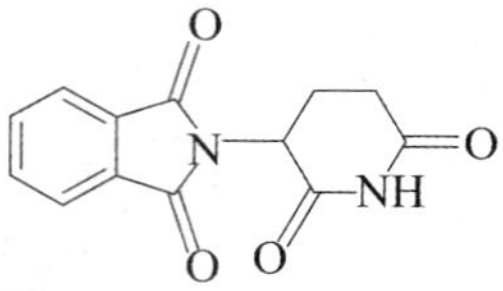

沙利度胺

【习题】

一、命名下列化合物。

（1）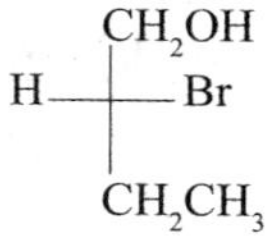

（2）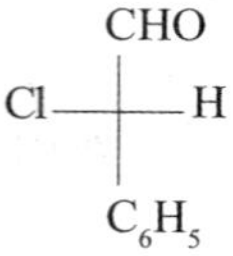

（3）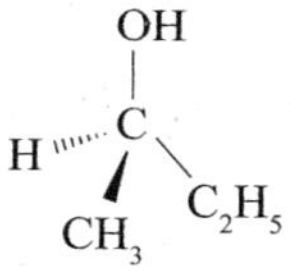

（4）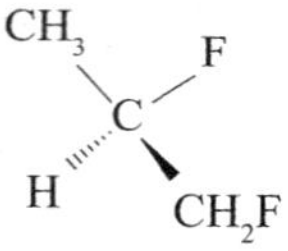

（5）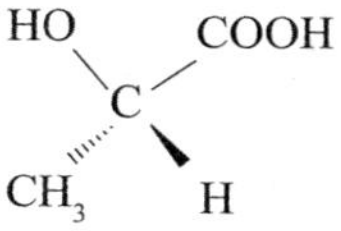

（6）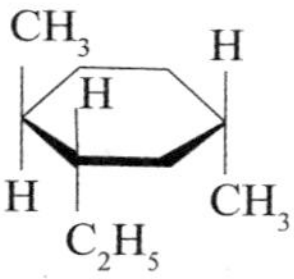

（7）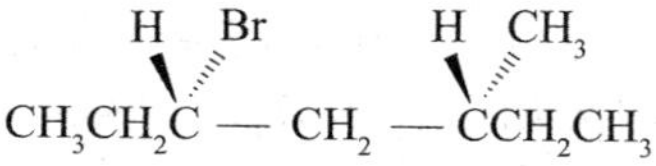

（8）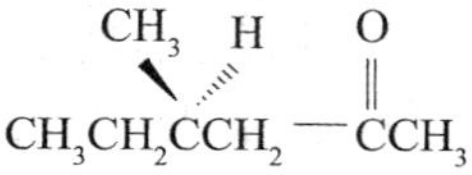

二、请判断下列分子是否具有对称因素，是否具有手性。

（1）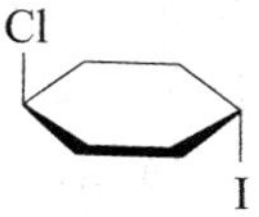

（2）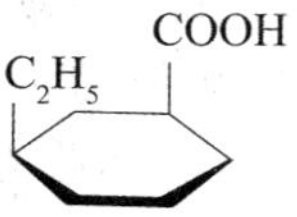

（3）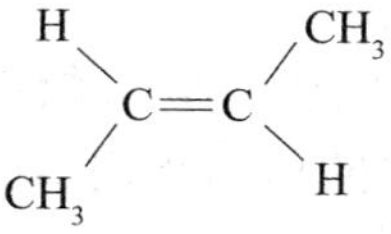

（4）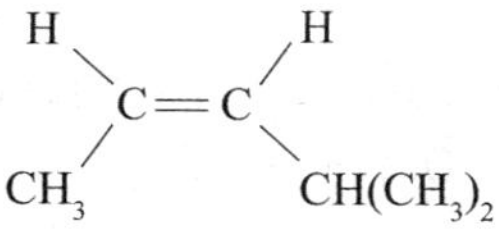

（5）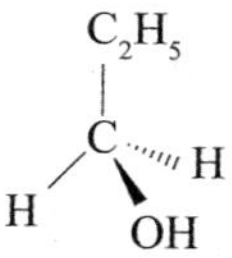

（6）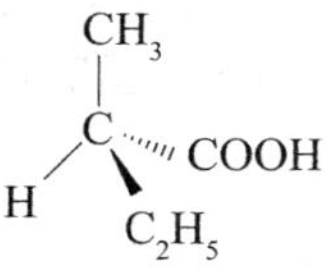

三、将下列 Fischer 投影式改为楔形式。

(1) 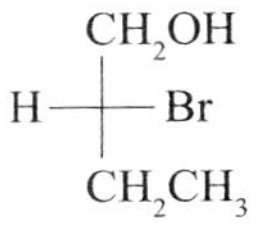

(2) 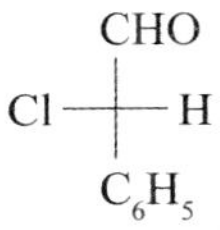

四、将下列楔形式改为 Fischer 投影式。

(1) 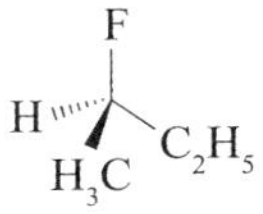

(2) 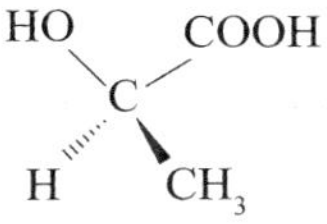

五、写出下列化合物的构造式。

(1)(*S*)－2－甲基－4－溴庚烷

(2)(4*R*，5*S*)－4－甲基－5－异丙基－1－氯辛烷

第6章　卤代烃

卤代烃(halohydrocarbon)指烃的氢原子被卤原子取代形成的化合物，常记为R—X。卤原子X通常包括F、Cl、Br、I。大多数卤代烃是人工合成的，天然卤代烃主要存在于海洋生物(如海藻、海绵等)体内。卤代烃在有机合成中起着重要的桥梁作用，也可用作杀虫剂、制冷剂、阻燃剂等。

卤素原子中，只有氟原子半径比碳原子小，其余卤素原子半径均比碳原子大。氟原子结构的特殊性使氟代烃与其他卤代烃的化学性质显著不同，本书讨论的卤代烃主要是指氯代烃、溴代烃和碘代烃。

6.1　卤代烃的分类与命名

6.1.1　卤代烃的分类

卤代烃有多种分类方式，按分子中所含卤原子数目可分为一卤代烃、二卤代烃、三卤代烃等，按饱和程度可分为饱和卤代烃和不饱和卤代烃，按烃基的结构可分为脂肪族卤代烃、脂环族卤代烃和芳香卤代烃。其中，芳香卤代烃又称为卤代芳烃，指同时含有卤原子和苯环的卤代烃，其卤原子可以与苯环直接相连，也可以不与苯环相连。

CH_3CH_2X
饱和卤代烃

$CH_2=CHCH_2X$
不饱和卤代烃

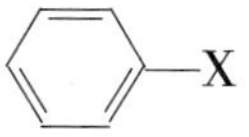

芳香卤代烃

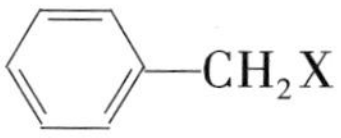

芳香卤代烃

按卤原子所连碳原子的种类，卤代烃可分为伯卤代烃、仲卤代烃和叔卤代烃。

RCH_2X
伯卤代烃

$R^1CH(R^2)X$
仲卤代烃

$R^1C(R^2)(R^3)X$
叔卤代烃

6.1.2　卤代烃的命名

系统命名法命名卤代烃时，一般将卤原子作为取代基，以烃为母体，例如氯乙烯。普通命名法有时会将卤素作为母体，以烃基为取代基。例如，氯乙烯也可以称为乙烯基氯。

$CH_2=CHCl$
氯乙烯
乙烯基氯

$CH_2=CHCH_2Cl$
3-氯-1-丙烯
烯丙基氯

6.2　卤代烃的物理性质

卤代烃中，常温下为气态的有一氟代烃(RF)、氯甲烷(CH_3Cl)、氯乙烷(C_2H_5Cl)、氯乙烯($CH_2=CHCl$)、溴甲烷(CH_3Br)和溴乙烯($CH_2=CHBr$)，其余低级卤代烃为液体，高级卤代烃为固体。同系列中，卤代烃的沸点随碳原子数的增加而升高。分子烃基结构相同时，沸点随相对分子质量的增加而升高，按由高到低的顺序有：RI > RBr > RCl。

一氟代烷及一氯代烷的密度比水小，溴代烃、碘代烃以及多卤代烃密度均比水大。同系列中，卤代烃的密度随碳原子数的增加而降低。卤代烃属于弱极性物质，难溶于水，易溶于乙醚、苯、烃等弱极性或非极性的有机溶剂。有些卤代烃自身就是良好的有机溶剂，例如二氯甲烷、氯仿、四氯化碳等(表6－1)。

表6－1　常见卤代烷的物理常数表

烷基或卤代烷名称	氟代烷		氯代烷		溴代烷		碘代烷	
	沸点/℃	相对密度(d_4^{20})	沸点/℃	相对密度(d_4^{20})	沸点/℃	相对密度(d_4^{20})	沸点/℃	相对密度(d_4^{20})
甲基	-78.4		-24.2	0.916	3.6	1.676	42.4	2.279
乙基	-37.7		12.3	0.898	38.4	1.440	72.3	1.936
正丙基	-2.5		46.6	0.891	71.0	1.335	102.5	1.747
异丙基	-9.4		34.8	0.859	59.4	1.310	89.5	1.705
正丁基	32.5	0.779	78.5	0.886	101.6	1.276	130.5	1.617
仲丁基	25.3	0.766	68.3	0.873	91.2	1.259	120	1.592
异丁基	25.1		68.9	0.875	91.5	1.264	121	1.605
叔丁基	12.1		50.7	0.842	73.3	1.221	100	1.545
二卤甲烷	-52		40.0	1.335	99	2.492	180	3.325
三卤甲烷	-83		61.2	1.492	151	2.890	升华	4.008
四卤化碳	-128		76.8	1.594	189.5	3.42	升华	4.32

6.3　卤代烃的危险性

卤代烃的可燃性随卤原子数目的增多而降低，例如一氯甲烷可燃，四氯化碳则为灭火剂。

卤代烃多有累积性毒性，并可能致癌。例如，长期接触氯乙烯可导致肝癌；四氯化碳可引起急性或慢性肝病，还可引起肾功能损害。

6.4　卤代烷的结构与化学性质

6.4.1　卤代烷的结构

卤代烷中，碳原子与卤素原子均采取 sp^3 杂化方式。由于碳原子与卤素原子电负性存在较大差异，C—X 键是典型的极性共价键。C—X 键的键能通常随着卤原子半径的增大而减小，例如 CH_3X 中 C—X 键的键能由高到低为：

C—F 键（451.9kJ/mol）> C—Cl 键（351.8kJ/mol）> C—Br 键（292.9kJ/mol）> C—I 键（221.8kJ/mol）

而 C—X 键的键能越小，断裂时所需能量就越低，相应卤代烃的反应活性就越高。因此，对于烃基结构相同而卤素原子不同的卤代烃，其反应活性由高到低有：RI > RBr > RCl ≫RF。

6.4.2 亲核取代反应与瓦尔登转换

1. 亲核取代反应

卤代烷 C—X 键的成键电子偏向电负性较大的卤素原子，使碳原子带有部分正电荷，易被带有负电荷或带有未成键电子对的原子或基团（记为 Nu^- 或 Nu:）进攻，在碳原子与进攻试剂间形成新的共价键 C—Nu 键，卤素则带着原 C—X 键的一对成键电子离开，成为游离的负离子 X^-。该反应称为亲核取代反应（nucleophilic substitution），反应通式为：

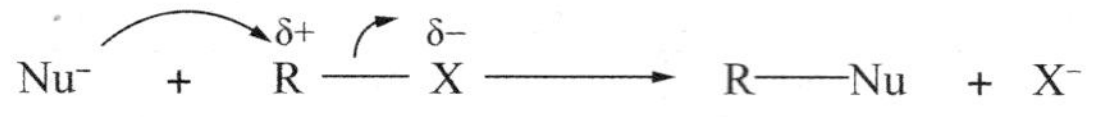

亲核试剂　　底物　　　　产物　　离去基团

上述反应中，带有负电荷或带有未成键电子对的原子或基团（记为 Nu^- 或 Nu:）称为亲核试剂，例如 OH^-、RO^-、H_2O、NH_3 等。受到试剂进攻的分子称为底物，从底物中脱离的原子或基团称为离去基团。上述这种分子中的原子或基团被亲核试剂取代的反应就称为亲核取代反应，记为 S_N。

亲核试剂中以负电荷或未成键电子对进攻底物的原子称为亲核原子。通过亲核取代反应，亲核原子与卤代烃的 α - 碳原子之间形成新的 σ 键。选择不同种类的亲核试剂，可在卤代烃中引入不同种类的共价键，例如 C—O 键、C—C 键、C—N 键、C—S 键等。表 6－2 列出了一些常见的亲核试剂及其与卤代烷的亲核取代反应产物。

表 6－2　卤代烷 RX 与不同亲核试剂的反应

亲核试剂	亲核原子	产物结构	产物名称
H_2O 或 OH^-	O	ROH	醇
R′OH 或 $R'O^-$		ROR′	醚
$R'COO^-$		R′COOR	酯
NO_3^-		$RONO_2$	烷基硝酸酯
CN^-	C	RCN	腈
$R'C\equiv C^-$		$RC\equiv CR'$	炔
NH_3	N	RNH_2	胺
R'_2NH		R'_2NR	胺
HS^-	S	RSH	硫醇
$R'S^-$		RSR′	硫醚

(1)水为亲核试剂的反应——水解(hydrolysis)。

卤代烷与氢氧化钠的水溶液共热，卤素原子被羟基取代而生成醇，称为卤代烃的水解反应。

$$R—X + NaOH \xrightarrow[\triangle]{H_2O} R—OH + NaX$$

在有机合成中，常利用卤代烷的水解反应来向复杂分子中引入羟基。工业上利用混合一氯戊烷的碱性水解反应来制备溶剂用的混合戊醇。

$$\underset{\text{混合一氯戊烷}}{C_5H_{11}Cl} + NaOH \xrightarrow[\triangle]{H_2O} \underset{\text{混合戊醇}}{C_5H_{11}OH}$$

(2)醇为亲核试剂的反应——醇解(alcoholysis)。

卤代烷与醇钠的醇溶液共热，卤素原子被烷氧基取代而生成醚，称为卤代烃的醇解反应。伯卤代烷的醇解反应是制备不对称醚最常用的方法，又称 Williamson(威廉姆森)醚合成法。

$$R—X + R'ONa \xrightarrow[\triangle]{R'OH} R—OR'$$

一般不用仲卤代烷或叔卤代烷的醇解反应来制备相应的不对称醚，因为仲卤代烷或叔卤代烷的醇解反应产率较低。例如，若要制备正丁基叔丁基醚，需使用正丁基卤代烷与叔丁醇钠反应，而不能选择正丁醇钠与叔丁基卤代烷。

$$CH_3CH_2CH_2CH_2Br + CH_3—\underset{CH_3}{\overset{CH_3}{\underset{|}{\overset{|}{C}}}}ONa \xrightarrow{(CH_3)_3COH} CH_3—\underset{CH_3}{\overset{CH_3}{\underset{|}{\overset{|}{C}}}}OCH_2CH_2CH_2CH_3$$

(3)氨为亲核试剂的反应——氨解(ammonolysis)。

卤代烷与氨反应，卤素原子被氨基取代而生成胺，称为卤代烃的氨解反应。由于反应产物胺的亲核性强于反应原料氨，因而卤代烷又能继续与胺发生亲核取代反应，使产物为伯胺(即单烷基取代氨 NH_2R)、仲胺(即二烷基取代氨 NHR_2)与叔胺(即三烷基取代氨 NR_3)的混合物。工业上通过使氨过量来增加产物中伯胺的含量。

$$RCH_2—X + NH_3 \longrightarrow RCH_2NH_2$$
$$RCH_2—X + RCH_2NH_2 \longrightarrow (RCH_2)_2NH$$
$$RCH_2—X + (RCH_2)_2NH \longrightarrow (RCH_2)_3N$$

(4)氰化物为亲核试剂的反应——氰解(cyanolysis)。

卤代烷与氰化钠反应，卤素原子被氰基取代而生成腈，称为卤代烃的氰解反应。氰解反应与醇解反应相似之处在于，反应物均最好是伯卤代烷。伯卤代烷的氰解反应既可以用来制备腈，也是有机合成中增长碳链的常用方法之一。值得注意的是，反应所用原料氰化钠(或氰化钾)有剧毒，使用时应注意个人防护及他人安全。

$$RCH_2—X + NaCN \xrightarrow[\triangle]{EtOH} RCH_2CN$$

腈在酸性条件下水解可得相应的羧酸，因此在有机合成中常借助卤代烷的氰解反应以及腈的水解反应来向分子中引入羧基，制备比反应物增加一个碳原子的羧酸。

$$RCN \xrightarrow[\triangle]{H^+,\ H_2O} RCOOH$$

（5）硝酸银为亲核试剂的反应。

卤代烷与硝酸银的乙醇溶液反应，可生成烷基硝酸酯，并伴有卤化银沉淀生成。

$$R{-}X + AgNO_3 \xrightarrow[\triangle]{EtOH} R{-}ONO_2 + AgX\downarrow$$

不同结构的卤代烃与硝酸银的反应速度不同，可据此用硝酸银的乙醇溶液来鉴别卤代烃。

一般来说，叔卤代烃（R_3CX）、苯甲型卤代烃（例如 $PhCH_2X$）、烯丙型卤代烃（例如 $CH_2{=}CHCH_2X$）以及所有烃基结构的碘代烷烃（RI）在室温下能迅速与硝酸银的乙醇溶液反应，立刻就能观察到卤化银沉淀生成。伯氯代烷（RCH_2Cl）、仲氯代烷（R_2CHCl）、伯溴代烷（RCH_2Br）以及仲溴代烷（R_2CHBr）与硝酸银的乙醇溶液混合后需要加热片刻才能观察到有沉淀生成。卤素原子直接与双键碳或苯环相连的卤代烃（例如 $CH_2{=}CHX$，PhX）则不能与硝酸银的乙醇溶液反应。

烃基结构相同而卤素原子不同的卤代烃，同样可以用硝酸银的乙醇溶液来鉴别，鉴别依据为卤化银沉淀的颜色：白色为氯代烃，浅黄色为溴代烃，黄色为碘代烃。

2. 亲核取代反应机理及影响因素

亲核取代反应主要通过两种机理进行：单分子亲核取代（S_N1）和双分子亲核取代（S_N2）。其中，1 表示单分子，2 表示双分子。

实验证明，叔卤代烷在中性条件下的水解反应一般为单分子亲核取代反应（S_N1），伯卤代烷在碱性条件下的水解反应一般为双分子亲核取代反应（S_N2）。

（1）单分子亲核取代反应机理及影响因素。

单分子亲核取代反应由卤代烃的 C—X 键断裂而引发。该步断裂反应所需能量是整个取代反应中最高的，反应速率也是整个反应中最慢的，因而是整个反应的决速步。可见，单分子亲核取代反应速率仅受卤代烃浓度的影响，与亲核试剂的浓度无关，故称为单分子亲核取代反应。

如图 6－1 所示，反应过程中，反应物的 C—X 键逐步极化，经过过渡态 1 生成平面型的碳正离子中间体。通过降低温度、增大取代基的空间位阻等方法，已成功分离出了某些碳正离子中间体，证实了碳正离子的存在。与中间体相比，过渡态是一种旧键尚未完全断裂、新键尚未完全生成的状态，其高度不稳定，目前尚难以用实验的方法捕捉到。

碳正离子形成后，亲核试剂可以机会均等地从碳正离子平面的两侧对其发起进攻，因而可以经过两个过渡态（2 和 2′）生成等量的两种产物，一半产物与反应物构型相同，即构型保持，另一半产物与反应物构型相反，即构型翻转。也就是说，单分子亲核取代反应生成一对对映异构体，所得产物为外消旋体。

S_N1 机理的反应势能变化如图 6－2 所示。过渡态与中间体在能量上的差别可从该图体现出来：过渡态与中间体尽管都不稳定，但过渡态位于能量最高点，中间体位于除反应物与产物之外的能量最低点，中间体的能量低于过渡态。

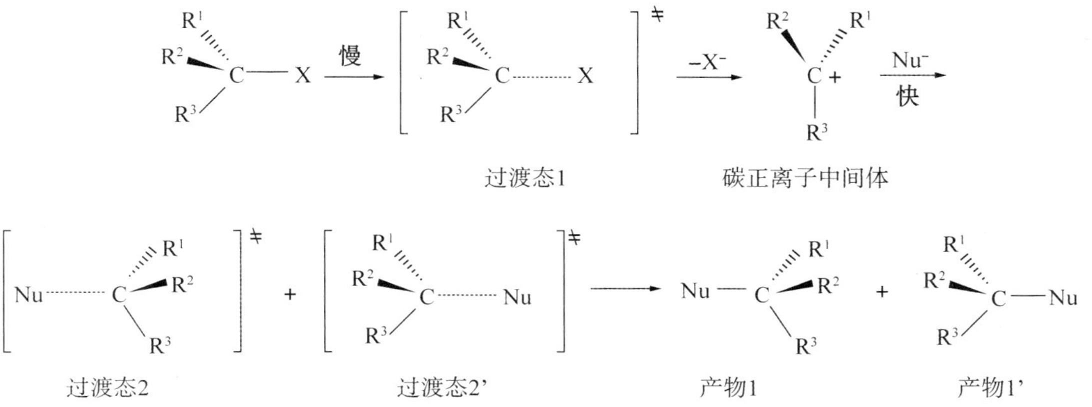

图 6-1　单分子亲核取代(S_N1)反应机理

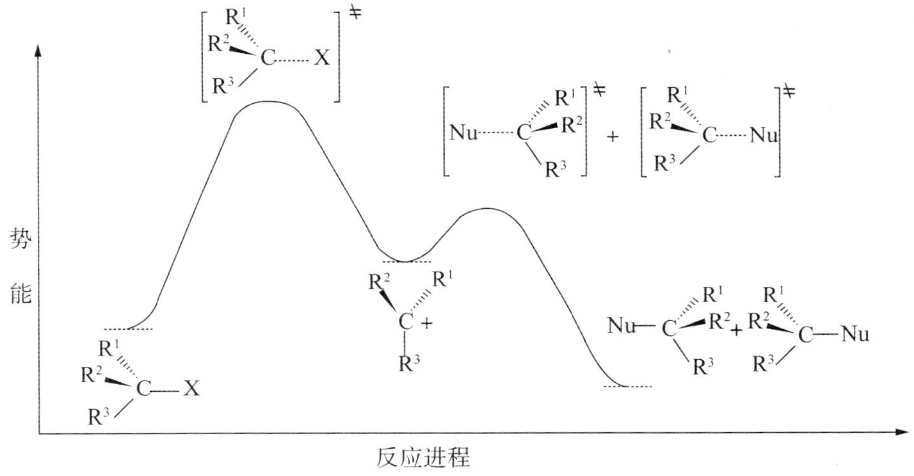

图 6-2　S_N1 机理反应势能变化图

在单分子亲核取代反应过程中，若碳正离子中间体发生重排，则会有相应的重排产物生成。例如 2-甲基-3-溴丁烷在碱性条件下水解，主要产物不是 3-甲基-2-丁醇，而是重排产物 2-甲基-2-丁醇。

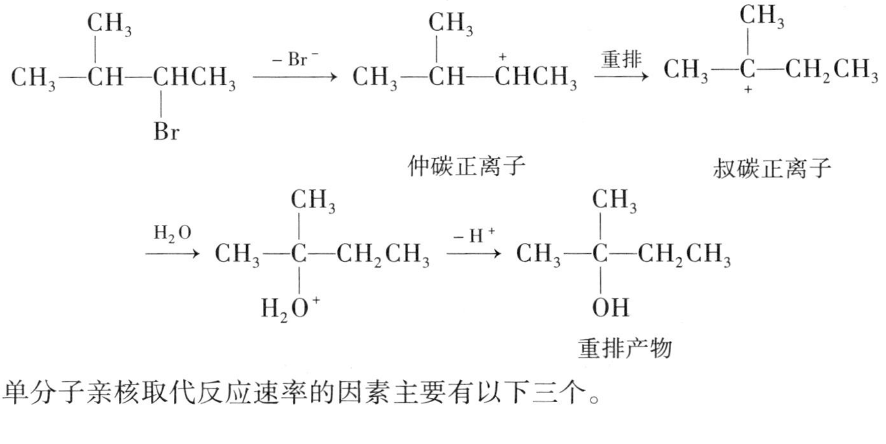

影响单分子亲核取代反应速率的因素主要有以下三个。

1）卤代烃的烃基结构。卤代烃生成的碳正离子越稳定，单分子亲核取代反应速率就越快，因而反应速率由快到慢有：烯丙型卤代烃、苯甲型卤代烃、叔卤代烷 > 仲卤代烷 > 伯卤代烷 > 一卤甲烷。

2）离去基团。离去基团越易离去，单分子亲核取代反应速率就越快。卤素离子离去能力由易到难有：$I^- > Br^- > Cl^- > F^-$。相应地，烃基结构相同的卤代烃反应速率由快到慢有：RI > RBr > RCl > RF。

3）溶剂。溶剂可分为质子溶剂、偶极溶剂和非极性溶剂。质子溶剂指较易给出质子的溶剂，如水、醇、酸、液氨等。偶极溶剂指不易给出质子且分子偶极矩较大的溶剂，如丙酮、乙腈、硝基甲烷、DMF、DMSO 等。非极性溶剂指不易给出质子且分子偶极矩较小的溶剂，主要是一些烃、卤代烃、醚、酯等。质子溶剂和偶极溶剂均可稳定离子型中间体，加速卤代烷分子的解离，因而有利于单分子亲核取代反应的进行。

（2）双分子亲核取代反应机理及影响因素。

双分子亲核取代反应由亲核试剂沿 C—X 键键轴从背面进攻 α - 碳原子而引发，因而其反应速率同时受卤代烃浓度和亲核试剂浓度的影响。反应过程中（见图 6 - 3），旧键 C—X 键断裂的同时，亲核试剂与碳原子在旧键的相反方向形成新键，反应经过一个过渡态，生成与反应物构型相反的产物。产物的这种构型翻转称为 Walden（瓦尔登）转换。反应过程中无中间体生成，因而无重排产物生成。

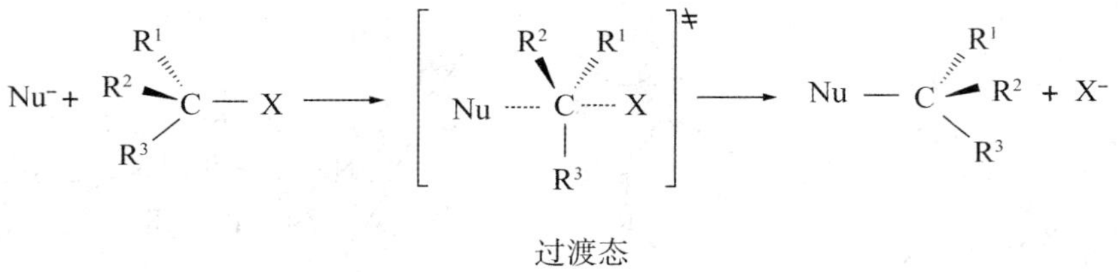

图 6 - 3　双分子亲核取代（S_N2）反应机理

S_N2 机理的反应势能变化较 S_N1 简单，其具体变化如图 6 - 4 所示。

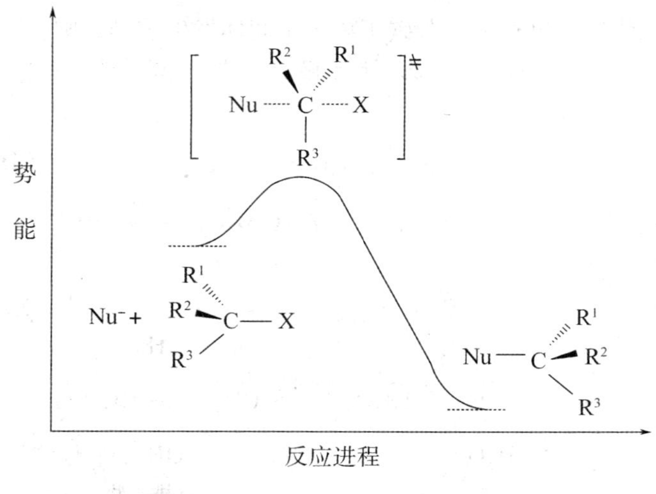

图 6 - 4　S_N2 机理反应势能变化图

影响双分子亲核取代反应速率的因素主要有以下几个。

1)卤代烃的烃基结构。卤代烃的取代基越少，空间位阻越小，就越容易受到亲核试剂的进攻，双分子亲核取代反应速率就越快，反应速率由快到慢有：一卤甲烷 > 伯卤代烷 > 仲卤代烷 > 叔卤代烷。

2)离去基团。与单分子亲核取代反应相似，离去基团越易离去，双分子亲核取代反应速率也会越快。烃基结构相同的卤代烃反应速率由快到慢有：RI > RBr > RCl > RF。

3)亲核试剂的亲核性。试剂的亲核性越强，越有利于双分子亲核取代反应。亲核性通常与试剂的碱性及变形性成正比，与试剂的空间位阻成反比。例如，烷氧负离子(RO^-)亲核性强于氢氧根负离子(OH^-)是由于前者碱性较强，碘离子(I^-)亲核性强于溴离子(Br^-)是由于前者变形性较强，叔丁氧负离子[$(CH_3)_3CO^-$]几乎无亲核性是由于其空间位阻过大。质子溶剂中常见亲核试剂的亲核性由大到小有：$RS^- \approx ArS^- > CN^- > I^- > NH_3$(或 RNH_2) > $RO^- \approx OH^- > Br^- > PhO^- > Cl^- \gg H_2O > F^-$。

4)溶剂。过渡态的极性较离子型中间体弱，更易被非极性溶剂所稳定，因此非极性溶剂有利于双分子亲核取代反应。此外，偶极溶剂能将正离子包围而使带负电荷的亲核试剂暴露，从而增强其亲核能力，也有利于双分子亲核取代反应的进行。

6.4.3 消除反应与札依采夫规则

从一个分子中脱去两个原子或基团，同时形成不饱和键的反应，称为消除反应(elimination)。卤代烷与强碱的醇溶液共热，可发生消除反应而生成烯，两相邻碳原子分别脱去一个卤素原子和一个氢原子，因而该消除反应又称为 α,β - 消除或 β - 消除。消除反应是分子中引入碳碳双键的重要方法之一。

$$CH_3-\underset{\displaystyle H}{\underset{|}{CH}}-\underset{\displaystyle X}{\underset{|}{CH_2}} \xrightarrow[\triangle]{KOH,\ C_2H_5OH} CH_3-CH=CH_2+KX+H_2O$$

若烯烃中含有多种 β - H 时，消除反应的取向符合 Saytzeff(札依采夫，也写作 Zaitsev)规则，其具体内容为：β - 消除时，氢原子主要从含氢较少的 β - 碳上脱去，主要产物为双键上烃基取代基较多的烯烃。从稳定性的角度来看，烯烃双键上烃基取代基越多，C—Hσ 键形成的 σ，π - 超共轭体系越多，就会使烯烃越稳定。因此，按照 Saytzeff 规则优先生成双键上烃基取代基最多的烯烃，就是最稳定的烯烃。例如：

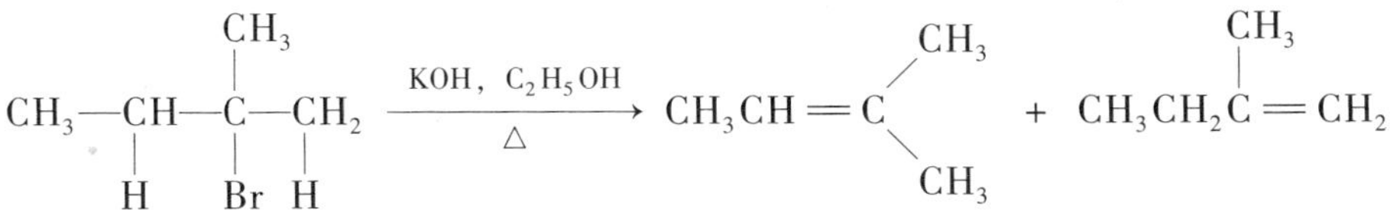

71%　　　29%

若产物存在顺反异构，则优先生成较稳定的 E - 构型烯烃。

消除反应的机理分为单分子消除(E1)和双分子消除(E2)两种，其中，1、2 分别表示单分子、双分子。与单分子亲核取代 S_N1 相似，单分子消除 E1 由卤代烃 C—X 键断裂而引发，反应速率仅受卤代烃浓度的影响；反应过程中生成平面型的碳正离子(见图 6 - 5)，并可以随其重排而生成相应的重排产物。与 S_N1 不同的是，E1 过程中，带负电荷的试剂 B^- 进攻的不是碳正离子的中心碳原子，而是其相邻碳原子上的氢原子(即β－氢)，将氢原子夺走而形成碳碳双键。该带负电荷的试剂B^-体现出的不是亲核性，而是结合H^+的碱性。

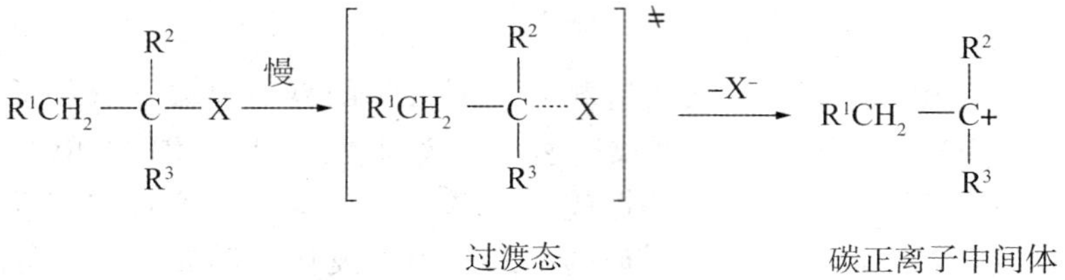

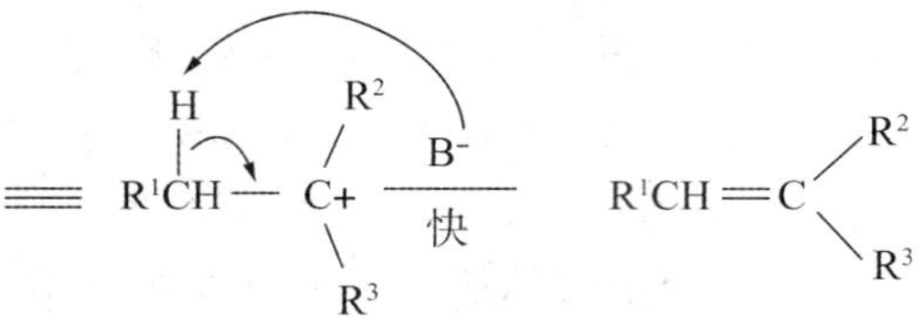

图6－5　单分子消除(E1)反应机理

双分子消除反应E2则是由碱进攻卤代烃的β－氢而引发(图6－6)，经过一个过渡态生成产物烯，无碳正离子生成，无重排。在产物结构上，单分子消除E1和双分子消除E2一般均以符合札依采夫规则的E－构型烯为主要产物。

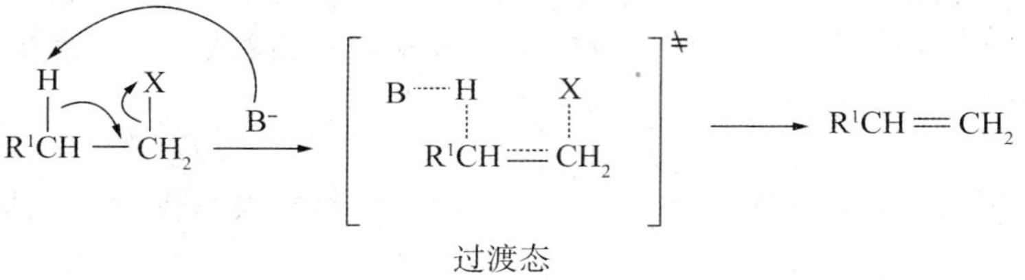

图6－6　双分子消除(E2)反应机理

无论卤代烃的消除反应按单分子消除还是双分子消除进行，其反应速率随烃基结构不同由快到慢均为：叔卤代烷＞仲卤代烷＞伯卤代烷＞一卤甲烷。且离去基团越易离去，消除反应速率越快。

6.4.4　亲核取代反应与消除反应的竞争

带负电荷或含未成键电子对的试剂常常既具有亲核性又具有碱性，因而其与卤代烃反应时，亲核取代反应与消除反应常同时发生，相互竞争。若该试剂进攻卤代烃的α－碳，就发生亲核取代反应；若进攻卤代烃的β－氢，则发生消除反应。

对于不同烃基结构的卤代烃，亲核取代反应与消除反应的竞争一般具有以下规律。

1)伯卤代烃以亲核取代反应为主。伯卤代烃空间位阻小，亲核取代反应发生速率快，远远快于消除反应。因此，常使用伯卤代烃来合成各种不对称的醚。除非使用碱性非常强的碱(如氨基钠$NaNH_2$)，伯卤代烃才以消除反应为主。

$$CH_3CH_2Br \xrightarrow[55℃]{C_2H_5ONa,\ C_2H_5OH} \underset{99\%}{CH_3CH_2OC_2H_5} + \underset{1\%}{CH_2=CH_2}$$

2)叔卤代烃以消除反应为主。叔卤代烃易生成稳定性相对较高的叔碳正离子中间体，该过程中中心碳原子由四面体结构转变为平面型结构，键角增大而基团之间的斥力减小。若发生亲核取代反应，中心碳原子需要克服斥力重新变回四面体结构。而消除反应对应的产物烯烃却是平面型结构，因此叔卤代烃易发生消除反应。无碱时，叔卤代烃主要发生亲核取代反应。

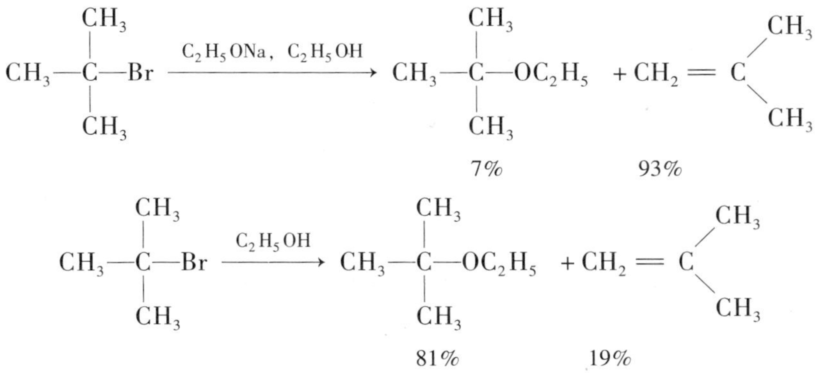

3)仲卤代烃在碱性溶液中常是两种反应产物共存。强亲核试剂(如 I^-，RS^- 等)能促进仲卤代烃的亲核取代反应；强碱(如醇钠 RONa，炔钠 $RC\equiv CNa$等)、亲核性非常弱的碱[如叔丁醇钠 $(CH_3)_3CONa$]或者普通碱的弱极性溶剂(如醇等)条件下，仲卤代烃以消除反应为主。

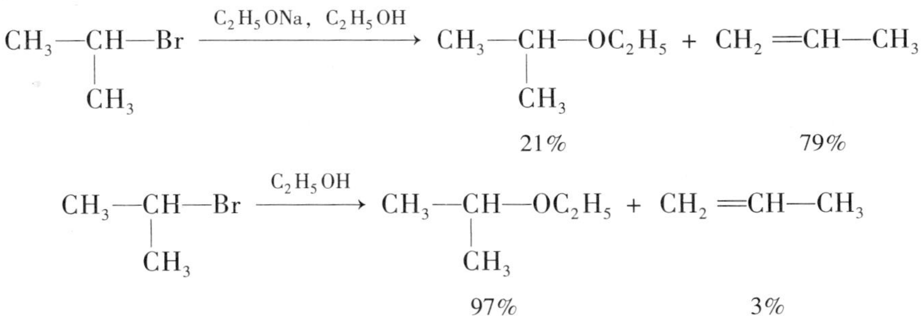

6.4.5 与金属的反应

卤代烃在非质子溶剂(通常为醚)中与活泼金属反应可生成相应的有机金属化合物。

$$RX \xrightarrow[醚]{Na,\ Mg,\ Li 等} RM$$

有机金属化合物指含碳-金属键的化合物，记为 R—M，M 表示金属离子。碳与碱金属所成的化学键具有离子键的性质，与其他金属所成的键具有共价键的性质。

1. 与 Mg 的反应

卤代烃与金属镁在醚中反应，生成烃基卤化镁，称为 Grignard(格利雅)试剂，简称格氏试剂。卤代烃与 Mg 的反应活性由大到小为：RI > RBr > RCl。兼顾反应活性与原料成本，一般用 RBr 来制备格氏试剂。若反应速度较慢，可加入催化量的碘单质 I_2 来加速反应。

在醚的稀溶液中，格氏试剂的金属离子 Mg^{2+} 分别以共价键与烃基负离子 R^- 和卤离子 X^- 相连，同时有两分子溶剂醚以氧原子上的未成键电子对分别与 Mg^{2+} 的空轨道形成两根配位键，从而起到稳定格氏试剂的作用。

$$RX + Mg \xrightarrow{\text{醚}} RMgX$$

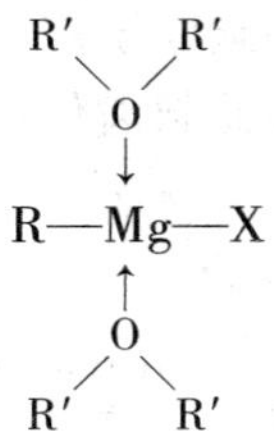

稀溶液中格氏试剂的结构

格氏试剂中的 C—Mg 键为极性键，碳原子带负电荷，极易结合质子变为烃而失效，因此要求格氏试剂的制备、储存及反应环境中不能存在释放质子的物质(如水、醇、酸等)。常用的反应溶剂为干醚。干醚指无水且无乙醇的乙醚，又称无水乙醚或绝对乙醚。若反应温度超过了乙醚的沸点，可选用其他醚作为溶剂(例如四氢呋喃)。

格氏试剂与常见的含活泼氢的化合物的反应如下。

$$RMgX \xrightarrow{HX} RH + MgX_2$$
$$RMgX \xrightarrow{H_2O} RH + HOMgX$$
$$RMgX \xrightarrow{R'OH} RH + R'OMgX$$
$$RMgX \xrightarrow{NH_3} RH + H_2NMgX$$
$$RMgX \xrightarrow{R'—C\equiv CH} RH + R'C\equiv CMgX$$

格氏试剂是良好的亲核试剂，亲核原子为与金属 Mg 形成 C—Mg 键的碳原子。其可与活性较高的卤代烃(如烯丙型卤代烃、苯甲型卤代烃)发生亲核取代反应，偶联生成碳链增长了的烃。例如：

$$RMgX + R'CH=CHCH_2Br \longrightarrow R'CH=CHCH_2R$$

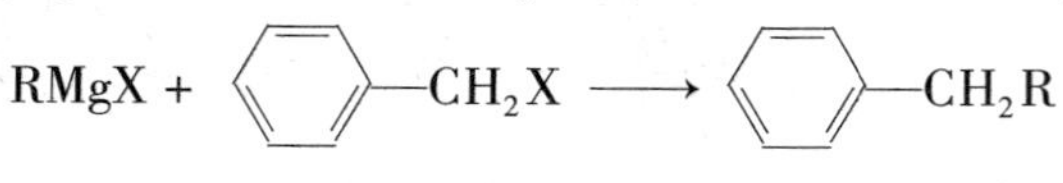

格氏试剂也可与化合物中的碳氧双键(C=O)发生亲核加成反应。反应时，格氏试剂的烃基部分加在碳氧双键中带部分正电荷的碳原子上，镁离子则与双键另一端的氧原子结合。例如，格氏试剂与 CO_2 反应可生成羧酸，该反应是有机合成中引入羧基的重要方法之一。

$$RMgX + CO_2 \longrightarrow R—\overset{\overset{\displaystyle O}{\|}}{C}—OMgX \xrightarrow{H_3O^+} RCOOH$$

格氏试剂还能与环氧化合物、醛、酮、酯、酰卤等发生反应，生成醇、酮等，这些反应将在以后相应的章节中进行介绍。

2. 与 Li 的反应

卤代烃在醚中与金属锂反应可生成有机锂试剂(RLi)。有机锂试剂的化学性质与格氏试剂类似，格氏试剂所能发生的反应，例如与活泼氢的反应、亲核取代反应、亲核加成反应等，有机锂试剂均能发生，且反应活性比格氏试剂更高。

$$RX + Li \xrightarrow{Et_2O} RLi$$

有机锂试剂与卤化亚铜反应可生成铜锂试剂。

$$RLi + CuX \xrightarrow{Et_2O} R_2CuLi$$

铜锂试剂是有机合成中常用的烷基化试剂，其与卤代烃的偶联反应活性高于格氏试剂。铜锂试剂与一般的卤代烷均能发生偶联反应，生成相应的烃。以二烷基铜锂试剂与卤代烷反应来制备烷烃的方法称为 Corey - House(科里 - 豪斯)合成法。例如：

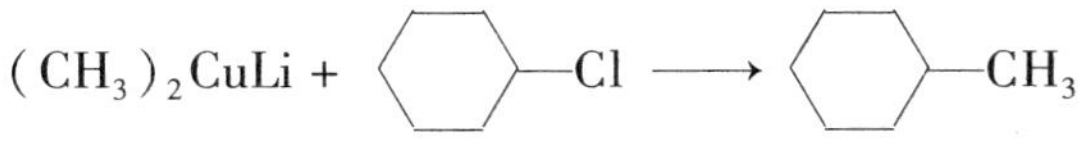

3. 与 Na 的反应

卤代烷在金属钠作用下可发生偶联反应，产物为对称烷烃或环烷烃，该反应称为 Wurtz(武兹)反应。需注意的是，二氯甲烷与钠接触会发生爆炸。

$$RX + Na \xrightarrow{Et_2O} R—R$$

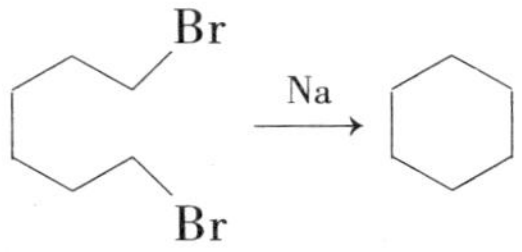

有机金属化合物在有机合成中用途很广，但多数不稳定，若使用或存储过程中操作不当，轻则失效，重则发生燃烧爆炸。此外，有些有机金属化合物毒性较强，例如有机汞、有机锡、有机砷、有机铅等都是典型的毒害品。

6.5 卤代烯烃与卤代芳烃

卤代烯烃指同时含有卤素原子和碳碳双键的化合物。卤代芳烃指同时含有卤素原子和芳环(如苯环)的化合物。

卤代烯烃与卤代芳烃按照结构可分为以下三类。

1. 乙烯型和苯基型卤代烃

这类卤代烃的共同结构为：卤素原子直接与 sp^2 杂化的碳原子相连。例如：

$CH_2{=}CHCl$

氯乙烯

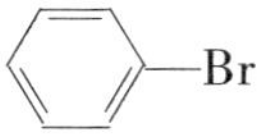

溴苯

该类结构中，卤素原子因与不饱和键或苯环形成 p - π 共轭而变得稳定，不饱和键或苯环又反过来被卤素原子的吸电子诱导效应所钝化。因此，这类卤代烃化学性质不活泼。

与卤代烷烃相比，乙烯型和苯基型卤代烃中卤素原子的亲核取代反应所需条件变得苛刻，例如卤乙烯(或卤苯)型化合物与 $AgNO_3$ 的醇溶液即便加热也不发生反应，因而可以用 $AgNO_3$ 的醇溶液来区分卤乙烯(或卤苯)型化合物与卤代烷。氯苯的氨解反应需要加入催化剂并且需要在较高的温度下才能顺利进行。

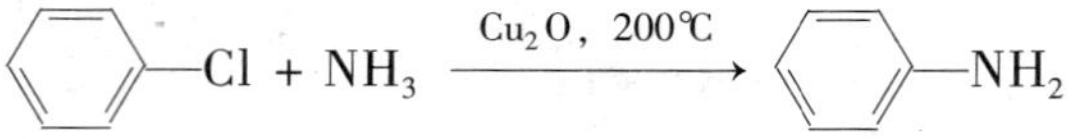

与芳烃相比，卤苯中苯环的亲电取代反应相对困难。与烯烃相比，乙烯型卤代烃中碳碳双键的亲电加成反应相对困难。与烯烃相同的是，乙烯型卤代烃与氢卤酸进行亲电加成时，加成取向符合马氏规则，即氢加在含氢较多的双键碳上，卤素加在连有卤素的双键碳上，生成偕二卤代物。

$$CH_2{=}CH{-}Cl + HCl \xrightarrow{HgCl_2} CH_3CHCl_2$$

该反应在加成取向上的选择性可由反应中间体的稳定性差异来解释。H^+ 加在 C_2 上所形成的中间体(Ⅰ)中，氯原子可通过给电子的共轭效应来分散碳原子上的正电荷，并形成(Ⅱ)这种八隅体稳定结构。而 H^+ 加在 C_1 上所形成的中间体(Ⅲ)中，氯原子只显示出吸电子的诱导效应，使碳正离子更加不稳定。因此，反应过程中优先生成中间体(Ⅰ)，加成取向符合马氏规则。

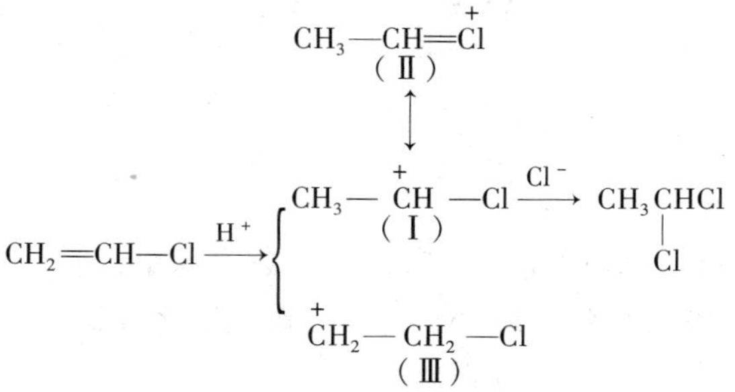

2. 烯丙型和苄基型卤代烃

这类卤代烃的共同结构为：卤素原子与 sp^2 杂化的碳原子之间相隔一个 sp^3 杂化的碳原子。例如：

$$CH_2{=}CH{-}CH_2{-}Cl$$

烯丙基氯

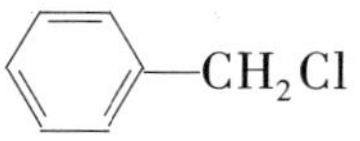

氯化苄

该类结构中，卤素原子离去之后，剩余的碳正离子可与碳碳双键或苯环形成 $p-\pi$ 共轭结构，稳定性高于烷基碳正离子。因此，这类卤代烃化学反应活性高于卤代烷。其亲核取代反应无论是按单分子亲核取代进行还是按双分子亲核取代进行，反应均较易发生。

$$CH_2{=}CH{-}CH_2{-}Cl + NaOH \xrightarrow[150℃]{H_2O} CH_2{=}CH{-}CH_2{-}OH$$

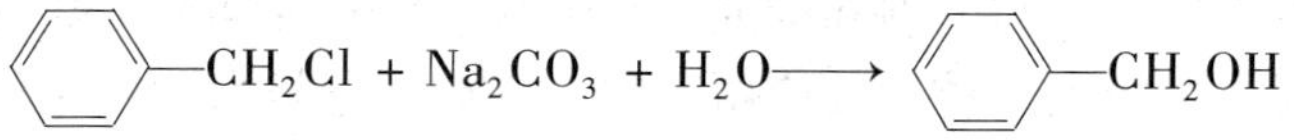

烯丙型卤代烃发生消除反应时，优先生成共轭二烯烃结构。

$$RCH=CH-\underset{\underset{X}{|}}{CH}-CH_2R' \xrightarrow[\triangle]{KOH,EtOH} RCH=CH-CH=CHR'$$

3. 隔离型卤代烃

这类卤代烃的共同结构为：卤素原子与 sp^2 杂化的碳原子之间相隔两个或多个 sp^3 杂化的碳原子。由于卤素原子与碳碳双键或苯环之间的距离较远，相互影响可以忽略不计，因此这类卤代烃的化学性质与卤代烷相似。

【阅读材料】

阅读材料1：卤代烃中的典型危险化学品

《首批重点监管的危险化学品名录》中，卤代烃类危险化学品有：一氯甲烷、三氯甲烷、氯乙烯、氯苯、六氯环戊二烯。

一氯甲烷为无色易液化气体，有弱的醚味。溶于水和乙醇，与乙醚、氯仿混溶。相对密度(空气=1)为1.8，闪点低于0℃，爆炸极限为8.1%～17.2%(体积分数)。

用途：主要用作制冷剂和甲基化剂，还可用于有机合成。

危险性：有毒气体。极易燃，可与空气形成爆炸性混合物，遇火花、高热能引起爆炸，放出有毒气体。对中枢神经系统有麻醉作用，能引起肝、肾损害，可引起皮肤冻伤。

火灾扑救：切断气源。若不能切断泄漏气源，则不允许熄灭泄漏处的火焰。用大量水冷却容器。喷雾状水抑制蒸气，禁止用水直接冲击泄漏物或泄漏源。在确保安全的前提下，将容器从火场移至空旷处。建议应急处理人员穿全封闭防化服。灭火剂：二氧化碳、泡沫、雾状水。

急救：迅速脱离现场至空气新鲜处。保持呼吸道通畅。如呼吸困难，给氧。如呼吸停止，立即进行人工呼吸。就医。如果发生冻伤，将患部浸泡于38～42℃的温水中复温，使用清洁、干燥的敷料包扎。

三氯甲烷为无色透明液体，有特殊香甜味。微溶于水，混溶于醇和醚。沸点为61.3℃，相对密度(水=1)为1.50。

用途：主要用于有机合成、溶剂和麻醉剂。

危险性：一般不燃，长期暴露于明火或高温下也能燃烧。与明火或灼热的物体接触时产生剧毒的光气、氯化氢和一氧化碳。对中枢神经系统有麻醉作用，能引起心、肝、肾损害，具有较高的胚胎毒性和轻度致畸性。

火灾扑救：消防人员必须佩戴防毒面具，穿全身防火防毒服。灭火剂：二氧化碳、雾状水、砂土。

急救：若吸入，迅速脱离现场至空气新鲜处。保持呼吸道通畅。如呼吸困难，给氧。如呼吸停止，立即进行人工呼吸。就医。若皮肤或眼睛接触，马上用清水冲洗，就医。若误食，马上饮水催吐，就医。

氯乙烯为无色、有醚样气味的气体。难溶于水，溶于醇和醚。气体密度为2.15g/L。爆炸极限为3.6%～31.0%(体积分数)。

用途：主要用作塑料原料及用于有机合成，如合成聚氯乙烯树脂。也用作冷冻剂等。

危险性：极易燃，与空气混合能形成爆炸性混合物，遇热源和明火有燃烧爆炸的危险。

比空气重，能在较低处扩散到相当远的地方，遇火源会着火回燃。燃烧产物有毒，含有光气、氯化氢、一氧化碳。是确认人类致癌物，可致肝血管肉瘤。具有麻醉作用，慢性中毒可引起肝损害。

火灾扑救：切断气源。若不能切断泄漏气源，则不允许熄灭泄漏处的火焰。用大量水冷却容器。喷雾状水抑制蒸气，禁止用水直接冲击泄漏物或泄漏源。在确保安全的前提下，将容器从火场移至空旷处。消防人员必须佩戴防毒面具，穿全身防火防毒服。灭火剂：二氧化碳、雾状水、泡沫。

急救：若吸入，迅速脱离现场至空气新鲜处。保持呼吸道通畅。如呼吸困难，给氧。如呼吸停止，立即进行人工呼吸。就医。若皮肤或眼睛接触，马上用清水冲洗，就医。

氯苯为无色透明液体，有苦杏仁味。不溶于水，溶于醇和醚。熔点为 −45.2℃，沸点为 131.7℃，相对密度(水 =1)为 1.11，闪点为 29℃。

用途：主要作为有机合成的原料用于制苯酚、硝基氯苯、苯胺、杀虫剂 DDT 等，还用于制作油漆、橡胶助剂、干洗剂等。也用作溶剂。

危险性：高闪点易燃液体，与明火、高热或氧化剂接触有燃烧爆炸的危险。具有麻醉作用，对皮肤和黏膜有刺激性，可引起肝、肾损害。

火灾扑救：用大量水冷却容器。在确保安全的前提下，将容器从火场移至空旷处。灭火剂：二氧化碳、雾状水、泡沫、干粉、砂土。

急救：同三氯甲烷。

六氯环戊二烯为黄色至琥珀色油状液体，有刺激性气味。不溶于水，溶于乙醚和四氯化碳。熔点为 −9℃，沸点为 238℃，相对密度(水 =1)为 1.70。

用途：主要用于制农药，如灭蚁灵。也用作阻燃剂。

危险性：不易燃烧，受高热分解，放出腐蚀性、刺激性的烟雾。对皮肤和黏膜有刺激性。长期吸入可损伤肝肾。

火灾扑救：用大量水冷却容器。在确保安全的前提下，将容器从火场移至空旷处。若处在火场中的容器已变色或从安全泄压装置中产生声音，必须马上撤离。建议应急处理人员穿防毒服。灭火剂：二氧化碳、雾状水、泡沫、干粉、砂土。

急救：同三氯甲烷。

阅读材料 2：氯化反应的危险性分析

以氯原子取代有机物中氢原子的过程称为氯化反应。尽管反应产物氯代物不易燃烧，但氯化反应却具有较高的火灾危险性，这主要取决于被氯化物质的性质及反应过程的条件。首先，反应过程中所用的被氯化物原料大多是有机易燃物，如烷烃、芳香烃、醇类等。其次，氯化反应是个放热反应，尤其在较高温度下进行氯化，反应更为剧烈。例如，在环氧氯丙烷生产中，丙烯需预热至 300℃ 左右进行氯化，反应温度可升至 500℃。在如此高的温度下，一旦物料泄漏就会造成火灾或爆炸。再次，氯化反应常用的氯化剂是氯气，而氯气本身毒性较大，氧化性极强。此外，氯化反应几乎都有氯化氢气体生成，因此所用设备必须防腐蚀，不能因腐蚀而发生泄露。

【习题】

一、命名下列化合物或写出结构式。

(1) 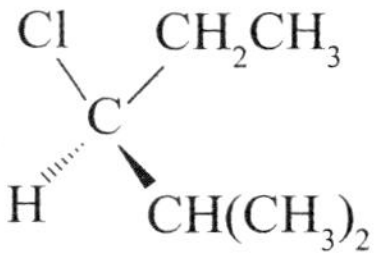

(2) 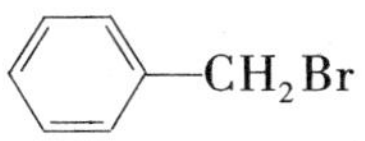

(3) 氯仿

(4) 仲丁基溴化镁

(5) $(CH_3)_2CHCH_2CH_2Cl$

(6) $(CH_3)_3CBr$

(7) 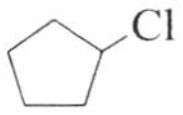

(8) $(CH_3)_2CHI$

二、写出下列反应的主要产物。

(1) 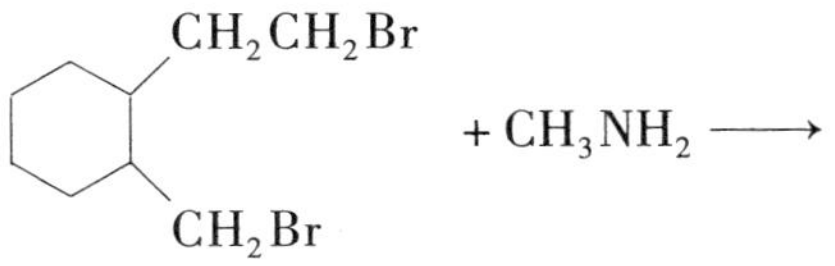

(2) 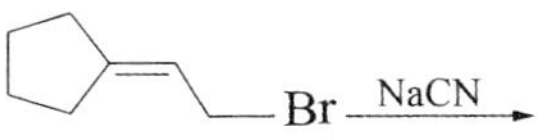

(3) $CH_3CH_2Br \xrightarrow{C_2H_5SNa}$

(4) 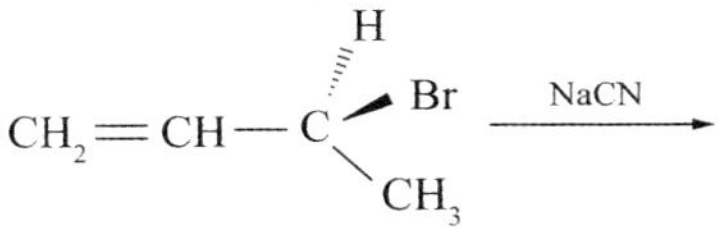

(5) 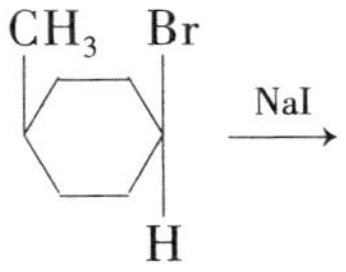

(6) 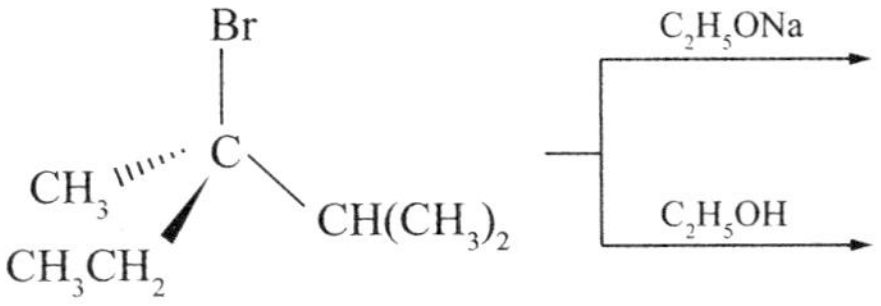

(7) 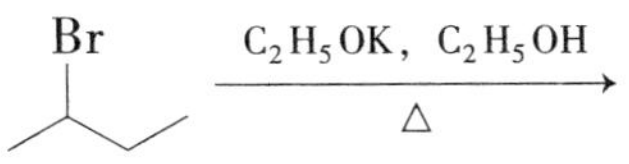

(8) 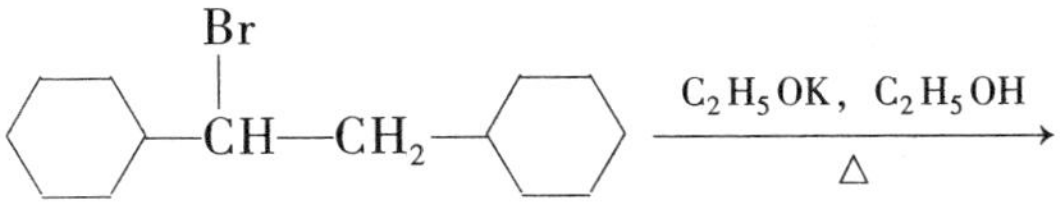

(9) 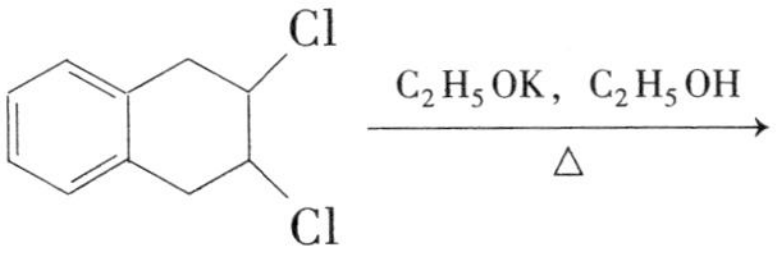

(10) $BrCH_2CH=CHCH_2OH$ + 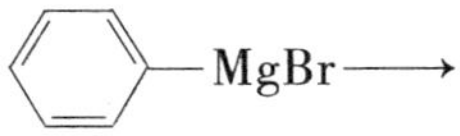

三、将下列各组化合物的沸点由高到低排列，并查阅手册进行核对。

(1) $CH_3CH_2CH_2Br$，$CH_3CH_2CH_2I$，$CH_3CH_2CH_2Cl$，$CH_3CH_2CH_2F$

(2) CH_3CH_2Cl，CH_3CHCl_2，CH_3CCl_3

四、下列各组化合物中，哪一个更易进行 S_N1 反应？

(1) 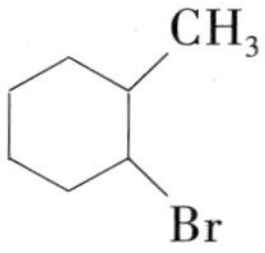　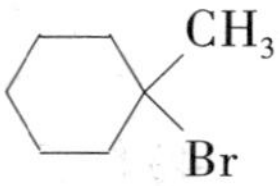　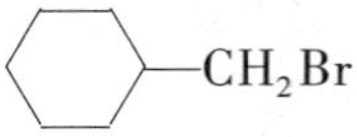

(2) 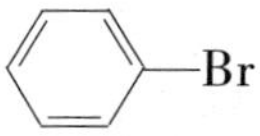　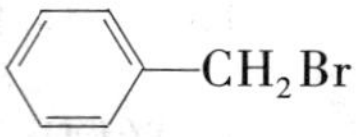　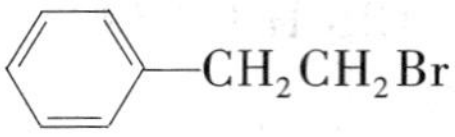

五、比较下列各组反应中哪个反应速率更快？

(1) $CH_3CH_2Br \xrightarrow{H_2O}$

$CH_3CH_2Br \xrightarrow{NaOH,\ H_2O}$

(2)  $\xrightarrow{C_2H_5ONa}$

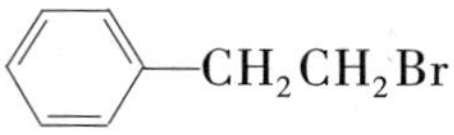 $\xrightarrow{C_2H_5ONa}$

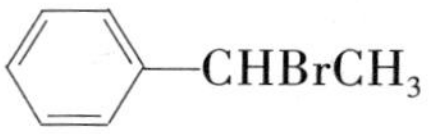 $\xrightarrow{C_2H_5ONa}$

(3) $(CH_3)_3CBr \xrightarrow[\triangle]{H_2O} (CH_3)_3COH$

$CH_3CH_2CH(CH_3)Br \xrightarrow[\triangle]{H_2O} CH_3CH_2CH(CH_3)OH$

(4) $CH_3CH_2CH_2Br \xrightarrow[\triangle]{NaOH} CH_3CH_2CH_2OH$

$CH_3CH_2CH_2Br \xrightarrow[\triangle]{NaSH} CH_3CH_2CH_2SH$

六、下列各组化合物中，哪一个组合更易发生消除反应？

(1) 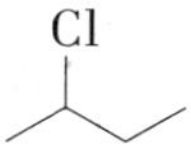 $+ OH^-$；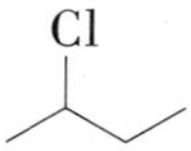 $+ C_2H_5O^-$

(2) 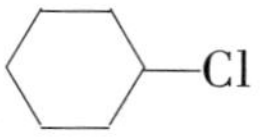 $+ C_2H_5O^-$；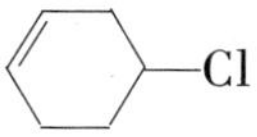 $+ C_2H_5O^-$

(3) 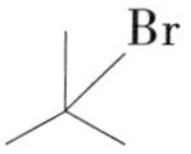 + NaCN；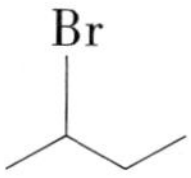 + NaCN

七、以溴乙烷为原料，合成：

(1)乙醚　(2)丙腈　(3)乙醇　(4)丙酸乙酯

(5)乙胺　(6)硝酸乙酯　(7)2－戊炔

八、卤代烷与 NaOH 在水和乙醇的混合溶剂中进行亲核取代反应，请依据下述实验事实，判断下列各反应分别是按哪种机理进行的。

(1)产物构型发生了 Walden 转换；

(2)亲核试剂的浓度对反应速率无影响；

(3)有重排产物生成；

(4)伯卤代烷速率大于仲卤代烷；

(5)反应过程中只有一种过渡态；

(6)进攻试剂亲核性越强，反应速率越快；

(7)增加溶剂的含水量，反应速率明显加快；

(8)产物是一对外消旋体；

(9)反应过程中有多种过渡态；

(10)叔卤代烷速率大于伯卤代烷。

九、用化学方法鉴别下列各组化合物。

(1) 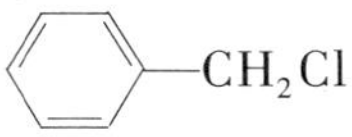

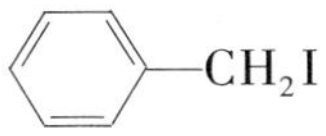

(2) $(CH_3)_3CBr$　　$CH_3CH_2CH_2CH_2Br$　　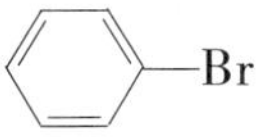

(3) 1－氯丙烷　　1－氯丙烯　　烯丙基氯

十、用六个碳及以下的卤代烃合成下列化合物。

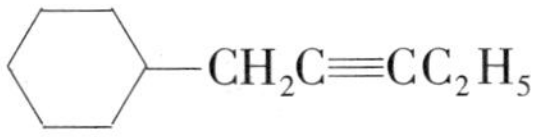

十一、以甲苯为原料合成下列化合物。

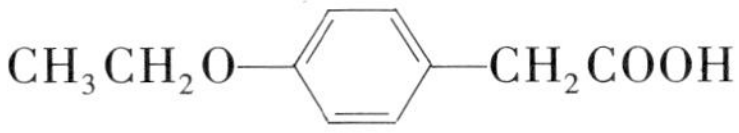

第 7 章 醇酚醚

羟基(—OH)与脂肪碳相连的有机物称为醇(alcohols)，常记为 R—OH。羟基与芳香碳相连的有机物称为酚(phenols)，常记为 Ar—OH。醇与酚不但结构相似，在性质上也具有相似之处。两个烃基同时与一个氧原子相连的有机物称为醚(ether)，醚在性质上与醇和酚具有较大差异。

I 醇

7.1 醇的分类

醇按照羟基所连碳原子的种类可分为伯醇、仲醇和叔醇；按照分子中羟基的个数可分为一元醇、二元醇、三元醇等；按照烃基的结构可分为脂肪醇、脂环醇和芳香醇。

CH_3CH_2OH

乙醇
(脂肪醇)

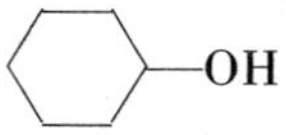

环己醇
(脂环醇)

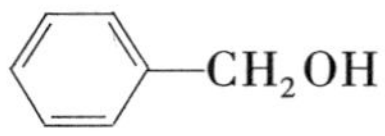

苯甲醇
(芳香醇)

7.2 醇的命名

7.2.1 普通命名法

简单醇常采用普通命名法命名，在相应的烃基后加“醇”字。例如

$CH_3CH_2CH_2CH_2OH$

正丁醇

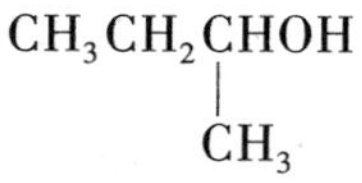

仲丁醇

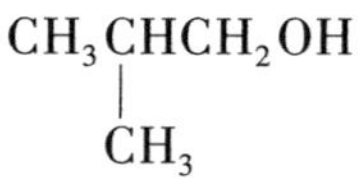

异丁醇

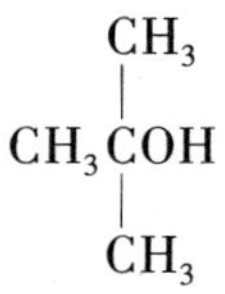

叔丁醇

7.2.2 系统命名法

羟基为母体官能团时，选择含羟基的、取代基最多的、最长碳链作母体，记为“X－某醇”，X 为羟基的位次。编号时遵循最低系列原则，使羟基位次最低。例如：

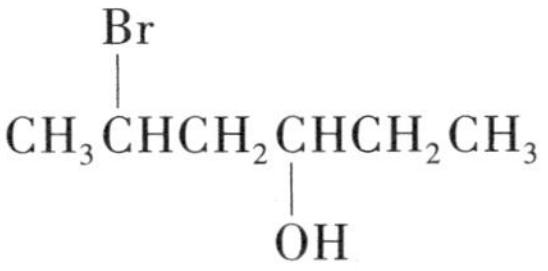

5－溴－3－己醇

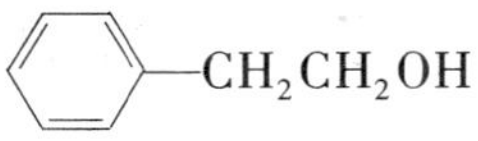

2－苯乙醇
β－苯乙醇

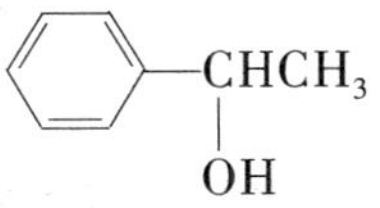

1－苯乙醇
α－苯乙醇

羟基与脂环相连时，以脂环醇作为母体，从羟基所连碳原子开始编号。例如：

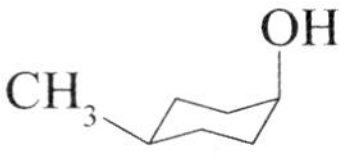

顺-4-甲基环己醇

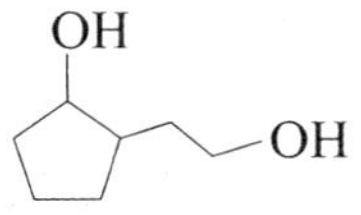

2-（2-羟乙基）环戊醇

不饱和醇命名时，选同时含羟基和不饱和键的最长碳链作主链，记为“X－某烯－Y－醇”或“X－某炔－Y－醇”，X、Y 分别为不饱和键与羟基的编号。编号时优先使羟基位次最低。

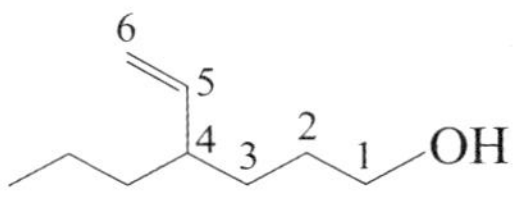

4-丙基-5-己烯-1-醇

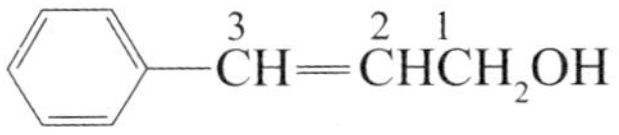

3-苯基-2-丙烯醇（俗名肉桂醇）

多元醇常用俗名表示，例如甘醇(1,2－乙二醇)、甘油(1,2,3－丙三醇)等。对其进行系统命名时，使主链上的羟基尽量多且位次尽量低，书写时标明每个羟基的位次以及羟基的数目。

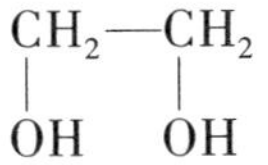

1,2－乙二醇
（俗名甘醇）

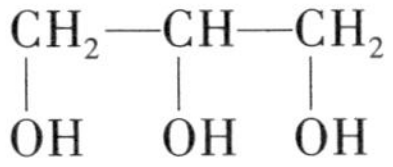

1,2,3－丙三醇
（俗名甘油）

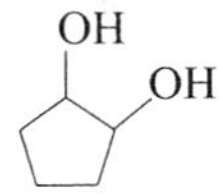

1,2－环戊二醇

7.3　醇的物理性质

常温下，低级醇为液体，高级醇为固体。醇的密度比水小。液态醇分子间可通过羟基形成氢键，使得醇分子由液态变为气态所需能量增加，因此，醇的沸点比相对分子质量相近的烃、卤代烃、醚等高得多。分子中羟基越多，沸点就越高。支链醇的沸点低于相同相对分子质量的直链醇。

醇与水之间的氢键使醇在水中的溶解度大于相对分子质量相近的烃和卤代烃。其中，甲醇、乙醇、丙醇能与水混溶。像—OH 这样能与水形成氢键而使分子在水中的溶解性增大的性质称为“亲水性”。分子含羟基越多，溶解度越大。常见极性基团如$—NH_2$、—COOH、$—SO_3H$ 等都是亲水性的。而像烷烃这样不溶于水的性质称为“疏水性”。醇分子中的烷基链部分就是疏水性的。醇的溶解度随烷基链的增长而降低，直链醇从正丁醇开始难溶于水。

7.4 醇的危险性

醇类大多具有易燃易爆性，爆炸下限低，闪点低。甲醇爆炸极限为5.5%～44.0%（体积分数），闪点为11℃。乙醇爆炸极限为3.5%～15.0%（体积分数），闪点为12℃。合成及精制甲醇和乙醇的厂房火灾危险性为甲类。为安全起见，甲醇、乙醇应专库储存。此外，合成氯丙醇的厂房火灾危险性为乙类，合成甘油的厂房火灾危险性为丙类。

低级醇有麻醉作用，可使中枢神经系统受到抑制，一次性大量接触会导致昏迷甚至死亡。

表7－1　常见醇的物理常数表

化合物	英文名称	熔点/℃	沸点/℃	相对密度(d_4^{20})	溶解度/(g/100g H_2O)
甲醇	methanol	－97	64.7	0.792	∞
乙醇	ethanol	－115	78.4	0.789	∞
正丙醇	1－propanol	－126	97.2	0.804	∞
异丙醇	2－propanol	－88.5	82.3	0.786	∞
正丁醇	1－butanol	－90	117.8	0.810	7.9
异丁醇	2－methyl－1－propanol	－108	107.9	0.802	12.5
仲丁醇	2－butanol	－114	99.5	0.808	10.0
叔丁醇	2－methyl－2－propanol	26	82.5	0.789	∞
正戊醇	1－pentanol	－79	138.0	0.817	2.3
正己醇	1－hexanol	－52	155.8	0.820	0.6
乙二醇	1,2－ethanediol 或 glycol	－16	197	1.113	∞
丙三醇	1,2,3－propanetriol 或 glycerol	18	290	1.261	∞

7.5 醇的结构与化学性质

7.5.1 醇的结构

氧原子最外层有6个电子，电子排布为$2s^2 2p_x^2 2p_y^1 2p_z^1$。醇羟基中的氧原子采取$sp^3$杂化方式，以两个含有单电子的$sp^3$杂化轨道分别形成C—Oσ键与O—Hσ键。二者均为极性键，在醇发生化学反应时均较易断裂。氧原子上剩余两个sp^3杂化轨道分别被两对未成键电子对占据，使醇易给出氧原子上的电子对而显示碱性或亲核性。键角∠C—O—H约为109°。

7.5.2 酸碱性

1. 酸性(acidity)

醇通过断裂O—H键而给出H^+，体现出酸性，并生成烷氧负离子RO^-。醇的酸性强弱既与其所连取代基的电子效应有关，又受其空间效应的影响。

醇上取代基吸电子作用越强，相应醇的酸性就越强。例如，三氯乙醇 CCl_3CH_2OH（pK_a 为 12.2）酸性强于氯乙醇 CH_2ClCH_2OH（pK_a 为 14.3）。电子效应相近时，取代基空间位阻越小，在水溶液中电离出的 RO^- 就越易与水形成氢键而被水的溶剂化作用所稳定，相应醇的酸性也就越强。例如，甲醇 CH_3OH（pK_a 为 15.5）酸性强于乙醇 CH_3CH_2OH（pK_a 为 15.9），更强于异丙醇 $(CH_3)_2CHOH$（pK_a 为 16.5）和叔丁醇 $(CH_3)_3COH$（pK_a 为 18.0）。

作为酸，醇可与 Na、K、Mg、Al 等活泼金属作用，生成醇盐与 H_2。

$$ROH + Na \longrightarrow RONa + H_2\uparrow$$

醇的酸性弱于水，与活泼金属的反应比水温和。可利用该特点，选择异丙醇等醇来销毁反应中残余的活泼金属（如 Na）。通常情况下，醇与 Na 的反应活性由大到小为：甲醇 > 伯醇 > 仲醇 > 叔醇。

醇钠（RONa）具有强碱性和强亲核性，在有机合成中用途广泛，既可用作强碱（例如使卤代烷发生消除，详见第 6 章 6.4.3），又可用作烷氧化试剂（例如通过卤代烷醇解制醚，详见第 6 章 6.4.2）。醇钠是白色固体，溶于乙醇，不溶于乙醚，遇水分解为醇和氢氧化钠。

$$RONa + H_2O \rightleftharpoons ROH + NaOH$$

醇钠与水的反应为可逆反应，利用其逆反应可以制备醇钠。工业上以乙醇与氢氧化钠来制备醇钠时，通常向体系中加入带水剂苯，通过形成苯－乙醇－水三元共沸物将水带出反应体系，从而促使平衡向生成乙醇钠的方向移动。

$$C_2H_5OH + NaOH \rightleftharpoons C_2H_5ONa + H_2O$$

2. 碱性（basicity）

醇羟基氧上的未成键电子对可以与 H^+ 结合生成鎓盐，从而体现出碱性。鎓盐指有机物中的氧原子以其未成键电子对与 H^+ 或 Lewis 酸结合而成的物质。

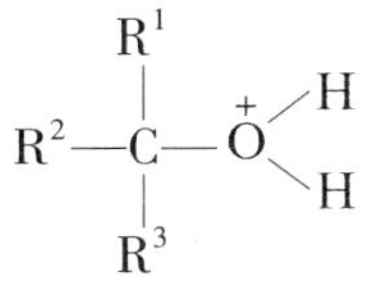

醇与强酸生成的鎓盐溶于强酸，因而可用强酸洗去烷烃或卤代烃中不溶于水的醇。

$$ROH + H_2SO_4 \rightleftharpoons ROH_2^+HSO_4^-$$

醇能与 $CaCl_2$、$MgCl_2$ 等 Lewis 酸结合形成络合物，因而不能用无水 $CaCl_2$ 或无水 $MgCl_2$ 来干燥醇。

$$ROH + CaCl_2 \rightleftharpoons CaCl_2 \cdot nROH$$

通过与酸形成鎓盐或络合物，能使醇的碳氧键极性变强而更易断裂，从而起到了活化醇的碳氧键的作用，促进醇的取代反应及消除反应的发生。

7.5.3 亲核性

醇用羟基氧上的未成键电子对进攻分子中带部分正电荷的原子，可体现出亲核性（nucleophilicity）。

1. 醇对碳原子的亲核性

醇可对卤代烃中连有卤素的碳原子发起亲核进攻，通过取代反应生成醚（详见第 6 章

6.4.2)。

酸性条件下，醇可对羧酸的羧基碳发起亲核进攻，以烷氧基取代羧酸的羧羟基而生成酯，称为酯化反应(esterification)。

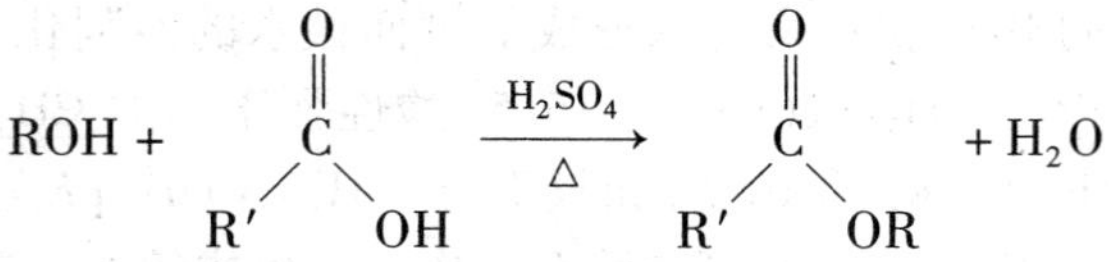

该反应的具体反应机理如图7-1所示。反应过程中，羧酸的羰基首先结合质子被活化，然后接受醇的亲核进攻，生成四面体结构的中间产物(Ⅰ)。(Ⅰ)中同一个碳原子上连有两个羟基，极易失去水而恢复碳氧双键的结构，从而生成产物酯。整个过程是一个加成-消除的联合过程。

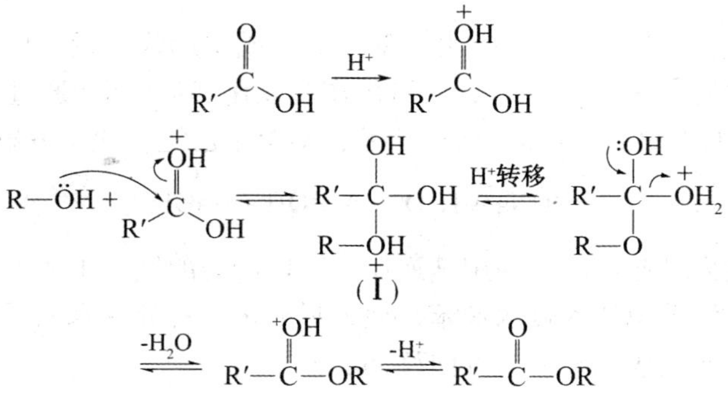

图7-1　伯醇与羧酸的酯化反应机理

叔醇由于空间位阻比较大，致使其亲核性较弱，发生酯化反应时不易对羧酸发起亲核进攻，而是优先在酸的催化作用下脱水生成叔碳正离子(见图7-2)，随后由羧酸作为亲核试剂反过来对其发起进攻而生成酯。

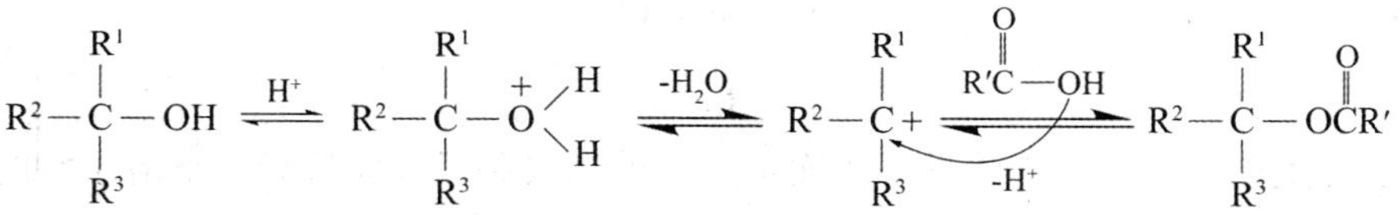

图7-2　叔醇与羧酸的酯化反应机理

醇还能对羧酸衍生物(如酰卤、酸酐等)的羰基碳发起亲核进攻，以烷氧基取代酰卤的卤素或酸酐的酰氧基，所得产物均为酯，反应机理也均与酯化反应相似，是加成-消除的联合过程。醇与酰卤的反应常常需要加入碱(例如吡啶、三乙胺等)。碱的作用是中和副产物HX以促进反应的进行，又称为缚酸剂。

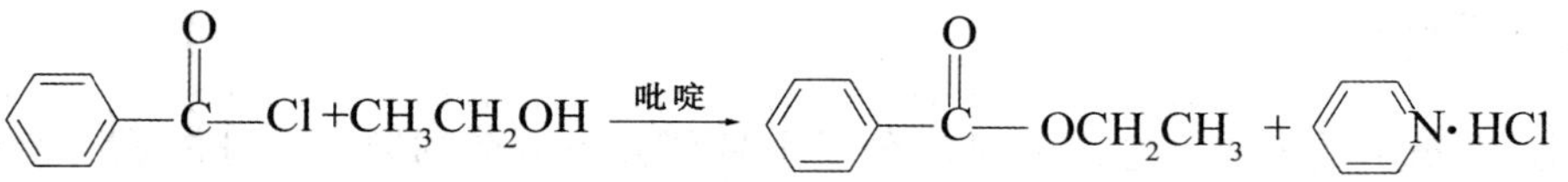

正丁醇与邻苯二甲酸酐的反应可用来制备邻苯二甲酸二丁酯(DBP)，后者是常用的增塑剂。

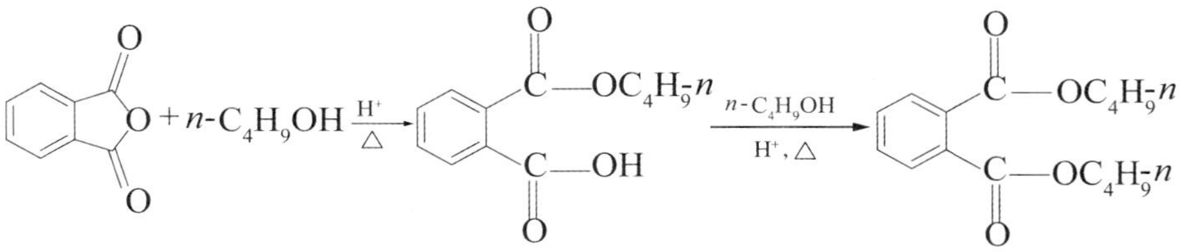

2. 醇对其他原子的亲核性

醇对无机含氧酸发起亲核进攻，也能发生酯化反应，通过分子间脱水生成相应的无机酸酯。例如，甲醇与硝酸反应生成硝酸甲酯，其反应机理如图 7－3 所示。

$$CH_3OH+HNO_3 \xrightarrow{H^+} CH_3ONO_2+H_2O$$

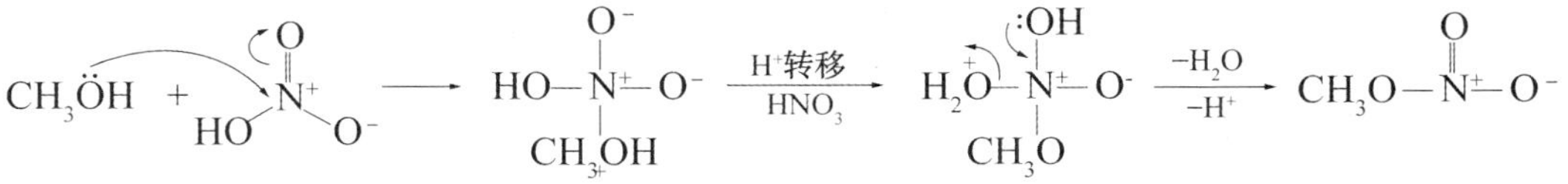

图 7－3　甲醇与硝酸的酯化反应机理

甲醇与硫酸可生成硫酸氢甲酯，后者通过减压蒸馏又可生成硫酸二甲酯。硫酸二甲酯是常用的甲基化试剂。但由于其毒性较强，正逐渐被低毒性的甲基化试剂(如碳酸二甲酯)所代替。

$$2CH_3OH+\underset{\text{硫酸}}{2HOSO_2OH} \xrightarrow{H^+} \underset{\text{硫酸氢甲酯}}{2CH_3OSO_2OH} \xrightarrow[-H_2SO_4]{\text{减压蒸馏}} \underset{\text{硫酸二甲酯}}{CH_3OSO_2OCH_3}$$

甘油与硝酸生成的甘油三硝酸酯(俗称硝化甘油或硝酸甘油)是一种烈性炸药，爆炸温度仅为 260℃，也可用作治疗心绞痛的药物。甘油与磷酸形成的甘油磷酸酯是人体用来调控钙离子浓度的重要物质。

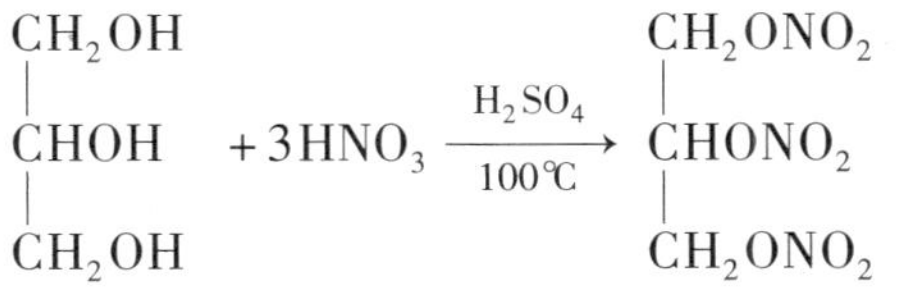

甘油三硝酸酯

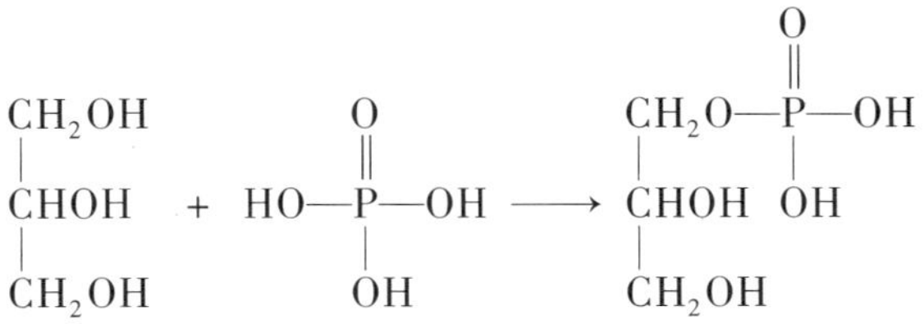

甘油磷酸酯

被醇进攻的底物为磺酰氯时，反应与酰氯相似，生成磺酸酯。

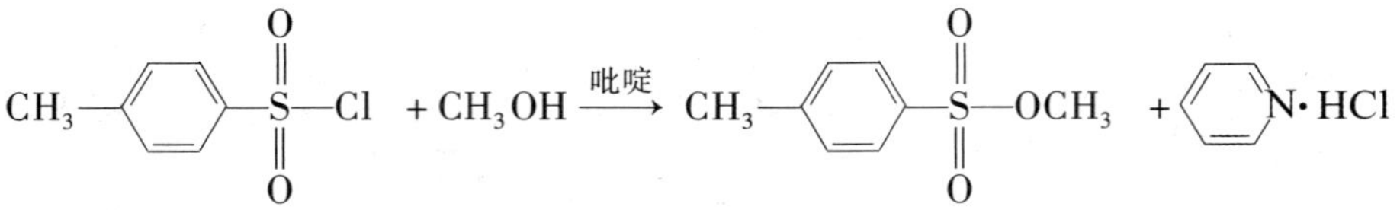

对甲苯磺酰氯　　　　　　　　　　对甲苯磺酸甲酯

磺酸根 RSO_3^- 的离去能力远强于 OH^-，因而与醇的羟基—OH 相比，磺酸酯中的烃基磺酸基 RSO_3—更易被亲核试剂取代。因此，对于醇分子不易发生的亲核取代反应，可以将醇转变为相应的磺酸酯后再进行反应。

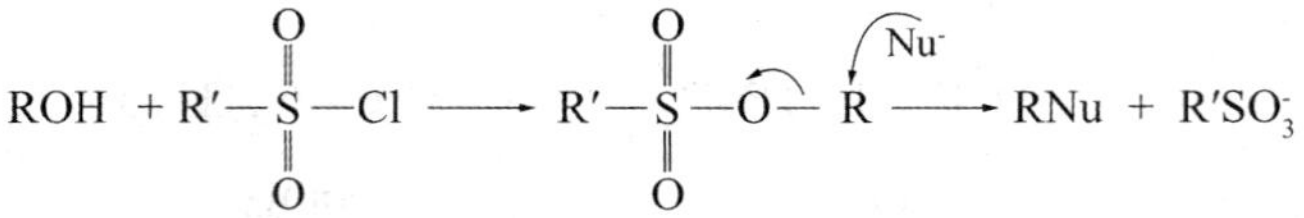

7.5.4　亲核取代反应

醇羟基被亲核试剂取代的反应即为醇的亲核取代反应。除了像上文酯化反应中提到的那样，生成酯(例如磺酸酯等)能够使醇的亲核取代反应活性增强外，酸也可以活化醇。酸性条件下，醇羟基能与 H^+ 结合，离去基团由 OH^- 变为离去能力更强的 H_2O，使醇被活化而亲核取代反应活性增加。

1. 与氢卤酸的反应

醇与氢卤酸反应时，醇羟基被卤素原子取代，生成卤代烃。该反应可用来制备卤代烷。

$$ROH + HX \longrightarrow RX + H_2O$$

反应过程中，醇首先与氢卤酸解离出的 H^+ 结合而被活化，然后，α－碳接受卤素负离子的进攻，脱去水分子并生成卤代烃。伯醇不易生成碳正离子，一般以双分子亲核取代 S_N2 机理进行反应。

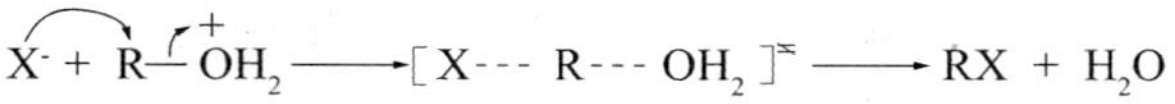

仲醇、叔醇、烯丙醇、苄醇在酸性条件下易生成碳正离子，一般以单分子亲核取代 S_N1 机理进行反应，且可能有重排产物生成。若伯醇的 β－碳原子上有取代基，给亲核试剂的进攻造成了较大的空间阻碍，反应也会按照 S_N1 机理进行反应，生成相应的重排产物。例如：

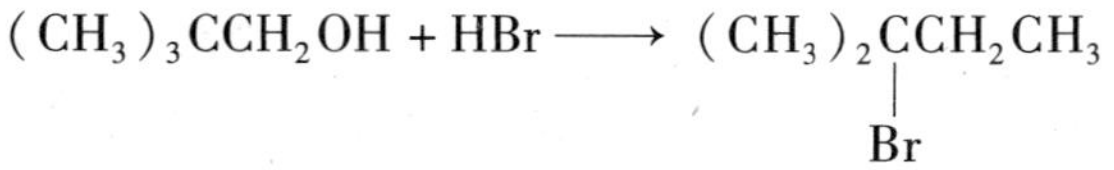

100%

具体的反应过程如下。

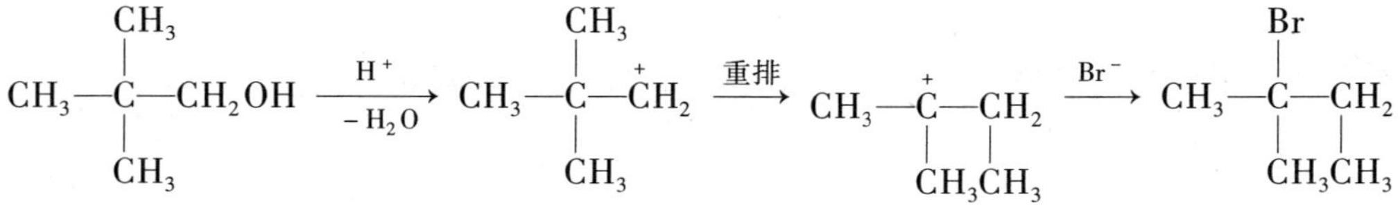

不同烃基结构的醇与氢卤酸发生亲核取代反应的活性由大到小为：烯丙型醇、苄基型醇 > 叔醇 > 仲醇 > 伯醇。对于氢卤酸，易解离出 H^+ 且 X^- 亲核性强的氢卤酸，其与醇的亲核取代反应速度较快，因此，按反应活性由大到小有：HI > HBr > HCl≫HF。

在实验室进行醇与 HBr 的反应时，常使用 $NaBr + H_2SO_4$ 代替 HBr，使 HBr 刚生成就能立即与体系中的醇反应掉，可以减少 HBr 的逸出，减少 HBr 对人体的伤害及对环境的污染。

$$CH_3CH_2OH + NaBr \xrightarrow{H_2SO_4} CH_3CH_2Br$$

醇与盐酸反应速度较慢，常加入无水 $ZnCl_2$ 作为催化剂。无水 $ZnCl_2$ 的浓盐酸溶液称为 Lucas（卢卡斯）试剂。不同结构的醇与 Lucas 试剂反应活性不同。叔醇室温下就能与 Lucas 试剂反应，立即生成不溶于水的卤代烃，可观察到澄清透明的液体变浑浊。仲醇与 Lucas 试剂混合后，需等待约 10min 方可观察到浑浊现象。伯醇则需要加热才能与 Lucas 试剂反应变浑浊。可依此来鉴别 6 个碳及以下的伯、仲、叔醇。

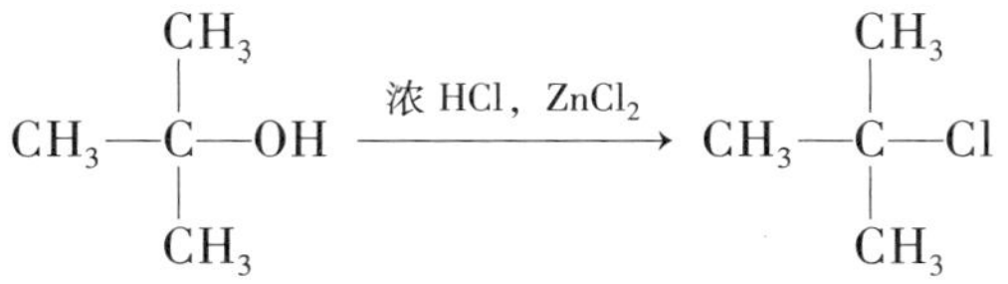

立即出现浑浊

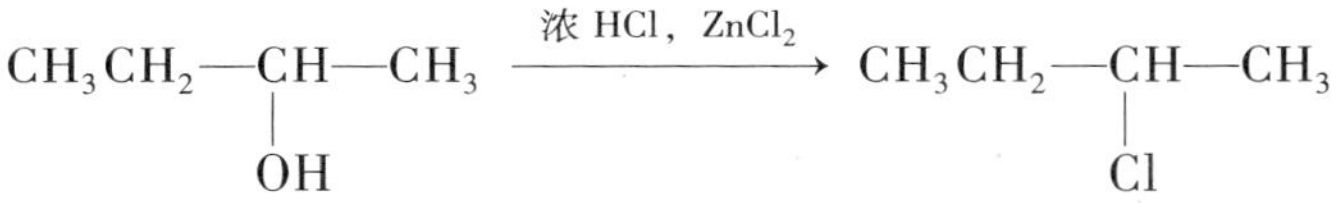

等待约10分钟后出现浑浊

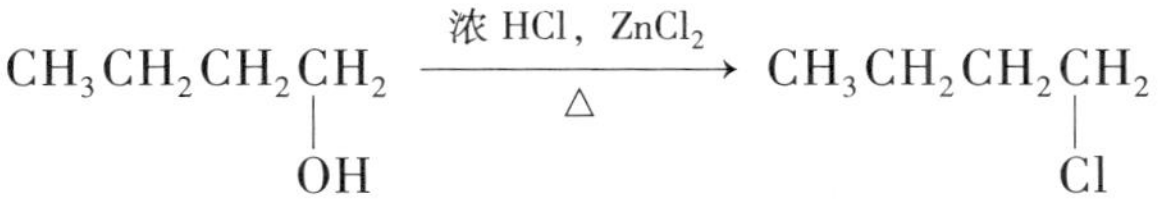

加热才出现浑浊

醇与亚硫酰氯 $SOCl_2$（又称氯化亚砜）反应也可以制备氯代烃。该反应所得副产物 SO_2 和 HCl 均为气体，易从体系中脱离而使产物产率提高；原料亚硫酰氯的沸点只有 79℃，过量的反应物易通过蒸馏除去，因此通过该反应合成的氯代烃产物较易提纯。

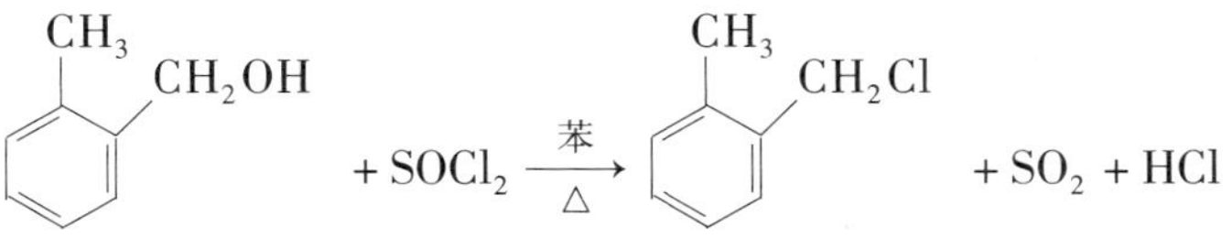

89%

该反应机理如图 7 -4 所示。先通过醇对亚硫酰氯的亲核取代反应，生成氯代亚硫酸酯。氯代亚硫酸酯中醇的 C—O 键得到活化并断裂，生成紧密离子对。在离去基团 $ClSO_2^-$ 离去时，其所含的 Cl^- 脱离并从正面进攻碳正离子，即“内返”，与之结合为氯代烷。低温实验已经分离出中间产物氯代亚硫酸酯，将其加热可分解为氯代烷和二氧化硫，这一实验结果证实了上述反应机理。在该反应过程中，醇既作为亲核试剂进攻其他分子，又反过来被其他亲核试剂所进攻。

醇与亚硫酰氯生成氯代烷的反应一般不会发生重排，加之产率高、易提纯，是由伯醇和仲醇制备氯化物的好方法。亚硫酰溴不稳定，故一般不用亚硫酰溴来制备溴代烷。

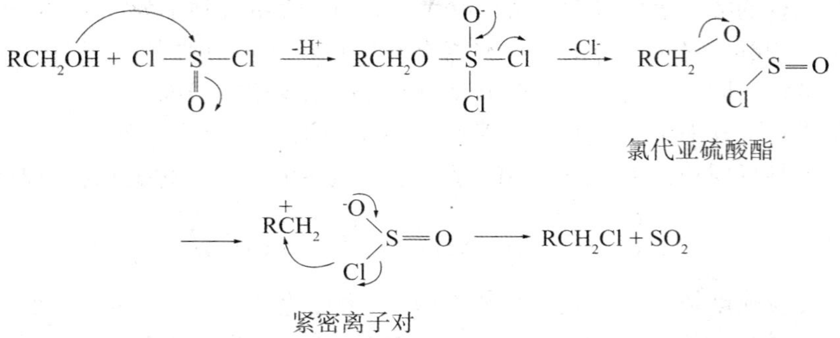

图 7－4　醇与亚硫酰氯的反应机理

醇与三卤化磷 PX_3 或五卤化磷 PX_5 的反应同样可以制备卤代烃。在醇与三溴化磷的反应过程中，醇同样既显示出亲核性，又反过来接受其他亲核试剂的进攻而发生亲核取代反应。伯醇与仲醇进行该反应同样不会发生重排。

$$CH_3CH_2CH_2CH_2OH + PBr_3 \xrightarrow{165℃} \underset{90\sim93\%}{CH_3CH_2CH_2CH_2Br} + H_3PO_3$$

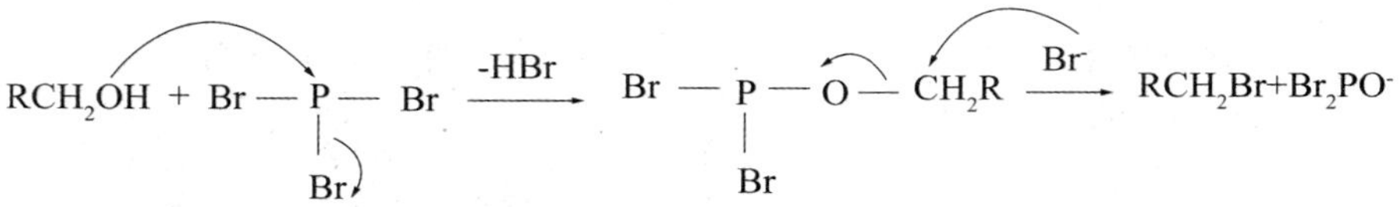

图 7－5　醇与 PBr_3 的反应机理

2. 脱水成醚的反应

伯醇在酸催化下可发生分子间脱水反应生成醚。就其本质而言，该反应属于亲核取代反应。

$$2C_2H_5OH \xrightarrow[140℃]{H_2SO_4} C_2H_5OC_2H_5 + H_2O$$

反应过程中(见图 7－6)，部分醇与 H^+ 结合而被活化，未与 H^+ 结合的醇则充当亲核试剂，对被活化的醇羟基进行亲核取代。反应按双分子亲核取代 S_N2 机理进行。

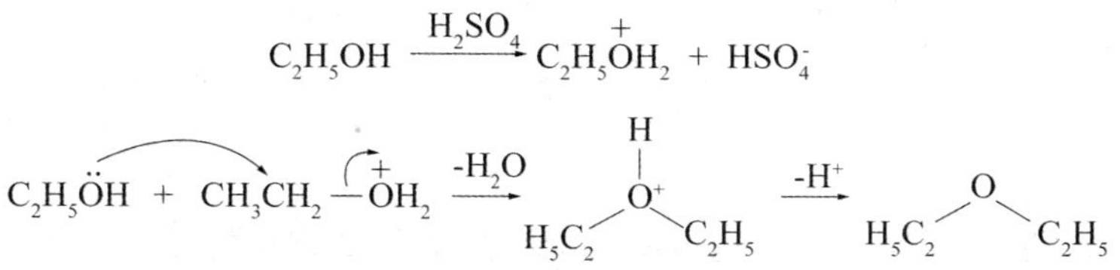

图 7－6　伯醇的分子间脱水反应机理

对于含有两个醇羟基的分子，若脱水后能形成稳定的五元环或六元环结构，则较易进行分子内的脱水反应，生成环醚。

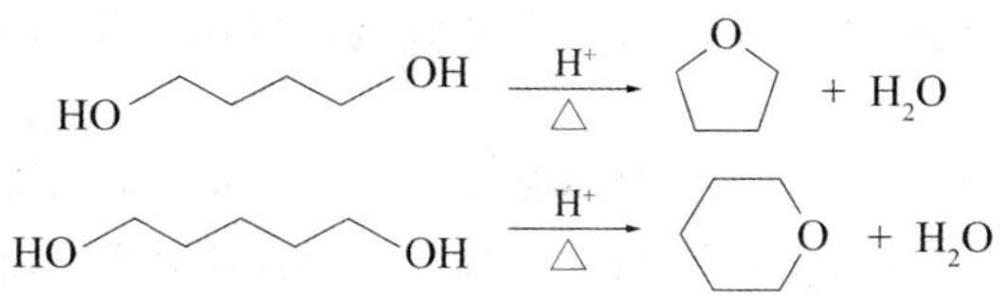

7.5.5 消除反应

仲醇或叔醇在酸催化下易生成碳正离子，碳正离子在较高温度下易继续失去 H^+ 而发生消除反应，产物为烯。该反应对应醇的另外一种形式的脱水反应——分子内脱水反应。

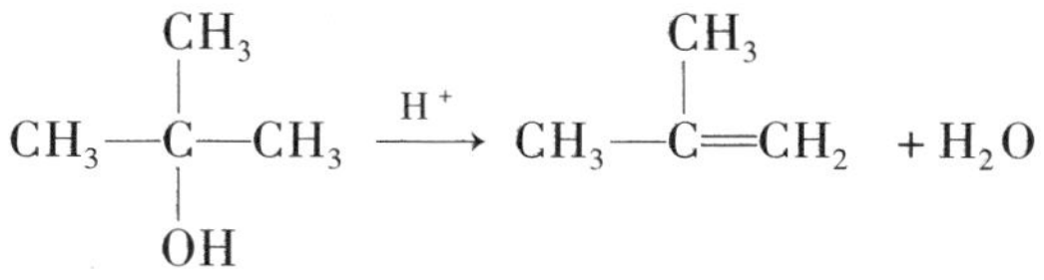

醇的消除反应通常按单分子消除 E1 历程进行，反应过程中常有重排产物生成。

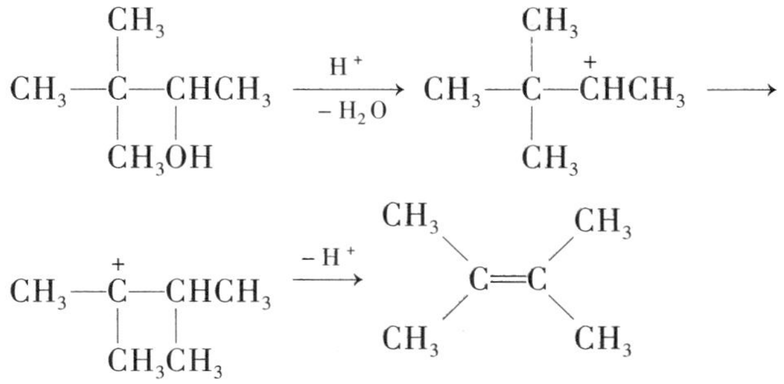

与卤代烃的消除反应相似，醇的消除反应同样符合 Saytzeff(扎依采夫)规则，主要生成多取代烯，且优先生成 E 式构型产物。

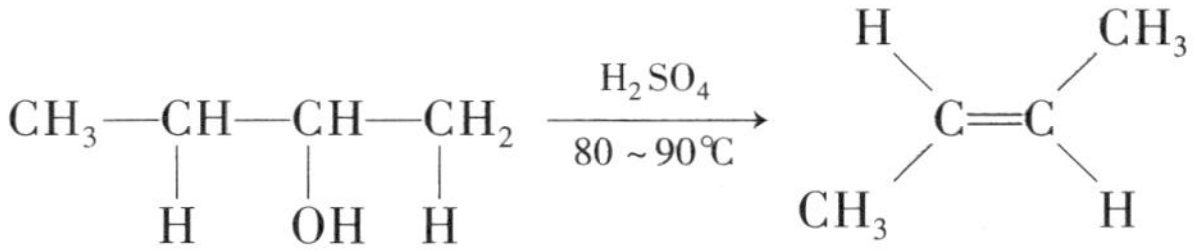

80%

共轭结构的形成能促进脱水反应的发生。

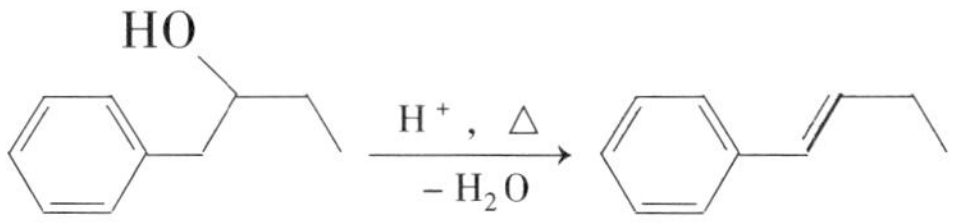

与亲核取代反应相比，高温更有利于消除反应，这也就解释了为什么硫酸催化下的乙醇在 140℃时主要发生分子间脱水(即亲核取代反应)生成醚，在 170℃时主要发生分子内脱水(即消除反应)生成烯。

7.5.6 氧化反应

醇的氧化一般有如下规律：伯醇氧化产物为羧酸，仲醇氧化产物为酮，叔醇不能被氧化。

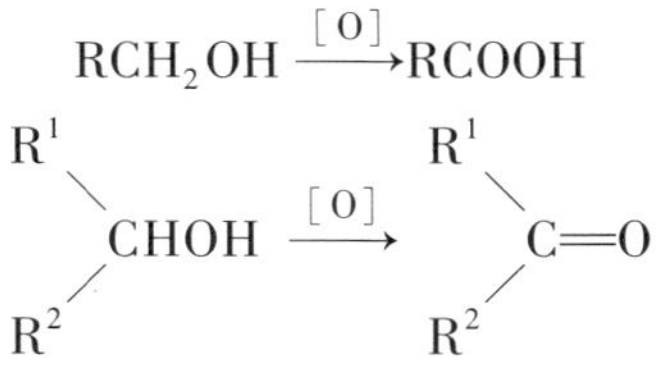

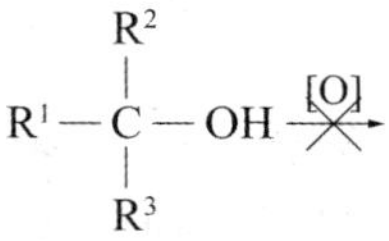

实验室常用的强氧化剂有重铬酸钾 $K_2Cr_2O_7$ 和高锰酸钾 $KMnO_4$。高锰酸钾可以在碱性条件下使用，氧化后将所得羧酸盐进行酸化处理，即可得到羧酸产物。重铬酸钾一般在酸性条件下使用。

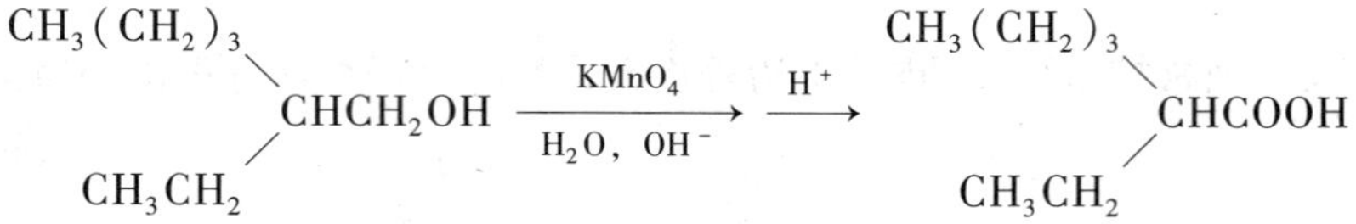

74%

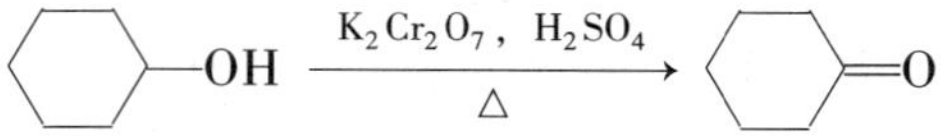

85%

在用 $K_2Cr_2O_7$/稀 H_2SO_4 体系氧化伯醇时，伯醇先被氧化为相应的醛，然后进一步被氧化为羧酸。若在醛被氧化成羧酸前，通过蒸馏的方法将其及时从反应体系中分离，避免其被进一步氧化，可依此方法来制备醛。但这种方法产率低，且受限于醛的沸点，适用范围窄。

$$\underset{\text{沸点97℃}}{CH_3CH_2CH_2OH} \xrightarrow[75℃]{K_2Cr_2O_7,\ H_2SO_4} \underset{\text{沸点49℃ 50\%}}{CH_3CH_2CHO}$$

使用温和的氧化剂可以使氧化反应停留在醛产物阶段。常用的温和氧化剂有 Jones（琼斯）试剂、Sarrett（沙瑞特）试剂、PCC（pyridinium chlorochromate，氯铬酸吡啶盐）试剂，PDC（pyridinium dichromate，重铬酸吡啶盐）试剂，Pfitzner－Moffatt（费慈纳－莫发特）试剂等。

表 7－2　常用温和氧化剂

名称	成分	结构式
Jones 试剂	铬酐的稀硫酸溶液	CrO_3/稀 H_2SO_4
Sarrett 试剂	铬酐的吡啶溶液	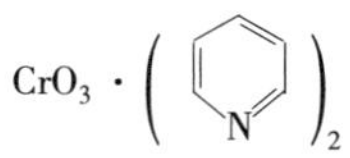
PCC 试剂	氯铬酸吡啶盐	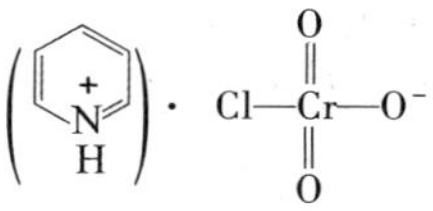
PDC 试剂	重铬酸吡啶盐	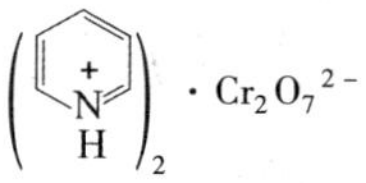
Pfitzner－Moffatt 试剂	二环己基碳二亚胺，二甲亚砜	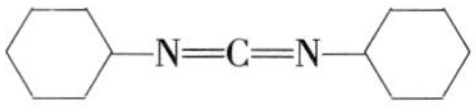 二环己基碳二亚胺 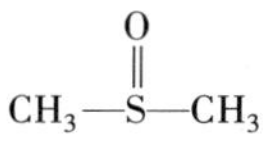 二甲亚砜

醇被这些温和氧化剂氧化时，仅醇羟基被氧化，分子中的碳碳双键和碳碳三键均不受影响。因此，该类氧化反应可用来制备烯醛或炔醛。例如：

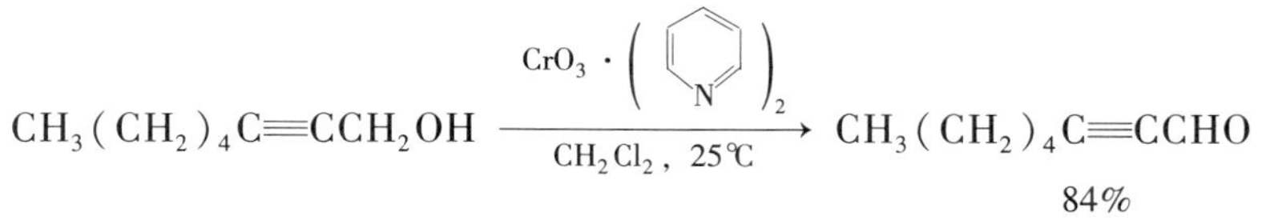

此外，新制备的二氧化锰 MnO_2 可将烯丙醇、苄醇或具有类似结构片段的醇氧化为相应结构的醛。

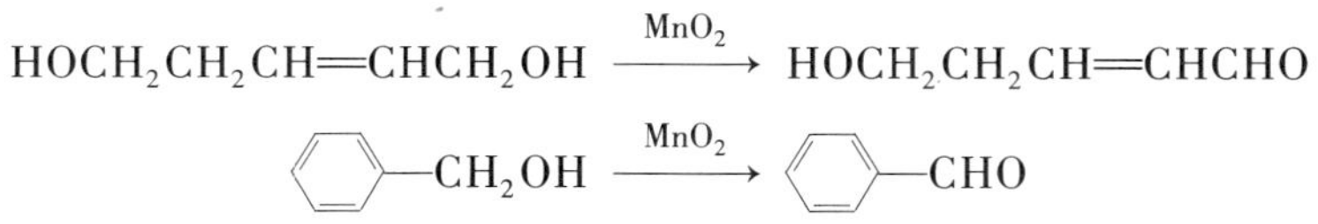

工业上常用催化脱氢的方法由低级醇来制备低级醛酮。例如，铜催化下乙醇的脱氢反应是工业制备乙醛的常用方法之一。

$$CH_3CH_2OH \xrightarrow[250\sim350℃]{Cu} CH_3CHO + H_2$$

叔醇不易被氧化，但在强酸性的氧化条件下，可先发生分子内脱水反应生成烯，随后碳碳双键被氧化断裂，生成小分子氧化产物。该反应的实际应用价值不大。

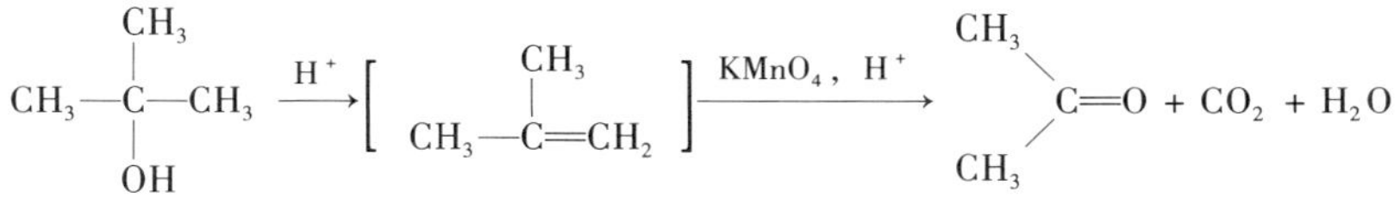

Ⅱ　酚

7.6　酚的分类与命名

依据酚羟基所连芳环的种类，酚可分为苯酚、萘酚、蒽酚等。依据分子中酚羟基的数目，酚可分为一元酚、二元酚、多元酚等。

用系统命名法对酚进行命名时，以芳香环及直接与之相连的羟基作为母体，称“某酚”。编号时，苯酚从羟基所连的碳原子开始编号；有固定编号的稠环芳烃应首先遵循其固定编号，在此前提下再使羟基的位次尽量小。

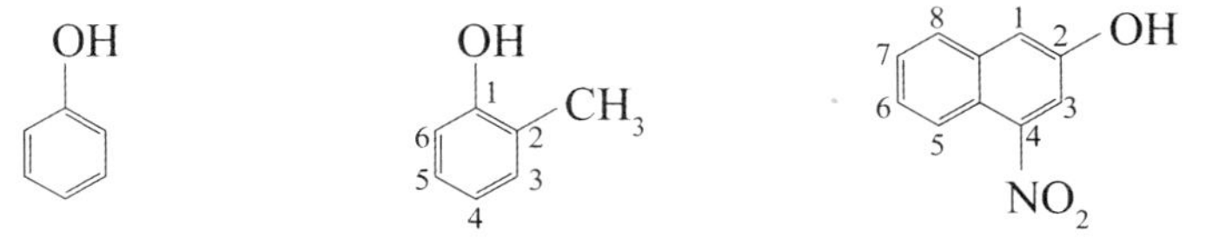

苯酚（俗名石炭酸）　　2－甲基苯酚　邻甲基苯酚　　4－硝基－2－萘酚

多元酚书写时标明每个羟基的位次以及羟基的数目。有比羟基更高级的官能团存在时，羟基作取代基。

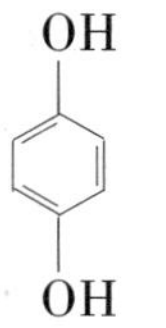

1,4－苯二酚
对苯二酚

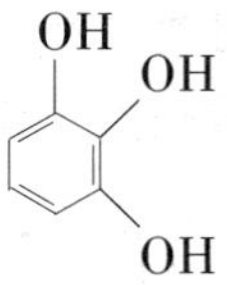

1,2,3－苯三酚
连苯三酚

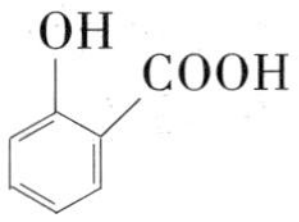

2－羟基苯甲酸
（俗名水杨酸）

7.7 酚的物理性质

常温下，除了少数酚为高沸点的液体外，大多数酚为固体。与相同碳原子数的饱和醇相比，酚极性更强，氢键更强，因而熔沸点更高。比醇更强的氢键也使酚在水中的溶解度比相同碳原子数的醇大。一元酚稍溶或不溶于水，易溶于醇和醚。羟基增多，酚的溶解度增大。

表7－3 一些酚的物理常数表

名称	英文名称	熔点/℃	沸点/℃	溶解度/（g/100g H_2O）
苯酚	phenol	41	782	9.3
邻甲苯酚	*o*－cresol	31	191	2.5
间甲苯酚	*m*－cresol	12	202	2.6
对甲苯酚	*p*－cresol	35	202	2.3
邻氯苯酚	*o*－chlorophenol	9	173	2.8
间氯苯酚	*m*－chlorophenol	33	214	2.6
对氯苯酚	*p*－chlorophenol	43	217	2.6
邻硝基苯酚	*o*－nitrophenol	45	214	0.2
间硝基苯酚	*m*－nitrophenol	96	194（9300Pa）	1.4
对硝基苯酚	*p*－nitrophenol	114	279（分解）	1.7
2,4－二硝基苯酚	2,4－dinitrophenol	113		0.6
2,4,6－三硝基苯酚	2,4,6－trinitrophenol	122		1.4

7.8 酚的危险性

酚类多属于可燃物质，遇明火会发生燃烧，但燃烧性能比醇类差。有些酚（如萘酚）遇高热或撞击有可能引发爆炸并产生有毒气体。

酚类对皮肤和黏膜有强腐蚀作用，并损伤肝肾及中枢神经系统，造成急性及慢性累积性中毒。挥发酚类是造成水体污染的主要有机有毒物之一，可在水中生物体内富集，造成其损害甚至死亡，并造成生态环境的破坏。

7.9 苯酚的结构与化学性质

7.9.1 苯酚的结构

苯酚中碳原子与氧原子均为 sp^2 杂化，氧原子两对未成键电子对分别占据一个 sp^2 杂化轨道和一个 p 轨道。p 轨道上的电子对通过 p－π 共轭离域到苯环上，使苯环电子云密度增大，许多化学反应活性升高；同时，p 电子的离域使 C—O 键稳定性增强，使酚的脱水反应变困难。此外，氧原子上电子向苯环的偏移使 O—H 键极性增强，更加容易断裂而释放出 H^+，表现为酚的酸性增强（图 7－7）。

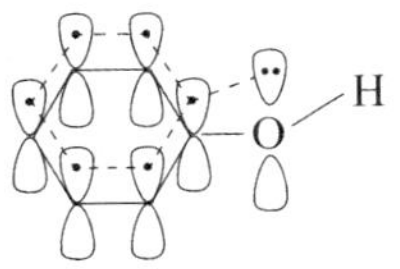

图 7－7 苯酚中的 p－π 共轭

7.9.2 酸性及其影响因素

酚氧负离子中，氧原子上的负电荷通过 p－π 共轭作用得以分散到苯环上，因而 ArO^- 比 RO^- 稳定，相应地，酚的酸性比醇强。

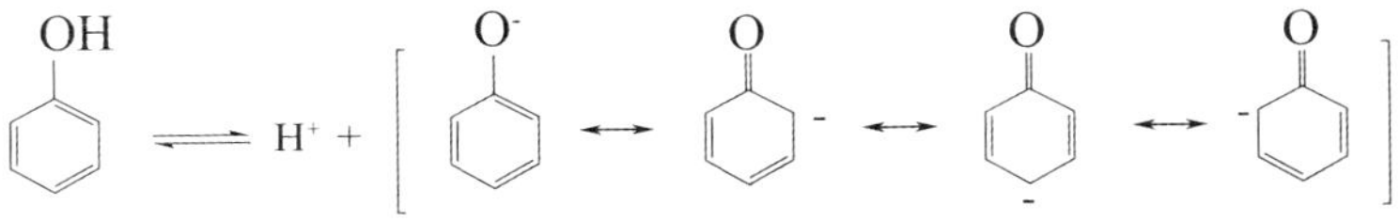

实验测得，苯酚的 pK_a 为 10.0，醇的 pK_a 一般在 16～19。如表 7－4 所示，苯酚的酸性甚至强于水（pK_a 为 15.7），但弱于碳酸（pK_a 为 6.4），也弱于一般的有机羧酸（pK_a 一般在 3～5）。

表 7－4 一些酸性化合物的 pK_a 值

化合物	pK_a	化合物	pK_a	化合物	pK_a
CH_3COOH	4.8	H_2CO_3（一级解离）	6.4	H_2O	15.7
C_6H_5OH	10.0	H_2CO_3（二级解离）	10.3	CH_3CH_2OH	16

酚与氢氧化钠的酸碱中和反应较易发生，生成的酚钠比醇钠稳定，遇水不会分解，仅仅溶解在水中。利用苯酚的酸性来提纯粗苯酚时，首先使粗苯酚与碳酸钠或碱反应生成溶于水的苯酚钠，通过过滤除去粗苯酚中不溶于水的杂质。然后向澄清的滤液中通入二氧化碳或者加入更强的酸，酚钠就可以被酸化为苯酚而从水中析出。

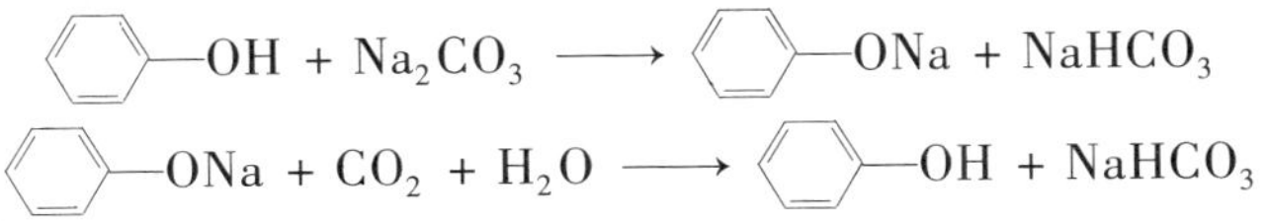

酚的酸性大小主要受取代基电子效应的影响。苯环上取代基的吸电子作用越强，吸电子取代基越多，相应酚的酸性就越强。例如表 7－5 所示，对硝基苯酚（pK_a 为 7.2）的酸性强于对氯苯酚（pK_a 为 9.4），更强于苯酚和对甲基苯酚（pK_a 为 10.3）；2,4,6－三硝基苯酚（pK_a 为 0.8）酸性强于 2,4－二硝基苯酚（pK_a 为 4.0），更强于一硝基苯酚。

此外，取代基的位置也影响酚的酸性。由于间位取代基共轭效应受阻，仅显示诱导效应，因此，间硝基苯甲酸的酸性（pK_a 为 8.4）弱于对硝基苯甲酸（pK_a 为 7.2），间氯苤甲酸（pK_a 为 9.0）的酸性强于对氯苯甲酸（pK_a 为 9.4）（见表 7－5）。

表 7－5　一些取代酚的 pK_a 值

化合物	pK_a	化合物	pK_a	化合物	pK_a
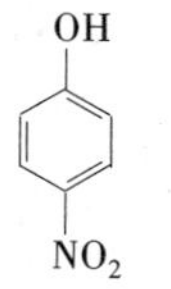	7.2	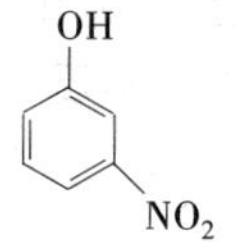	8.4	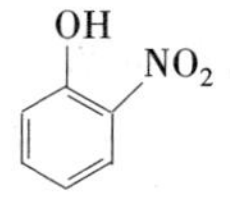	7.2
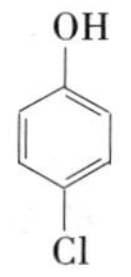	9.4	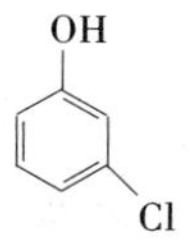	9.0	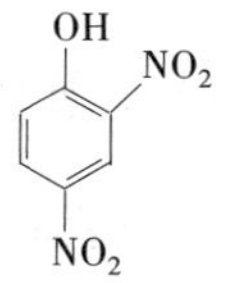	4.0
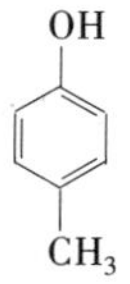	10.3	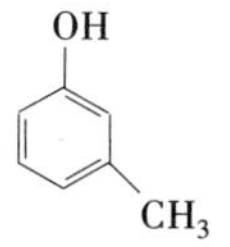	10.1	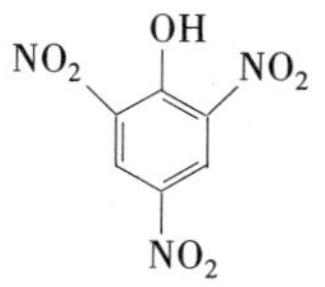	0.8

7.9.3　亲核性

氧原子与苯环的 p－π 共轭使苯酚的亲核性弱于醇。以酚作为亲核试剂，与卤代烷或硫酸酯反应制备单芳基醚时，反应常在强碱存在下进行，以将苯酚变为亲核性更强的酚氧负离子。

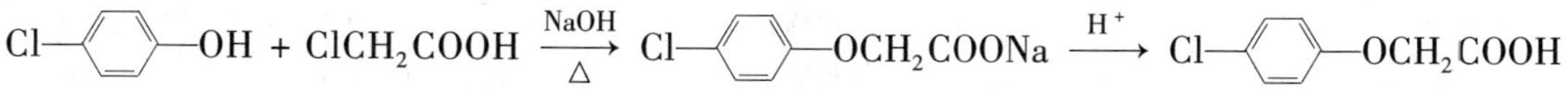

4－氯苯氧乙酸

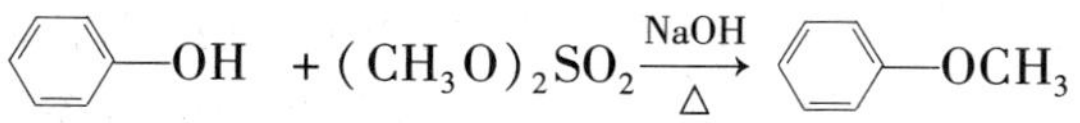

硫酸二甲酯　　苯甲醚

由于酚的 C—O 键不易断裂，不能用酚分子间脱水的方法来制备二芳基醚。二芳基醚的制备需要利用苯酚与卤代苯之间的亲核取代反应，反应常在铜催化剂和碱的作用下进行，脱除一分子氢卤酸，称为 Ullmann（乌尔曼）反应。

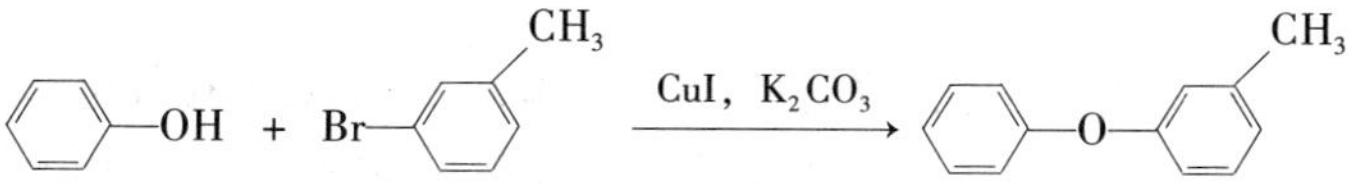

酚还可以用作亲核试剂来制备酚酯。由于酚的亲核性比醇弱，其与羧酸或其他无机酸并不能直接发生酯化反应，常使用酰氯或酸酐代替羧酸。例如：

水杨酸在酸性条件下与乙酸酐反应，可生成乙酰水杨酸，又称阿司匹林，是一种常用的镇痛、消炎药物。

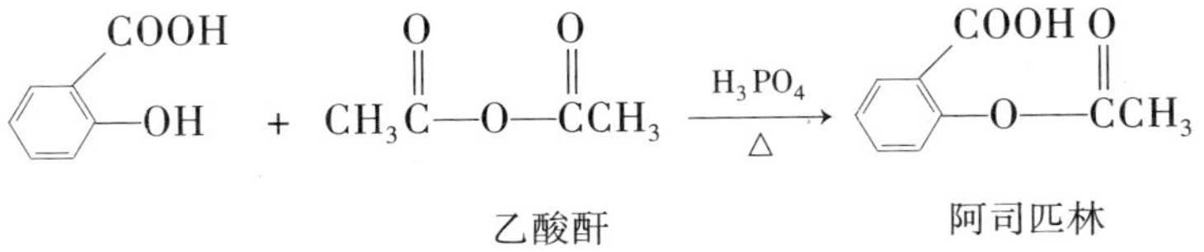

7.9.4 配位性

苯酚以羟基氧原子与 $FeCl_3$ 配位，形成蓝紫色络合物，称为酚与 $FeCl_3$ 的显色反应。该反应可用来鉴别某些酚以及某些含有烯醇式结构的化合物，所生成的络合物通常为蓝色、紫色或绿色的。有些酚或烯醇式结构的化合物(如对苯二酚)由于能与 Fe^{3+} 发生氧化还原反应而不能用 $FeCl_3$ 溶液进行鉴别。

$$6ArOH + FeCl_3 \rightleftharpoons [Fe(OAr)_6]^{3-} + 6H^+ + 3Cl^-$$

7.9.5 亲电取代反应

酚羟基为显示强给电子作用的邻对位定位基，酚的亲电取代反应非常容易发生。

1. 卤代反应

苯酚能与溴水迅速反应，立即生成白色沉淀2,4,6-三溴苯酚。该反应能定量完成，可用于苯酚的定性与定量分析。

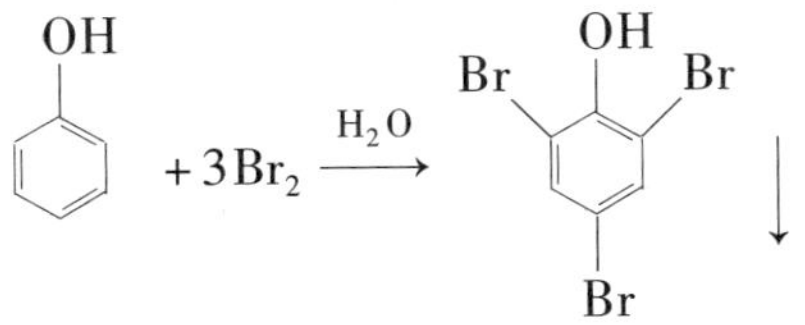

2. 硝化反应

由于苯酚活性较强，使用20%的硝酸作为硝化试剂即可，反应在室温下即可进行。苯酚在硝化反应的过程中易被硝酸氧化而产生较多的副产物，因而产率不高。该反应可用于实验室制备少量硝基酚。

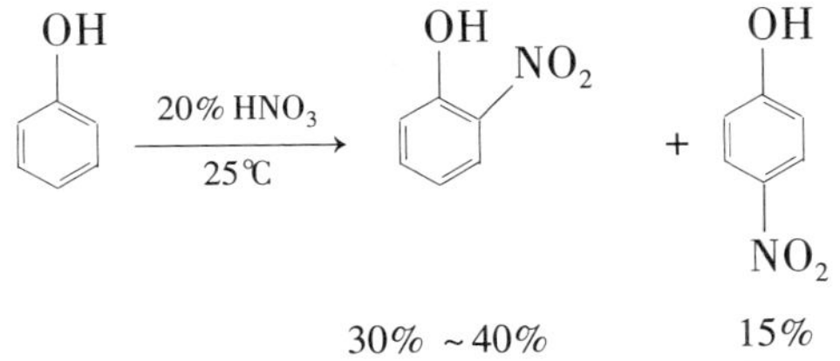

其中，邻硝基苯酚存在分子内氢键，使分子挥发性增强；对硝基苯酚存在分子间氢键，

使分子难挥发。因此，可通过水蒸气蒸馏的方法将二者分离。

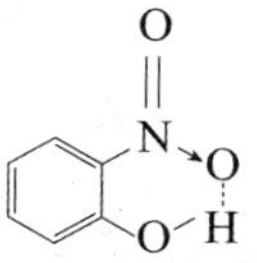

邻硝基苯酚的分子内氢键

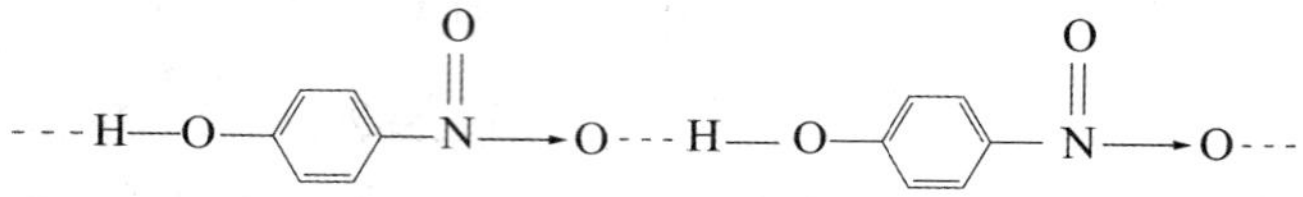

对硝基苯酚的分子间氢键

3. 磺化反应

苯酚的磺化反应同样无需加热便能进行，但其在室温下与浓硫酸的反应以邻位磺化产物为主，若加热至100℃则以对位磺化产物为主。苯酚的磺化反应为可逆反应，将邻羟基苯磺酸加热到100℃时会转变为对羟基苯磺酸，在稀硫酸中继续加热到180℃会发生脱磺基反应，重新变回苯酚。

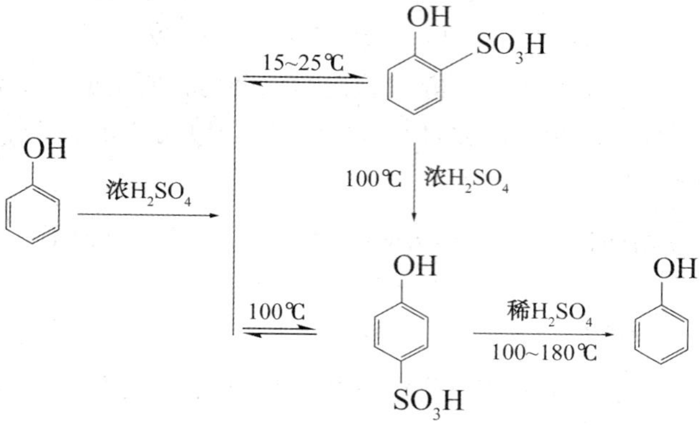

4. 傅－克反应

酚的傅－克烷基化和酰基化反应均较易发生。由于反应常在硝基苯 $PhNO_2$ 或二硫化碳 CS_2 溶液中进行，而硝基苯具有较大的毒性，二硫化碳为低沸点易燃液体，因而反应具有一定的危险性。若将无水三氯化铝催化剂换为较弱的催化剂如 BF_3、HF 等，便可减少或避免硝基苯或二硫化碳的使用。弱催化条件下的烷基化及酰基化反应产物以对位取代为主。对位被占据时，取代基将进入羟基的邻位。

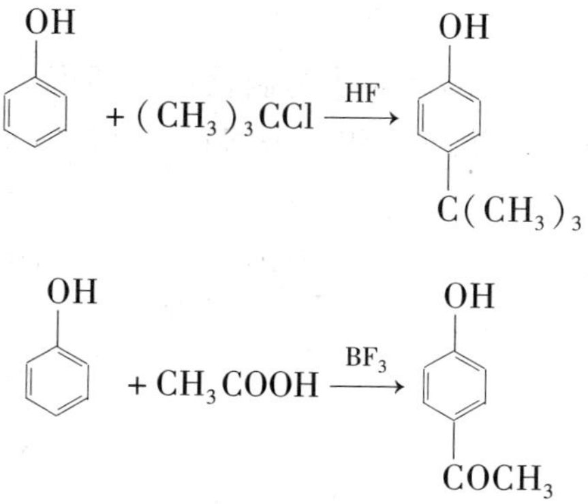

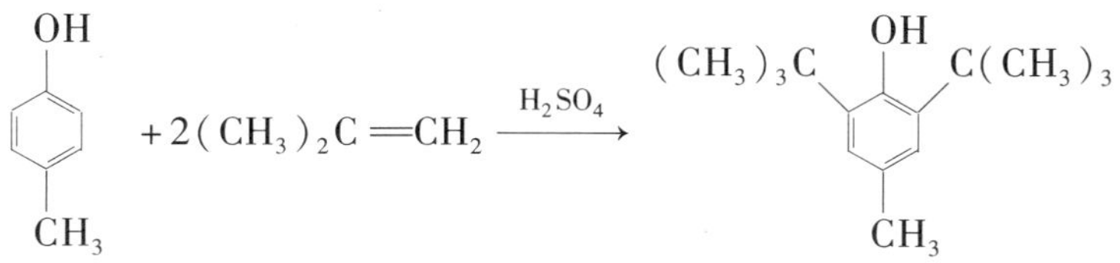

7.9.6 氧化反应与还原反应

酚易被氧化，在空气中即可慢慢被氧气氧化而呈粉红色、红色甚至褐色，产物为醌。醌是指含有环己二烯二酮结构片段的化合物。酸性高锰酸钾溶液等氧化剂同样可以把酚氧化为醌。

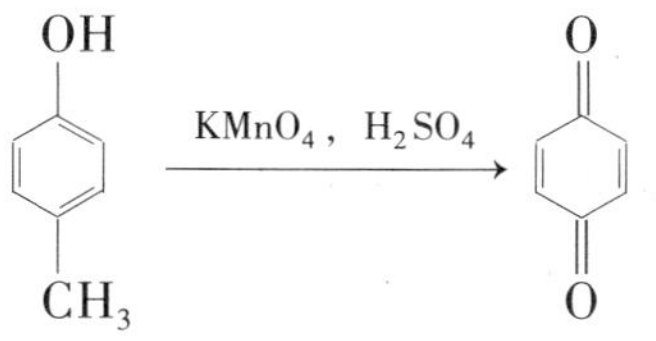

对苯醌

苯酚通过催化氢化可被还原为环己醇，这是工业上制备环己醇的常用方法之一。

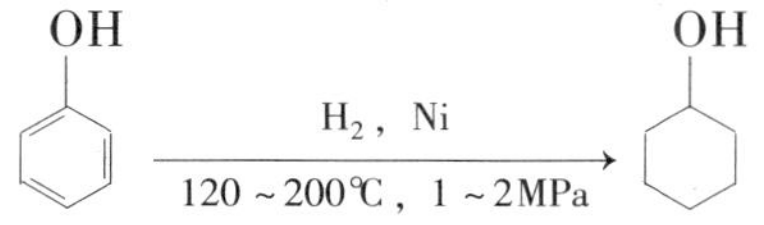

Ⅲ 醚

7.10 醚的分类与命名

7.10.1 醚的分类

水分子中两个氢原子分别被两个烃基取代的化合物称为醚。若两个烃基相同，称为单醚，例如乙醚 $C_2H_5OC_2H_5$；若两个烃基不同，称为混醚，例如甲乙醚 $CH_3OC_2H_5$。若氧原子位于碳环上，称为环醚或环氧化合物，例如 1,11 - 环氧十一烷。若碳环由多个重复单元—OCH_2CH_2—组成，称为冠醚，例如 12 - 冠 - 4。

$CH_3CH_2OCH_2CH_3$　　$CH_3OCH_2CH_3$

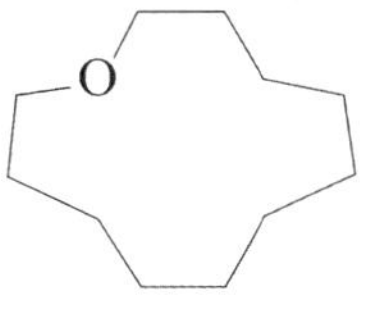

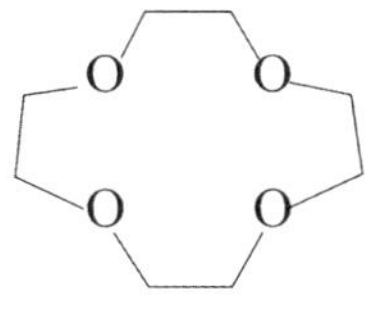

乙醚（单醚）　　甲乙醚（混醚）　　1,11-环氧十一烷（环醚）　　12-冠-4（冠醚）

7.10.2 简单醚的命名

简单醚命名时以醚键(—O—)作为母体官能团，将两烃基按次序规则由小到大的顺序排列，称“某某醚”。两烃基相同时，将其合并称“二某醚”，且“二”可以省略。对于芳醚，命名时还可以将芳基写在前，脂肪烃基写在后。例如乙基苯基醚又可称为苯乙醚。

$CH_3OC(CH_3)_3$

甲基叔丁基醚

$CH_3CH_2OCH{=}CH_2$

乙基乙烯基醚
乙氧基乙烯

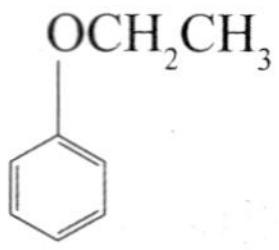

乙基苯基醚
苯乙醚，乙氧基苯

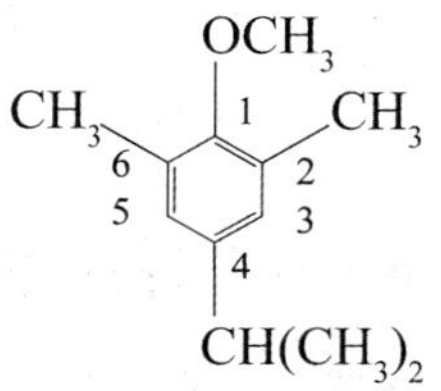

2,6–二甲基–4–异丙基苯甲醚

7.10.3 复杂醚的命名

对于较复杂的醚，可将其较简单的烃基与氧合并作为取代基，称为烷氧基(—OR)。例如，上面提到的化合物乙基乙烯基醚，又可称为乙氧基乙烯，苯乙醚又可称为乙氧基苯。再例如：

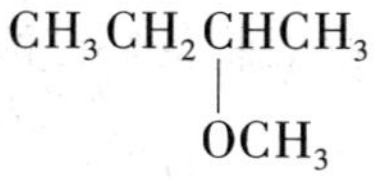

甲基仲丁基醚
2–甲氧基丁烷

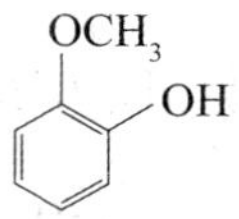

2–甲氧基苯酚
邻甲氧基苯酚

7.10.4 环醚和冠醚的命名

命名环醚时，一般将含有氧原子的碳环所在的最长碳链作为母体，称为“X,Y–环氧某烃”，其中 X、Y 分别为醚键氧原子所连的两个碳原子的位次。例如：

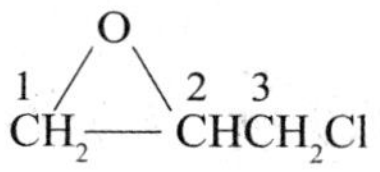

3–氯–1,2–环氧丙烷；
环氧氯丙烷

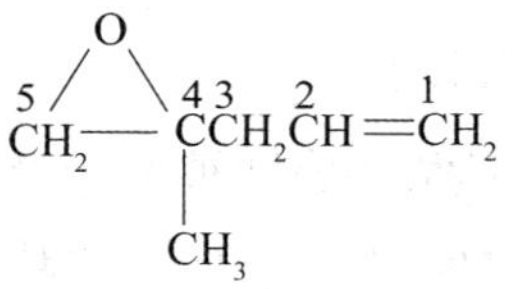

4–甲基–4,5–环氧–1–戊烯

环醚也可以称为“氧杂环某烃”，此处的“某”指碳原子与氧原子的总数，例如氧杂环戊烷。编号时从氧原子开始编号，例如 1,4–二氧杂环己烷。此外，三元以上的环醚还常用俗名表示，例如氧杂环戊烷常称为四氢呋喃。

氧杂环戊烷
1,4–环氧丁烷，四氢呋喃

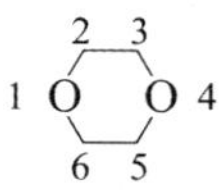

1,4–二氧杂环己烷
二氧六环，二噁烷

冠醚通常命名为“X–冠–Y”，其中，X 为碳原子与氧原子的总数，Y 为氧原子数。

例如：

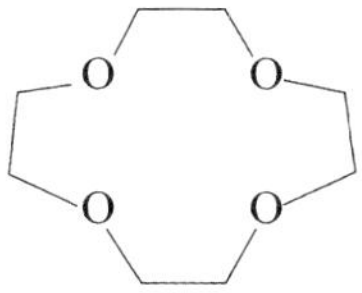

12-冠-4

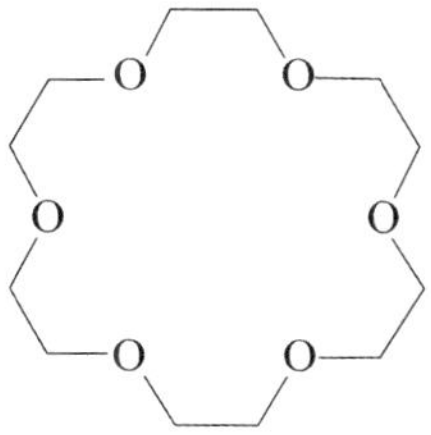

18-冠-6

7.11 醚的物理性质

常温下，甲醚和甲乙醚为气体，其余为液体。由于醚分子之间不能形成氢键，故醚的熔沸点较相对分子质量相近的醇和酚低，与相对分子质量相近的烃接近。低级醚(如四氢呋喃、二氧六环等)的氧原子裸露在外，能与水形成氢键，与水混溶；低级冠醚也能溶于水。随着碳原子数的增多，氧原子会被烃基链包裹而难以与水形成氢键，因此多数醚不溶于水。醚类一般比水轻。

7.12 醚的危险性

在烃的诸多含氧衍生物中，最易燃烧的当属醚类。烃的含氧衍生物燃烧的难易程度由易到难有如下顺序：醚 > 醛 > 酮 > 酯 > 醇 > 酸。

醚类多属于易燃易爆物质，挥发性强，爆炸下限低，闪点低，自燃点低(见表 7 - 6)。例如，甲醚爆炸极限为 3.0% ~ 18.6%(体积分数)，自燃点为 240℃。甲乙醚爆炸极限为 2.0% ~ 10.1%(体积分数)，自燃点为 190℃。乙醚爆炸极限为 1.7% ~ 36.0%(体积分数)，闪点低于 -20℃，自燃点为 170℃。正丁基醚爆炸极限为 0.9% ~ 8.5%(体积分数)，闪点为 25℃，自燃点为 175℃。合成环氧氯丙烷的厂房火灾危险性为乙类。

表 7 - 6　一些醚的物理常数表

名称	英文名称	熔点/℃	沸点/℃	相对密度(d_4^{20})
甲醚	dimethyl ether	-138	-24.9	0.661
甲乙醚	ethyl methyl ether	-139.2	7.9	0.697
乙醚	diethyl ether	-116	34.6	0.714
正丙醚	dipropyl ether	-122	90.5	0.736
乙二醇二甲醚	1,2 - dimethoxyethane(DME)	-68	83	0.862
环氧乙烷	epoxyethane	-112	11	
四氢呋喃	tetrahydrofuran(THF)	-108	65.4	0.888
1,4 - 二氧六环	1,4 - dioxane	11	101.3	

有些醚(如环氧乙烷)在受热时易发生分解，放出大量的热甚至引起爆炸。环氧乙烷在

外界压力超过一定阈值时亦会发生分解，进而引发爆炸。此外，醚在空气中久置会被氧化为易爆炸的过氧化物。

很多醚具有麻醉作用，例如乙醚、异丙醚等。乙醚曾用作早期的手术麻醉剂，但由于其副作用较大，常导致病人恶心、呕吐等，目前已被其他麻醉剂所代替。

冠醚能与人体内的 Na^+、K^+ 等离子形成稳定的配合物，从而造成中毒。此外，冠醚对皮肤具有刺激性，对眼睛可造成永久性伤害。

7.13 醚的结构与化学性质

7.13.1 醚的结构

醚分子中氧原子采取 sp^3 杂化方式，两对未成键电子分别占据两个 sp^3 杂化轨道，键角 ∠C—O—C 约为 110°，分子呈 V 形。与醇的结构相似，醚氧原子上的未成键电子对也呈裸露状态，因而醚也具有一定的碱性与亲核性。

7.13.2 弱碱性

醚可以给出氧原子上的未成键电子对而显示弱碱性。醚与质子酸结合生成的鎓盐能溶于浓硫酸，因此烷烃中的醚类杂质可以用浓硫酸洗去。

$$ROR + H_2SO_4 \rightleftharpoons R_2\overset{+}{O}H + HSO_4^-$$

市售的三氟化硼 BF_3 试剂实际上是 Lewis 酸 BF_3 与 Lewis 碱乙醚$(C_2H_5)_2O$ 形成的酸碱加合物。

$$C_2H_5OC_2H_5 + BF_3 \rightleftharpoons (C_2H_5)_2\overset{+}{O}—\overset{-}{B}F_3$$

7.13.3 亲核取代反应

醚在亲核试剂的作用下可发生烷氧基被取代的反应。从反应形式上来看，醚键中的一根 C—O 键发生了断裂，因而该类反应又称为醚键的断裂反应。

$$R^1—O—R^2 + Nu^- \longrightarrow R^1—Nu + R^2O^-$$

1. 开链醚的反应

醚在等量氢卤酸的作用下，烷氧基可被卤素原子取代，生成卤代烃和醇。若氢卤酸过量，生成的醇会继续与氢卤酸发生亲核取代反应，生成另一分子的卤代烃。

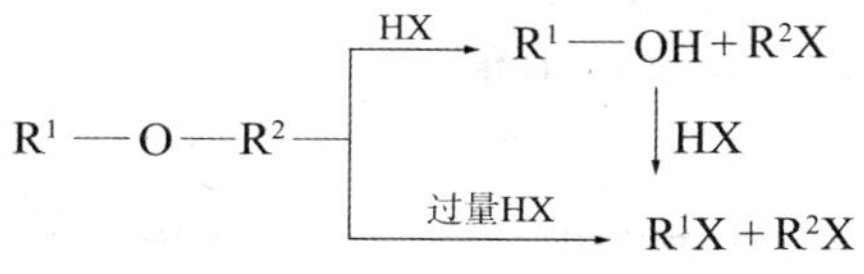

直链的不对称醚与氢卤酸反应时，常按照双分子亲核取代 S_N2 历程进行。反应过程中，较小的烃基更易受到亲核试剂 X^- 的进攻而变为卤代烃，较大的烃基与氧原子之间的 C—O

键保留而变为醇。

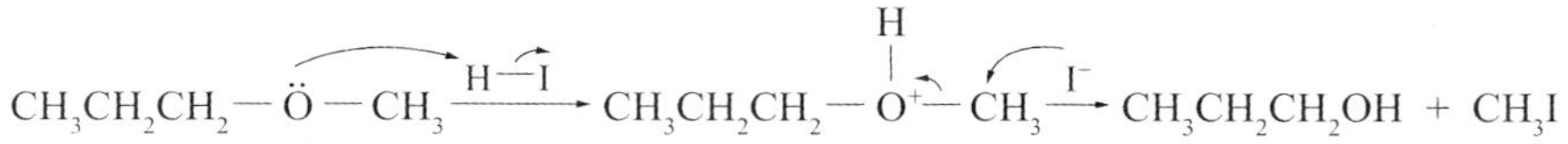

含有叔烃基的不对称醚与氢卤酸反应时，首先生成叔碳正离子，将无支链或支链较少的烃基部分以醇的形式脱除。叔碳正离子随后与亲核试剂结合生成叔卤代烃。该反应为单分子亲核取代 S_N1 历程。

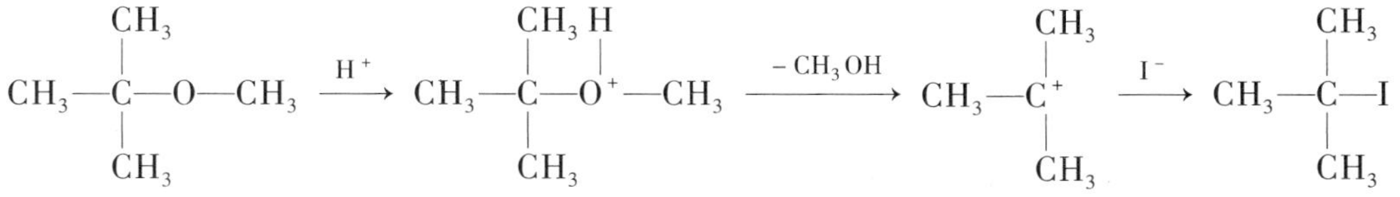

烷基芳基醚在氢卤酸的作用下发生亲核取代反应时，芳基部分的 C—O 键因 p－π 共轭而不易断裂，烷基部分的 C—O 键优先断裂，生成卤代脂肪烃和酚。

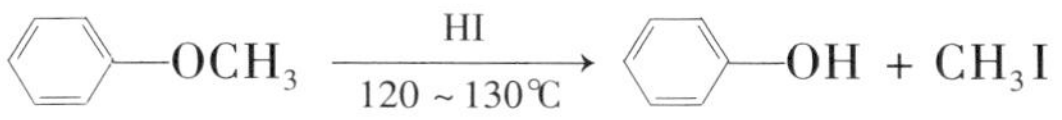

2. 1,2－环氧化合物的反应

1,2－环氧化合物在亲核试剂进攻下可发生醚键断裂的开环反应，生成醇。若为不对称的 1,2－环氧化合物，亲核试剂在不同的反应条件下，将进攻不同的醚键碳原子，相应的反应机理以及生成的产物均不相同。

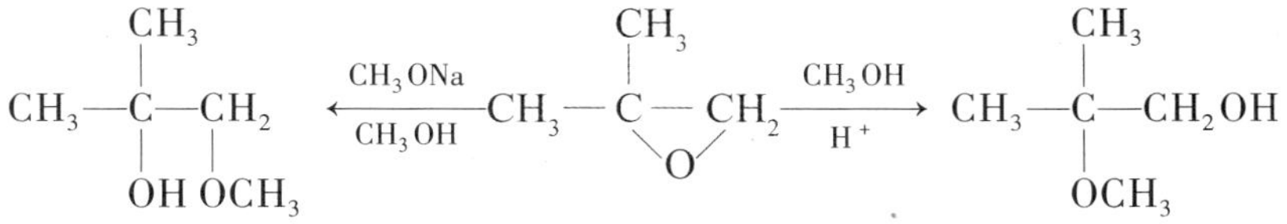

酸性条件下，1，2–环氧化合物的氧原子质子化，使其相邻的醚键碳原子带有部分正电荷，连有较多烃基取代基的醚键碳原子受取代基给电子效应的影响而能够承载更多的正电荷。亲核试剂加在取代基较多的醚键碳原子上。

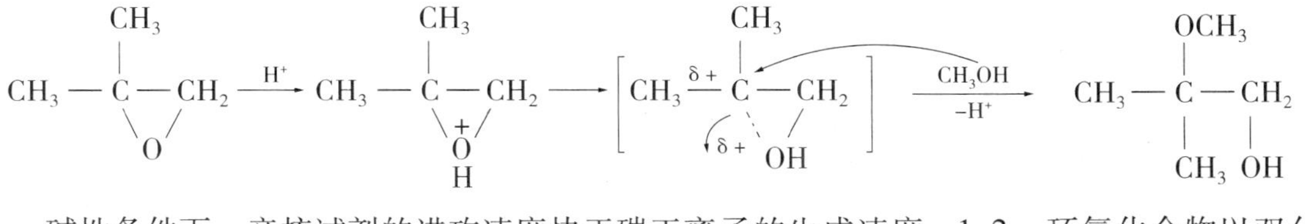

碱性条件下，亲核试剂的进攻速度快于碳正离子的生成速度，1,2－环氧化合物以双分子亲核取代 S_N2 机理发生反应，亲核试剂优先进攻空间位阻较小一侧的醚键碳原子，加在取代基较少的醚键碳原子上。

1,2－环氧化合物与格氏试剂、胺、炔钠等的反应均是在碱性条件下的亲核取代反应。

7.13.4 克莱森重排反应

加热条件下，烯丙基苯基醚中烯丙基与氧原子之间的醚键发生断裂，经过分子内重排生

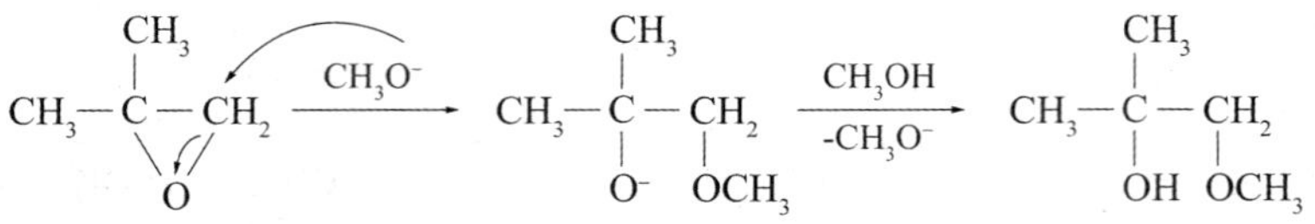

成邻位取代的烯丙基酚，该反应称为 Claisen(克莱森)重排。

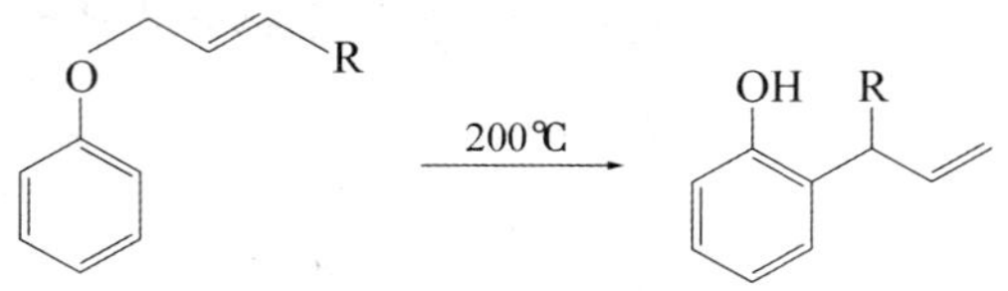

反应经历了一个六元环状过渡态(见图 7 - 8)，是一个协同反应。反应过程中还发生了一步由酮式结构到烯醇式结构的互变异构。

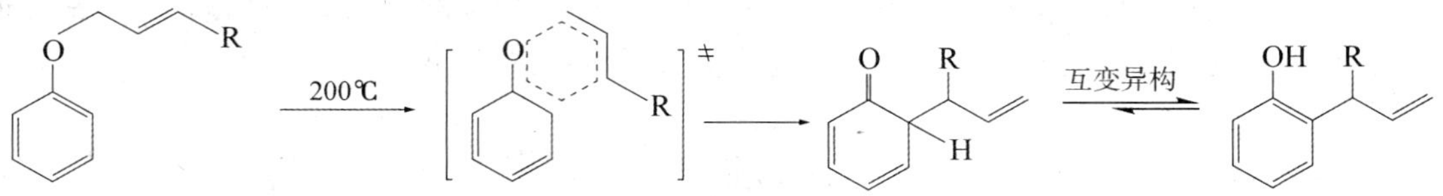

图 7 - 8　Claisen 重排反应机理

7.13.5　氧化反应

醚 α 位上的氢原子易被空气中的氧气氧化，生成受热极易爆炸的过氧化物。因此，醚应尽量避免暴露在空气中。一般将醚保存在深色玻璃瓶中，并加入抗氧剂(如对苯二酚)来防止过氧化物生成。可用淀粉 - KI 试纸检测醚中是否有过氧化物存在，试纸变蓝则表明有过氧化物。也可用 $FeSO_4$ - KSCN 试纸检测，试纸变红则表明有过氧化物。可用 $FeSO_4/H_2SO_4$ 或 Na_2SO_3 来除去醚中的过氧化物。

$$(CH_3)_2CH—O—CH_3 \xrightarrow{O_2} (CH_3)_2\underset{\displaystyle OOH}{\underset{|}{C}}—O—CH_3$$

【阅读材料】

阅读材料 1：醇酚醚中的典型危险化学品

《首批重点监管的危险化学品名录》中，醇酚醚类危险化学品有：甲醇、苯酚、环氧乙烷、环氧丙烷、环氧氯丙烷、甲醚、甲基叔丁基醚、氯甲基甲醚。《第二批重点监管的危险化学品名录》中，醇酚醚类危险化学品有：乙醚。

甲醇为无色透明的易挥发液体，有刺激性气味。溶于水，混溶于醇、醚等。相对密度(水 =1)为 0.79，沸点为 64.7℃，闪点为 11℃，爆炸极限为 5.5% ~44.0%(体积分数)。

用途：主要用于制甲醛、香精、染料、医药、火药、防冻剂，在有机合成工业中用作甲基化试剂和溶剂，也可直接掺入汽油作为汽车燃料。

危险性：中闪点易燃液体。蒸气可与空气形成爆炸性混合物，遇明火、高热能引起燃烧爆炸。蒸气比空气重，能在较低处扩散到相当远的地方，遇火源会着火回燃。可引起中枢神经及视神经损害。可引起代谢性酸中毒。

火灾扑救：用大量水冷却容器。在确保安全的前提下，将容器从火场移至空旷处。若处在火场中的容器已变色或从安全泄压装置中产生声音，必须马上撤离。建议应急处理人员穿防毒服。灭火剂：干粉、二氧化碳、砂土、抗溶性泡沫。

急救：若吸入，迅速脱离现场至空气新鲜处。保持呼吸道通畅。如呼吸困难，给氧。如呼吸停止，立即进行人工呼吸。就医。若皮肤或眼睛接触，马上用清水冲洗，就医。若误食，催吐，2%的碳酸氢钠溶液洗胃，硫酸镁导泻。就医。

苯酚为无色或白色晶体，有特殊气味。熔点40.7℃。室温下微溶于水，混溶于醇和醚，65℃以上能与水混溶。闪点79℃。

用途：用于生产酚醛树脂、双酚A、己内酰胺、苯胺、烷基酚等，也用于合成纤维、合成橡胶、农药、染料、塑料和医药工业。

危险性：遇明火、高热可燃烧。吸入高浓度蒸气可致头痛、乏力、视线模糊、肺水肿等。对皮肤、黏膜有强烈的腐蚀作用。

火灾扑救：消防人员须佩戴防毒面具，穿全身消防服。灭火剂：干粉、二氧化碳、雾状水、抗溶性泡沫。

急救：若吸入，迅速脱离现场至空气新鲜处。保持呼吸道通畅。如呼吸困难，给氧。如呼吸停止，立即进行人工呼吸。就医。若眼睛接触，马上用清水冲洗10～15min，就医。若皮肤接触，马上用清水冲洗20～30min，或首先用清水冲洗至少15min，再用浸过30%～50%的酒精棉花擦洗创面至无酚味为止，就医。若误食，立即饮蓖麻油或其他植物油15～30mL，催吐；口服活性炭，导泻。就医。

环氧乙烷常温下为无色气体，低温时为无色易流动液体。易溶于水、醇、醚。沸点10.7℃。相对密度（水=1）为0.87。爆炸极限为3.0%～100%（体积分数）。闪点<－18℃。

用途：主要用于制造乙二醇、表面活性剂、洗涤剂、消毒剂、增塑剂、抗冻剂、乳化剂、树脂等。

危险性：极易燃气体，能与空气形成范围广阔的爆炸性混合物。受热时剧烈分解，有着火和爆炸危险。与空气的混合物快速压缩时，易发生爆炸。蒸气比空气重，能在较低处扩散到相当远的地方，遇火源会着火回燃。是确认人类致癌物。可引起中枢神经系统、呼吸系统损害，可损伤心、肝，灼伤皮肤和眼睛。

火灾扑救：切断气源。若不能切断泄漏气源，则不允许熄灭泄漏处的火焰。用大量水冷却容器。在确保安全的前提下，将容器从火场移至空旷处。若处在火场中的容器已变色或从安全泄压装置中产生声音，必须马上撤离。建议应急处理人员穿防毒服。灭火剂：干粉、二氧化碳、雾状水、抗溶性泡沫。

急救：若吸入，迅速脱离现场至空气新鲜处。保持呼吸道通畅。如呼吸困难，给氧。如呼吸停止，立即进行人工呼吸。就医。若眼睛或皮肤接触，马上用清水冲洗，就医。

甲醚为无色气体。溶于水、醇、醚。相对密度（空气=1）为1.6。爆炸极限3.4%～26.7%（体积分数）。

用途：主要用作致冷剂、溶剂、萃取剂、甲基化试剂、聚合物的催化剂、稳定剂等。

危险性：极易燃，与空气可形成爆炸性混合物，遇火星、热或氧化剂易燃烧爆炸。比空气重，沿地面扩散并易积存于低洼处，遇火源会着火回燃。与空气接触或在光照下可生成具有潜在爆炸危险性的过氧化物。具有刺激性与麻醉作用。

火灾扑救：切断气源。若不能切断泄漏气源，则不允许熄灭泄漏处的火焰。用大量水冷却容器。喷雾状水抑制蒸气，禁止用水直接冲击泄漏物或泄漏源。在确保安全的前提下，将容器从火场移至空旷处。灭火剂：干粉、二氧化碳、雾状水、抗溶性泡沫。

急救：同环氧乙烷。

乙醚为无色透明液体，有芳香气味，极易挥发，微溶于水，溶于醇、醚。沸点为34.6℃，相对密度(水=1)为0.71，闪点为-45℃，爆炸极限为1.7%~48%(体积分数)。

用途：工业上用作溶剂和萃取剂。医药上用作麻醉剂。

危险性：极易燃，蒸气与空气可形成爆炸性混合物，遇明火、高热极易燃烧爆炸。蒸气比空气重，能在较低处扩散到相当远的地方，遇火源会着火回燃。在空气中久置后能生成有爆炸性的有机过氧化物。具有麻醉作用和轻度刺激性。

火灾扑救：用大量水冷却容器直至火灾扑灭。在确保安全的前提下，将容器从火场移至空旷处。若处在火场中的容器已变色或从安全泄压装置中产生声音，必须马上撤离。切勿开动已处于火场中的货船或车辆。消防人员须佩戴防毒面具，穿全身消防服。灭火剂：小火时，用干粉、二氧化碳、抗醇泡沫或水幕；大火时，用水幕、雾状水或抗醇泡沫。闪点很低，用直流水灭火无效。

急救：若吸入，迅速脱离现场至空气新鲜处。保持呼吸道通畅。如呼吸困难，给氧。如呼吸停止，立即进行人工呼吸。就医。若眼睛或皮肤接触，马上用清水冲洗，就医。若误食，饮水，禁止催吐，就医。

阅读材料2：硝化反应及催化反应的危险性分析

硝化反应通常指在有机物中引入硝基来取代氢原子的反应。硝化反应是一个极易发生火灾和爆炸事故的反应。首先，硝化反应是一个放热反应，引入一个硝基约放热153kJ/mol。在反应过程中稍有疏忽就可能造成反应器内温度猛增，引起燃烧爆炸事故。其次，被硝化物质大多易燃，如甘油、脱脂棉等。有些被硝化物质不但易燃，还兼具毒性，如苯。再次，常用的硝化剂(如浓硝酸、混合酸等)具有强氧化性，在与有机物混合的过程中就有可能引发火灾。在制备硝化剂的过程中，若温度过高或落入少量水，也会使硝酸大量分解放热，造成设备腐蚀甚至爆炸。最后，硝化产品大多较易发生燃烧爆炸。特别是多硝基化合物和硝酸酯，受热、摩擦、撞击或火源均能使之燃烧爆炸。

催化反应指在催化剂的作用下进行的反应。受催化剂活性的制约，催化反应一般需要在一定的温度下进行。若反应过程中控温不当，或由于催化剂用量不当造成局部反应过于激烈，就很容易发生超温爆炸或着火事故。此外，若原料中某种能与催化剂反应的杂质含量增加，就可能成为爆炸危险物。例如，乙烯催化氧化制乙醛的反应中，以含有亚铜盐的催化剂催化时，若乙烯中乙炔含量过高，乙炔就能与亚铜盐反应生成乙炔亚铜沉淀。乙炔亚铜自燃点低，在干燥状态是一种极敏感的爆炸物。另外，催化反应产生的腐蚀性气体、有毒气体、易燃易爆气体都是安全隐患。

【习题】

一、命名下列化合物。

(1) 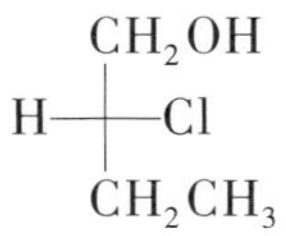　　(2) 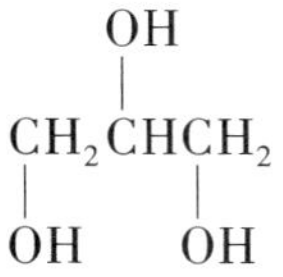

(3) 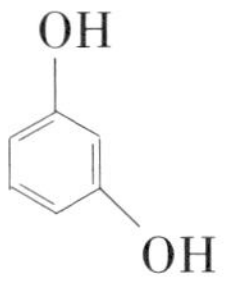　　(4) 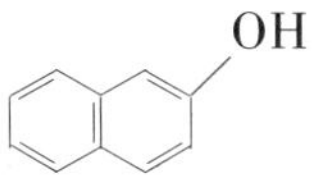

(5) 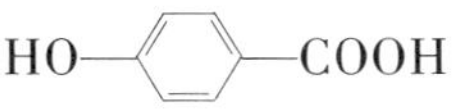　　(6) 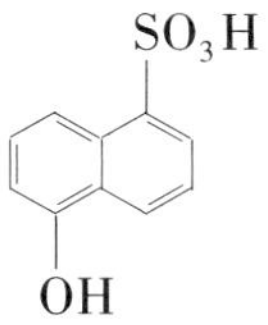

(7) 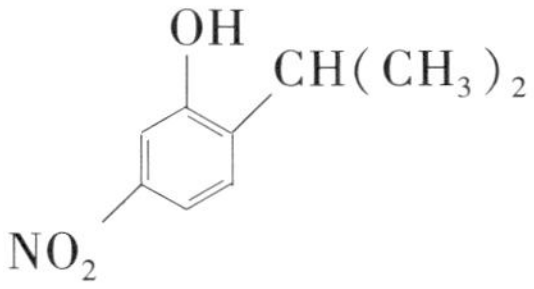　　(8) 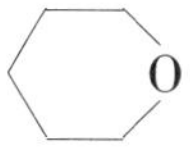

(9) 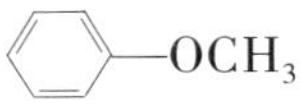　　(10) $CH_3CH_2OCH_2CH{=}CH_2$

二、完成反应，写出主要产物。

(1) $CH_3CH_2OH + CH_3\overset{O}{\overset{\|}{C}}O\overset{O}{\overset{\|}{C}}CH_3 \longrightarrow$

(2) 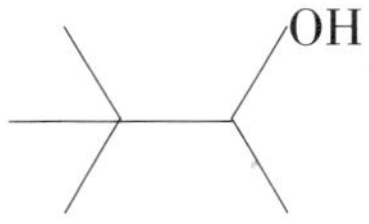 $\xrightarrow[ZnCl_2]{HCl}$

(3) 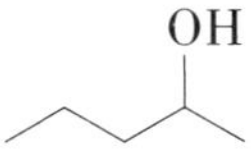 $\xrightarrow[\triangle]{H_2SO_4}$

(4) $CH_3CH_2CH{=}CHCH_2OH \xrightarrow{CrO_3/稀\ H_2SO_4}$

(5) 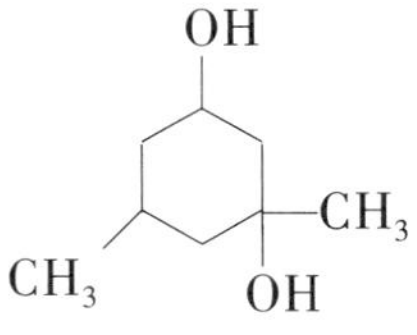 $\xrightarrow{K_2Cr_2O_7,\ H_2SO_4}$? $\xrightarrow[\triangle]{H_2SO_4}$?

(6) 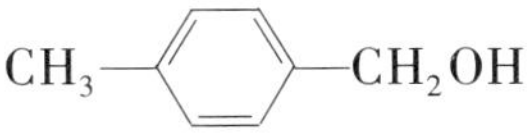 $\xrightarrow[\triangle]{KMnO_4,\ OH^-}$

(7) 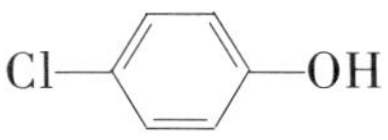 $+ CH_3COCl \xrightarrow{NaOH}$

(8) 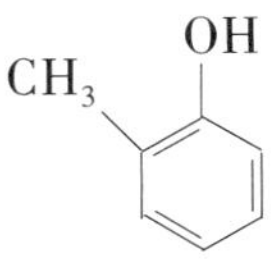 $+ CH_3COOH \xrightarrow{BF_3}$

(9) 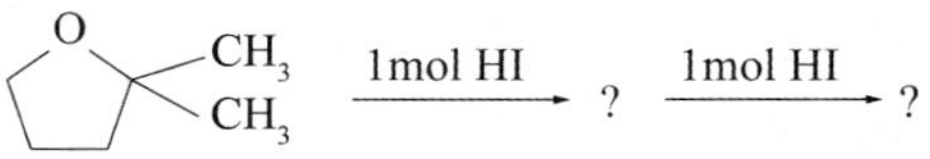

(10) 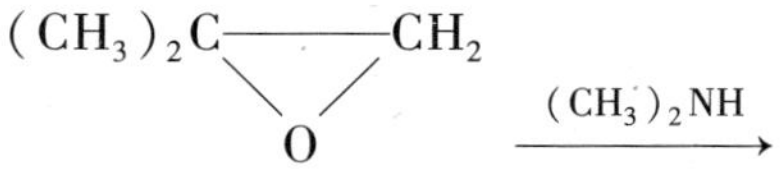

(11) 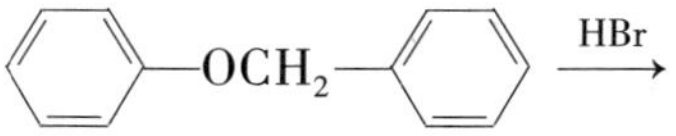

(12) 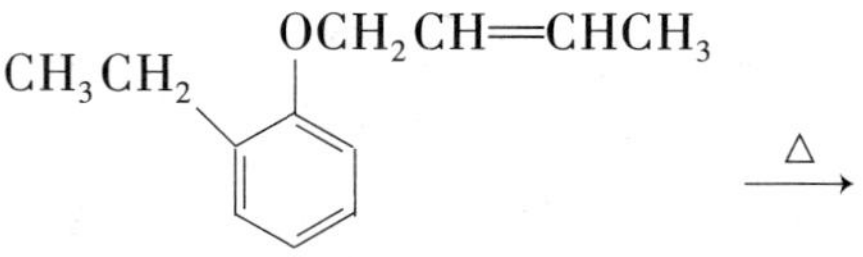

三、请将下列各组化合物按照酸性由大到小的顺序排列。

(1) 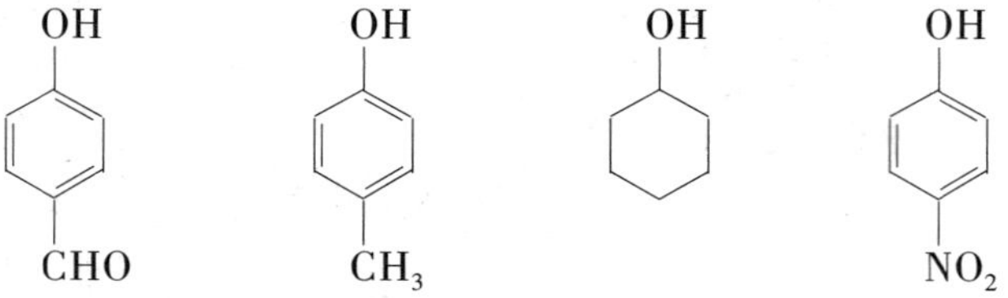

(2) 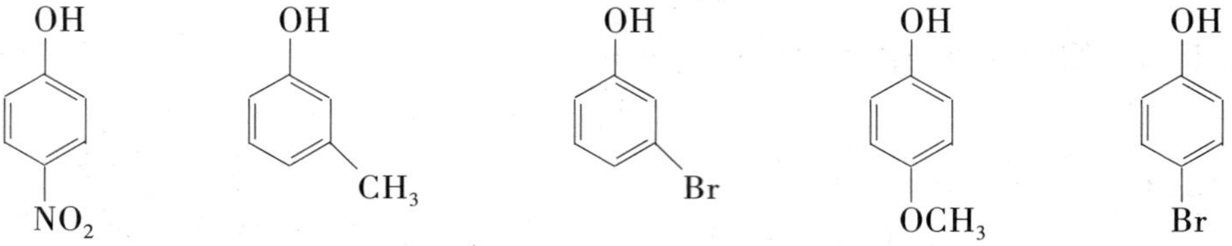

(3) $CH_3CH_2CH_2OH$　　$CH_3CH_2C\equiv CH$　　$ClCH_2CH_2OH$　　$CH_3CH_2CH_2CH_3$

四、请将下列化合物按照沸点由高到低的顺序排列。

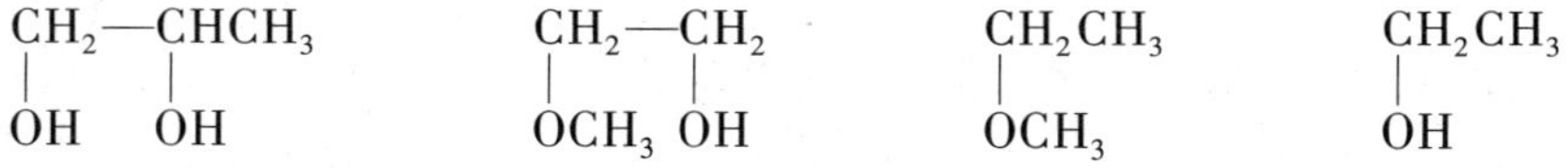

五、用化学方法鉴别下列化合物。

正己醇　　环己醇　　2－甲基－2－戊醇　　苯酚　　甲苯

六、以指定原料合成指定化合物。

(1) 以2－丁醇为原料合成 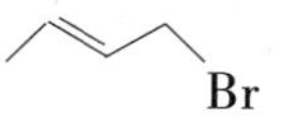 。

(2) 以正丁醇为原料合成2－溴丁烷。

(3) 以 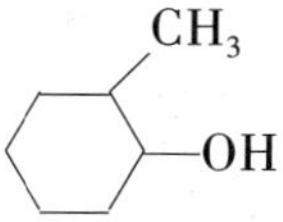 为原料合成 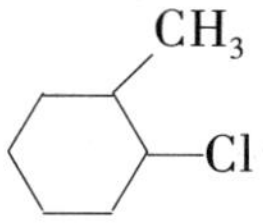 。

(4) 自选原料合成苯基正丙基醚。

(5) 以苯酚为原料合成 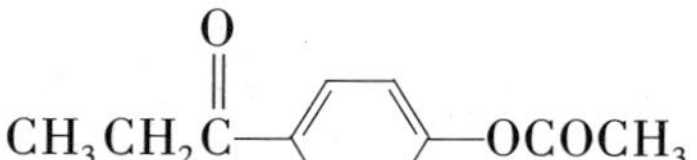 。

七、有一化合物 A 的分子式为 $C_5H_{11}Br$，和 NaOH 水溶液共热后生成 $C_5H_{12}O$（B）。B 具有旋光性，能和 Na 反应放出氢气并生成化合物 C。B 还可以和浓硫酸共热生成 C_5H_{10}（D）。D 经臭氧化后用锌粉还原水解，生成丙酮和乙醛。写出化合物 A、B、C、D 的构造式。

八、有一化合物 A 的分子式为 $C_6H_{14}O$，不能被高锰酸钾溶液氧化。A 在 NaOH 的醇溶液中受热可生成化合物 B。B 在 Ni 催化下可结合 1mol 氢气，生成化合物 C。B 与酸性高锰酸钾反应生成两分子相同的酮 D。请写出 A、B、C、D 的构造式。

第 8 章 醛和酮

醛(aldehyde)和酮(ketone)都含有羰基，互为同分异构体。羰基与一个氢原子和一个烃基相连或者与两个氢原子相连的化合物称为醛，与两个烃基相连的化合物称为酮。醛酮广泛存在于自然界，并作为有机合成的试剂广泛应用于工业生产。

羰基

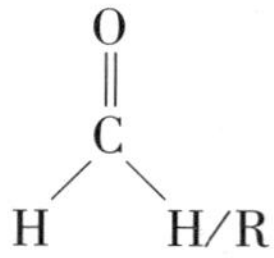

醛

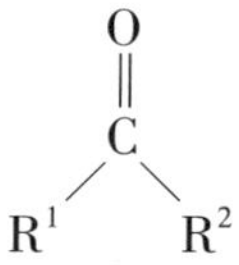

酮

8.1 醛和酮的分类与命名

8.1.1 醛和酮的分类

按照分子的烃基结构可将醛酮分为脂肪醛酮、脂环醛酮和芳香醛酮。按照分子中是否含有碳碳重键可将醛酮分为饱和醛酮与不饱和醛酮。按照分子中醛酮羰基数目可将醛酮分为一元醛酮、二元醛酮和多元醛酮。

8.1.2 简单醛酮的命名

简单醛酮可用普通命名法命名。醛的普通命名与醇相似，例如正丁醛、异戊醛等。

$CH_3CH_2CH_2CHO$

正丁醛

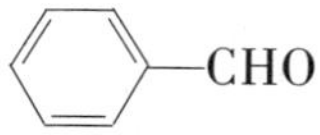

苯甲醛

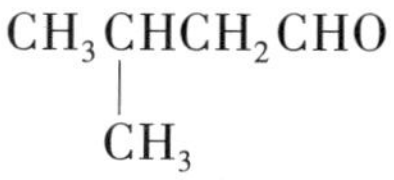

异戊醛

β-甲基丁醛

用普通命名法命名酮时，将羰基所连两烃基按次序规则由小到大的顺序排列，称“某某甲酮”，或省略“甲”字称为“某某酮”。例如：

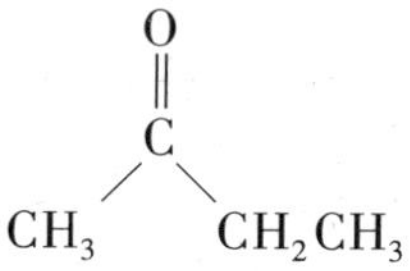

甲(基)乙(基)(甲)酮

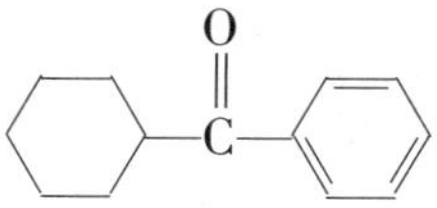

环己基苯基(甲)酮

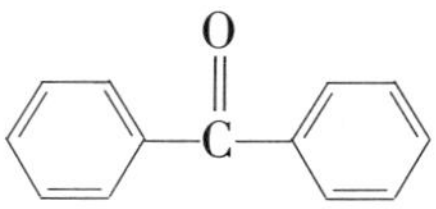

二苯(甲)酮

8.1.3 复杂醛酮的命名

对于结构较复杂的醛酮，常采用系统命名法命名。醛酮作母体时，选取含有羰基的最长碳链作主链，从靠近羰基的一端开始编号。书写时，由于醛基总是在1位，因而醛基不用注明位次，但酮羰基需注明位次。

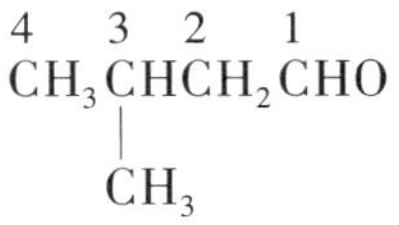

3－甲基丁醛

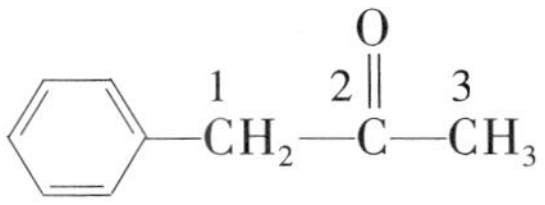

1－苯基－2－丙酮

若同时含有双键，需注明双键的位次，并称为“X－某烯醛”或“X－某烯－Y－酮”。其中，X指双键的位次，Y指酮羰基的位次。

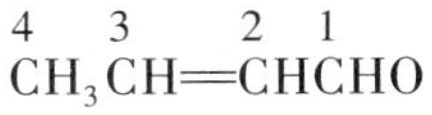

2－丁烯醛

（俗名巴豆醛）

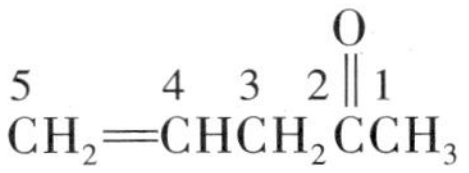

4－戊烯－2－酮

命名芳香族醛酮时，以芳基为取代基，以脂肪族醛酮为母体。

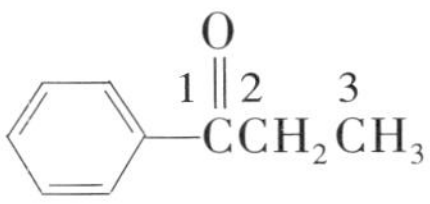

1－苯基－1－丙酮

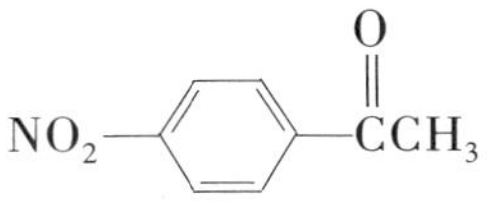

4－硝基苯乙酮

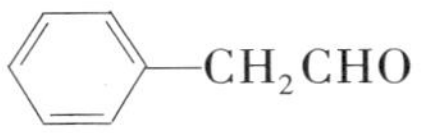

苯乙醛

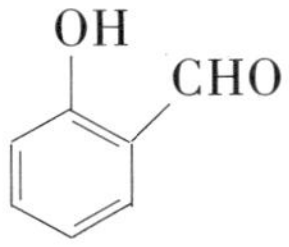

邻羟基苯甲醛

（俗名水杨醛）

当分子中存在更高级的官能团，碳氧双键只能作取代基时，—CO—称为“羰基”或“氧代”，—CHO称为“甲酰基”，RCO—称为“某酰基”，其中“某”所代表的碳原子数包含羰基碳在内。

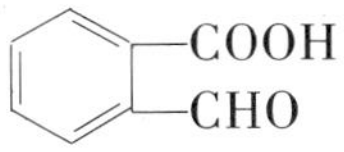

2－甲酰基苯甲酸

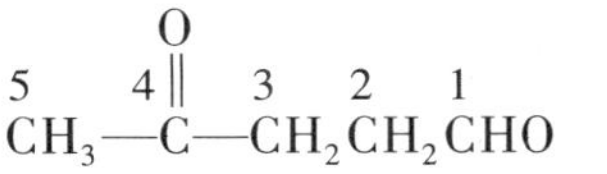

4－羰基戊醛

其他名称：4－氧代戊醛，γ－氧代戊醛，4－戊酮醛

用希腊字母编号醛酮时，从与羰基相邻的碳原子开始，依次用α、β、γ、δ…编号。不对称酮可分别用α、β、γ……和α'、β'、γ'……标记羰基两侧以示区别。

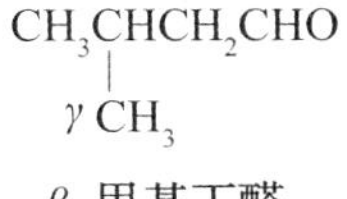

β-甲基丁醛

3-甲基丁醛

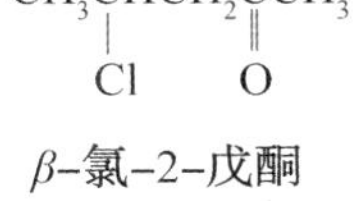

β-氯-2-戊酮

4-氯-2-戊酮

常用希腊字母标记二酮分子中两羰基之间的相对位置。例如，α－二酮表示两羰基紧邻彼此，β－二酮表示两羰基间隔一个碳原子，γ－二酮表示两羰基间隔两个碳原子。例如：

$$\overset{1}{CH_3}-\overset{\overset{O}{\|}}{\overset{2}{C}}-\overset{\overset{O}{\|}}{\overset{3}{C}}\overset{4}{CH_2}\overset{5}{CH_3}$$

α－戊二酮

2,3－戊二酮

$$\overset{1}{CH_3}\overset{\overset{O}{\|}}{\overset{2}{C}}-\overset{3}{CH_2}-\overset{\overset{O}{\|}}{\overset{4}{C}}\overset{5}{CH_3}$$

β－戊二酮

2,4－戊二酮

8.2　醛和酮的物理性质

常温下，甲醛为气体，12 个碳原子及以下的脂肪醛酮为液体，高级脂肪醛酮为固体，大多数芳香醛酮也是固体。羰基具有极性，存在着偶极与偶极之间的吸引力，但该作用力小于氢键，因此，醛酮的熔沸点比相对分子质量相近的烷烃、醚高，比相对分子质量相近的醇、酚低。羰基氧原子可与水形成氢键，因而低级醛酮能与水混溶。醛酮的溶解度同样随碳链增长而降低。脂肪族醛酮密度小于水，芳香族醛酮密度大于水(表 8－1)。

表 8－1　一些醛酮的物理常数表

名称	英文名称	熔点/℃	沸点/℃	相对密度(d_4^{20})	溶解度/($g/100g\ H_2O$)
甲醛	formaldehyde	－92	－21	0.815(－20℃)	易溶
乙醛	acetaldehyde	－121	21	0.795(－10℃)	16
丙醛	propanal	－81	49	0.80	7
丁醛	butanal	－99	76	0.80	微溶
丙烯醛	acrylaldehyde	－87	52	0.841	21
丙酮	acetone	－95	56	0.790	∞
丁酮	butanone	－86	80	0.805	26
环己酮	cyclohexanone	－45	155	0.948	2.4
苯甲醛	benzaldehyde	－26	178	1.046	0.3
苯乙酮	acetophenone	21	202	1.024	不溶

8.3　醛和酮的危险性

低级醛酮的燃烧爆炸危险性较大，燃烧速度快于相同碳原子数的醇和酯，但慢于相同碳原子数的醚。例如，甲醛爆炸极限为 7.0%～73.0%(体积分数)；乙醛爆炸极限为 4.0%～57.0%(体积分数)；丙酮爆炸极限为 2.6%～12.8%(体积分数)。合成苯乙酮的厂房火灾危险性为丙类。

部分醛酮有毒。例如，甲醛易被鼻咽部湿润的表面所吸收，从而对上呼吸道产生刺激作用，严重者可造成职业性哮喘；长期接触甲醛增大患霍奇金淋巴瘤、多发性骨髓瘤、骨髓性白血病等特殊癌症的几率；甲醛溶液还属于腐蚀品。乙醛具有刺激性，致敏性，致畸性。丙酮、丁酮等具有抑制中枢神经的麻醉作用。此外，多氯联苯是造成水体污染的重要有机有毒物之一。

但有些醛酮可作为药物或香料使用。例如，香荚兰醛是具有镇静及抗癫痫作用的药物，柠檬醛、紫罗兰酮均是国家标准允许使用的食用香料。

8.4　羰基的结构与醛酮的化学性质

8.4.1　羰基的结构

羰基中，碳原子与氧原子均为 sp^2 杂化。与碳碳双键相同的是，羰基的碳氧双键也是由 σ 键与 π 键共同组成，为平面结构，键角为120°。与碳碳双键不同的是，羰基的成键电子云偏向电负性较大的氧原子，因而氧原子带部分负电荷，碳原子带部分正电荷，碳氧双键为极性键。

8.4.2　亲核加成反应及影响因素

与碳碳双键相似，羰基碳氧双键也易发生加成反应。与碳碳双键的亲电加成不同的是，羰基碳氧双键中 π 键的断裂是在亲核试剂 Nu^- 的进攻下引发的，称为亲核加成反应（nucleophilic addition）。由于羰基具有较强的极性，亲核试剂 Nu^- 进攻的是羰基中带部分正电荷的碳原子，并形成 C—Nu 键，平衡阳离子 E^+ 加在羰基氧原子上并往往最终被 H^+ 取代，使羰基氧原子变为羟基。醛酮的亲核加成反应通式如下所示。

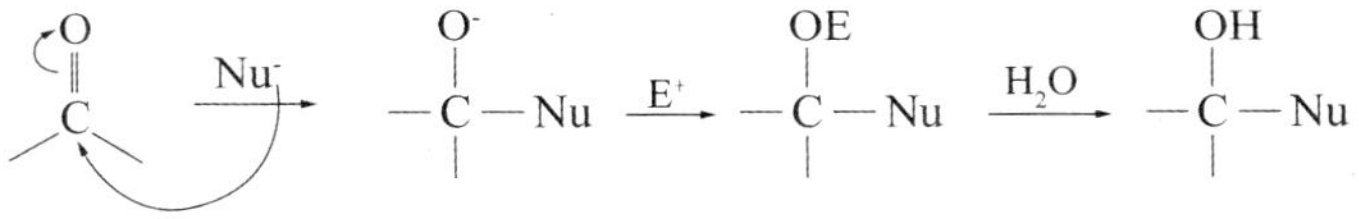

常见亲核试剂有 CN^-、RO^-、HSO_3^-、ROH、NH_3、RMgBr 等。对于某些亲核加成反应，若反应环境中存在 H^+，羰基氧原子能与之结合，这会进一步增加羰基碳原子的正电性，使羰基被活化，进而使亲核加成反应加速。

羰基化合物亲核加成反应的活性既受空间效应的影响，又受电子效应的影响。空间效应的一般表现为，醛酮的烃基体积越大，空间位阻就越大，越不利于亲核加成。由于醛的体积通常小于酮，因此，一般情况下醛的亲核加成活性大于酮，脂肪醛酮的亲核加成活性大于芳香醛酮。

亲核加成反应的速率由快到慢为：

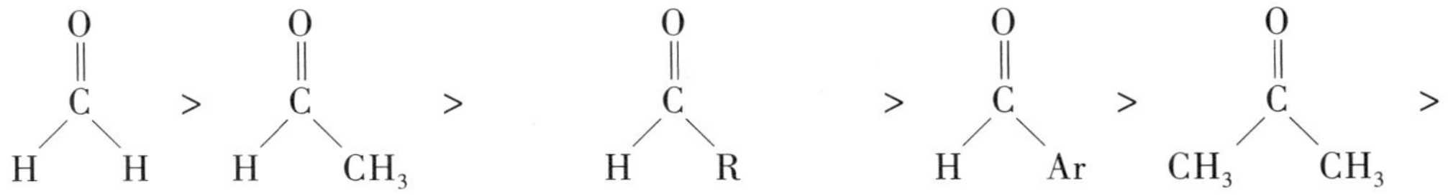

甲醛 > 乙醛 > 脂肪族非甲基醛（$R\neq CH_3$） > 芳香醛 > 丙酮 >

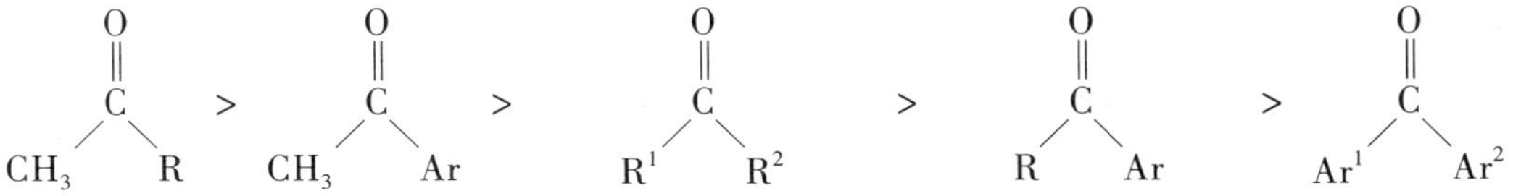

脂肪族甲基酮（$R\neq CH_3$） > 芳香族甲基酮 > 脂肪族非甲基酮（R^1，$R^2\neq CH_3$） > 单芳基酮（$R\neq CH_3$） > 二芳基酮

电子效应主要表现为，分子中吸电子取代基的存在会使羰基碳原子正电性增强，有利于

亲核加成反应的发生。常见吸电子取代基按吸电子能力递减的顺序排列有：$—NO_2$、$—CF_3$、—CN、$—SO_3H$、—CHO、—COR、—COOH、—COOR、—X。常见给电子取代基主要有：$—CH_3$、$—CH_2R$、$—CHR_2$、$—CR_3$。还有一类取代基，当其位于间位时表现为吸电子基，当其位于邻对位时表现为给电子基，这类取代基主要有：—OR、—OH、$—NH_2$、—NHR、$—NR_2$ 等。

1. 与含碳亲核试剂的加成

(1)氢氰酸为亲核试剂的加成。

氢氰酸 HCN 解离出的氰根 CN^- 是良好的亲核试剂，能以带负电荷的氰根碳原子对醛酮的羰基碳原子发起亲核进攻，形成新的 C—C 键，生成同一个碳原子上连有一个羟基和一个氰基的氰醇，又称 α－羟基腈。

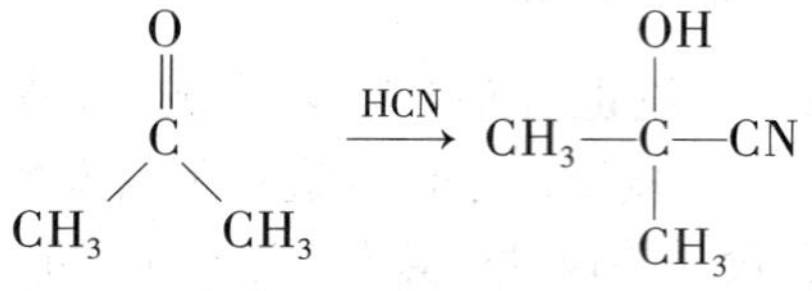

78%

在本反应中，HCN 既提供亲核离子 CN^-，又提供 H^+ 来活化羰基。若使用氰化物代替 HCN，则需加入其他酸以保证反应顺利进行。在反应体系中加入微量碱能提高弱酸氢氰酸的解离程度，增加有效亲核试剂 CN^- 的浓度，从而促进反应进行。

早期制备有机玻璃就利用了上述反应，将上述反应产物 2－甲基－2－羟基丙腈在酸性条件下醇解，便可得到有机玻璃单体甲基丙烯酸甲酯。

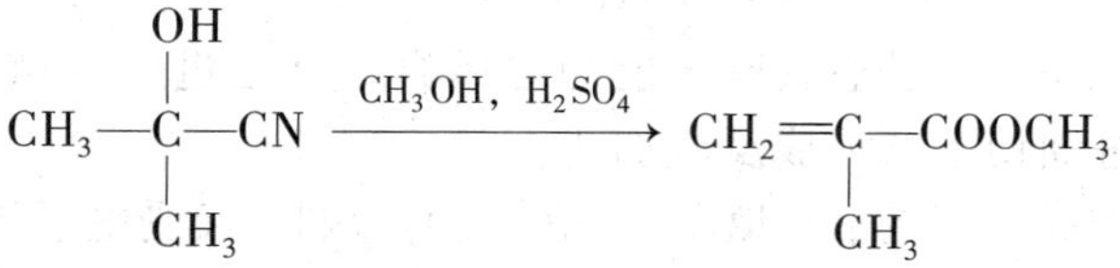

α－羟基腈在酸性条件下水解，可得 α－羟基酸，继续加热可脱水得 α,β－不饱和酸。在有机合成中，此反应可用来制备增加了一个碳原子的腈或羧酸等。能与 HCN 发生反应的羰基化合物通常为：醛、脂肪族甲基酮、8 个碳及以下的脂环酮。

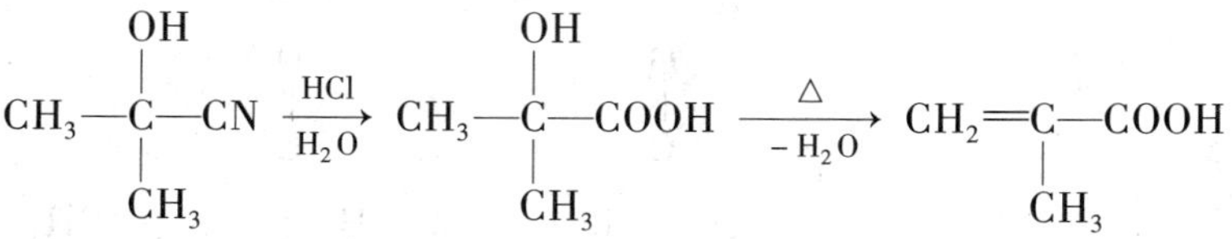

需注意的是，氰化氢和氢氰酸为剧毒类物质，能抑制呼吸酶，造成细胞内窒息而致命。纯的氰化氢在室温下虽为液体，但沸点只有 26℃，极易挥发。为了尽量避免氰化氢和氢氰酸的使用，可使醛酮先与 $NaHSO_3$ 反应(详见本节“3. 与含硫亲核试剂的加成”)，然后与 NaCN 或 KCN 反应来获得 α－羟基腈。

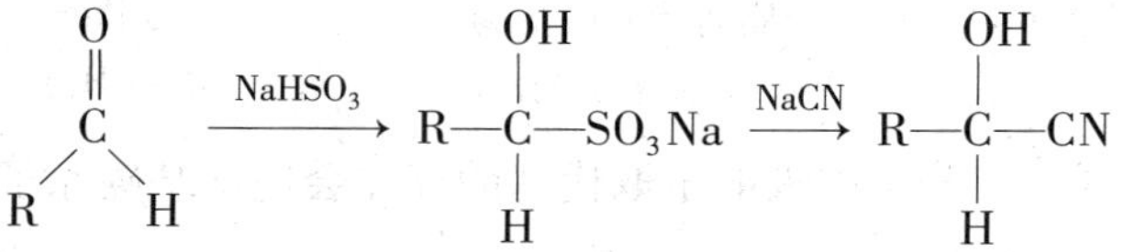

(2)格氏试剂为亲核试剂的加成。

格氏试剂 RMgX 以带负电荷的烃基碳原子对醛酮的羰基碳原子发起亲核进攻，形成新的 C—C 键，生成醇。格氏试剂与甲醛反应可得伯醇，与其他醛反应可得仲醇，与酮反应可得叔醇。因此，通过选择合适的醛或酮与格氏试剂反应可合成不同烃基结构的醇，这也是有机合成中用来制备碳链增长了的醇的重要方法之一。

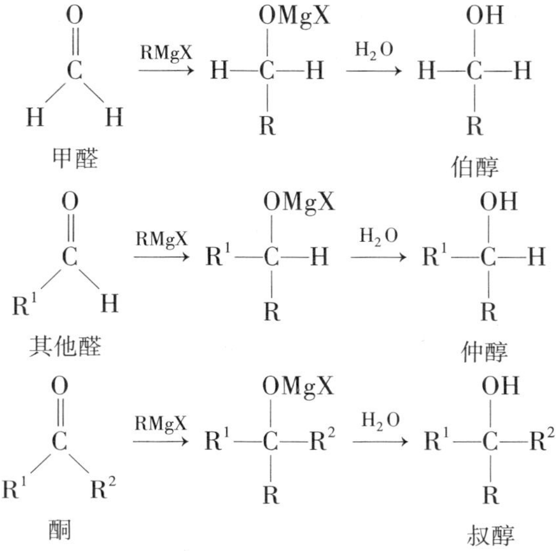

(3)炔化物为亲核试剂的加成。

亲核试剂 $RC\equiv C^-$ 以带负电荷的炔基碳原子对醛酮的羰基碳原子发起亲核进攻，形成新的 C—C 键，生成 α - 炔醇。

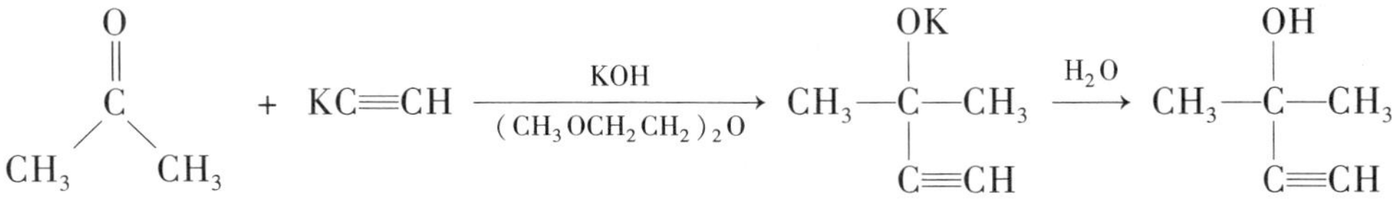

工业上生产重要的化工原料 1,3 - 丁二烯就利用了乙炔与甲醛的亲核加成反应。乙炔在加压及炔化亚铜的催化作用下，与甲醛反应生成丁炔 - 1,4 - 二醇，后者再经过催化加氢及脱水，便可生成 1,3 - 丁二烯。

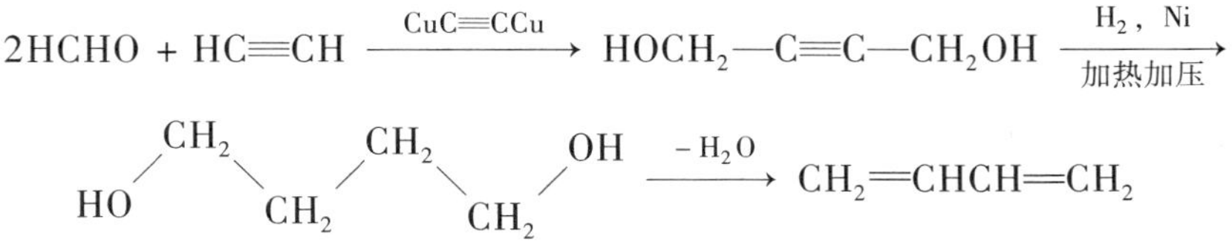

(4)Wittig(维悌希)试剂为亲核试剂的加成。

Wittig(维悌希)试剂由德国化学家 Wittig 发现，又称为磷叶立德。叶立德是 ylide 的音译，意为邻位两性离子，即分子中带正电荷的原子与带负电荷的原子直接相连。在 Wittig 试剂中，磷原子带正电荷，直接与磷原子相连的碳原子带负电荷。Wittig 试剂既可以写成电荷分离的内𨦟盐(Ⅰ)的形式，也可以写成碳磷双键(Ⅱ)的形式。

（Ⅰ）　　　　　　　　（Ⅱ）

Wittig 试剂本身可以含有多种活性官能团，如酮羰基（如 $Ph_3P=CHCOCH_3$）、酯基（如 $Ph_3P=CHCOOC_2H_5$）等。Wittig 试剂的合成方法通常分两步，先通过三苯基膦对卤代烃的亲核取代反应制得季鏻盐，然后用强碱（例如正丁基锂）处理，即可得 Wittig 试剂。例如

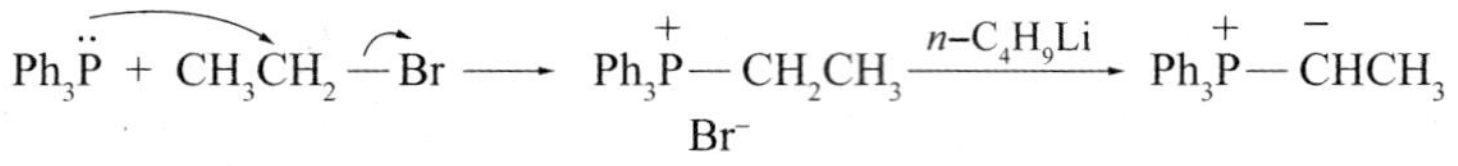

三苯基膦　　　　　　季鏻盐

作为亲核试剂的 Wittig 试剂，以带有负电荷的碳原子对醛酮的羰基碳原子发起亲核进攻，形成新的 C—C 键。但亲核加成产物（Ⅰ）（结构如图 8－1 所示）非常不稳定，会迅速发生重排，最终生成原羰基碳氧双键变为碳碳双键的烯烃。醛酮与 Wittig 试剂作用生成烯烃的反应就称为 Wittig 反应。

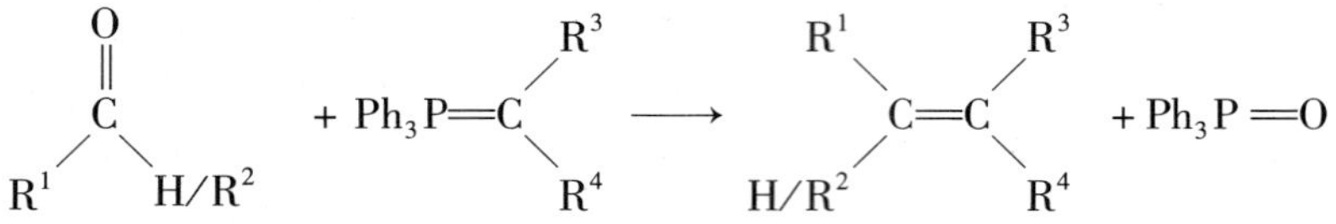

该反应机理如图 8－1 所示。Wittig 试剂对醛酮的亲核加成生成一个正负电荷分离的偶极中间体（Ⅰ），（Ⅰ）中带负电荷的氧与带正电荷的磷极易相互结合形成 O—P 键，从而生成一个四元环状中间体（Ⅱ），后者经过重排最终生成烯烃和三苯氧磷。该反应过程类似于一个复分解反应过程。

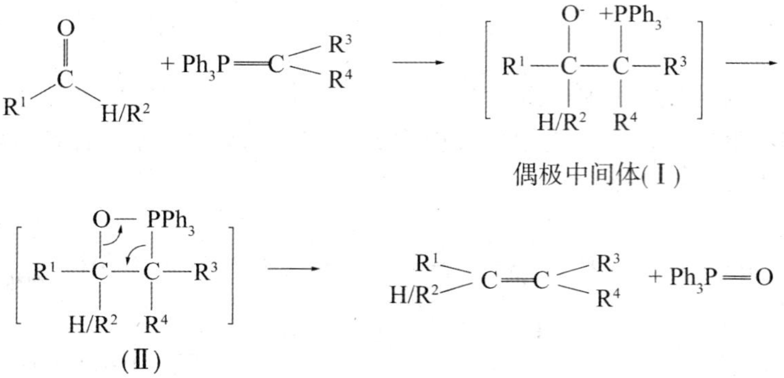

图 8－1　醛酮与 Wittig 试剂的反应机理

该反应在向分子中引入碳碳双键的同时还能延长碳链，是有机合成中制备烯烃的重要方法之一。例如，抗佝偻病的天然药物维生素 D_2，其最后一步合成可通过 Wittig 反应来完成。

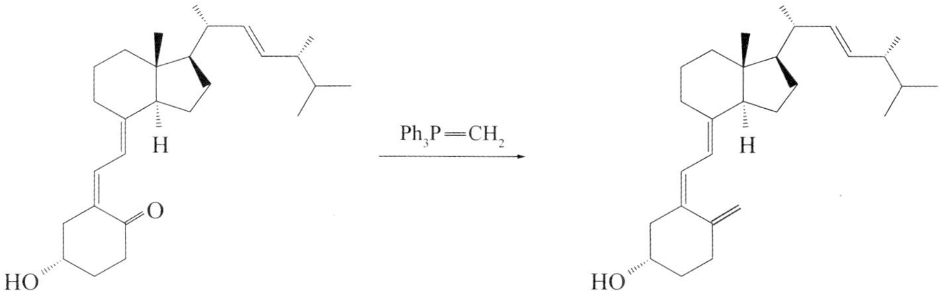

维生素D_2

2. 与含氧亲核试剂的加成

(1)水为亲核试剂的加成。

亲核试剂 H_2O 以含有未成键电子对的氧原子对醛酮的羰基碳原子发起亲核进攻，形成新的 C—O 键，生成同一个碳原子上连有两个羟基的羰基水合物。

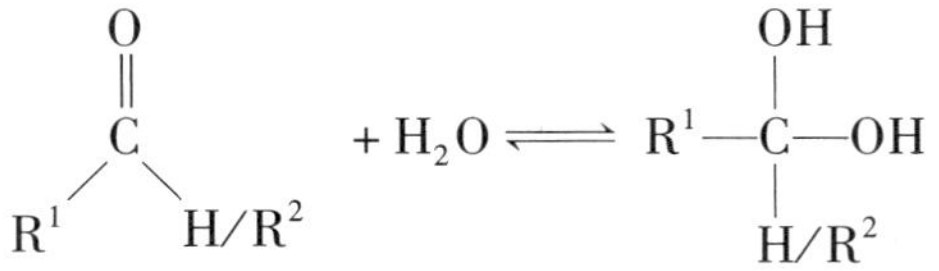

低级醛或者羰基碳原子上连有强吸电子基的醛所形成的羰基水合物具有一定的稳定性。例如，甲醛在水中完全以羰基水合物的形式存在，三氯乙醛的羰基水合物称为水合氯醛，是催眠药物。然而，大多数羰基水合物通常不能稳定存在，例如，乙醛水溶液中只有 50% 左右的羰基水合物，而酮的羰基水合物几乎不能稳定存在。

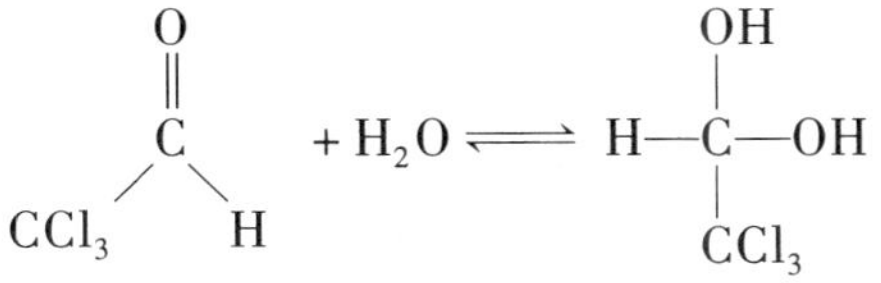

三氯乙醛　　　　水合氯醛

(2)醇为亲核试剂的加成。

在干燥氯化氢的催化下，亲核试剂 ROH 以氧原子对醛的羰基碳原子发起亲核进攻，形成新的 C—O 键，生成同一个碳原子上连有一个羟基和一个烷氧基的化合物，称为半缩醛。

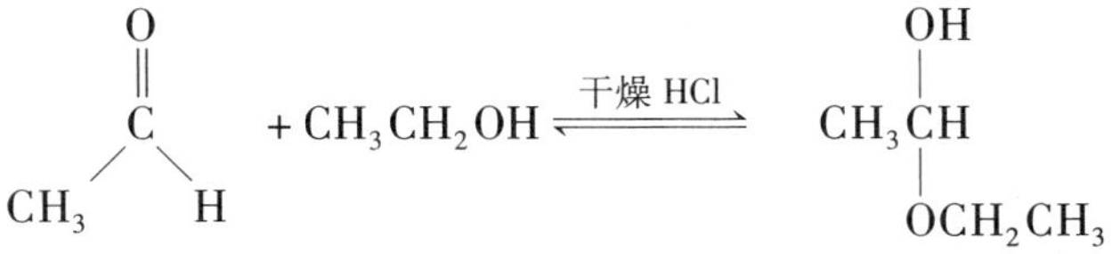

乙醛缩一乙醇(半缩醛)

半缩醛既是醚又是醇，不稳定，极易变回原来的醛，也易继续与另一分子醇反应，生成同一个碳原子上连有两个烷氧基的缩醛。缩醛是特殊的醚，对碱稳定，在酸中会水解为原来的醛。

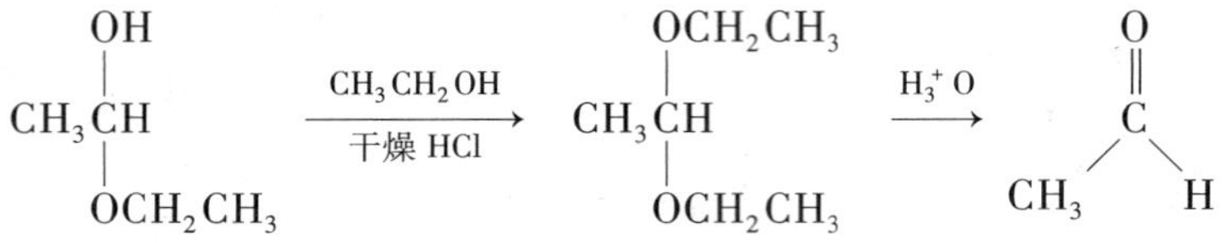

乙醛缩二乙醇(缩醛)

总的来说，醛与醇的亲核加成反应是由一分子醛与两分子醇反应，失去一分子水而生成缩醛。

具体反应机理如图 8－2 所示。

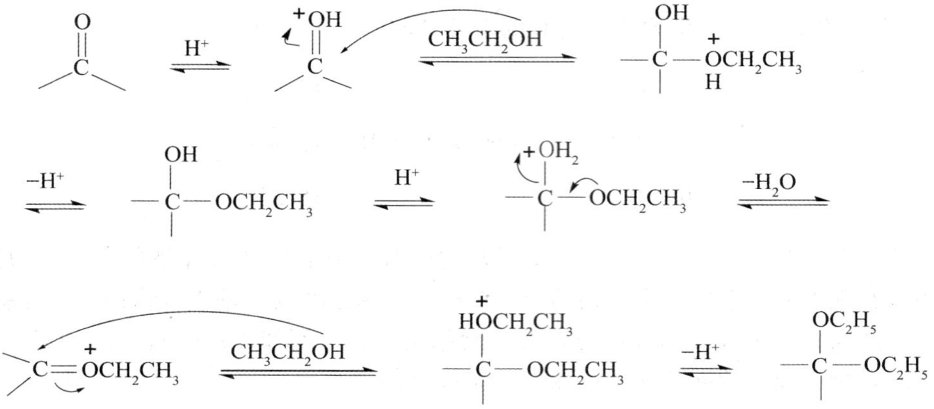

图 8－2　醛酮羰基与醇的反应机理

酮与醇的反应同醛相似，但酮的反应活性弱于醛，制备缩酮时需不断将反应体系中的水除去，以促进平衡向缩酮的方向移动。可向反应体系中加入苯作为带水剂，通过与水形成共沸物而将水带出反应体系。若能生成五元或六元环状缩酮，反应会较易进行，因而常用二元醇与酮反应来制备缩酮。

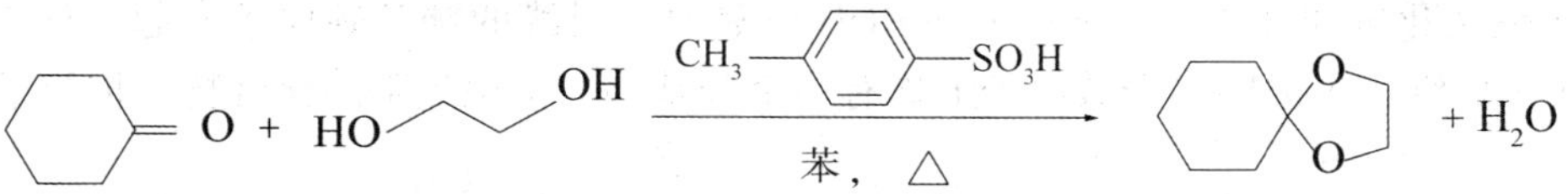

环己酮缩乙二醇

在有机合成中，可通过先生成缩醛(酮)再酸性水解的方法来保护醛(酮)的羰基。例如，由于醛(酮)的羰基能与格氏试剂反应而使之失效，因此，在用含有醛(酮)羰基的化合物制备格氏试剂时，需预先将醛(酮)羰基保护起来。合成结束时，将有机物在酸性条件下水解，可恢复原羰基结构。例如，以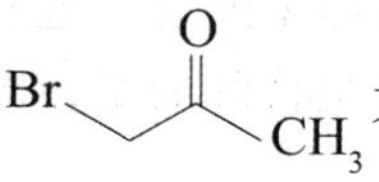为原料合成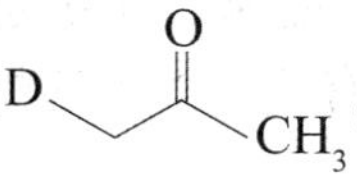，可经过以下步骤实现。

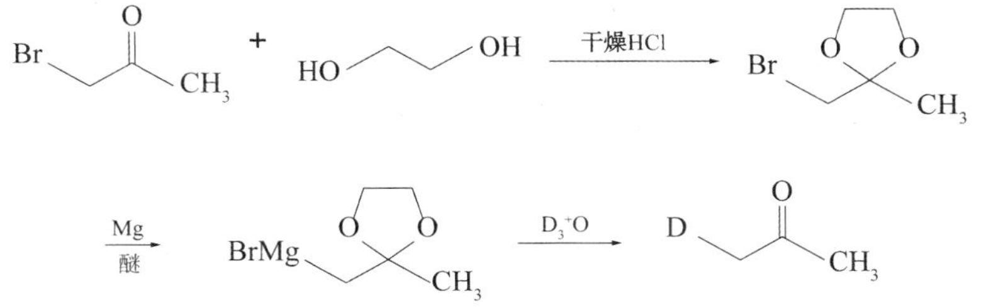

在工业上，还可以利用合成缩醛(酮)的方法来改善材料的性能。例如，利用甲醛与聚乙烯醇生成缩醛的反应，可将溶于水的聚乙烯醇材料转变为不溶于水的优良纤维材料维尼纶(vinylon)。

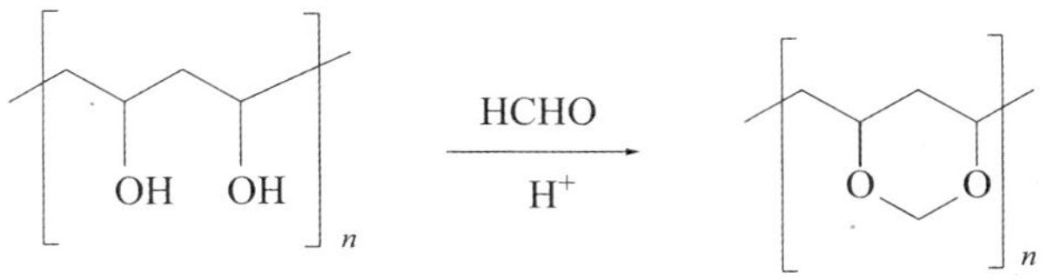

聚乙烯醇　　　　维尼纶

3. 与含硫亲核试剂的加成

(1)亚硫酸氢钠为亲核试剂的加成。

亚硫酸氢钠 $NaHSO_3$ 作为亲核试剂时，HSO_3^- 中的负电荷会先由氧原子转移到亲核性更强的硫原子上，以硫原子对醛酮的羰基碳原子发起亲核进攻，形成新的 C—S 键，再经过一步分子内 H^+ 由磺酸基向醇羟基负离子的转移，生成同一个碳原子上连有一个羟基和一个磺酸根的亚硫酸氢钠加成物，即 α－羟基磺酸钠。

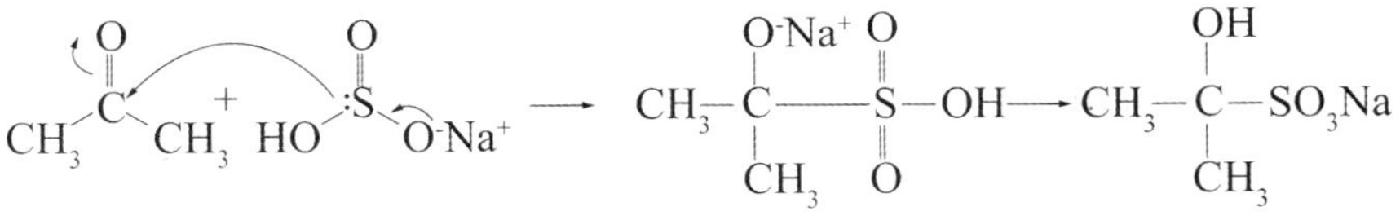

丙酮亚硫酸氢钠加成物

亚硫酸氢钠加成物为无色晶体，不溶于有机物，溶于水，遇酸或碱又会重新分解为原来的醛酮和亚硫酸氢钠。因此，可用饱和 $NaHSO_3$ 溶液来鉴别或分离提纯某些醛酮。还可以利用 $NaHSO_3$ 与醛酮的反应来合成 α－羟基腈(详见本节“1. 与含碳亲核试剂的加成”)。能与饱和 $NaHSO_3$ 顺利发生反应的羰基化合物有：醛、脂肪族甲基酮、8 个碳及以下的脂环酮。

(2)硫醇为亲核试剂的加成。

醛酮与硫醇的反应和醛酮与醇的反应类似。在酸催化下，亲核试剂 RSH 以硫原子对醛(酮)的羰基碳原子发起亲核进攻，生成的半缩硫醛(酮)又可继续与另一分子 RSH 反应，前后共形成两根 C—S 键，得到缩硫醛(酮)。缩硫醛(酮)在酸、碱条件下都很稳定，难以变回原来的醛(酮)。

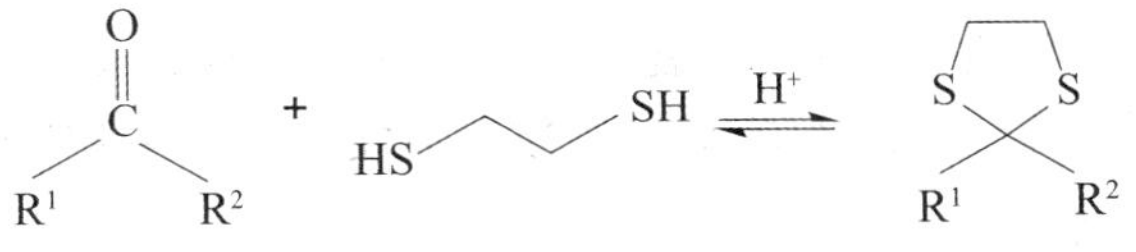

缩硫醛(酮)在兰尼镍(Raney Ni)催化下加氢，可被还原为烃。这是将醛(酮)的羰基还原为亚甲基的常用方法之一。通常使用烃基链较短的二硫醇来合成缩硫醛(酮)，以便于该烃基链在催化加氢时能以气体的形式从反应体系中脱离。

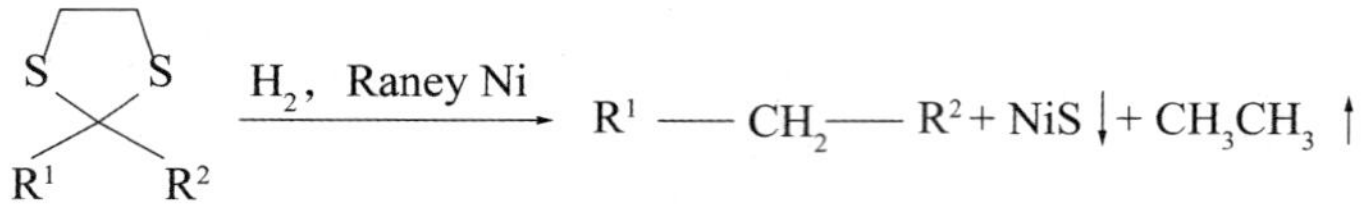

4. 与含氮亲核试剂的加成

醛酮与含氮亲核试剂的加成反应通常不能稳定在化合物 $-\overset{\mathrm{OH}}{\overset{|}{\underset{|}{\mathrm{C}}}}-\mathrm{Nu}$ 阶段，而是会进一步失水，生成更加稳定的产物。

(1)氨或胺为亲核试剂的加成。

亲核试剂氨 NH_3 或伯胺 RNH_2 以氮原子对醛酮的羰基碳原子发起亲核进攻，形成新的C—N 键，生成同一个碳原子上连有一个羟基和一个氨基的氨基醇。氨基醇不稳定，易脱水形成含有碳氮双键的亚胺(imine)，也称为席夫碱(Schiff base)。氨或脂肪族伯胺与醛酮生成的亚胺不稳定，易分解变回原来的醛酮。芳胺与芳醛生成的席夫碱可稳定存在。

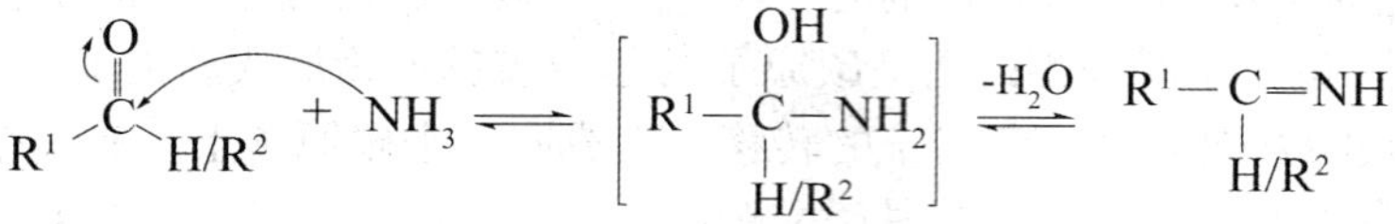

氨基醇　　　　亚胺

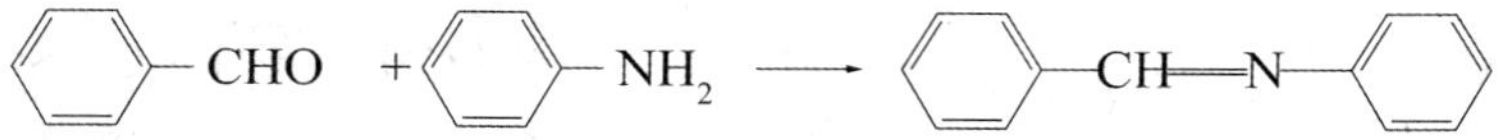

仲胺与含 $\alpha-H$ 的醛酮反应时，生成的氨基醇氮原子上无氢，因而不能进一步形成碳氮双键。但该种结构的氨基醇可通过消除反应脱除 $\alpha-OH$ 和 $\beta-H$(即原醛酮的 $\alpha-H$)，生成双键位于两碳原子之间的烯胺(enamine)。

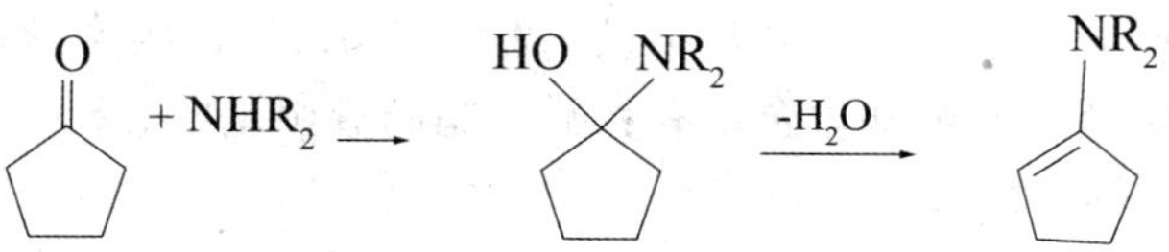

(2)氨的衍生物为亲核试剂的加成。

常见的氨的衍生物有：羟胺 NH_2OH、肼 NH_2NH_2、苯肼 NH_2NHPh、氨基脲 $NH_2NHCONH_2$。它们的结构有相似之处，可由通式 NH_2Y 来代表。

氨的衍生物与醛酮的亲核加成反应同伯胺 RNH_2 相似。反应时，亲核试剂 NH_2Y 以氮原子对醛酮发起亲核进攻，形成新的 C—N 键并迅速脱水变为碳氮双键，生成亚胺衍生物。该反应常需弱酸作催化剂来活化醛酮的羰基，强酸则会使氨的衍生物中氨基质子化而丧失亲核活性。

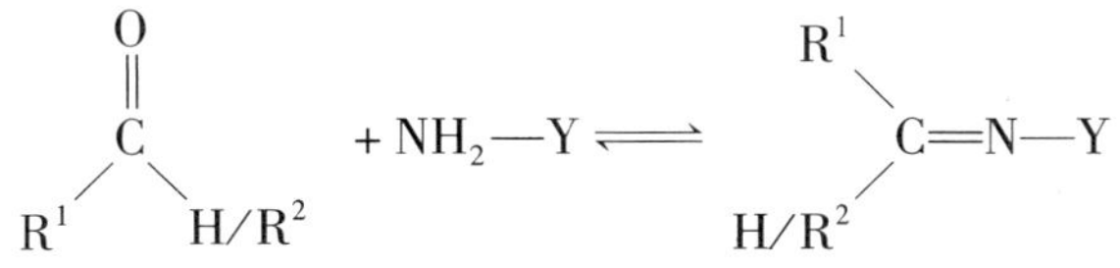

四种氨的衍生物对应的亚胺衍生物产物如下所示。这些亚胺衍生物大多是固体，而且具有特定的熔点，因而可以通过测定其熔点来鉴别相应的醛酮。它们在酸性条件下水解又能变回原来的醛酮，因而这类反应还可以用来提纯醛酮。

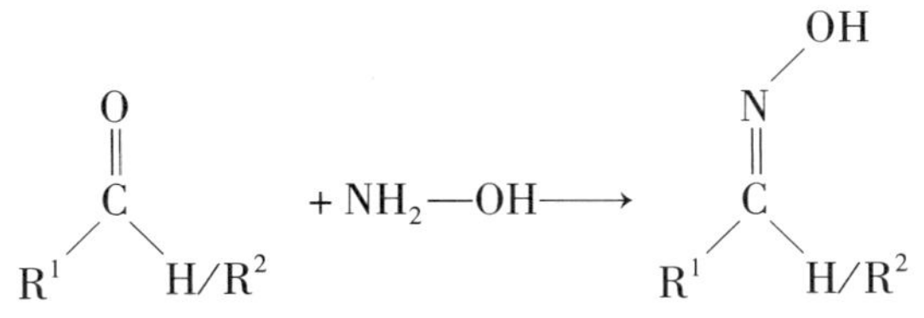

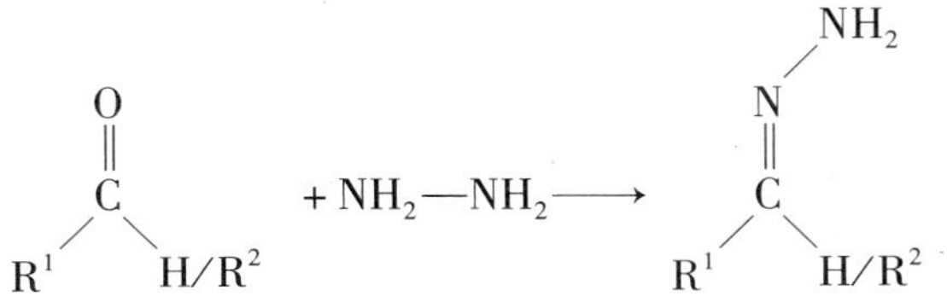

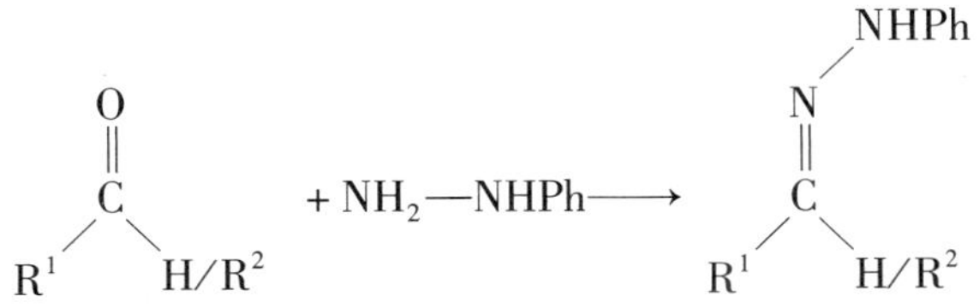

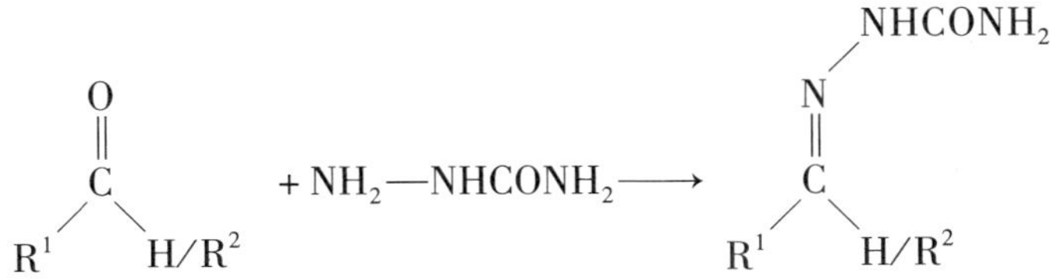

其中，2,4－二硝基苯肼与醛酮反应可生成橙黄色或红色沉淀2,4－二硝基苯腙，羧酸及羧酸衍生物却不能发生此反应，因此可用来鉴别醛酮。

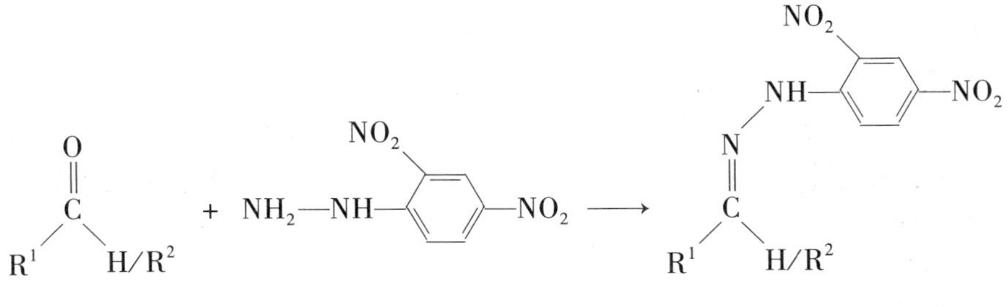

8.4.3 α-氢的反应

在羰基强吸电子作用的影响下，醛酮的α-氢较活泼，易离去。

1. 卤代反应与卤仿反应

含α-氢的醛酮在酸性和碱性条件下均能发生α-氢的卤代反应。

(1)酸性条件下的卤代反应。

含α-氢的醛酮在酸性条件下与卤素反应，常生成一元卤代醛酮。由于卤代的同时伴随着HX的生成，因此反应可以不加酸。

$$CH_3\overset{O}{\overset{\|}{C}}CH_3 + Br_2 \xrightarrow[\triangle]{H_2O,\ HOAc} \underset{44\%}{CH_3\overset{O}{\overset{\|}{C}}—CH_2—Br}$$

反应的具体过程如图8-3所示。含α-氢的醛酮存在酮式结构与烯醇式结构之间的动态互变异构，而酸性条件促进了烯醇式结构的形成。对于烯醇式结构的分子，其α-碳原子以双键的π电子去进攻卤素，即可得α-卤代醛酮。

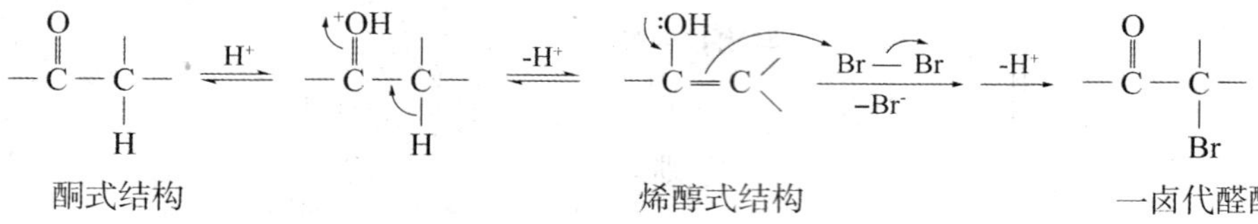

图8-3　醛酮在酸性条件下的卤代反应机理

由于卤素具有较强的吸电子作用，生成一元卤代的醛酮后，其羰基氧原子上电子云密度降低，继续结合质子的能力减弱，抑制了酮式结构向烯醇式结构的转化。因此，反应产物停留在一元卤代的阶段。

(2)碱性条件下的卤代反应。

羰基上连有甲基的醛酮在碱性条件下与卤素反应，会脱除甲基而变成羧酸，被脱除的甲基变成卤仿CHX_3。该反应称为卤仿反应(haloform reaction)。

$$R\overset{O}{\overset{\|}{C}}CH_3 + X_2 \xrightarrow[\triangle]{NaOH} R\overset{O}{\overset{\|}{C}}—ONa + CHX_3$$

在卤仿反应过程中(如图8-4所示)，由于羰基的强吸电子作用，醛酮易被碱夺去α-氢，生成亲核性良好的α-碳负离子。该α-碳负离子进攻卤素可生成一卤代醛酮。然而，一卤代醛酮中α-碳上卤素原子的存在使该α-碳酸性增强，更加容易被碱夺去剩下的氢，继续发生卤代反应，直到所有α-氢都被卤素原子取代为止。对于羰基上连有甲基的醛酮，其甲基上的3个α-氢均被卤代后[如结构式(Ⅰ)所示]，强吸电子作用的三卤甲基—CX_3使与之相连的羰基缺电子状态加剧，极易受到亲核试剂OH^-的进攻而继续发生羰基上的亲核取代反应。被—OH取代掉的CX_3^-从反应体系中获得H^+而变为卤仿，原来的醛酮则变为少了一个碳原子的羧酸。

甲基醛酮与碘的氢氧化钠溶液反应，生成气味特殊且不溶于水的黄色固体碘仿CHI_3，

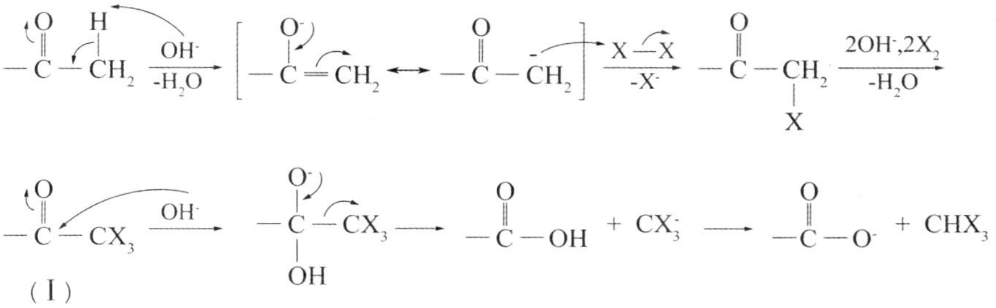

（Ⅰ）

图 8－4　卤仿反应的机理

称为碘仿反应，可用来鉴别甲基醛酮。

卤素在氢氧化钠溶液中可生成具有氧化性的次卤酸钠 NaOX，后者能将 $CH_3—\overset{\displaystyle OH}{\overset{|}{C}}H—H/R$ 结构的化合物氧化为甲基醛酮，继而发生卤仿反应。因此，碘的氢氧化钠溶液还可以用来鉴别 $CH_3—\overset{\displaystyle OH}{\overset{|}{C}}H—H/R$ 结构的化合物。

2. 羟醛缩合

一分子醛酮在碱的作用下失去 α－氢变为 α－碳负离子，然后作为亲核试剂进攻另一分子醛酮的羰基碳原子，由此发生的亲核加成反应，就是羟醛缩合(aldol condensation)。具体来说，羟醛缩合反应指含 α－氢的醛或酮在碱(如 NaOH、EtONa 等)的稀溶液中，两分子相互缩合，生成 β－羟基醛或 β－羟基酮的反应。例如：

$$2CH_3CHO \xrightarrow{NaOH,\ H_2O} CH_3\overset{\displaystyle OH}{\overset{|}{C}}H—CH_2CHO$$

β－羟基丁醛

该反应机理如图 8－5 所示。

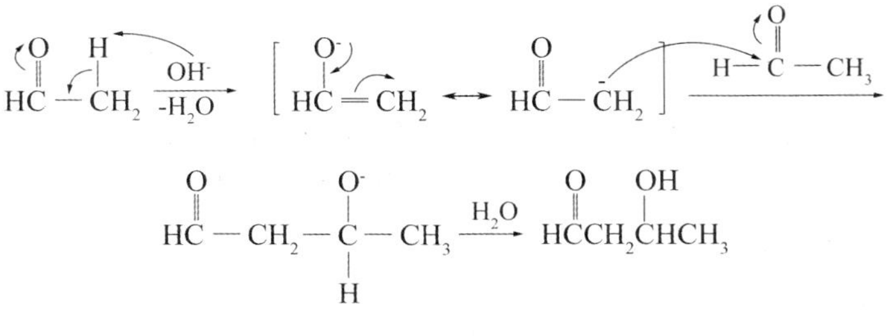

图 8－5　羟醛缩合反应的机理

反应温度较高时，β－羟基醛(酮)会进一步脱水，生成 α,β－不饱和醛(酮)。在有机合成中，该反应可用来增长醛酮的碳链，以及制备 α,β－不饱和醛酮。

$$CH_3\overset{\displaystyle OH}{\overset{|}{C}}H—CH_2CHO \xrightarrow{\triangle} CH_3CH═CHCHO$$

2－丁烯醛

与醛相比，酮的羟醛缩合反应活性较低，需要在反应过程中不断将产物从体系中分离出来，平衡才能不断向生成产物的方向移动。

二元醛酮发生分子内羟醛缩合时，优先生成五元环或六元环结构的产物。

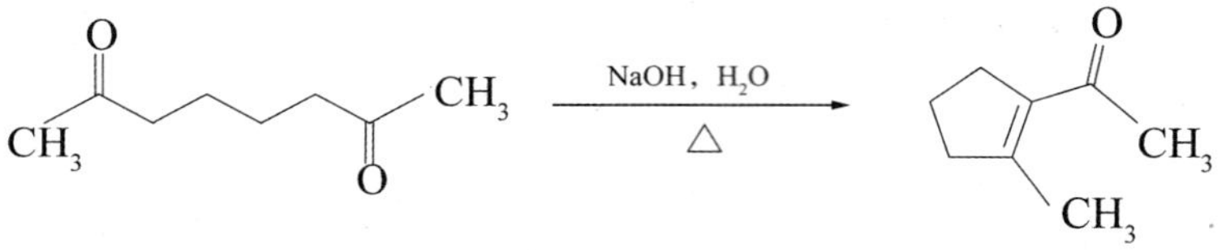

若使用两种不同的醛酮进行交叉羟醛缩合，为了尽量减少醛酮自身羟醛缩合的发生，常常使用一种含 α－氢的醛酮与一种不含 α－氢的醛进行反应。例如，含 α－氢的醛或酮与甲醛进行交叉羟醛缩合，亲核试剂一定是含 α－氢的醛或酮，而甲醛的亲核加成反应活性高于一般的醛酮，将是被亲核试剂进攻的底物。因此，反应主要产物是醛或酮的 α－氢被羟甲基取代了的产物。这种利用甲醛向醛酮的 α 位引入一个或多个羟甲基的反应称为羟甲基化反应或 Tollens（土伦）缩合。

$$\mathrm{HCHO + H{-}CH_2CHO \xrightarrow{OH^-} HOCH_2{-}CH_2CHO \xrightarrow[OH^-]{HCHO}}$$

$$\mathrm{HOCH_2{-}\underset{\underset{\displaystyle CH_2OH}{|}}{C}HCHO \xrightarrow[OH^-]{HCHO} HOCH_2{-}\overset{\overset{\displaystyle CH_2OH}{|}}{\underset{\underset{\displaystyle CH_2OH}{|}}{C}}CHO}$$

若使用含 α－氢的醛或酮与芳醛进行交叉羟醛缩合，所生成的 β－羟基醛（酮）会迅速脱水，生成含有大共轭体系的 α，β－不饱和醛（酮）。这种反应称为 Claisen（克莱森）－Schmidt（施密特）反应。尽管脂肪醛酮的亲核加成反应活性要高于芳香醛酮，但由于这种含大共轭体系的 α，β－不饱和醛（酮）非常稳定，含 α－氢的醛或酮的自身羟醛缩合产物反而很少，可以忽略不计。例如：

$$\mathrm{Ar{-}\overset{\overset{\displaystyle O}{\|}}{C}{-}H + CH_3CHO \xrightarrow{10\%\ NaOH,\ EtOH} Ar{-}CH{=}CH\overset{\overset{\displaystyle O}{\|}}{C}H}$$

若提供 α－碳负离子对芳醛进行亲核加成的化合物是含有 α－氢的酸酐，相应的反应称为 Perkin（珀金）反应。Perkin 反应指芳醛与脂肪族酸酐在相应酸的钠盐或钾盐存在下共热，发生缩合，生成 α，β－不饱和酸的反应。后有研究发现，以无水碳酸钾代替羧酸盐进行 Perkin 反应，可以缩短反应时间，提高反应产率。

$$\mathrm{Ar{-}\overset{\overset{\displaystyle O}{\|}}{C}{-}H + CH_3{-}\overset{\overset{\displaystyle O}{\|}}{C}{-}O{-}\overset{\overset{\displaystyle O}{\|}}{C}{-}CH_3 \xrightarrow[150\sim170^{\circ}C]{CH_3COOK} Ar{-}CH{=}CH{-}\overset{\overset{\displaystyle O}{\|}}{C}OH}$$

8.4.4 氧化反应和还原反应

1. 醛和酮的氧化反应

醛较易被氧化，常温下就能缓慢被空气氧化，氧化产物一般为羧酸。因此，久置的醛使用前需要重新蒸馏。此外，一般的氧化剂如 HNO_3、$KMnO_4$、RCO_3H、CrO_3 等均能将醛氧化为相应的羧酸。

Tollens(土伦)试剂(即银氨溶液)与醛共热可发生银镜反应，生成银镜的同时将醛氧化为羧酸，酮则不能发生此反应。因此，Tollens 试剂可用来鉴别醛。

$$RCHO + 2Ag(NH_3)_2OH \xrightarrow{\triangle} RCOONH_4 + 2Ag\downarrow + H_2O + NH_3$$

Fehling(斐林)试剂(即硫酸铜和酒石酸钾钠的氢氧化钠溶液)与脂肪醛共热可生成砖红色 Cu_2O 沉淀，并将脂肪醛氧化为羧酸，酮和芳香醛则不易发生此反应。因此，Fehling 试剂可用来鉴别脂肪醛。

$$RCHO + 2Cu^{2+} + NaOH \xrightarrow{\triangle} RCOONa + Cu_2O\downarrow$$

酮不易被氧化，但在强氧化剂作用下可生成羧酸。例如，工业上常用环己酮氧化的方法来制备己二酸。

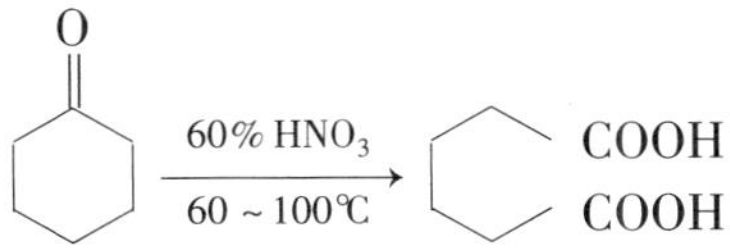

酮还可以被过氧酸或双氧水氧化，羰基一侧的 C—C 键断裂，插入一个氧原子，生成酯。该反应称为 Baeyer - Villiger(拜耳 - 维利格)反应。

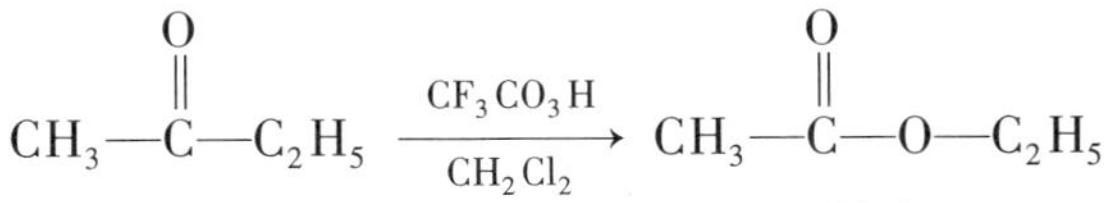

72%

2. 醛和酮的还原反应

醛酮在不同的还原条件下可被还原为不同的产物。

(1)还原为醇的反应。

1)催化氢化：

醛酮在 Ni，Pd，Pt 等催化剂存在下与氢气反应，可被还原为醇。催化氢化是强还原条件，若分子中存在碳碳双键(>C=C<)、碳碳三键(—C≡C—)、碳氮双键(>C=N—)、碳氮三键(—C≡N)、硝基($—NO_2$)等，可被一起还原。

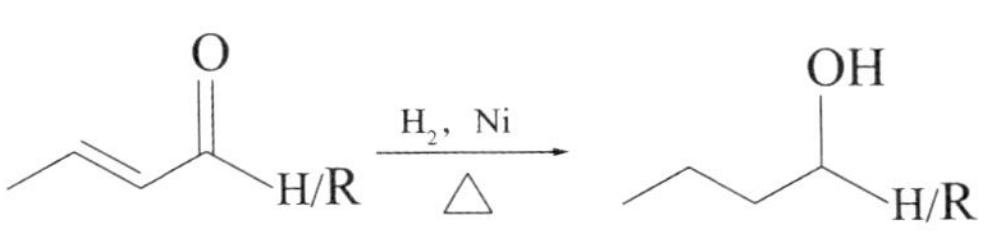

2)金属氢化物还原：

醛酮可被氢化铝锂 $LiAlH_4$、硼氢化钠 $NaBH_4$ 等金属氢化物还原为醇。$NaBH_4$ 只能还原醛酮的羰基，对其他基团无影响。$LiAlH_4$ 还原性更强，常见极性基团如$—NO_2$、$—CO_2H$、$—CO_2R$、—CN 等均可被其还原。但 $LiAlH_4$ 极易与含有活泼氢的试剂发生反应，因此，使用时一般以醚为反应溶剂，避免含有活泼氢的溶剂(如水)。金属氢化物不能还原一般的碳碳双键与碳碳三键，但在一定条件下可以还原 α,β - 不饱和醛酮中的碳碳双键。

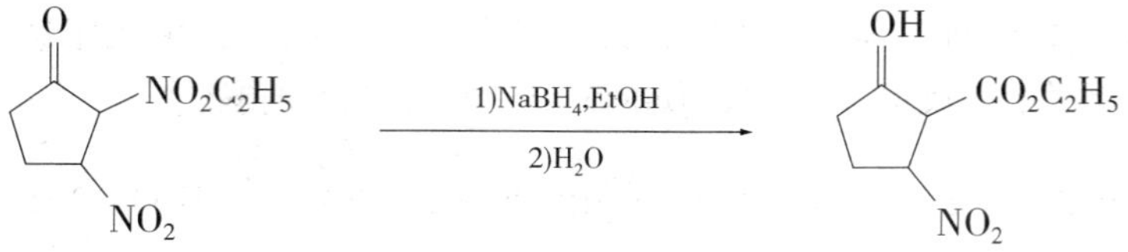

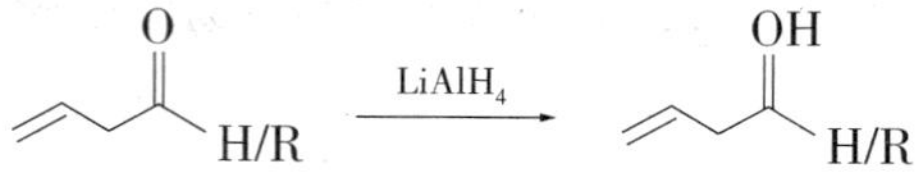

(2)还原为烃的反应。

1)Clemmensen(克莱门森)还原：

醛酮与锌汞齐(Zn - Hg)及浓盐酸共热，羰基可被还原为亚甲基，该反应称为 Clemmensen(克莱门森)还原。此反应为酸性条件下的还原反应，碳碳双键一般不会被还原，但若醛酮含有对酸敏感的官能团，则不能用此方法进行还原。

$$\mathrm{Ph{-}\overset{\displaystyle O}{\overset{\|}{C}}{-}CH_3 \xrightarrow[\triangle]{Zn - Hg,\ HCl} Ph{-}CH_2CH_3}$$

80%

2)Wolff(沃尔夫) - Kishner(凯惜纳) - 黄鸣龙还原：

醛酮与碱(如 NaOH)、肼 NH_2NH_2、高沸点水溶性溶剂[如二甘醇($(HOCH_2CH_2)_2O$，沸点 245℃]共热，羰基也能被还原为亚甲基，该反应称为 Wolff(沃尔夫) - Kishner(凯惜纳) - 黄鸣龙还原。该反应为碱性条件下的还原反应，若醛酮含有对碱敏感的官能团，则不能用此方法进行还原。

$$\mathrm{Ph{-}\overset{\displaystyle O}{\overset{\|}{C}}{-}CH_3 \xrightarrow[\triangle]{NH_2NH_2,\ NaOH,\ 二甘醇} Ph{-}CH_2CH_3}$$

3. 歧化反应

不含 α - 氢的醛在浓碱(常为≥40% 的 NaOH 溶液)的作用下，一分子醛被氧化为羧酸，另一分子醛被还原为醇，该反应称为歧化反应，也称为 Cannizzaro(坎尼扎罗)反应。常见的不含 α - 氢的醛有 HCHO、Ar—CHO，R_3C—CHO 等。

$$\mathrm{2HCHO \xrightarrow{50\%\ NaOH} CH_3OH + HCOONa}$$

歧化反应的机理如图 8 - 6 所示。一分子醛在 OH^- 的亲核进攻下脱去一个氢负离子 H^- 而生成羧酸盐，被脱除的 H^- 进攻另一分子醛的羰基并将其还原为醇。

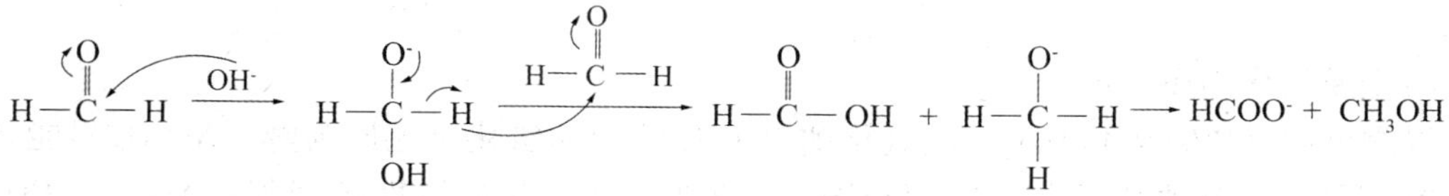

图 8 - 6　歧化反应的机理

若一大一小两种醛在浓碱中进行交叉歧化反应，通常情况下小醛更易被 OH^- 进攻进而被氧化为酸，大醛则接受 H^- 而被还原为醇。因此，有机合成中可用甲醛作还原剂来制备复杂的脂肪醇和芳醇。工业上制备季戊四醇也是利用了甲醛在歧化反应中的还原作用。

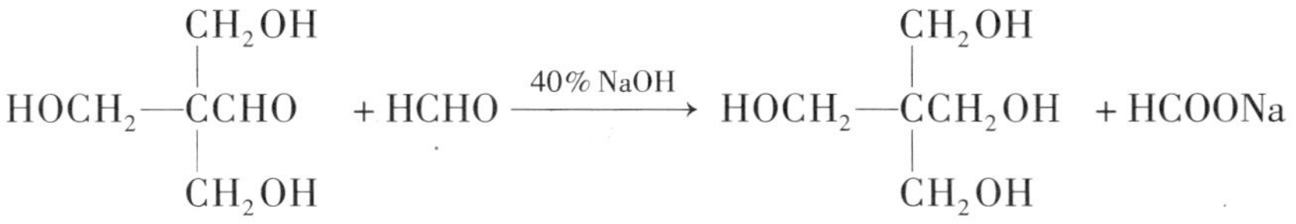

【阅读材料】

阅读材料1：醛酮中的典型危险化学品

《首批重点监管的危险化学品名录》中，醛酮类危险化学品有：乙醛、丙烯醛。

乙醛为无色易挥发液体，有辛辣刺激性气味。与水混溶。相对密度为0.78，沸点为20.8℃，闪点为－39℃，爆炸极限为4.0%～57.0%（体积分数）。

用途：主要用于生产醋酸、醋酐和合成树脂。也可用作防腐剂和杀菌消毒剂。

危险性：极易燃，蒸气可与空气形成爆炸性混合物，遇明火、高热能引起燃烧爆炸。蒸气比空气重，能在较低处扩散到相当远的地方，遇火源会着火回燃。久置在空气中能生成有爆炸性的过氧化物，火场温度下易发生危险的聚合反应。具有刺激性和麻醉作用，为可疑人类致癌物。

火灾扑救：用大量水冷却容器。在确保安全的前提下，将容器从火场移至空旷处。灭火剂：干粉、二氧化碳、砂土、抗溶性泡沫。

急救：若吸入，迅速脱离现场至空气新鲜处。保持呼吸道通畅。如呼吸困难，给氧。如呼吸停止，立即进行人工呼吸。就医。若皮肤或眼睛接触，马上用清水冲洗，就医。若误食，饮水催吐，就医。

丙烯醛为无色或淡黄色液体，有恶臭。溶于水。相对密度为0.84，沸点为52.5℃，闪点为－26℃，爆炸极限为2.8%～31.0%（体积分数）。

用途：为合成树脂工业的重要原料之一，也大量用于有机合成与药物合成。

危险性：极易燃，蒸气可与空气形成爆炸性混合物，遇强光、明火、高热能引起燃烧爆炸。蒸气比空气重，能在较低处扩散到相当远的地方，遇火源会着火回燃。火场温度下易发生危险的聚合反应。剧毒，具有强烈刺激性，可致眼和皮肤灼伤。

火灾扑救：用大量水冷却容器。在确保安全的前提下，将容器从火场移至空旷处。消防人员需佩戴防毒面具，建议穿防腐、防毒服。灭火剂：干粉、二氧化碳、砂土、抗溶性泡沫。

急救：若吸入，迅速脱离现场至空气新鲜处。保持呼吸道通畅。如呼吸困难，给氧。如呼吸停止，立即进行人工呼吸。就医。若皮肤或眼睛接触，马上用清水冲洗，就医。若误食，漱口，饮牛奶或蛋清，就医。

阅读材料2：还原反应的危险性分析

对于有氢气存在的还原反应，无论是催化氢化，还是利用初生态的氢还原，大都在加热加压条件下进行，若由于操作失误或设备缺陷而造成氢气泄漏，则有燃烧爆炸危险。有些还原反应中所使用的催化剂（如雷氏镍）或还原剂（如硼氢化钠、氢化铝锂等）具有遇湿自燃的危险。事实上，即使没有着火源存在，雷氏镍也能通过自燃将氢气与空气的混合物引燃爆炸。催化剂钯碳在回收时，若抽真空抽得太干，也会氧化着火。还原反应的中间体亦有一定的火灾危险性。例如，邻硝基苯甲醚还原为邻氨基苯甲醚时生成的中间体氧化偶氮苯甲醚，其受热到 150℃ 就能自燃。硝基苯还原为苯胺时，若条件控制不当，可生成易爆炸的环己胺。

【习题】

一、命名下列化合物或依据名称写出结构式。

（1）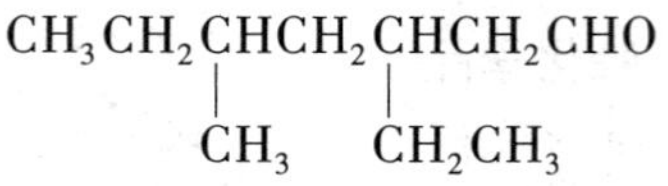

（2）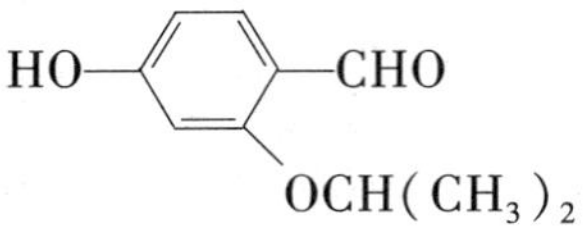

（3）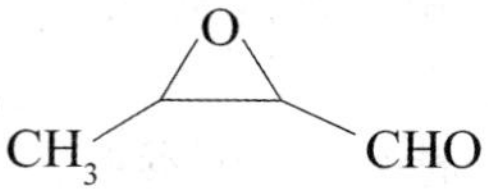

（4）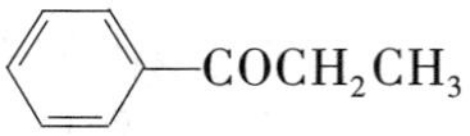

（5）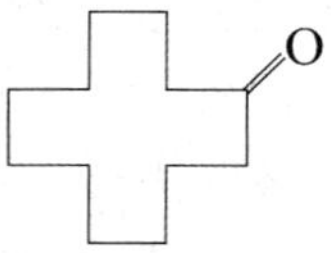

（6）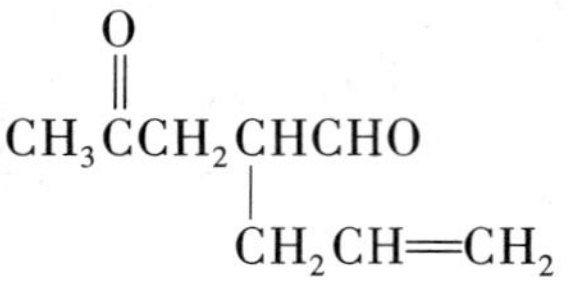

（7）β－己二酮

（8）二苯甲酮

二、写出主要反应产物。

（1）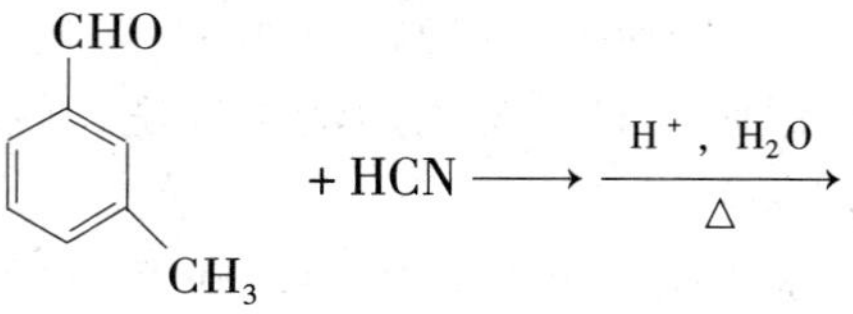

（2）

（3）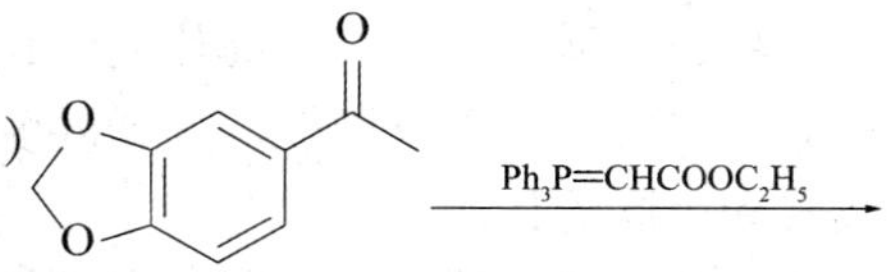

（4）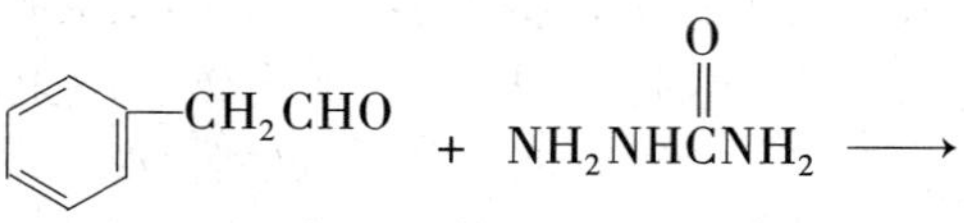

（5）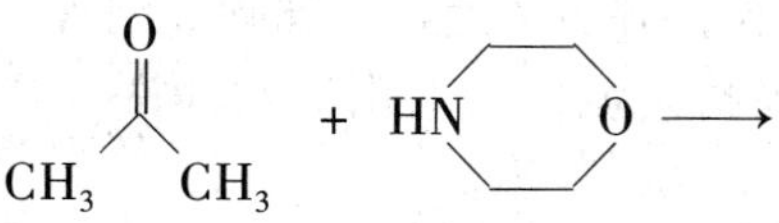

（6）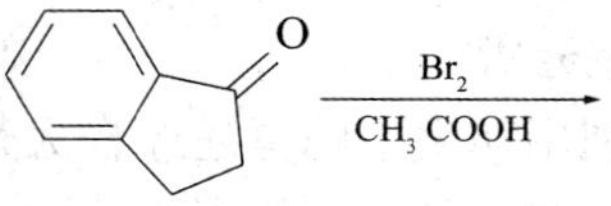

（7）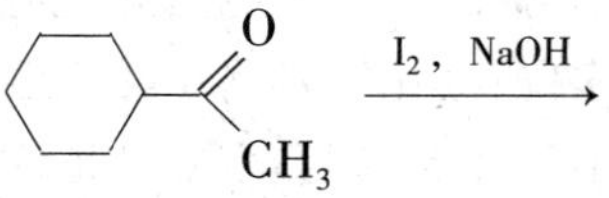

(8) $(CH_3)_2CHCHO \xrightarrow[\text{稀 NaOH}]{HCHO} ? \xrightarrow[\text{浓 NaOH}]{HCHO}$

(9) 

(10) 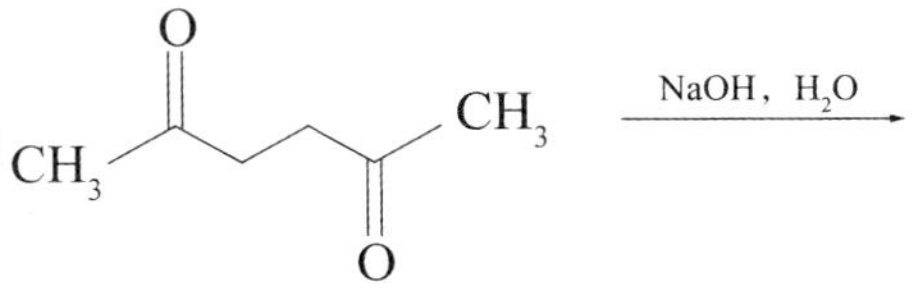

(11) 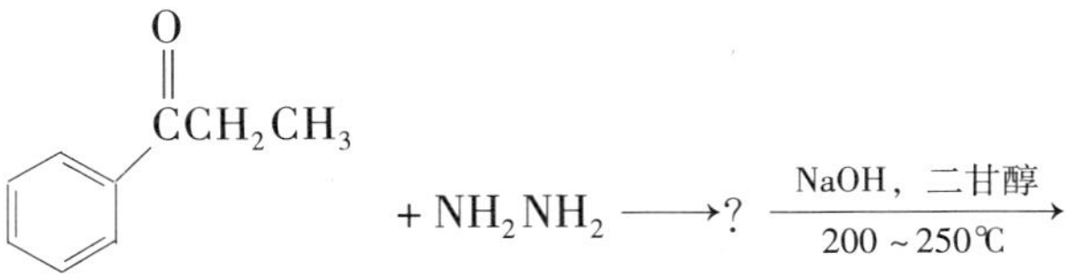

(12) 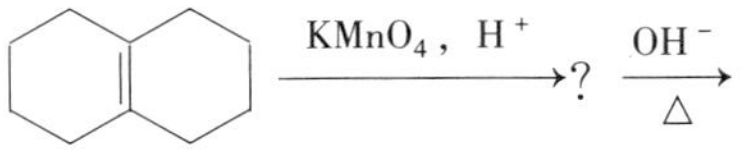

三、请写出间甲氧基苯甲醛分别与下列试剂反应的主要产物。

(1) CH_3OH，干燥 HCl

(2) $CH_3C{\equiv}CNa$

(3) NH_2OH，HCl

(4) CH_3CHO，NaOH

(5) 1) CH_3CH_2SH/H^+，2) H_2，Raney Ni

(6) $Ag(NH_3)_2OH$

(7) $(CH_3CH_2CO)_2O$，CH_3CH_2COOK

(8) Zn－Hg，HCl，△

(9) $NaBH_4$

(10) 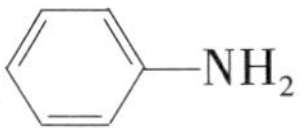

四、请选择合适的原料分别以两种路线合成下列化合物，一种路线需使用格氏试剂，另一种路线需使用 Wittig 试剂。

(1) $PhCH{=}CHCH_2CH_2CH_2CH{=}CHPh$

(2) $CH_3COCH{=}CHCH{=}CHCOCH_3$

五、用化学方法鉴别下列化合物。

(1) 异丁醇，仲丁醇，正丁醛，2－丁酮。

(2) 2－戊烯，正戊醛，苯甲醛，甲基异丙基酮，乙基苄基酮。

六、以苯为原料合成下列化合物。

(1) 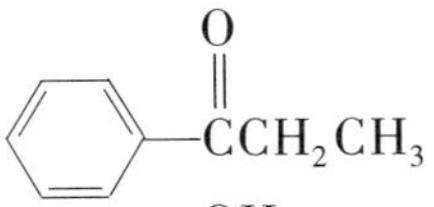

(2) 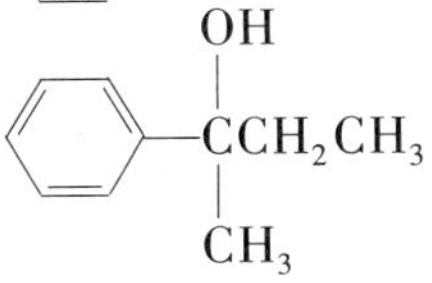

(3) 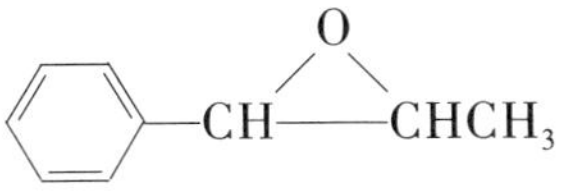

七、预测反应产物并解释反应机理。

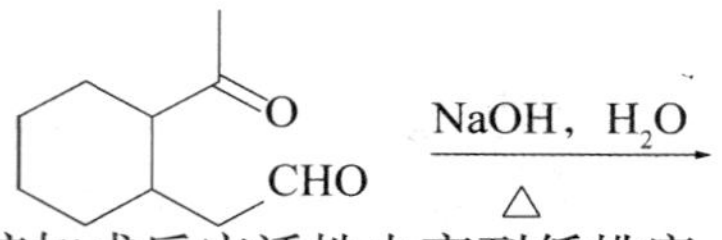

八、将下列各组化合物按照亲核加成反应活性由高到低排序。

(1) $CH_3CH_2CH_2CHO$　　$CH_3CH_2CCl_2CHO$　　PhCHO　　$PhCOCH_3$

(2)

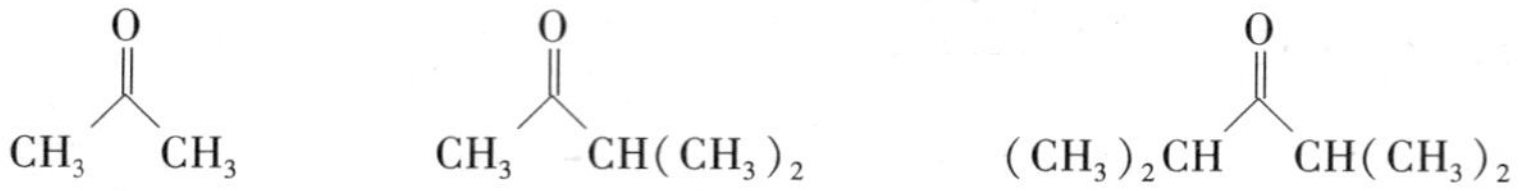

(3)

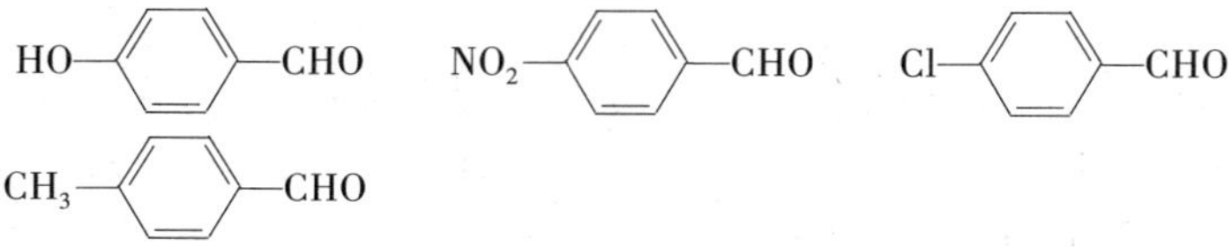

九、分子式均为 $C_7H_{12}O$ 的化合物 A 和 B，A 能发生碘仿反应而 B 不能，B 能与 Tollens 试剂反应而 A 不能。用高锰酸钾溶液氧化 A 和 B，均得到 2 - 丁酮和丙酮酸。请推测 A 和 B 的构造式。

十、由化合物(A)$C_6H_{13}Br$ 所制得的格氏试剂与丙酮作用可生成 2,4 - 二甲基 - 3 - 乙基 - 2 - 戊醇。A 可发生消除反应生成两种互为异构体的产物 B 和 C。B 经臭氧化、锌粉还原水解后，得到相同碳原子数的醛 D 和酮 E。试写出化合物 A、B、C、D、E 的结构式。

第 9 章　羧酸及其衍生物

羧酸及其衍生物在自然界分布广泛，有些是重要的工业化学品，有些是生命活动的重要参与者。它们在结构与化学性质上既有相似之处，也存在着差异。

Ⅰ　羧酸

9.1　羧酸的分类与命名

9.1.1　羧酸的分类

含有羧基—COOH 的化合物称为羧酸(carboxylic acid)。按照分子的烃基结构可将羧酸分为脂肪族羧酸、脂环族羧酸和芳香族羧酸。按照分子的不饱和度可将羧酸分为饱和羧酸与不饱和羧酸。按照分子中羧基的数目可将羧酸分为一元羧酸、二元羧酸和多元羧酸。

9.1.2　羧酸的命名

羧酸的命名与醛类似。以系统命名法命名羧酸时，选择羧基作为母体官能团，选择含有羧基的最长碳链作为主链，并将羧基碳原子编为 1 号。脂肪酸还可以用希腊字母进行编号，末位碳编号为 ω。

$BrCH_2CH_2CH_2COOH$　　$\overset{18}{C}H_3(CH_2)_7\overset{10}{C}H{=}\overset{9}{C}H(CH_2)_7\overset{1}{C}OOH$　　$HO\overset{\omega}{C}H_2CH_2CH_2CH_2COOH$

4 - 溴丁酸　　十八碳 - 9 - 烯酸　　ω - 羟基戊酸

对于含有芳香环或脂肪环的羧酸，将芳香环或脂肪环作为取代基，以脂肪酸为母体进行命名。

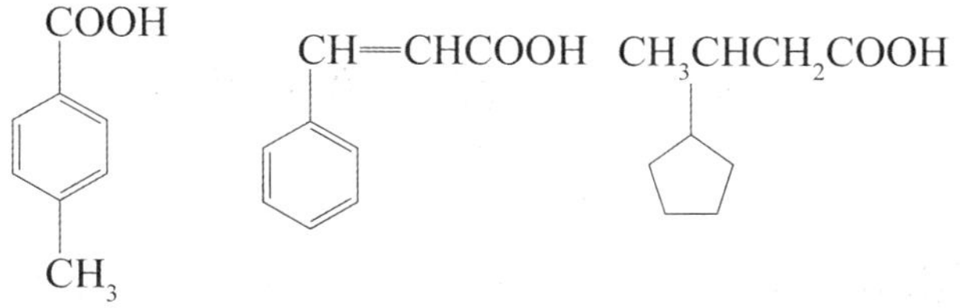

对甲基苯甲酸　　3-苯基丙烯酸　　3-环戊基丁酸

命名二元酸时，取分子中同时含两个羧基的最长碳链为主链，称为“某二酸”。

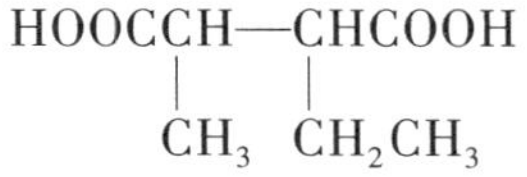

2 - 甲基 - 3 - 乙基丁二酸

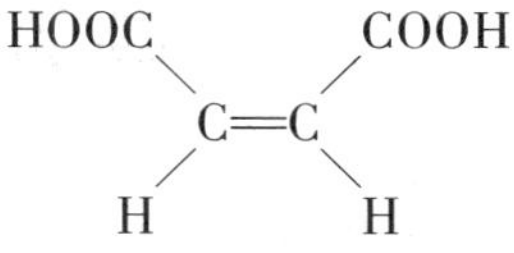

(Z) - 丁烯二酸
顺丁烯二酸

许多羧酸的俗名与其来源关系密切。例如，甲酸最早从赤蚁体内获得，俗名为蚁酸；乙酸最早从食醋中获得，俗名为醋酸；苯甲酸最早从安息香胶中获得，俗名为安息香酸；正己酸、正辛酸、正癸酸都存在于山羊的脂肪中，相应的俗名分别为羊油酸、羊脂酸、羊蜡酸。此外，常见俗名还可以举例如下，丁酸俗名为酪酸，2－羟基丙酸俗名为乳酸，乙二酸俗名为草酸，丙二酸俗名为胡萝卜酸，顺丁烯二酸俗名为马来酸，反丁烯二酸俗名为富马酸，邻羟基苯甲酸俗名为水杨酸等。

9.2　羧酸的物理性质

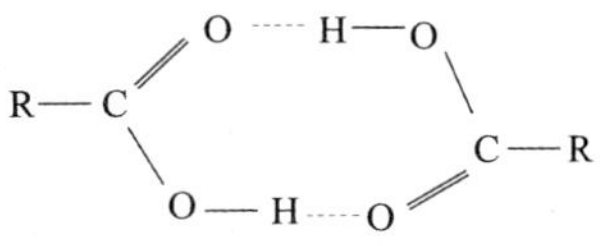

图9－1　羧酸双分子缔合体

常温下，$C_1 \sim C_3$的一元脂肪族羧酸为挥发性液体，$C_4 \sim C_9$的一元脂肪族羧酸为黏稠的油状液体，10个碳及以上的羧酸、二元酸及芳香酸为固体。低级羧酸有刺激性气味，高级羧酸无味。两个羧酸分子之间可通过羧基形成两个氢键，使羧酸形成双分子缔合体，故羧酸的熔沸点比相对分子质量相近的醇高。羧酸的熔沸点同样随相对分子质量的增加而升高。

羧基能与水形成氢键，4个碳及以下的羧酸能与水混溶。但由于烃基的疏水作用，羧酸的溶解度随相对分子质量的增加而迅速降低。甲酸和乙酸的密度大于水，其余饱和脂肪酸的密度小于水（表9－1）。

表9－1　一些羧酸的物理常数表

名称	英文名称	熔点/℃	沸点/℃	相对密度(d_4^{20})
甲酸	formic acid	8.4	101	1.220
乙酸	acetic acid	7	118	1.049
丙酸	propanoic acid	－22	141	0.992
苯甲酸	benzoic acid	122	249	1.266(15℃)
乙二酸	ethanedioic acid	189	157(升华)	1.650
顺丁烯二酸	maleic acid	131	160(脱水成酐)	1.590
反丁烯二酸	fumaric acid	302	200(升华)	1.635

9.3　羧酸的危险性

羧酸通常遇高温、明火易燃烧，低级羧酸不但易燃而且易爆，例如乙酸爆炸极限为4.0%～17.0%（体积分数），闪点为40℃。但羧酸的燃烧速度较相对分子质量相近的醇低。

羧酸属于有机弱酸，但低级羧酸酸性较强，具有腐蚀性，为酸性腐蚀品。

9.4　羧基的结构与羧酸的化学性质

9.4.1　羧基的结构

羧基碳原子采取sp^2杂化方式，与其中一个氧原子形成碳氧双键，与另外一个氧原子

以 σ 单键相连。羟基氧原子与碳氧双键之间存在 p－π 共轭，羟基氧的未成键电子对通过共轭作用离域到碳氧双键上，使羰基碳原子缺电子程度得以缓解，亲核加成反应活性减弱。p－π 共轭还使羧基的 O—H 键成键电子更加偏向于氧，键的极性增强，易释放出质子而显示较强的酸性。此外，与醛酮羰基—CO—相比，p－π 共轭还使羧基—COOH 的吸电子能力减弱，因而羧酸 α－氢原子的反应活性弱于醛酮（图 9－2）。

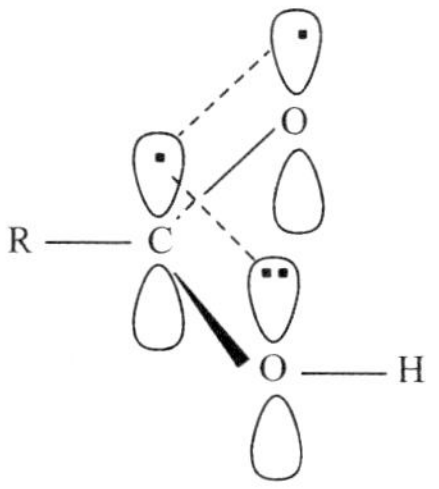

图 9－2　羧基中的 p－π 共轭

9.4.2　酸性及影响因素

1. 羧酸的酸性

羧酸解离后，羧酸根中的 p－π 共轭进一步增强，负电荷均匀离域在两个氧原子上，使得两根碳氧键变得完全等长，并使羧酸根的稳定性增强。羧酸根负离子中负电荷的分散程度强于醇负离子和酚负离子，因此，羧酸的酸性强于醇和酚。

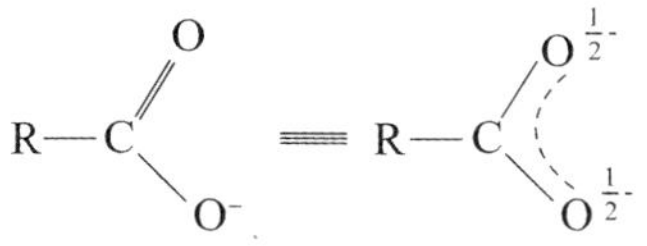

羧酸的酸性甚至强于许多无机酸，例如碳酸 H_2CO_3。然而，多数羧酸仍属于弱酸，pK_a 约为 3～5，即羧酸在水溶液中大部分仍以未解离的分子形式存在。

2. 羧酸酸性的影响因素

（1）电子效应。

取代基的吸电子效应能分散羧酸根上的负电荷，使羧酸酸性增强。取代基的吸电子能力越强，羧酸酸性也越强（如表 9－2 所示）。

表 9－2　含不同种类取代基的羧酸的 pK_a 值

羧酸	pK_a	羧酸	pK_a
CH_3COOH	4.76	FCH_2COOH	2.58
ICH_2COOH	3.18	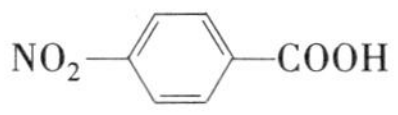	3.41
$BrCH_2COOH$	2.90	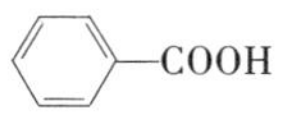	4.20
$ClCH_2COOH$	2.86	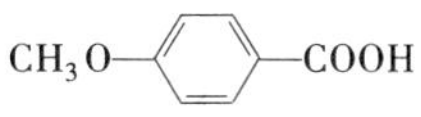	4.46

吸电子取代基数目越多（如表 9－3 所示），相应羧酸的酸性也越强。

表 9－3　含不同数目吸电子取代基的羧酸的 pK_a 值

羧酸	CH_3COOH	$CH_2ClCOOH$	$CHCl_2COOH$	CCl_3COOH
pK_a	4.76	2.86	1.29	0.63

取代基的位置同样影响羧酸的酸性。吸电子取代基距离羧基越远，吸电子的诱导效应就越弱，相应羧酸的酸性就越弱。芳香酸中，间位取代基的共轭效应受阻，也会影响羧酸的酸性。具体例子见表 9－4。

表 9－4　取代基的位置与相应的 pK_a 值

羧酸	pK_a	羧酸	pK_a
$CH_3CH_2CH_2COOH$	4.82	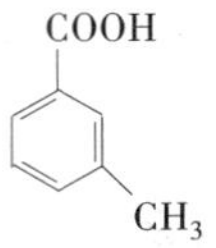	4.28
$CH_2ClCH_2CH_2COOH$	4.70	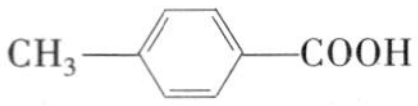	4.38
$CH_3CHClCH_2COOH$	4.41	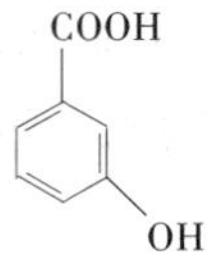	4.12
$CH_3CH_2CHClCOOH$	2.82	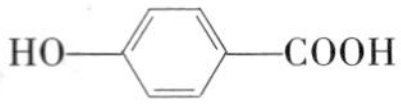	4.57

(2)场效应。

场效应指分子中某一部分通过静电作用对分子另一部分的某种活性产生影响的效应。例如，二元羧酸发生一级解离后，羧酸根负离子就会抑制附近新的负离子的生成，因而使第二个羧基不易解离，二级解离对应的酸性减弱。羧酸根负离子的这种抑制作用就是场效应。

例如，与正丁酸(pK_a 为 4.82)相比，丁二酸中羧基的吸电子作用使其一级解离对应的酸性增强(pK_{a1} 为 4.21)；然而，解离后形成的羧酸根显示出给电子的诱导效应和抑制负离子的场效应，使丁二酸的二级解离变困难，pK_{a2} 只有 5.64，对应的酸性远弱于正丁酸。

正丁酸的解离：$CH_3CH_2CH_2COOH \xrightleftharpoons{pK_a} CH_3CH_2CH_2COO^- + H^+$

丁二酸的解离：$HOOCCH_2CH_2COOH \xrightleftharpoons{pK_{a1}} HOOCCH_2CH_2COO^- + H^+$

$HOOCCH_2CH_2COO^- \xrightleftharpoons{pK_{a2}} {}^-OOCCH_2CH_2COO^- + H^+$

场效应与诱导及共轭效应的传递途径不同，场效应沿空间传递，诱导及共轭效应沿共价键传递。

(3)邻位效应。

邻位效应指由于苯环上两个相邻取代基之间的相互作用，使分子的某种活性或物理化学性质发生显著变化的一种效应。对比 HCOOH(pK_a 为 3.77)与 PhCOOH(pK_a 为 4.20)可知，苯基与羧基相连时，苯基显示给电子的作用。邻位取代基的空间位阻破坏了羧基与苯环之间的共轭结构，使苯基对羧基的给电子的共轭效应减弱甚至消失，从而使羧酸酸性增强。不论是吸电子取代基还是给电子取代基，其邻位效应均使芳香族羧酸酸性显著增强。

下面以羟基取代的苯甲酸为例，分析取代基对羧酸酸性的影响。

邻羟基苯甲酸中，羟基使分子酸性增强的主要贡献有：羟基的吸电子诱导效应、羟基与羧基间的氢键、羟基的邻位效应；使分子酸性减弱的主要贡献有：羟基的给电子共轭效应。二者叠加后的净结果为：邻羟基苯甲酸酸性显著增强（pK_a 为 2.97，对比苯甲酸 pK_a 为 4.20）。间羟基苯甲酸中羟基仅存在使分子酸性增强的贡献，即羟基的吸电子诱导效应。该作用较弱，因而羟基使间羟基苯甲酸酸性略有增强（pK_a 为 4.12）。对羟基苯甲酸中，羟基使分子酸性增强的主要贡献有：羟基的吸电子诱导效应；使分子酸性减弱的主要贡献有：羟基的给电子共轭效应。二者叠加后的净结果为：羟基使对羟基苯甲酸酸性减弱（pK_a 为 4.54）。

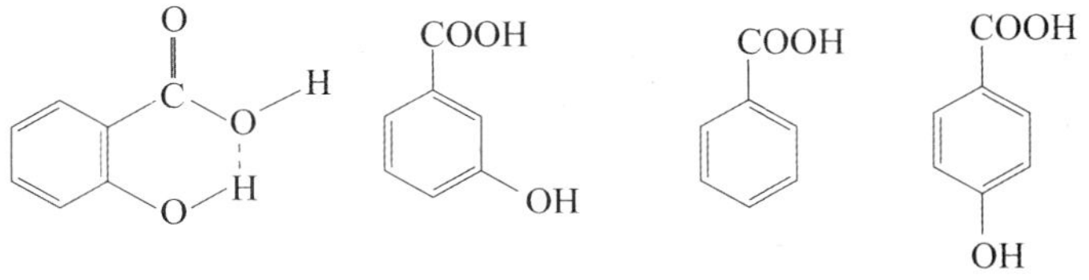

pK_a 2.97 4.12 4.20 4.54

9.4.3 亲核取代反应

羧酸的羧基碳原子带部分正电荷，在亲核试剂的进攻下先打开碳氧双键中的 π 键，生成的四面体结构的中间产物不稳定，会继续发生消除反应，脱水后生成羧羟基被亲核试剂取代了的产物。其常见反应过程如下式所示。

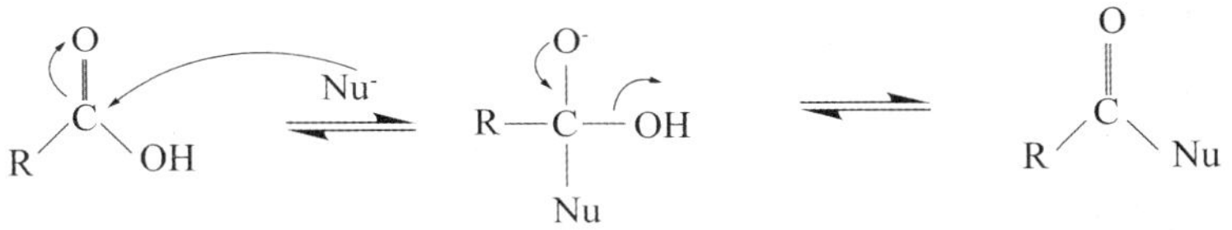

该反应是一个亲核加成－消除的联合过程，本质上属于亲核取代反应。从亲核试剂的角度看，反应在亲核试剂上引入一个酰基，因此该反应又称为酰基化反应（acylation）。

1. 酯化反应

酯化反应从分子结构上来看是羧酸的羧羟基被醇的烷氧基取代了的反应。从反应形式来看，酯化反应指羧酸与醇在酸的催化作用下失去一分子水而生成酯（ester）的反应。

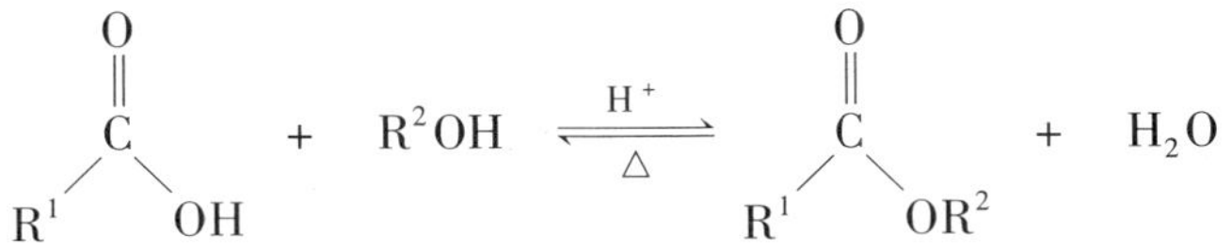

羧酸与醇的酯化反应机理详见第 7 章 7.5.3。无论是羧酸还是醇，其上的取代基体积越大，空间位阻就越大，酯化反应速率就越慢。

酯化反应为可逆反应，为了提高其反应产率，常用的方法有两种：(1)增加其中一种反应物的浓度。通常增加诸多反应物中相对廉价易得者的浓度，例如使用过量的醇；(2)除去其中一种或几种生成物，例如水等。以乙酸和乙醇为原料来合成乙酸乙酯时，若使乙酸与乙醇的投料比 $n_{乙酸}:n_{乙醇}$ 为 1：8，并在反应过程中不断将水分离出反应体系，最终产率能达到 97%。

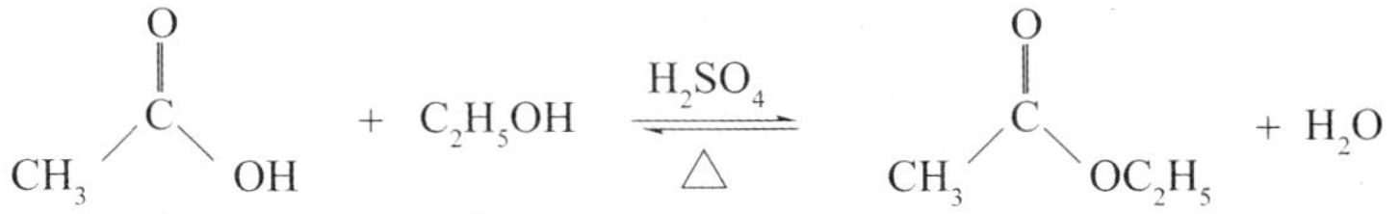

1 : 8 97%

2. 酰胺的生成

用氨代替醇作为亲核试剂来与羧酸发生取代反应，所得产物为酰胺(amide)。从分子结构上来看，羧酸的羧羟基被氨基所取代。

反应机理与伯醇的酯化反应类似，也为加成－消除机理。不同之处在于，氨显示弱碱性，室温下能够与羧酸反应生成铵盐。将铵盐加热到一定温度方可发生亲核取代反应生成酰胺，酰胺在脱水剂(如五氧化二磷 P_2O_5)存在下进一步受热脱水可生成腈(nitrile)。

$$CH_3COOH + NH_3 \xrightarrow{25℃} CH_3COO^-NH_4^+ \xrightarrow{185℃} CH_3CONH_2 \xrightarrow[200℃]{P_2O_5} CH_3CN$$

用胺代替氨与羧酸反应，可得取代酰胺。退烧药的主要有效成分对乙酰氨基酚(又称扑热息痛)可以用此方法合成。

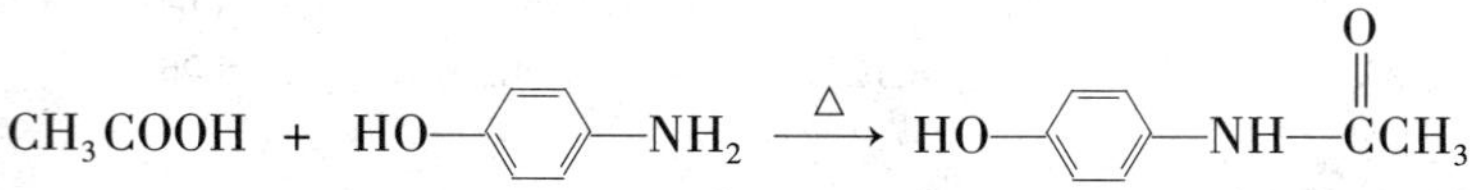

工业上生产尼龙－66也是利用羧酸与胺的反应。尼龙－66又称锦纶－66，为聚己二酰己二胺，具有优良的耐热性、耐磨性、耐碱性，相对密度小，常用于制作无润滑或少润滑条件下工作的耐磨受力传动零件。

$$nH_2N(CH_2)_6NH_2 + nHOOC(CH_2)_4COOH \xrightarrow{280℃} H\!\left[NH(CH_2)_6NH{-}\overset{\overset{\displaystyle O}{\|}}{C}{-}(CH_2)_4{-}\overset{\overset{\displaystyle O}{\|}}{C}\right]_nOH + (2n-1)H_2O$$

3. 酰卤的生成

用卤素取代羧酸的羧羟基，所得产物为酰卤(acyl halide)。卤素可以来自于亚硫酰氯、三卤化磷、五卤化磷等。

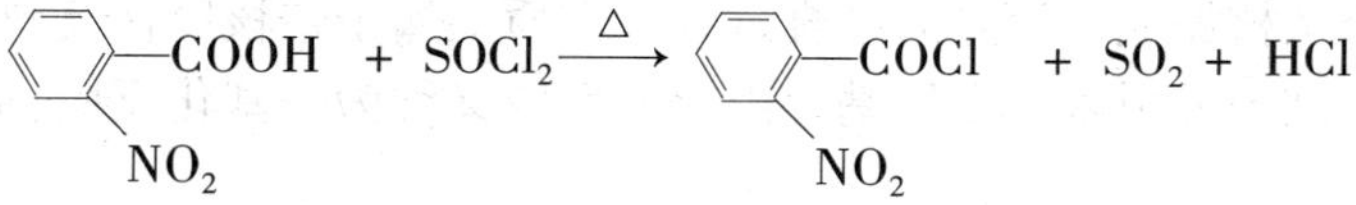

90% ~93%

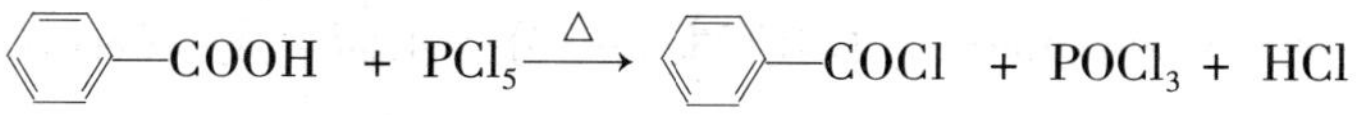

90%

$$CH_3COOH + PCl_3 \longrightarrow CH_3COCl + H_3PO_3$$

70%

其中，羧酸与亚硫酰氯反应制备酰氯的反应机理如下所示。

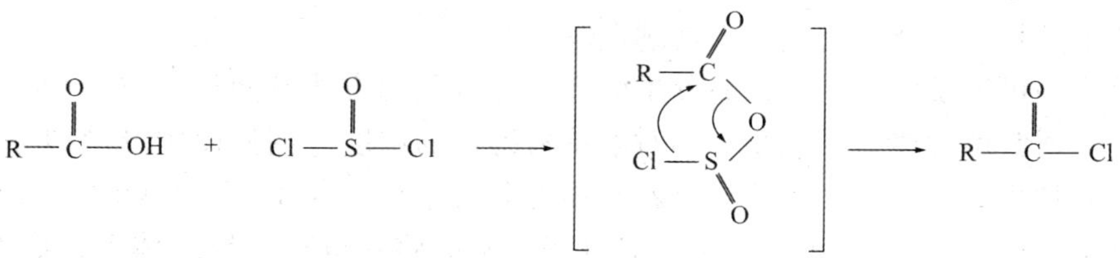

羧酸与亚硫酰氯反应时，通常向反应体系中加入少量吡啶来中和生成的副产物 HCl。由于该反应的反应物亚硫酰氯以及副产物 SO_2 和 HCl 的沸点均较低，产物酰氯产率高且易提纯，该反应是工业上及实验室制备酰氯的常用方法。

4. 酸酐的生成

羧酸(除甲酸)在脱水剂(如乙酸酐、P_2O_5等)作用下加热，可发生分子间脱水，生成酸酐(acid anhydride)。该反应相当于一分子羧酸取代了另一分子羧酸的羧羟基。

$$2R-\overset{O}{\overset{\|}{C}}-OH \xrightarrow[\triangle]{(CH_3CO)_2O} R-\overset{O}{\overset{\|}{C}}-O-\overset{O}{\overset{\|}{C}}-R$$

甲酸脱水生成一氧化碳 CO，而不是酸酐。这是实验室制备 CO 的常用方法。

$$HCOOH \xrightarrow[60\sim80℃]{浓 H_2SO_4} CO + H_2O$$

不对称的酸酐(又称混合酸酐)常通过酰氯的亲核取代反应来制备。例如:

$$CH_3CH_2\overset{O}{\overset{\|}{C}}-Cl + CH_3\overset{O}{\overset{\|}{C}}-ONa \xrightarrow{\triangle} \underset{60\%}{CH_3CH_2\overset{O}{\overset{\|}{C}}-O-\overset{O}{\overset{\|}{C}}CH_3}$$

二元羧酸可发生分子内脱水，生成环状酸酐。若所生成的环状酸酐为五元环或六元环，则分子内脱水反应较易进行。

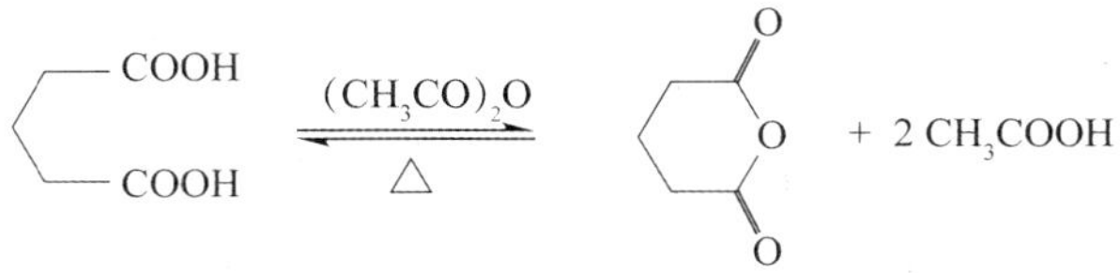

9.4.4 还原反应

羧酸比醛酮难被还原。许多强还原试剂，例如能将醛酮羰基还原为亚甲基的锌汞齐(Zn - Hg)与浓盐酸还原体系，却不能将羧基还原。在锌、铜等催化剂催化下，羧酸在高温(300 ~400℃)和高压(20 ~30MPa)下可被氢气还原为相应的醇。该方法的缺点是，羧酸在高温下易发生脱羧反应，而且易使催化剂失活。$LiAlH_4$可高产率地将羧酸还原为相应的醇。

$$RCOOH \xrightarrow{LiAlH_4} \xrightarrow{H_2O} RCH_2OH$$

$NaBH_4$在 $AlCl_3$催化下也可将羧酸还原为醇。

$$RCOOH \xrightarrow[AlCl_3]{NaBH_4} RCH_2OH$$

9.4.5 脱羧反应

羧酸或羧酸盐以二氧化碳 CO_2的形式脱去羧基的反应称为脱羧反应(decarboxylation)。醋酸钠与碱石灰(NaOH - CaO)共热脱羧是实验室制备甲烷的常用方法。

$$CH_3COONa \xrightarrow[\triangle]{NaOH/CaO} CH_4\uparrow + Na_2CO_3$$

芳香族羧酸比脂肪族羧酸易脱羧。当羧酸的 α - 碳原子上连有吸电子基(如$—NO_2$、—CN、—CO—等)时，脱羧反应更易发生。

$$CH_3-\overset{O}{\overset{\|}{C}}-CH_2COOH \xrightarrow{\triangle} CH_3-\overset{O}{\overset{\|}{C}}-CH_3 + CO_2$$

二元羧酸受热时既可能发生脱羧反应，也可能发生脱水反应，反应方式随反应物分子中羧基的相对位置不同而不同。一般而言，乙二酸与丙二酸结构的二元羧酸，由于两个羧基距离较近，在彼此吸电子作用的影响下，受热易发生脱羧反应，生成一元羧酸。

$$\begin{matrix}COOH\\|\\COOH\end{matrix} \xrightarrow{\triangle} HCOOH + CO_2$$

$$RCH(COOH)_2 \xrightarrow{\triangle} RCH_2COOH + CO_2$$

丁二酸与戊二酸结构的二元羧酸，脱水可生成五元环或六元环结构，因此受热易发生脱水反应，生成环状酸酐。

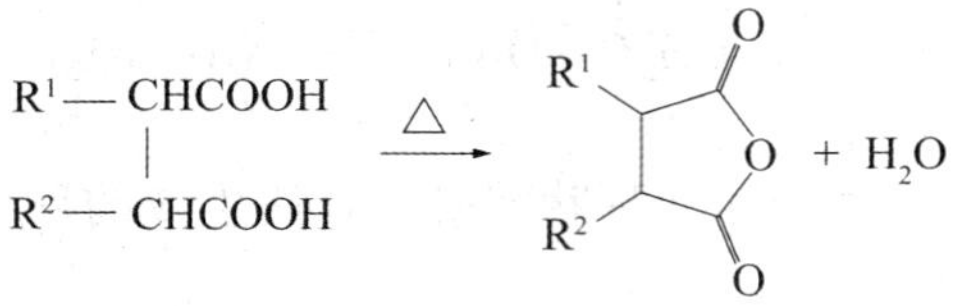

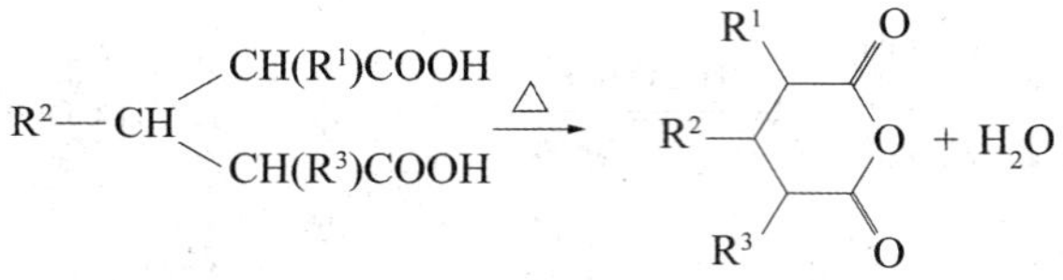

己二酸与庚二酸结构的二元羧酸，受热时同时发生脱羧反应和脱水反应，生成五元环或六元环结构的酮。

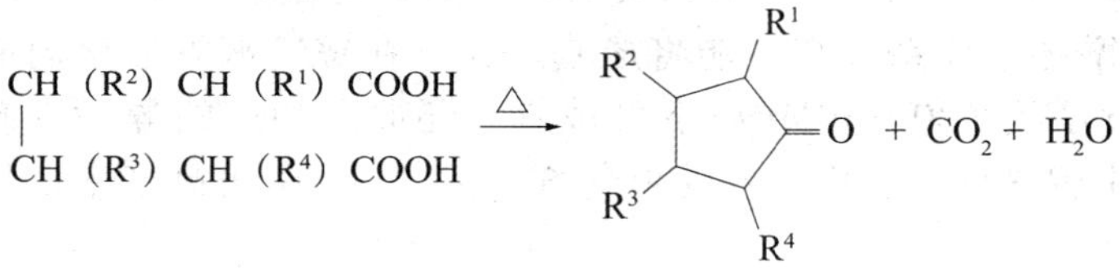

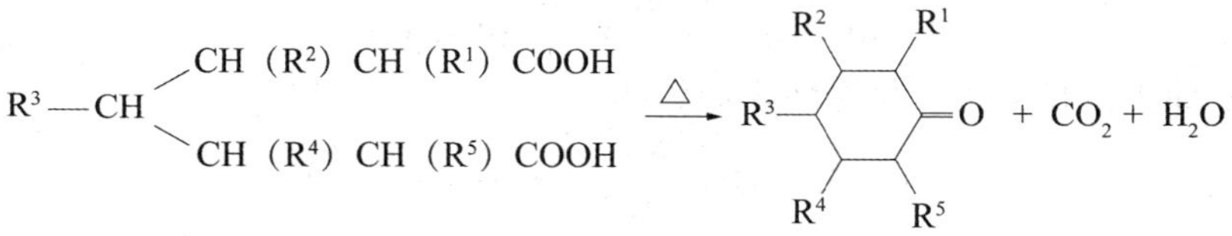

更高级的二元羧酸受热时易发生分子间的脱水反应，生成高分子的酸酐。

9.4.6 α－氢的反应

羧酸与卤素作用生成 α－卤代羧酸的反应称为 Hell（赫尔）－Volhard（乌尔哈）－Zelinski（泽林斯基）反应。羧酸 α－氢的卤代反应活性弱于醛酮，需使用三卤化磷 PX_3 作催化剂。由于三卤化磷具有较强的腐蚀性，常使用红磷代替，使之与卤素原位生成三卤化磷。

$$CH_3COOH + Br_2 \xrightarrow{P} \underset{\displaystyle Br}{CH_2}COOH + HBr$$

以羧酸的溴代反应为例，反应机理如图 9－3 所示。羧酸在三溴化磷的作用下先生成酰溴，酰溴的 α－氢活性较高，易被溴代。α－溴代酰溴随后与未溴代的羧酸反应，生成 α－溴代的羧酸。

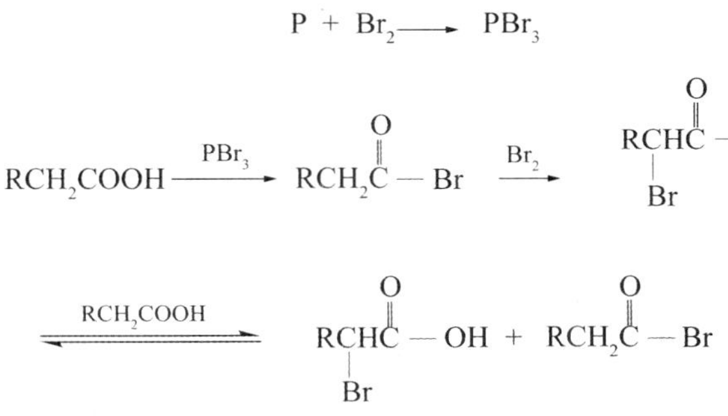

图 9－3　羧酸的溴代反应机理

Ⅱ　羧酸衍生物

羧酸的羧羟基被—X、—OR、—OCOR、—NH_2(或—NHR、—NR_2)等基团取代的化合物统称为羧酸衍生物。常见羧酸衍生物有酰卤、酯、酸酐和酰胺。本章介绍的酰卤主要指酰氯和酰溴。

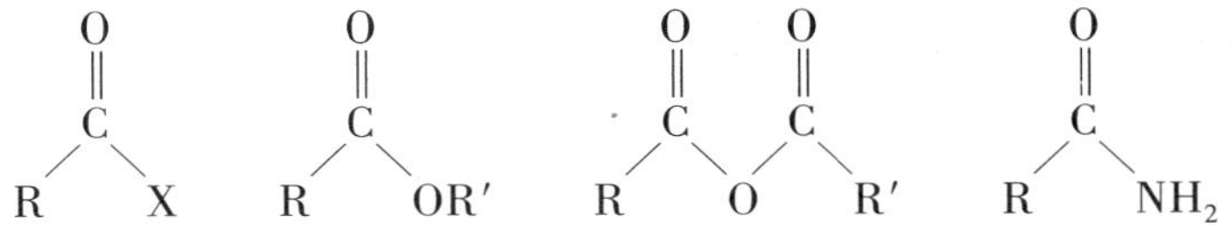

酰卤　　酯　　酸酐　　酰胺

9.5　羧酸衍生物的命名

9.5.1　酰卤的命名

酰卤的命名通常按其对应的羧酸来命名，将后缀“酸”改为“酰氯(或氟、溴、碘)”。若含有更高级官能团，则羰基和卤素合并作取代基，称作“氯(或氟、溴、碘)甲酰基”。

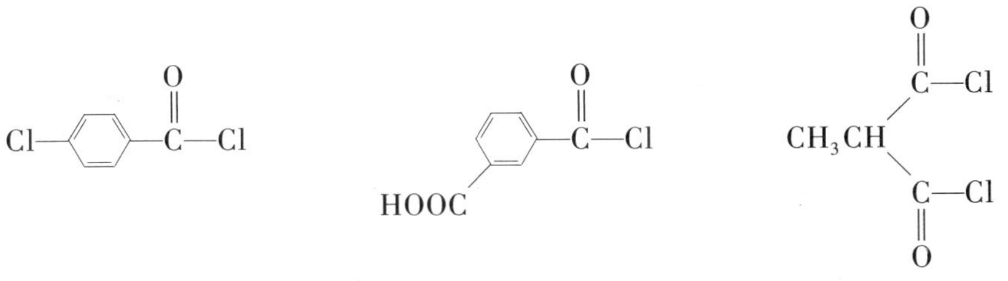

对氯苯甲酰氯　　3－氯甲酰基苯甲酸　　甲基丙二酰氯

9.5.2　酰胺的命名

酰胺的命名也通常按其对应的羧酸来命名，将后缀“酸”改为“酰胺”。若氮原子上连有两个酰基，称为“酰亚胺”。环状酰胺命名时选择含有酰胺的环为母体，称为“内酰胺”。

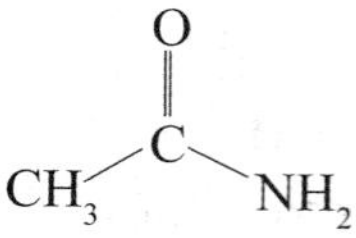

乙酰胺

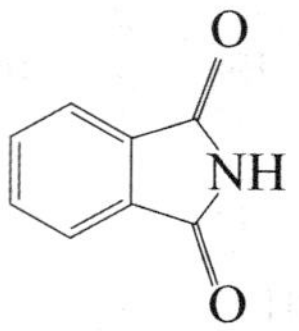

邻苯二甲酰亚胺

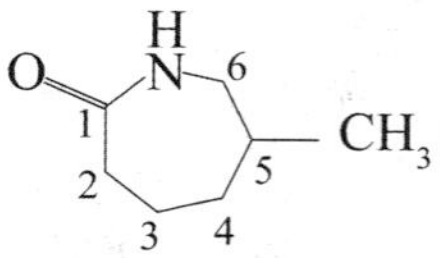

5-甲基己内酰胺

氮原子上的脂肪烃基作为取代基写在母体取代基之前，取代基位次记为“N”。氮原子上的芳香烃基则与氮原子合并在一起，称“酰某胺”。

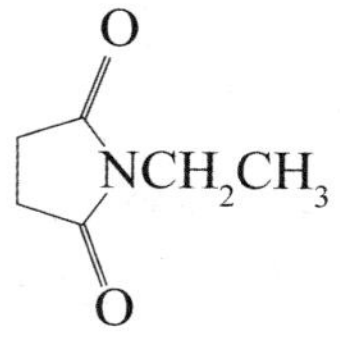

N-乙基丁二酰亚胺

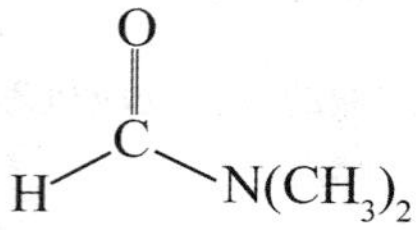

N, *N*-二甲基甲酰胺（简称DMF）

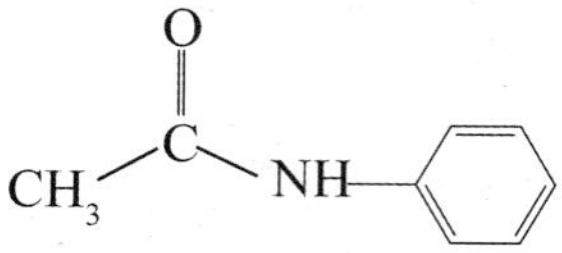

乙酰苯胺

9.5.3　酸酐的命名

两个相同的羧酸形成的酸酐称为“某酸酐”。两个不同的羧酸形成的酸酐，按照次序规则将羧酸由小到大排列，称为“某酸某酸酐”。

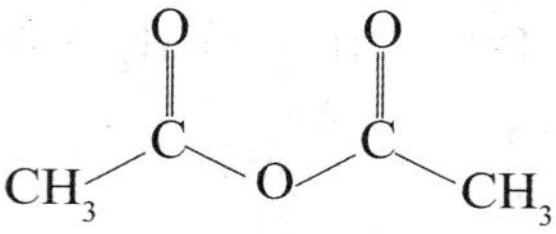

乙酸酐

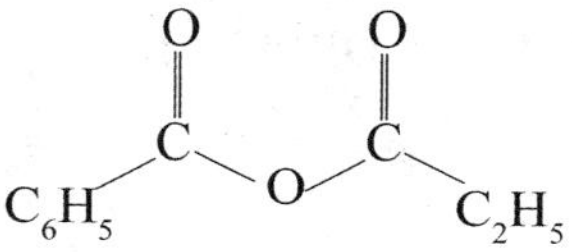

丙酸苯甲酸酐

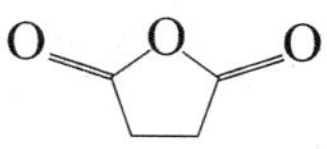

丁二酸酐

9.5.4　酯的命名

酯按照对应的羧酸和醇进行命名，称为“某酸某酯”，第一个“某”表示酸，第二个“某”表示醇。多元醇形成的酯称为“某醇某酸酯”。

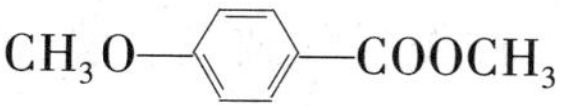

对甲氧基苯甲酸甲酯

CH_2OCOCH_3
|
CH_2OCOCH_3

乙二醇二乙酸酯

9.6　羧酸衍生物的物理性质

常温下，低级羧酸衍生物为液体，低级酰卤和酸酐有刺激性气味，低级酰胺有特殊气味，低级酯有香味，高级羧酸衍生物均为固体。

酰卤不溶于水，低级酰卤遇水极易分解为羧酸和氢卤酸。酸酐遇水也分解，但慢于酰卤。酯微溶于水，比水轻。酰胺能与水形成氢键，低级酰胺可溶于水，有些低级酰胺(如*N*, *N*－二甲基甲酰胺等)甚至能与水混溶。羧酸衍生物均能溶于有机溶剂，且许多液态的羧酸衍生物本身就是良好的溶剂，例如乙酸乙酯。

酸酐、酰卤、酯不能形成分子间氢键，沸点低于相对分子质量相近的羧酸；酰胺形成氢键的机会多于羧酸，沸点高于相对分子质量相近的羧酸(表9-5)。

表9-5　一些羧酸衍生物的物理常数表

名称	英文名称	熔点/℃	沸点/℃
乙酰氯	acetyl chloride	-112	51
丙酰氯	propanoyl chloride	-94	80
苯甲酰氯	benzoyl chloride	-1	197
乙酸酐	acetic anhydride	-73	140
丁二酸酐	butanedioic anhydride	120	261
苯甲酸酐	benzoic anhydride	42	360
甲酸甲酯	methyl formate	-100	32
甲酸乙酯	formic acid ethyl ester	-80	54
乙酸乙酯	acetic acid ethyl ester	-83	77
甲酰胺	formamide	3	200(分解)
乙酰胺	acetamide	81	222
苯甲酰胺	benzamide	130	290

9.7　羧酸衍生物的危险性

低级羧酸衍生物大多易燃易爆，尤其是酯和酸酐。例如，甲酸甲酯爆炸极限为5.0%~20.0%(体积分数)，闪点低于-20℃；乙酸乙酯爆炸极限为2.1%~11.5%(体积分数)，闪点为-4℃；乙酸酐爆炸极限为1.2%~9.9%(体积分数)，闪点为40℃，自燃点为185℃。酯的燃烧速度较快，甚至要快于相同碳原子数的醇，但慢于相同碳原子数的醛酮。

大多数酰卤、酸酐、酯对皮肤和黏膜有刺激性，挥发性酰卤具有催泪效果。部分酰卤具有腐蚀性，例如乙酰溴为酸性腐蚀品。多数酸酐、羧酸酯生理毒性低，部分酯毒性较高，可用作农药，例如有机磷酸酯等。部分酰胺具有一定的肝肾毒性、神经毒性和致癌性，例如*N*，*N*-二甲基甲酰胺、丙烯酰胺等；有些酰胺可用作抗生素类药物，如β-内酰胺类化合物。另外，乙酸酐可用来合成海洛因，因此在我国被列为第一类易制毒化学品，购买乙酸酐需持有公安部门的证明。

9.8　羧酸衍生物的结构与化学性质

9.8.1　羧酸衍生物的结构

在羧酸衍生物中，含有未成键电子对的杂原子(X、O、N，下图统记为Z)直接与碳氧双键相连，形成p-π共轭体系，使碳—杂原子键具有部分双键的性质。

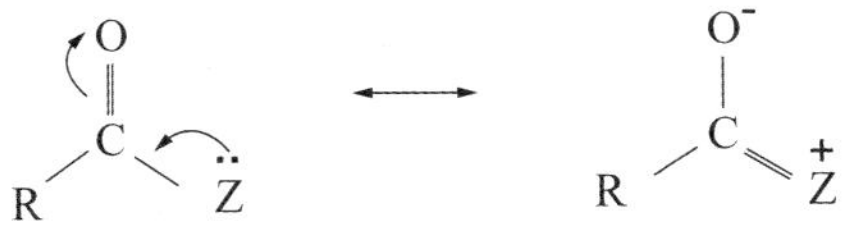

p－π 共轭效应的强弱主要受杂原子大小的影响。C、N、O 位于同一周期，原子半径较为接近，发生共轭时原子轨道重叠较好，因而酰胺与酯的共轭效应较强。酸酐中，氧原子的未成键电子对同时与两个羰基发生共轭，对其中一个羰基而言，共轭程度要比酯差些。Cl 原子半径与 C 原子差别较大，发生共轭时原子轨道的重叠程度相对差些，因而酰氯的共轭效应较弱。羧酸衍生物的共轭效应由强到弱有：

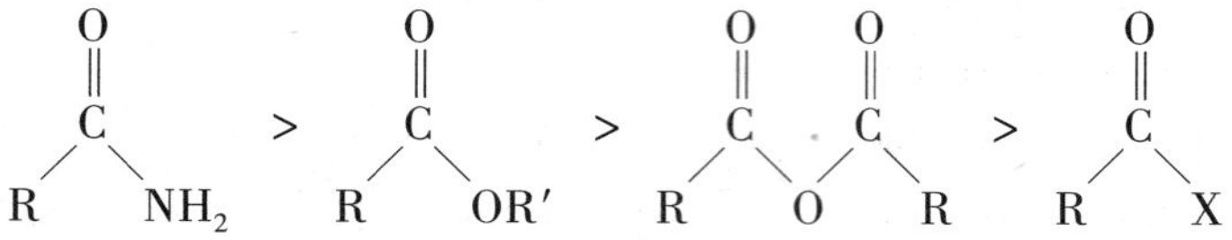

共轭效应越强，碳—杂原子键就越稳定，相应的化合物也就越稳定。

9.8.2 亲核取代反应

羧酸衍生物的亲核取代反应机理与羧酸类似，也是一个亲核加成－消除的联合过程，也可以称为酰基化反应。其反应过程如下式所示。

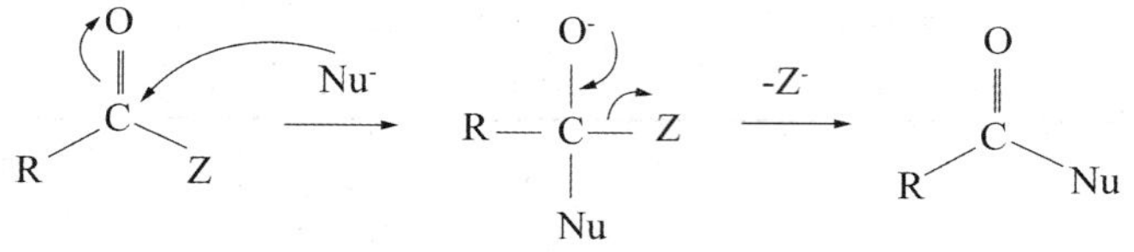

（I）

羧酸衍生物亲核取代反应的活性大小与其共轭效应的强弱恰好相反。杂原子基团—Z 与碳氧双键之间的共轭效应越强，该杂原子基团被取代掉就越困难。羧酸衍生物中杂原子基团离去能力强弱同样影响着亲核取代反应发生的难易程度。在反应中间体（I）中，杂原子基团—Z 的离去能力强于—Nu 时，亲核取代反应易发生，反之，反应不易发生。二者离去能力相当时，反应为可逆反应。通常情况下，羧酸衍生物亲核取代反应活性由大到小有：酰卤 > 酸酐 > 酯 > 酰胺。

此外，羧酸衍生物上连有的吸电子取代基越多，其亲核取代反应速率也会越快。

1. 水为亲核试剂的反应——水解（hydrolysis）

羧酸衍生物发生水解反应时（见图 9－4），亲核试剂 H_2O 以氧原子对羧酸衍生物发起亲核进攻，形成新的 C—O 键并消除一分子 HZ（例如 HX、RCOOH、ROH、NH_3 等），羧酸衍生物最终变成羧酸。碱的存在能中和生成的酸，从而促进水解反应的进行。

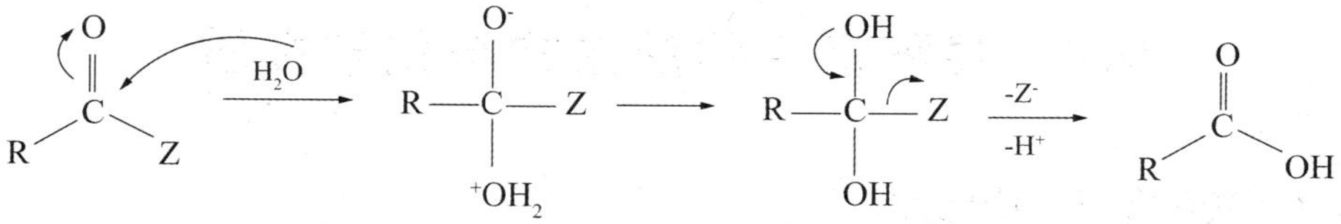

Z＝X，OCOR′，OR′，NH_2等

图 9－4　羧酸衍生物的水解反应机理

尽管羧酸衍生物的水解产物都是羧酸或羧酸盐，但不同种类的羧酸衍生物发生水解反应的条件不同，卤素—X 及酰氧基—OCOR 的离去能力均强于羟基—OH，因此酰卤与酸酐易

水解。低级酰卤的水解反应很猛烈，例如乙酰氯在潮湿空气中就能水解放出盐酸而发烟。高级酰卤及酸酐不溶于水，因而水解反应相对缓慢。

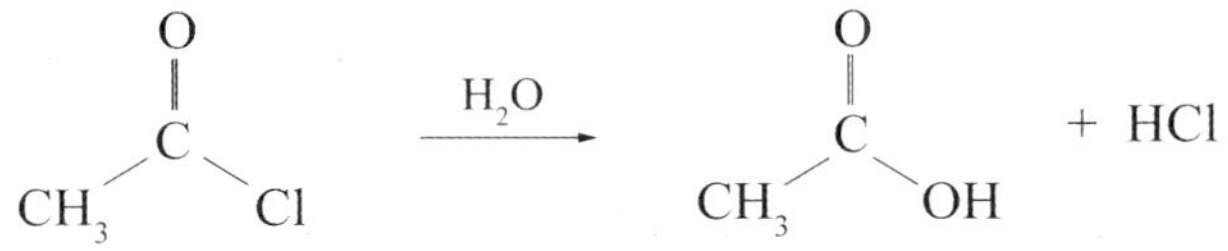

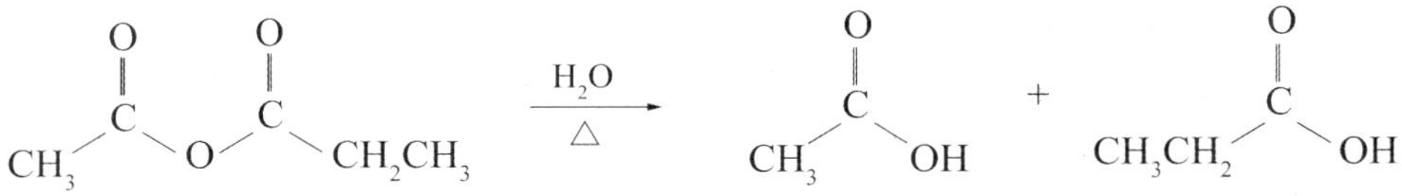

烷氧基—OR 的离去能力与羟基—OH 类似，因而酯的水解反应是一个可逆反应。碱的存在可以将产物羧酸变为羧酸盐，使反应变得不可逆，从而促进平衡向生成羧酸的方向移动。酯在碱性条件下的水解反应也称为皂化反应(saponification)。

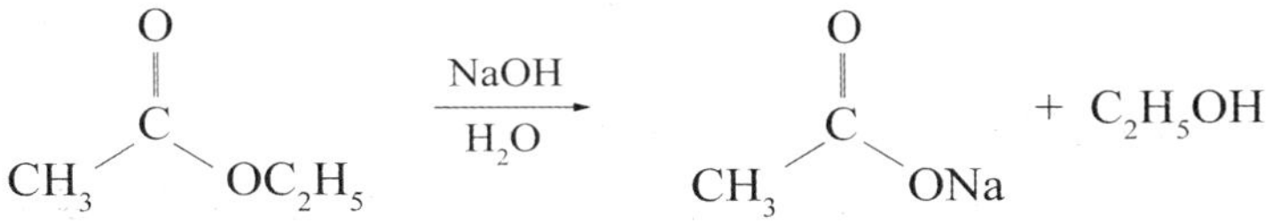

氨基—NH_2的离去能力弱于羟基—OH，酰胺的水解反应需要在强酸(可用来除去产物NH_3)或强碱(可用来除去产物羧酸)的催化作用下长时间加热回流才能顺利进行。

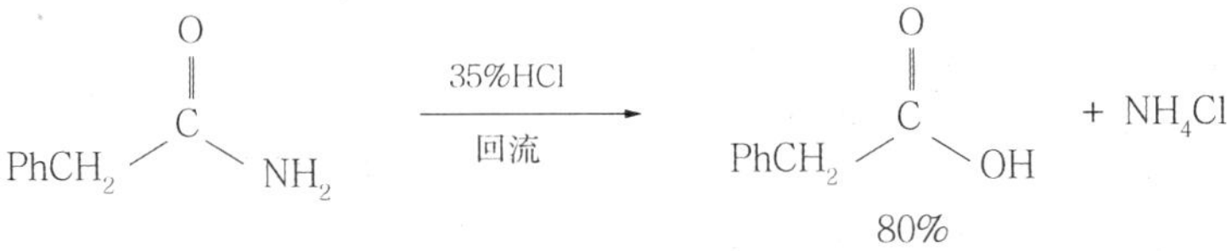

2. 醇为亲核试剂的反应——醇解(alcoholysis)

羧酸衍生物发生醇解反应时(见图 9-5)，亲核试剂 ROH 以氧原子对羧酸衍生物发起亲核进攻，形成新的 C—O 键并消除一分子 HZ(例如 HX、RCOOH、ROH 等)，羧酸衍生物最终变成酯。

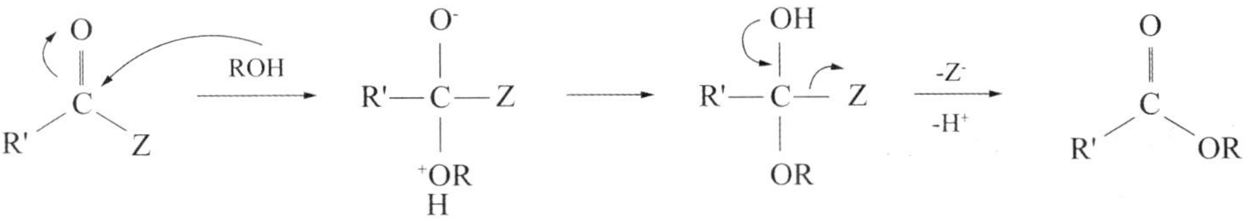

Z = X，OCOR，OR等

图 9-5　羧酸衍生物醇解反应机理

卤素—X 及酰氧基—OCOR 的离去能力均强于烷氧基—OR，酰卤与酸酐易醇解，这也是制备酯的常用方法之一。氨基—NH_2的离去能力弱于烷氧基—OR，酰胺不易醇解。

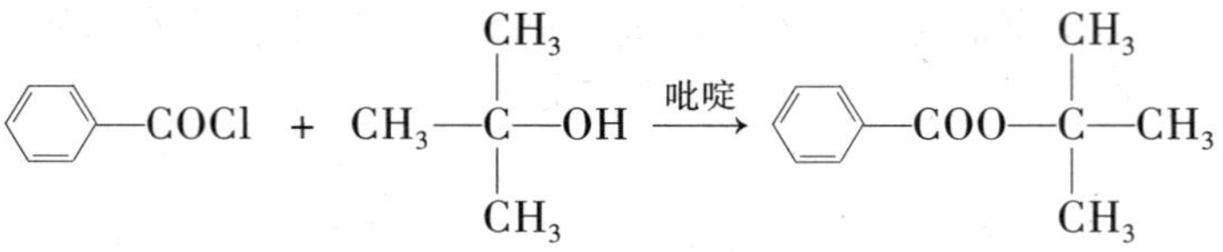

85%

酯通过醇解反应将生成新的酯，又称为酯交换反应(ester exchange)。酯交换反应为可逆反应，通常用小分子醇的酯来制备大分子醇的酯，通过蒸馏的方法将小分子醇从反应体系中分离出来，从而使平衡不断向生成大分子醇的酯的方向移动。工业上通过对苯二甲酸二甲酯与乙二醇的酯交换反应来生产聚酯。聚酯用作纤维时又称为涤纶，聚酯纤维做成的衣服抗皱耐磨，不走样，不褪色。

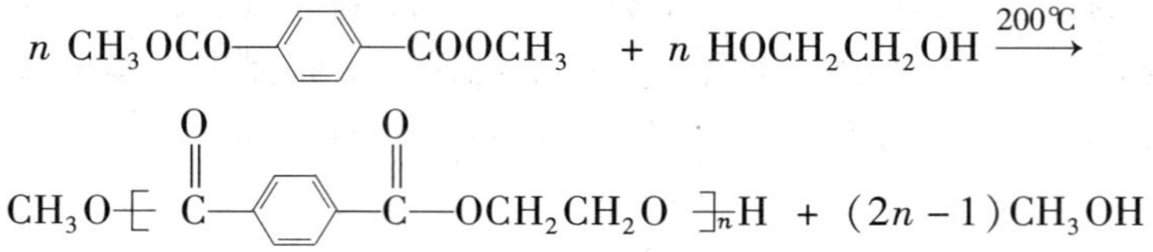

3. 氨为亲核试剂的反应——氨(胺)解(ammonolysis)

羧酸衍生物发生氨解反应时，亲核试剂 NH_3 以氮原子对羧酸衍生物发起亲核进攻，形成新的 C—N 键并消除一分子 HZ(例如 HX、RCOOH、ROH、NH_3 等)，羧酸衍生物最终变成酰胺。若用胺代替氨作为亲核试剂，羧酸衍生物发生的亲核取代反应就称为胺解。

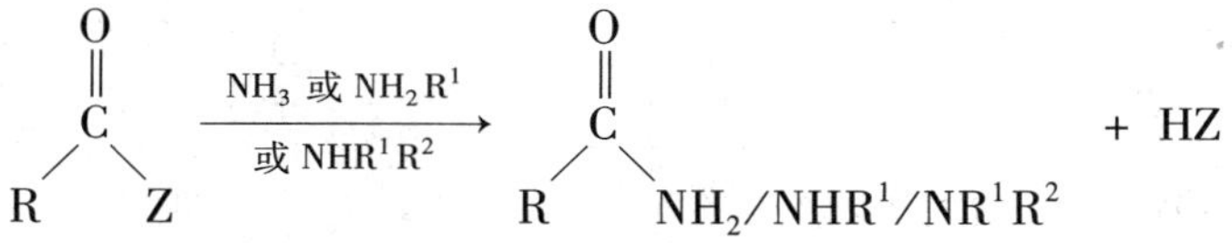

Z = X，OCOR′，OR′，NH_2 等

卤素、酰氧基、烷氧基的离去能力均强于氨基，因此酰卤、酸酐、酯均易氨解，这也是制备酰胺的有效方法。酰胺也能发生氨解反应，但为可逆反应。

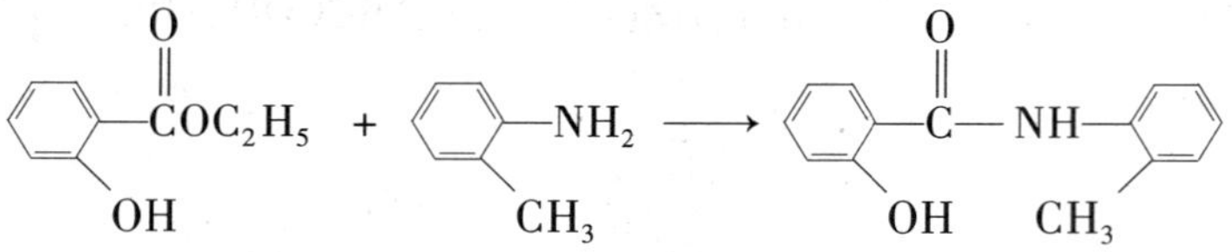

77%

4. 格氏试剂为亲核试剂的反应

格氏试剂与羧酸衍生物反应常生成醇，这是一个亲核取代 - 亲核加成的联合过程。

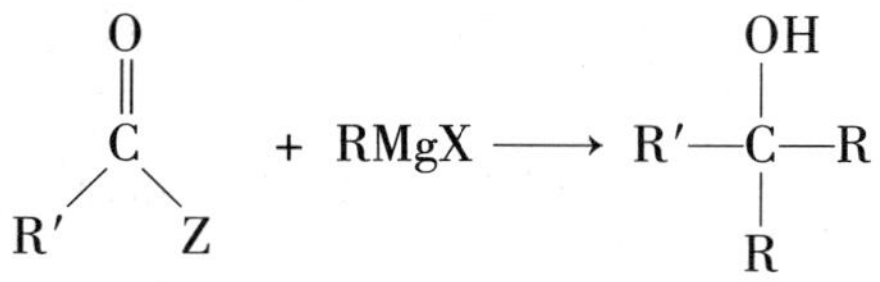

反应过程中(见图 9 - 6)，格氏试剂 RMgX 以烃基负离子 R^- 对羧酸衍生物发起亲核进攻，取代掉羧酸衍生物的杂原子基团—Z 而生成酮。然而，酮的反应活性很高，很容易继续接受格氏试剂的亲核进攻而发生亲核加成反应，最终产物为醇。

酰卤与格氏试剂反应时，由于酰卤羰基的反应活性高于酮羰基，通过对反应温度、格氏

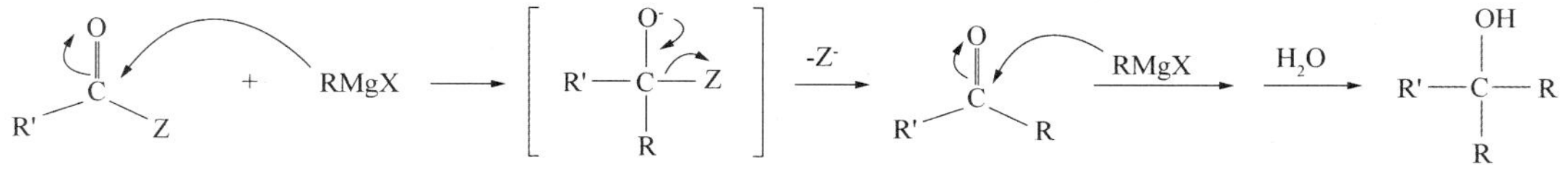

图 9－6　羧酸衍生物与格氏试剂的反应机理

试剂的烃基结构及用量等因素的控制，例如低温下使用大空间位阻的格氏试剂或大空间位阻的酰卤，产物可停留在酮的阶段。

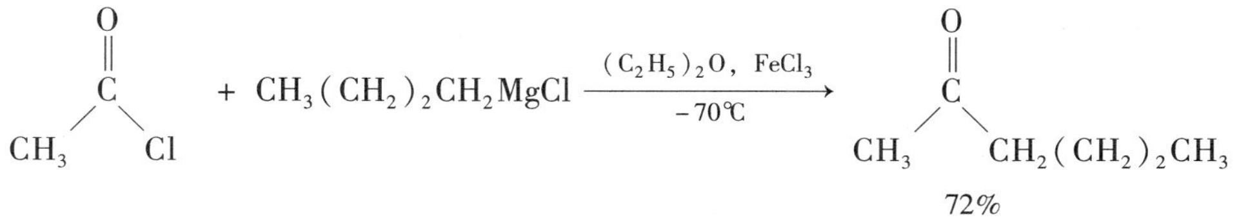

9.8.3　还原反应

羧酸衍生物还原反应的难易程度与其亲核取代反应难易程度一致，由易到难有：酰卤 > 酸酐 > 酯 > 酰胺。

1. 催化氢化

酰氯、酯、酸酐在一般的催化剂作用下加氢还原，可生成相应的醇。例如，工业上常用铜基催化剂来催化植物油和脂肪的加氢还原，植物油和脂肪均为甘油的脂肪酸酯。

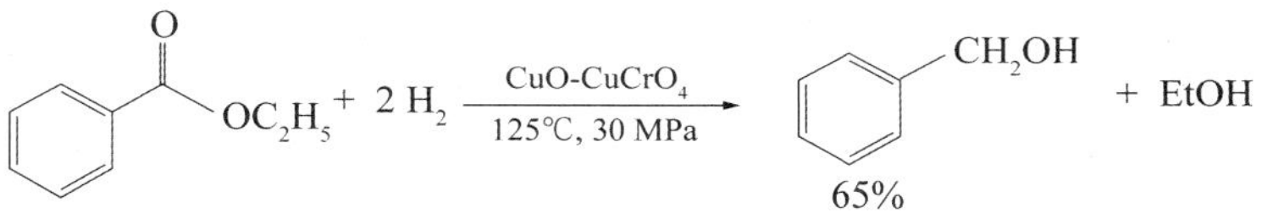

酰胺在催化氢化的条件下可被还原为相应的胺，但反应较其他羧酸衍生物困难。

酰氯在部分失活的钯催化剂作用下加氢还原，产物可停留在醛的阶段，该反应称为 Rosenmund（罗森孟）还原。该反应通过将 Pd 沉积在 $BaSO_4$ 上并加入硫－喹啉等作为抑制剂以降低催化剂活性。

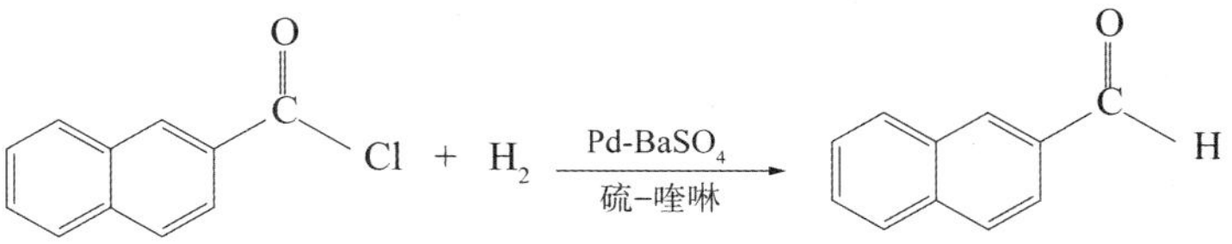

2. 金属氢化物还原

酰氯、酸酐和酯在氢化铝锂 $LiAlH_4$ 的作用下可被还原为相应的醇。该类反应是先通过 $LiAlH_4$ 的氢负离子 H^- 对酰卤、酸酐或酯的羰基发生亲核取代而生成醛，醛继续被 $LiAlH_4$ 还原生成醇。

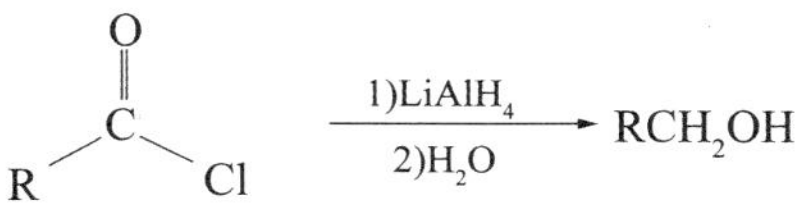

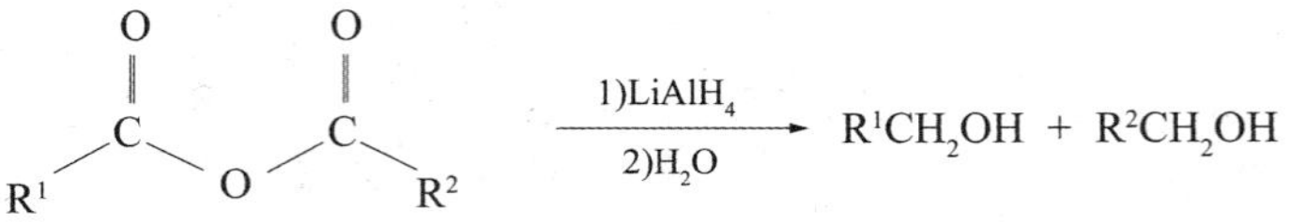

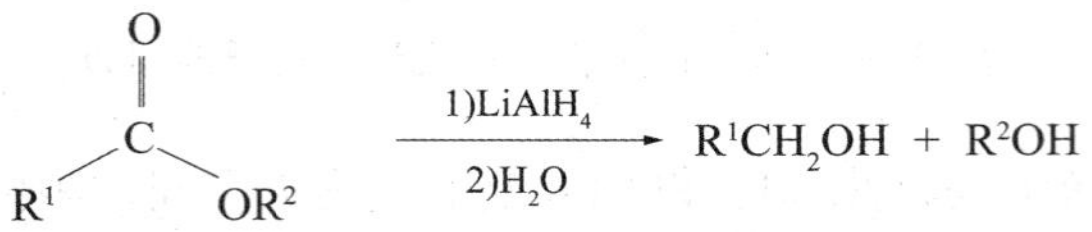

酰胺可被 $LiAlH_4$还原为相应的胺。反应过程中，$LiAlH_4$先将酰胺还原为亚胺，然后再还原为胺。

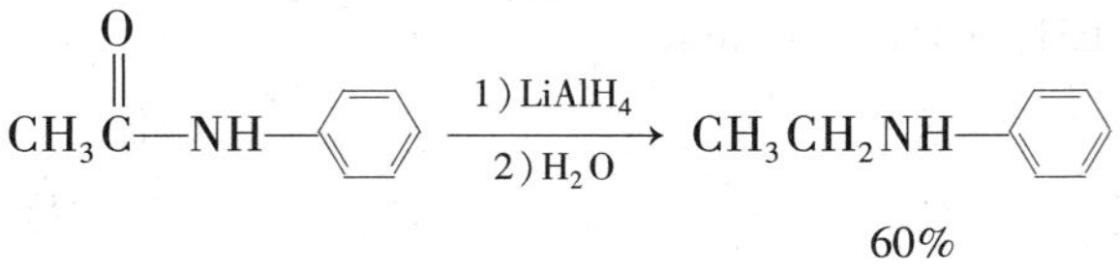

9.8.4 α－氢的反应

酯的 α－氢不活泼。制备 α－卤代酯时，通常先由相应的羧酸经 α－氢的卤代反应制备 α－卤代羧酸，后者再经过酯化可生成相应的 α－卤代酯。

含 α－氢的酯在碱的作用下可发生双分子缩合反应，生成β－羰基酯(又称β－酮酸酯)，同时失去一分子醇，该反应称为 Claisen(克莱森)酯缩合反应。

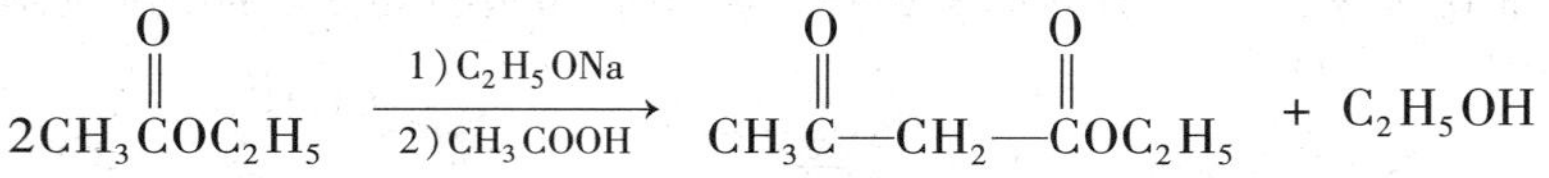

该反应机理如图 9－7 所示。酯在强碱(如醇钠 RONa)的作用下脱除 α－氢，生成具有亲核性的 α－碳负离子。该 α－碳负离子对另一分子酯进行亲核取代，即可生成β－羰基酯。β－羰基酯常具有较强的酸性，在强碱性环境中以稳定的β－羰基酯负离子的形式存在。在缩合反应完成时，用醋酸酸化可得最终产物β－羰基酯。可见，酯缩合反应在本质上仍属于酯的亲核取代反应，亲核试剂为酯失去 α－氢而变成的 α－碳负离子。

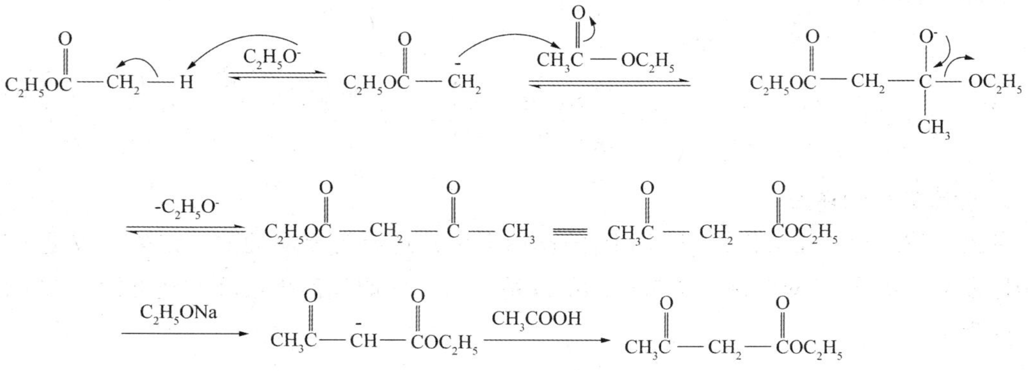

图 9－7　Claisen 酯缩合反应机理

酯在醇钠作用下生成 α－碳负离子的反应较困难，且酯缩合的前几步反应均是可逆反应，正是强酸性的β－羰基酯与醇钠之间的酸碱中和反应才保证了酯缩合反应得以顺利进行。若酯的 α－碳上只有一个氢原子，则需要在更强的碱(例如三苯甲基钠)的作用下才能发生酯缩合反应。

含有 α - 氢的酯与不含 α - 氢的酯之间可以发生交叉酯缩合反应。其中，含有 α - 氢的酯脱 α - H^+ 后作为亲核试剂，取代掉不含 α - 氢的酯中酯基的烷氧基。例如：

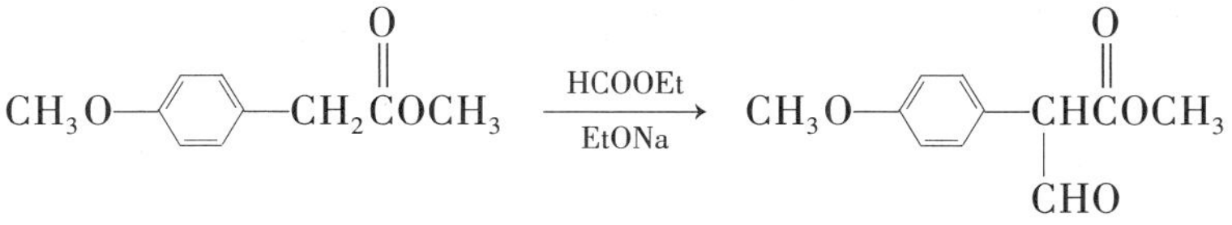

二元羧酸酯在碱作用下可发生分子内酯缩合反应，生成环状 β - 羰基酯，称为 Dieckmann（狄克曼）酯缩合。该反应常用来制备五元或六元环状 β - 羰基酯。

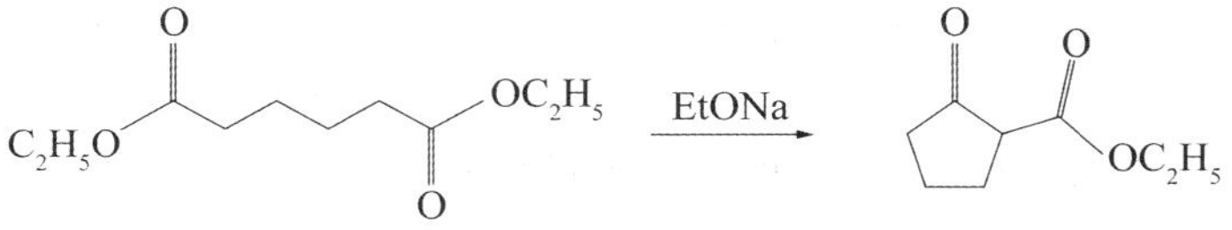

9.8.5 酰胺的特殊反应

1. 酸碱性

与碱性的氨相比，酰胺中氮原子上的未成键电子对通过 p - π 共轭作用离域到了碳氧双键上，加之受电负性较大的氧原子吸电子作用的影响，氮原子上的电子云密度大大降低，其结合质子显示碱性的能力大大减弱。通常条件下，酰胺的水溶液显中性。例如，乙酰胺的 pK_a 为 15.1，与水（pK_a 为 15.7）接近。

氮原子上连有两个酰基的酰亚胺碱性比酰胺更弱，常显示弱酸性，能与强碱（如 KOH）发生酸碱中和反应。

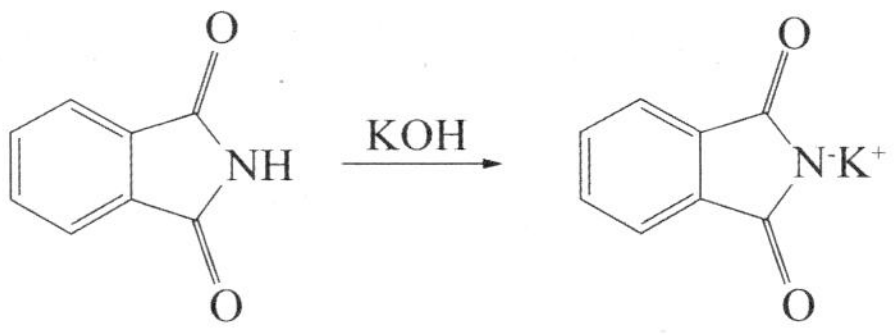

2. Hofmann（霍夫曼）降解反应

酰胺在碱溶液中与溴或氯作用，可脱去羰基，生成比酰胺反应物少一个碳原子的伯胺，该反应称为 Hofmann（霍夫曼）降解反应。该反应虽然过程很复杂，但产率很高，产物较纯，在有机合成中常用来制备减少一个碳原子的伯胺。

$$(CH_3)_3CCH_2\overset{\overset{\displaystyle O}{\|}}{C}NH_2 + Br_2 + NaOH \longrightarrow \underset{94\%}{(CH_3)_3CCH_2NH_2}$$

工业上常使用次氯酸钠 NaOCl 的碱溶液来与酰胺进行 Hofmann 降解反应。

3. 脱水反应

酰胺在脱水剂存在下加热可发生脱水反应，生成腈。这是合成腈最常用的方法之一，常用脱水剂为亚硫酰氯和五氧化二磷。

$$CH_3(CH_2)_3\underset{\displaystyle C_2H_5}{\underset{|}{C}}HCONH_2 \xrightarrow[\text{苯，75～80℃}]{SOCl_2} \underset{90\%}{CH_3(CH_2)_3\underset{\displaystyle C_2H_5}{\underset{|}{C}}HCN} + H_2O$$

9.9 β-二羰基化合物概述

结构中含有两个羰基且两个羰基之间间隔一个亚甲基的化合物，称为β-二羰基化合物。例如

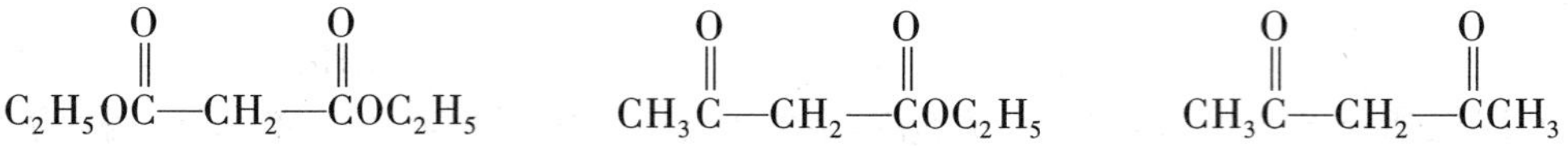

丙二酸二乙酯　　　　乙酰乙酸乙酯　　　　乙酰丙酮

其中，丙二酸二乙酯和乙酰乙酸乙酯均是国家标准 GB 2760—2014 允许使用的食用香料。

β-二羰基化合物普遍存在酮式结构与烯醇式结构之间的互变异构，二者之间是一个动态的平衡。以乙酰乙酸乙酯为例，能与 NH_2OH、NH_2NHPh、$NaHSO_3$反应表明其酮式结构的存在，能与 Na 反应、遇 $FeCl_3$显紫红色表明其烯醇式结构的存在。实验测得，室温下乙酰乙酸乙酯中酮式结构占 92.5%，烯醇式结构占 7.5%。

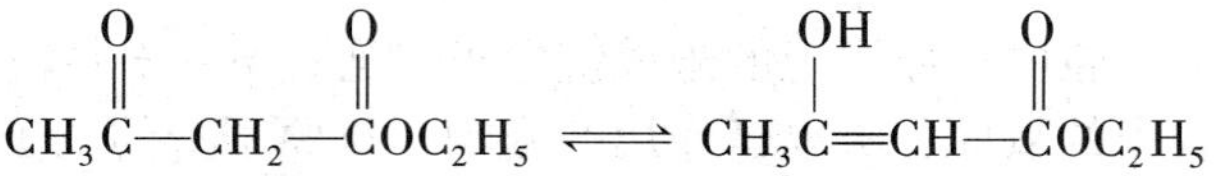

酮式结构(92.5%)　　　　烯醇式结构(7.5%)

β-二羰基化合物中，两个羰基之间的亚甲基具有较强的酸性，极易在碱的作用下脱去质子而变为碳负离子，该亚甲基称为活泼亚甲基。由于活泼亚甲基的存在，β-二羰基化合物可用作良好的亲核试剂，广泛应用于有机合成中。例如，丙二酸二乙酯在碱的作用下可与卤代烃发生亲核取代反应，再结合酯的碱性水解反应以及酸的脱羧反应，可以制备单取代乙酸和二取代乙酸。

制备单取代乙酸举例：以丙二酸二乙酯及合适的卤代烃为原料，合成3-甲基戊酸。

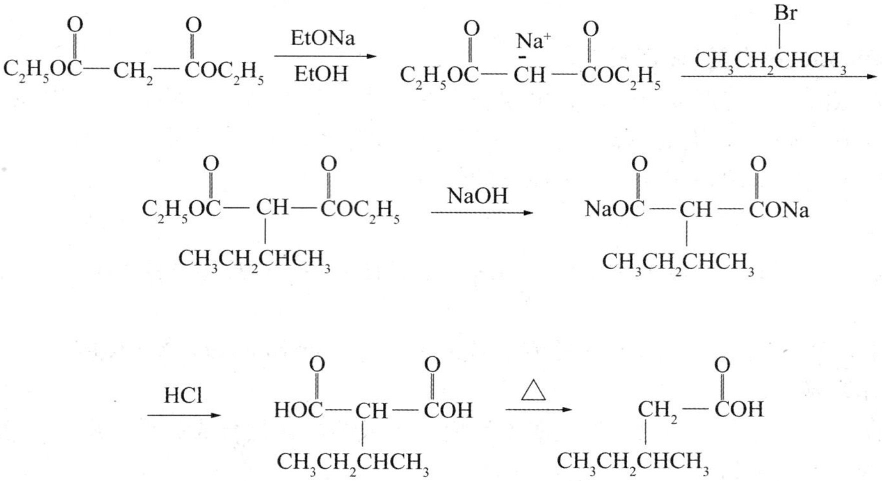

3-甲基戊酸（单取代乙酸）

制备二取代乙酸举例：以丙二酸二乙酯及合适的卤代烃为原料，合成2-甲基戊酸。

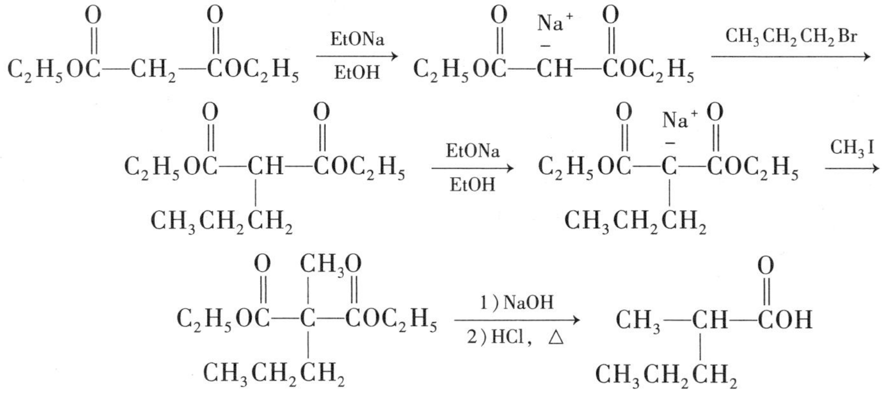

2－甲基戊酸(二取代乙酸)

乙酰乙酸乙酯在碱的作用下也可以与卤代烃发生亲核取代反应，再结合酯的碱性水解反应以及酸的脱羧反应，可以制备单取代丙酮和二取代丙酮。

制备二取代丙酮举例：以乙酰乙酸乙酯及合适的卤代烃为原料，合成3－甲基－2－戊酮。

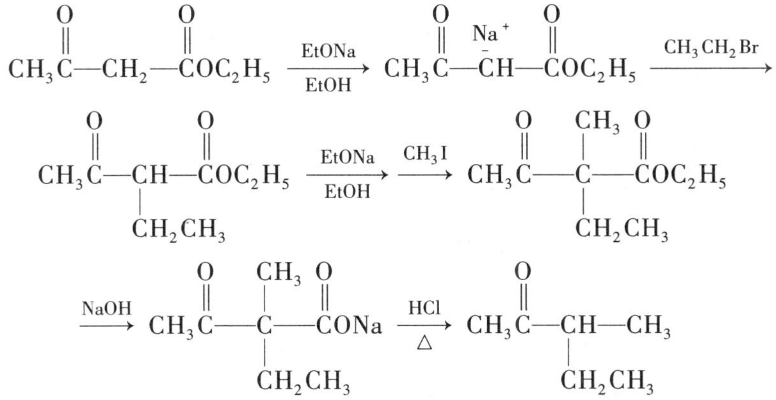

3－甲基－2－戊酮(二取代丙酮)

连有两个强吸电子基(例如—CHO、—COR、—COOH、—COOR、—CN、$—NO_2$等)的亚甲基一般都属于活泼亚甲基，含有活泼亚甲基的化合物称为活泼亚甲基化合物。活泼亚甲基化合物在碱的作用下均易失去活泼亚甲基上的氢从而具有亲核性。例如：

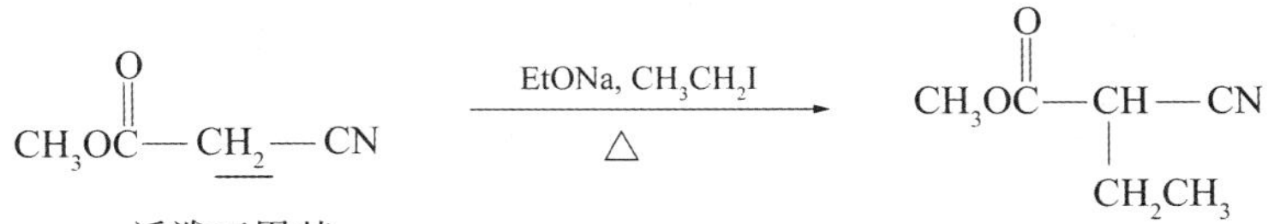

活泼亚甲基

活泼亚甲基化合物在弱碱(胺、吡啶、哌啶等)的作用下可与醛酮发生亲核加成反应并脱水，生成原活泼亚甲基上连有碳碳双键的化合物。该缩合反应称为Knoevenagel(脑文格)缩合，其本质上类似于交叉羟醛缩合反应。

活泼亚甲基

活泼亚甲基化合物与 α,β－不饱和化合物的加成称为 Michael（迈克尔）加成。反应过程中，活泼亚甲基化合物进攻的不是 α,β－不饱和化合物中的羰基碳原子，而是碳碳双键上的 β－碳原子。以 α,β－不饱和化合物中 C═C 与 C═O 组成的 $\pi-\pi$ 共轭体系为反应载体，以其羰基氧为 1，以其 β－碳原子为 4，发生了类似于 1,3－丁二烯的 1,4－加成的反应（详见第 3 章 3.9.1）。反应过程中，活泼亚甲基化合物加在 β－碳原子上，氢加在羰基氧原子上，生成烯醇式结构的化合物。然后经过烯醇式结构与酮式结构之间的互变异构，生成 β－取代的羰基化合物。

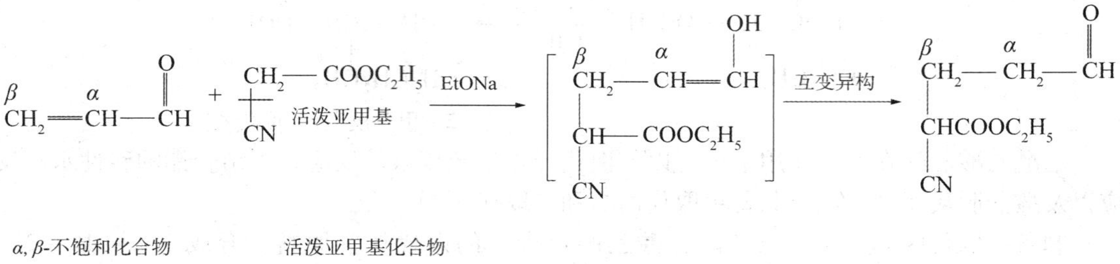

【阅读材料】

阅读材料 1：羧酸及其衍生物中的典型危险化学品

《首批重点监管的危险化学品名录》中，羧酸及其衍生物类危险化学品有：丙烯酸、碳酰氯、乙酸乙酯、乙酸乙烯酯、硫酸二甲酯、氯甲酸三氯甲酯。

丙烯酸为无色挥发性液体，有刺激性气味。混溶于水、醇、醚。熔点 13℃，沸点 141℃，相对密度（水＝1）1.05，闪点 50℃。

用途：主要用于制造树脂、合成橡胶乳液等。

危险性：易燃，蒸气可与空气形成爆炸性混合物，遇明火、高热或与氧化剂接触能引起燃烧爆炸。对眼和皮肤有强烈刺激作用。

火灾扑救：用大量水冷却容器。建议消防人员佩戴防毒面具，穿防腐、防毒服。灭火剂：干粉、二氧化碳、抗溶性泡沫、雾状水。

急救：若吸入，迅速脱离现场至空气新鲜处。保持呼吸道通畅。如呼吸困难，给氧。如呼吸停止，立即进行人工呼吸。就医。若皮肤或眼睛接触，马上用清水冲洗，就医。若误食，漱口，饮牛奶或蛋清，就医。

碳酰氯，又称光气，为无色或淡黄色气体，有强烈刺激性气味。微溶于水并逐渐水解，易溶于苯、四氯化碳等。沸点 8.2℃。相对密度（空气＝1）为 3.4。

用途：主要用于有机合成，还用于制造农药、染料、塑料、橡胶等。

危险性：不燃，主要损害呼吸道，毒性比氯气大 10 倍。

急救：若吸入，迅速脱离现场至空气新鲜处。保持呼吸道通畅。如呼吸困难，给氧。如呼吸停止，立即进行人工呼吸。吸入 β2 激动剂、口服或注射皮质类固醇治疗支气管痉挛。就医。若皮肤或眼睛接触，马上用清水冲洗，就医。

乙酸乙酯为无色易挥发液体，有芳香气味。微溶于水，溶于醇、醚。沸点 77.2℃，相对密度（水＝1）0.90，闪点 －4℃。

用途：主要用作溶剂，以及一些染料、香料及医药中间体的合成。

危险性：易燃，蒸气可与空气形成爆炸性混合物，遇明火、高热或与氧化剂接触能引起燃烧爆炸。蒸气比空气重，沿地面扩散并易积存于低洼处，遇火源会着火回燃。有麻醉作用、刺激作用及致敏作用。

火灾扑救：用大量水冷却容器。灭火剂：干粉、二氧化碳、抗溶性泡沫、砂土。

急救：若吸入，迅速脱离现场至空气新鲜处。保持呼吸道通畅。如呼吸困难，给氧。如呼吸停止，立即进行人工呼吸。就医。若皮肤或眼睛接触，马上用清水冲洗，就医。若误食，饮水催吐，就医。

阅读材料2：氧化反应的危险性分析

氧化反应是特别容易发生燃烧爆炸事故的一类反应。首先，氧化反应需要加热，有的氧化反应需要在600℃的高温下进行，但反应过程又是放热反应，若反应过程中散热不及时，就会使反应温度迅速增加，进而引发爆炸。其次，被氧化的物质大部分是易燃易爆物质，例如，制苯甲酸的原料甲苯、制环氧乙烷的原料乙烯、制甲醛的原料甲醇等都高度易燃易爆。再次，氧化过程所使用的氧化剂有较大的火灾危险性。如高锰酸钾、铬酸酐等在一定条件下遇到有机物就能着火爆炸，有机过氧化物类氧化剂本身就是易燃易爆物质。当使用空气作为氧化剂时，有些反应所使用的原料与空气的配比接近该原料的爆炸下限，一旦配比失调，加之温度控制不当，极易爆炸起火。最后，氧化产品有些也具有爆炸危险性，如环氧乙烷、甲醛等。有些氧化过程还会产生过氧化物副产物，过氧化物在高温、摩擦或撞击时便会分解或燃烧爆炸。

【习题】

一、命名下列化合物或写出结构式。

(1) 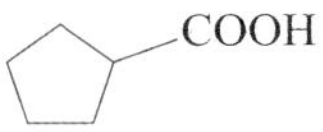

(2) 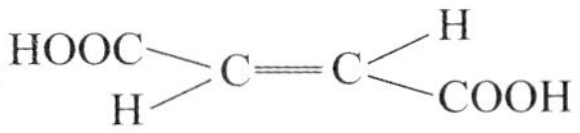

(3) 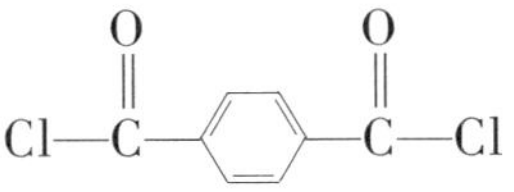

(4) 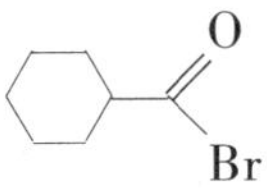

(5) 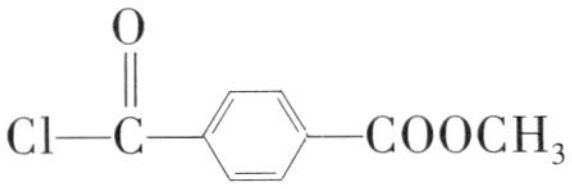

(6) 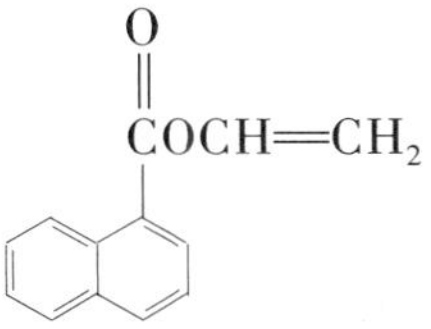

(7) 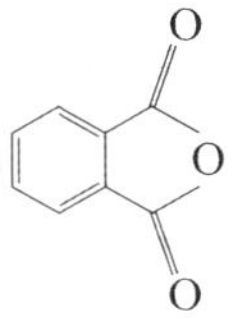

(8) 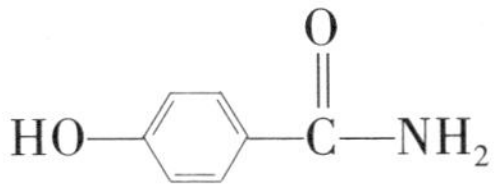

(9) $CH_3\overset{\overset{O}{\|}}{C}O\overset{\overset{O}{\|}}{C}CH_2CH_3$

(10) $CH_3(CH_2)_4\overset{\overset{O}{\|}}{C}OCH_2CH{=}CH_2$

(11) 异戊酸异戊酯

(12) 苯甲酸顺－3－己烯酯

二、写出反应的主要产物。

(1) $HOOCCH_2CH_2CH_2COOH \xrightarrow[\triangle]{\text{过量 } NH_3} ? \xrightarrow[NaOH]{\text{过量 } Br_2}$

(2) 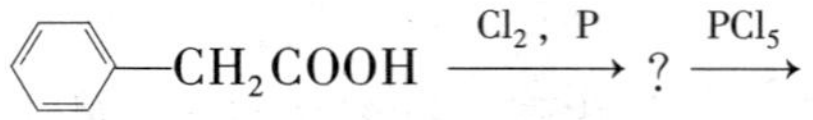

(3) $CH_3CH(CH_3)CH_2COONa + CH_3COCl \longrightarrow$

(4) $HOCH_2CH_2CH(C_2H_5)CH_2COCl \xrightarrow{\text{吡啶}}$

(5) $CH_3CH_2COOCOCH_2CH_3 \xrightarrow[\triangle]{NH_3}$

(6) $(CH_3)_3C-\overset{O}{\overset{\|}{C}}-Cl \xrightarrow[2)\ H_2O]{1)\ PhMgBr}$

(7) 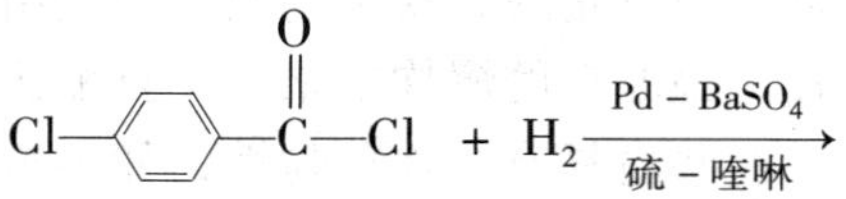

(8) $(CH_3)_2CHCH_2COOCH_3 \xrightarrow[2)\ CH_3COOH]{1)\ C_2H_5ONa}$

(9) 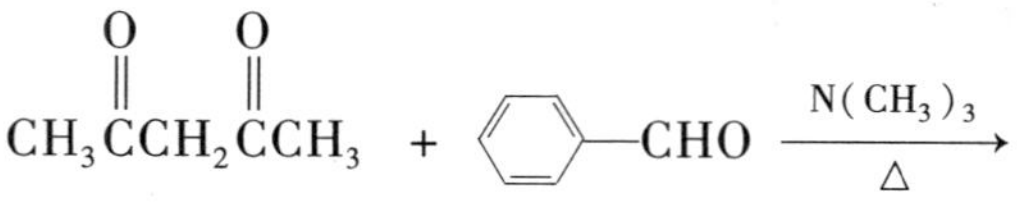

(10) 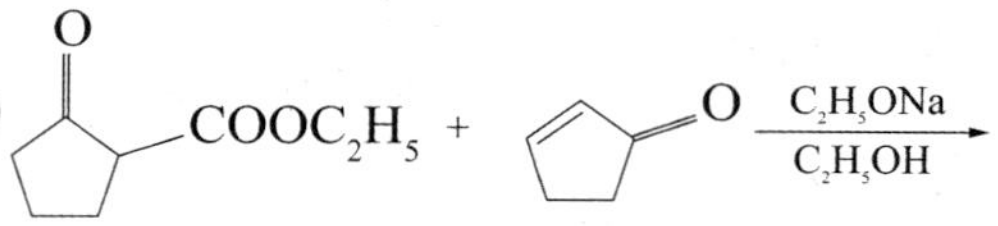

(11) $CH_3CH_2CH(COOH)CH_2\overset{O}{\overset{\|}{C}}-OC_2H_5 \xrightarrow{1\ mol\ CH_3CH_2MgCl}$

(12) 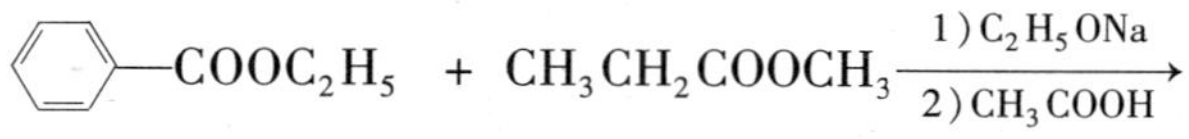

三、请将下列各组化合物按照酸性由高到低的顺序排列。

(1) $CH_2FCH_2CH_2COOH$　　$CH_3CH_2CHFCOOH$　　CH_3CHFCH_2COOH

(2) $CH_2{=}CHCH_2COOH$　　$HOOCCH_2COOH$　　CH_3CH_2COOH

(3) 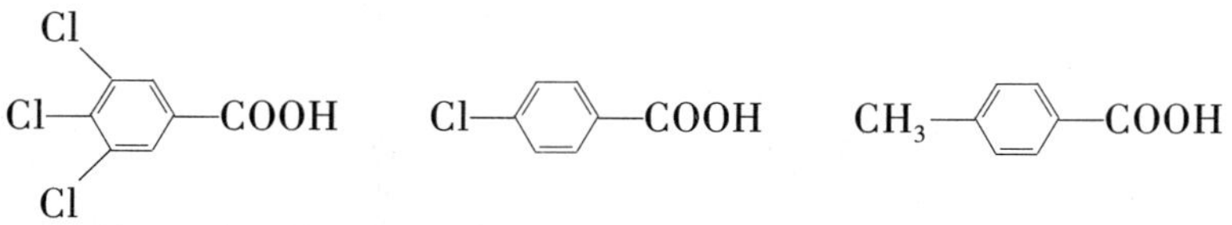

四、请写出下列化合物被 $LiAlH_4$ 还原的产物。

(1) 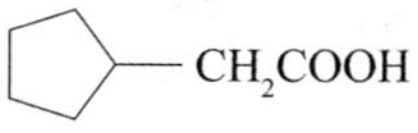

(2) 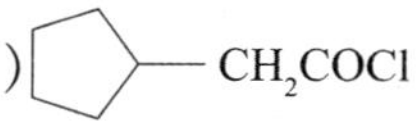

(3) 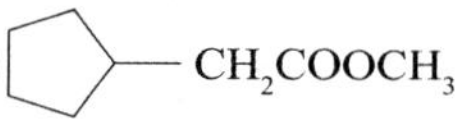

(4) 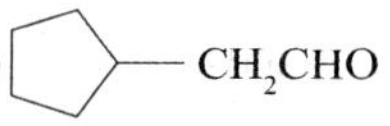

（5）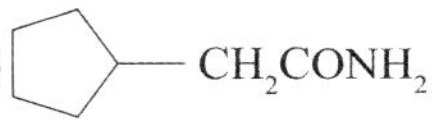　　（6）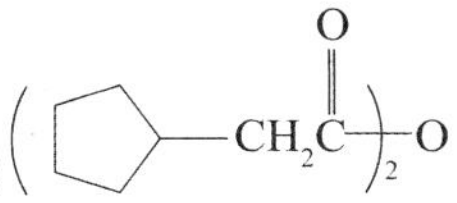

五、请分别写出下列化合物受热时的产物。

（1）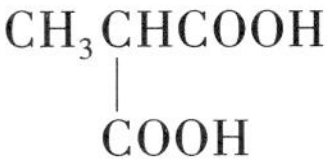　　（2）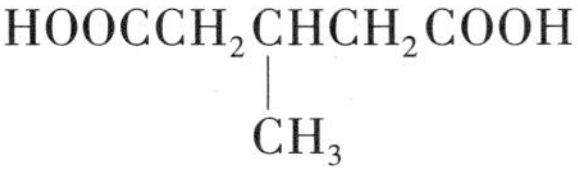

（3）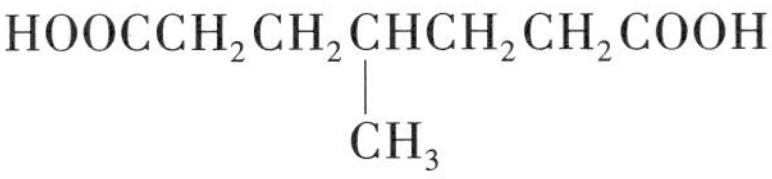　　（4）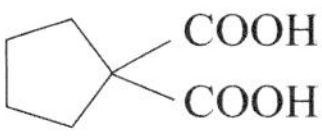

六、请把下列各组化合物按照反应速度由快到慢的顺序排列。

（1）酯化：

$CH_3CH_2CH_2CH_2COOH$　　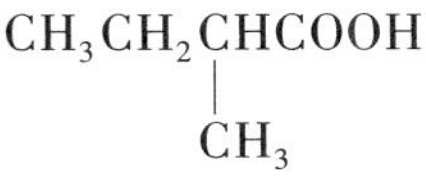　　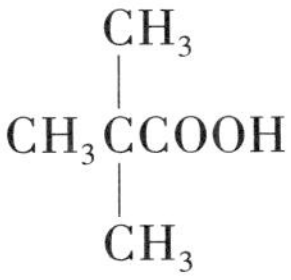

（2）醇解：

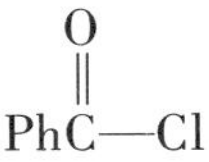　　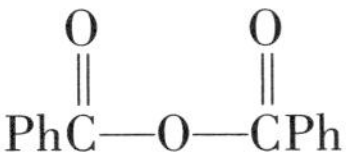　　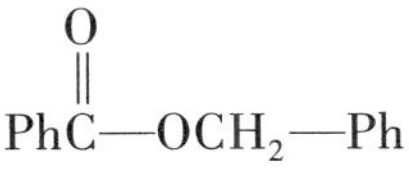　　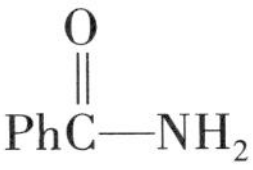

（3）水解：

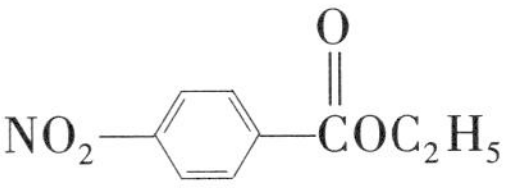　　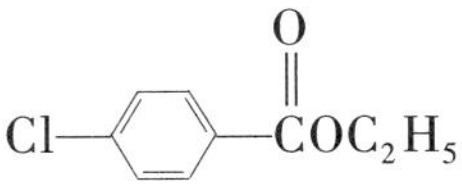

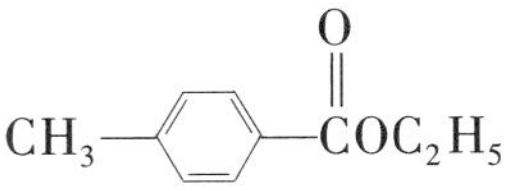　　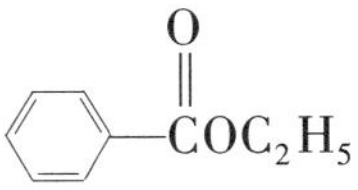

七、选择合适的格氏试剂与含氧化合物，合成3－甲基－3－戊醇 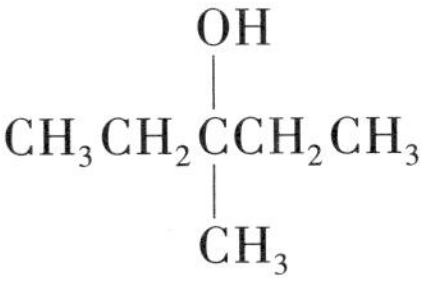 ，请至少写出三种合成方法。

八、以指定原料完成下列合成。

（1）以正丁酸为原料合成2－羟基正戊酸。

（2）以 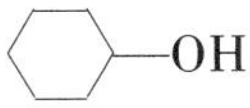 为原料合成 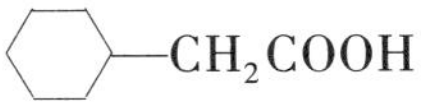 。

（3）以正戊酸为原料合成正丁胺。

（4）以乙醇为原料合成乙酰乙酸乙酯。

（5）以乙醇为原料合成3－羰基丁酰胺。

九、以乙酰乙酸乙酯或丙二酸二乙酯为原料，合成下列化合物，其他原料自选。

（1）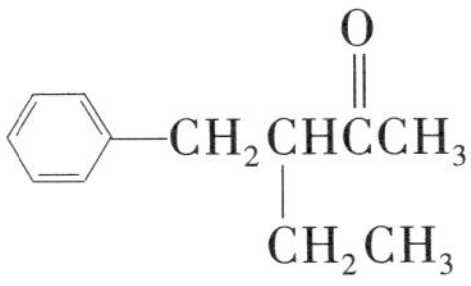　　（2）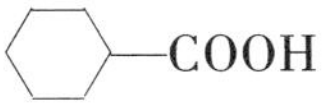

十、请用化学方法鉴别下列化合物。

2-戊酮　　乙酰丙酮　　正戊酸　　正戊酰氯

十一、化合物 A 分子式为 $C_4H_8O_2$，被 $LiAlH_4$ 还原后，在浓硫酸作用下加热可生成化合物 B（C_4H_8）。B 经臭氧化-还原可得一分子醛和一分子酮。A 与 $SOCl_2$ 反应后，再与 NH_3 反应，可得化合物 C（C_4H_9NO），C 在脱水剂的作用下受热可生成腈 D（C_4H_7N）。D 在酸性条件下水解又可重新生成化合物 A。请推断 A、B、C、D 的结构式。

十二、羧酸衍生物 A 分子式为 $C_9H_{10}O_2$，A 在 NaOH 水溶液中水解，得化合物 B（$C_8H_8O_2$）。B 在高锰酸钾氧化下生成化合物 C（$C_8H_6O_4$）。C 在铁粉存在下与溴反应，只生成一种一溴代化合物 D（$C_8H_5BrO_4$）。试写出 A、B、C、D 的构造式。

第10章　含氮有机化合物

含氮有机化合物可视为烃分子中的氢原子被含氮官能团取代的化合物。有机含氮化合物种类繁多，很多是重要的化工原料和精细化学品。本章主要介绍芳香硝基化合物(aromatic nitro compound)、胺(amine)、季铵化合物(quaternary ammonium compound)、重氮化合物(diazonium compound)及腈(nitrile)。

Ⅰ　硝基化合物

脂肪族一元硝基化合物通常记为 RNO_2，芳香族一元硝基化合物通常记为 $ArNO_2$。硝基化合物命名时，通常将硝基视为取代基，不作母体官能团。

10.1　硝基化合物的物理性质

脂肪族硝基化合物一般为无色且具有香味的高沸点液体，少数芳香族硝基化合物为无色或淡黄色液体，大部分芳香族硝基化合物为黄色固体。由于硝基具有强吸电子作用，硝基化合物通常极性较强，分子间作用力较大，因而熔点沸点高于相对分子质量相近的卤代烃(表10－1)。硝基化合物的密度均大于水，不溶于水，溶于醇和醚等有机溶剂。液态硝基化合物是许多有机反应的优良溶剂。

表10－1　一些硝基化合物的物理常数表

名称	英文名称	熔点/℃	沸点/℃	相对密度(d_4^{20})
硝基甲烷	nitromethane	－29	101	1.135(22℃)
硝基乙烷	nitroethane	－50	115	1.045(25℃)
1－硝基丙烷	1－nitropropane	－108	132	1.022(24℃)
2－硝基丙烷	2－nitropropane	－93	120	1.024
硝基苯	nitrobenzene	5.7	211	1.203
2,4,6－三硝基甲苯	2,4,6－trinitrotoluene	82	分解	1.654

10.2　硝基化合物的危险性

多硝基化合物受热易分解爆炸，例如2,4,6－三硝基甲苯(TNT)和2,4,6－三硝基苯酚(苦味酸)等可用作炸药。有些硝基化合物在常温下就能自发分解而放热，而且这些分解反应又具有自催化作用，容易导致燃烧或爆炸。硝化棉就属于这类化合物，生产及应用硝化棉的厂房火灾危险性为甲类。此外，硝化纤维素、硝化甘油等均能在空气中自发分解放热而引起自燃。

有些硝基化合物（如2,4－二硝基苯甲醚、二硝基萘等）是能升华的易燃固体，在扑救该类物质燃烧造成的火灾时，扑灭明火的同时还要谨防升华的蒸气与空气形成爆炸性混合物。

硝基化合物大多数有毒。硝基化合物属于脂溶性物质，如果沾染在皮肤上，能很快地溶解在皮肤的脂肪中，通过皮肤吸收进入体内。芳香族硝基化合物可引起高铁血红蛋白血症，将血红蛋白氧化成高铁血红蛋白而失去携带氧的功能，从而造成体内缺氧并使血液呈青紫色，严重时可以致死。三硝基甲苯可引起急性或慢性肝病。此外，硝基的数目越多，毒性越大；硝基在苯环上的位置不同，所对应化合物的毒性也有较大差别（详见第4章4.5）。除皮肤吸收外，经呼吸道吸入硝基化合物的蒸气也能造成中毒。

有的多硝基芳香化合物具有香味，可用作人工合成的香料，称为人造麝香。但许多人造麝香能扰乱内分泌，影响肝肾功能及人体免疫系统，并能在人体脂肪组织中累积，使肝脏癌变的几率大大增加，甚至还能通过母乳对婴儿造成损伤。在化妆品行业，《化妆品卫生规范（2007版）》明文规定禁止添加的人造麝香有三种：伞花麝香（1,1,3,3,5－五甲基－4,6－二硝基茚满）、西藏麝香（1,2,3－三甲基－5－叔丁基－4,6－二硝基苯❶）和葵子麝香（4－叔丁基－2,6－二硝基－3－甲氧基甲苯）。限量使用的合成麝香有两种：酮麝香（2,6－二甲基－4－叔丁基－3,5－二硝基苯乙酮）和二甲苯麝香（5－叔丁基－2,4,6－三硝基间二甲苯）。

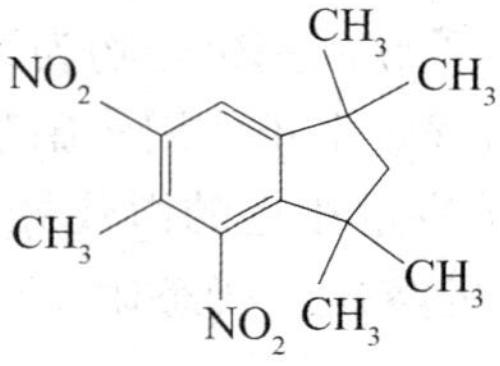

伞花麝香

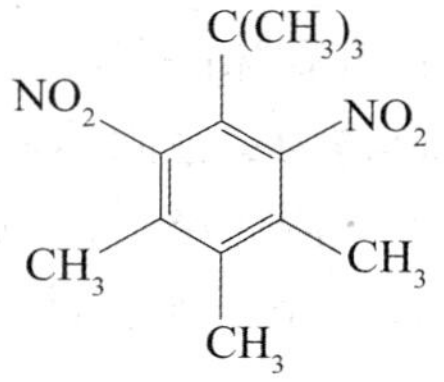

西藏麝香

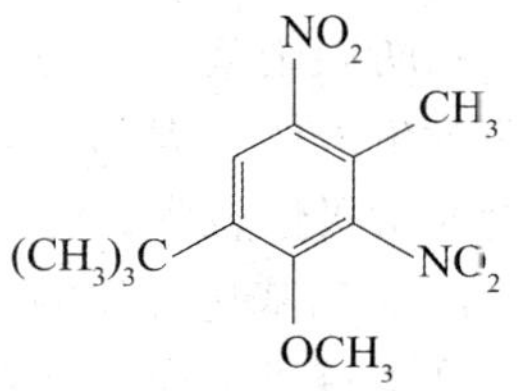

葵子麝香

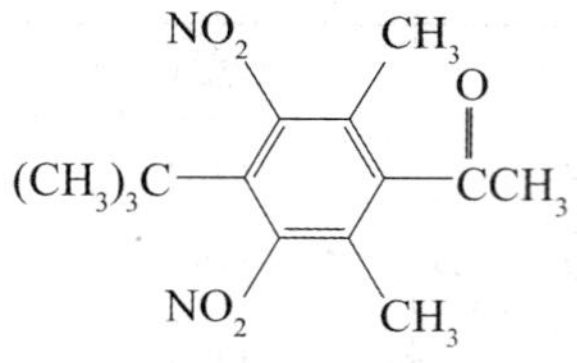

酮麝香

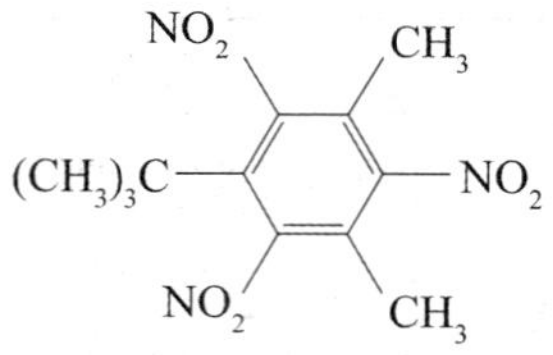

二甲苯麝香

10.3　芳香族硝基化合物的结构与化学性质

10.3.1　硝基的结构

氮原子位于第Ⅴ主族，最外层电子排布为$2s^2 2p_x^1 2p_y^1 2p_z^1$。硝基中氮原子采取$sp^2$杂化方式，与两个氧原子之间存在一个三中心四电子的大π键，两根N—O键等长，均为

---

❶《化妆品卫生规范（2007版）》中将西藏麝香的名称描述为：5－叔丁基－1,2,3－三甲基－4,6－二硝基苯，这是其IUPAC命名法名称“5－*tert*－Butyl－1,2,3－trimethyl－4,6－dinitrobenzene”的直译，符合新版系统命名法。

0.121nm。负电荷均匀分布在两个氧原子上，正电荷集中在氮原子上。硝基的结构式可写为电荷分离的形式（Ⅰ），也可写为配位键的形式（Ⅱ）。

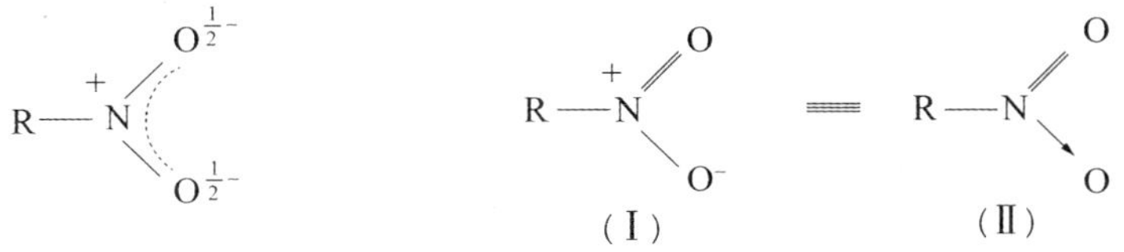

图 10－1　硝基的结构

10.3.2　还原反应

硝基化合物的还原反应受介质酸碱性的影响较大，在不同的反应条件下可被还原为不同的含氮化合物。还原性金属（如 Fe、Zn 等）或低价金属盐（如 $SnCl_2$ 等）与稀盐酸组成的酸性还原体系均能将硝基化合物还原为相应的胺。金属氢化物（如 $NaBH_4$ 等）也较易实现硝基化合物到胺的转化。硝基化合物通过催化氢化也能被还原为胺，此方法不会产生废酸，对环境友好，现代工业上常用此方法来还原硝基化合物。

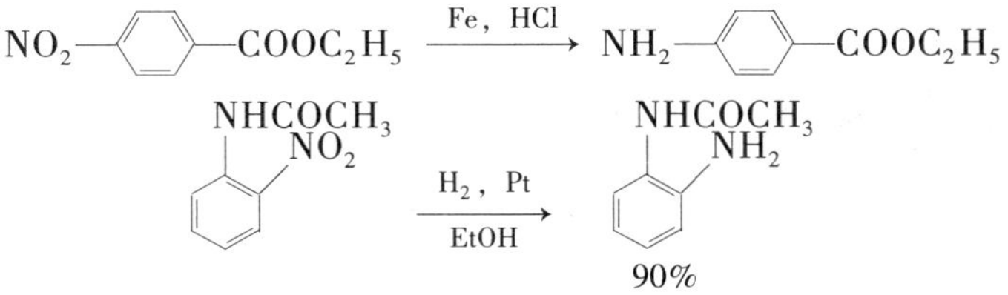

当量的硫化钠 Na_2S、硫化铵 $(NH_4)_2S$、硫氢化钠 NaHS、硫氢化铵 NH_4HS、多硫化钠 Na_2S_x、多硫化铵 $(NH_4)_2S_x$ 等还原剂或者 $SnCl_2/HCl$ 等还原体系均可选择性地将二硝基化合物中的一个硝基还原成氨基。还原剂过量时，剩余的硝基可继续被还原。然而，首先还原二硝基化合物中的哪一个硝基目前尚无法预测。

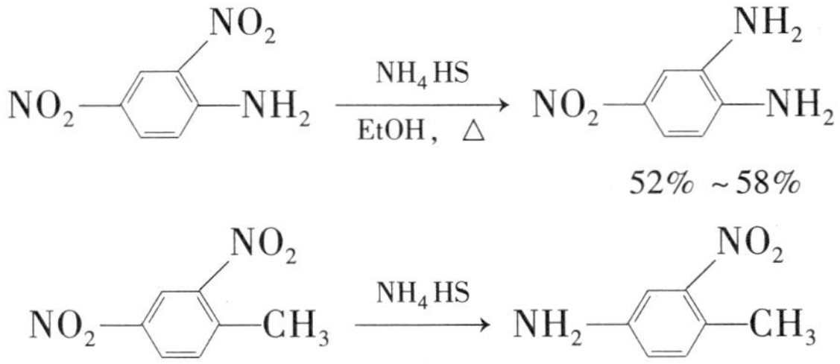

10.3.3　取代反应

硝基吸电子的共轭效应与吸电子的诱导效应均很强，能使与之相连的苯环电子云密度大幅降低，因此，苯环上的亲电取代反应较困难，且主要发生在硝基的间位，而亲核取代反应较容易，且主要发生在硝基的邻对位。例如，氯苯分子中氯原子邻对位的硝基取代基越多，分子发生亲核取代反应生成相应酚所需反应条件就越温和。

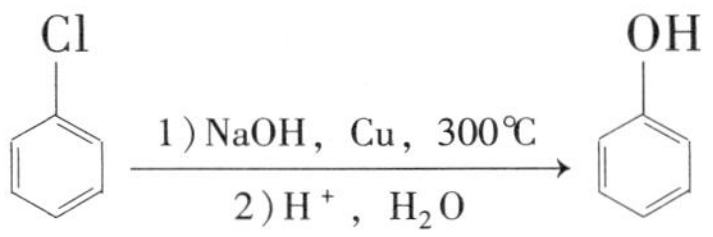

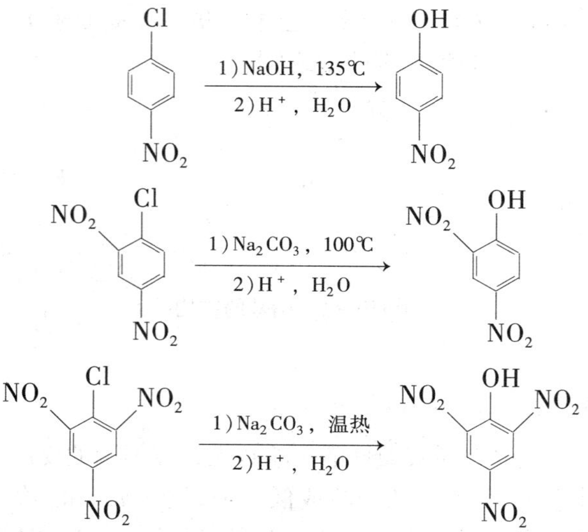

芳环上若存在其他的取代基，在硝基强吸电子作用的影响下，其他取代基上的电子云密度同样降低。因此，硝基取代的酚和芳香酸的酸性增强，硝基取代的芳香胺的碱性减弱。

Ⅱ　胺与季铵化合物

氨的氢原子被烃基取代的化合物称为胺。胺是重要的化工原料，也广泛用于医药、农药的合成。

10.4　胺的分类与命名

10.4.1　胺的分类

胺最常见的分类方式是按氮原子上烃基的数目分类，氮原子上连有一个烃基的胺称为伯胺或一级胺，氮原子上连有两个烃基的胺称为仲胺或二级胺，氮原子上连有三个烃基的胺称为叔胺或三级胺。氮原子上连有四个烃基时氮原子带有正电荷，若平衡阴离子为氢氧根，该类化合物称为季铵碱；若平衡阴离子为其他阴离子，则称为季铵盐。季铵碱和季铵盐统称为季铵化合物。

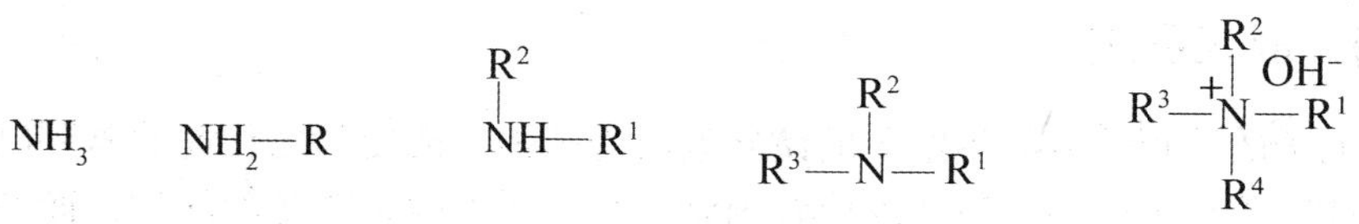

氨　　　伯胺　　　仲胺　　　叔胺　　　季铵碱

氮原子上的三个烃基都是脂肪族烃基时，称为脂肪胺；氮原子上连有芳基时，称为芳香胺。按照分子中氨基的数目，胺还可分为一元胺、二元胺和多元胺。

10.4.2 胺的命名

简单胺常以普通命名法命名。若胺的氮原子所连烃基较简单，命名时将烃基按照次序规则由小到大的顺序排在“胺”字的前面。例如甲基乙基异丁基胺。若有相同基团，合并并注明基团数目。例如三乙胺。若有多个氨基，需注明每个氨基的位次以及氨基总数。例如1,3－丙二胺。

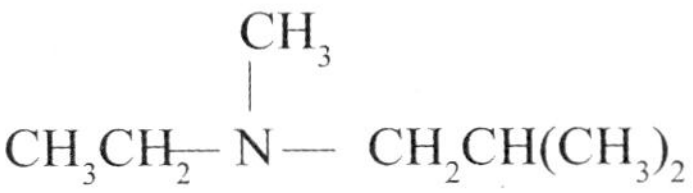

甲基乙基异丁基胺

$(C_2H_5)_3N$

三乙胺

$NH_2CH_2CH_2CH_2NH_2$

1,3-丙二胺

系统命名法命名胺时，选取含有氨基的最长碳链作为主链，称“某胺”，编号时使氨基位次最低。例如4－苯基－2－丁胺。若氮原子所连烃基较复杂，可将复杂的烃作母体，氨基作取代基。例如上述分子4－苯基－2－丁胺，若以丁烷为母体，需从左端开始编号以使取代基位次最低，因而又可称为1－苯基－3－氨基丁烷。若氮原子上连有两个及以上的烃基，可将简单烃基与氮原子合并，称为“某氨基”。例如4－二甲氨基环己烯。

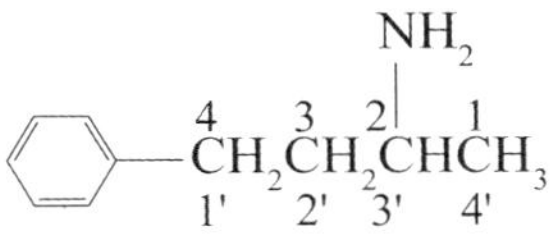

4-苯基-2-丁胺
1-苯基-3-氨基丁烷

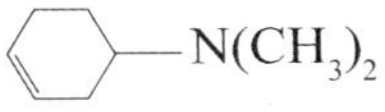

4-二甲氨基环己烯

若氮原子上同时连有芳基和脂肪烃基，以芳胺为母体，氮原子上的脂肪烃基作取代基，位次标为“N”，并且每个“N”只代表一个取代基的位次。例如：

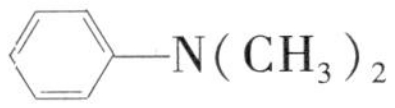

N,*N*－二甲基苯胺

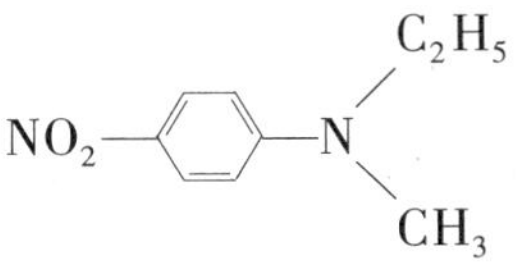

N－甲基－*N*－乙基对硝基苯胺

含有多种官能团的胺一般采用系统命名法命名，命名时需先确定母体官能团。例如：

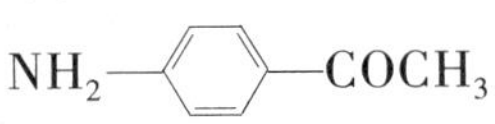

4－氨基苯乙酮

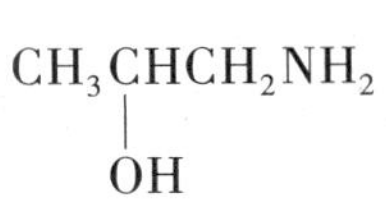

1－氨基－2－丙醇

10.4.3 季铵化合物的命名

季铵化合物命名时，将取代基和阴离子全部写在“铵”字前。可以先写烃基后写阴离子，也可以相反。写烃基时，按次序规则从小到大的顺序排列。例如：

$(C_2H_5)_4N^+OH^-$

氢氧化四乙基铵
四乙基氢氧化铵

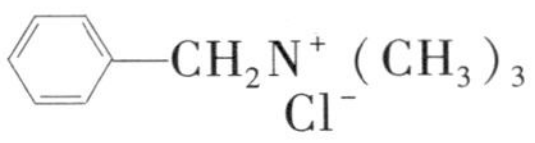

氯化三甲基苄基铵
三甲基苄基氯化铵

10.5 胺与季铵化合物的物理性质

10.5.1 胺的物理性质

低级胺为气体或易挥发的液体，高级胺为固体。低级胺具有腐臭味，高级胺气味较小。

伯胺和仲胺可形成分子间氢键，沸点比相对分子质量相近的烷烃高。但胺的氢键弱于醇的氢键，因而伯胺和仲胺的沸点又比相对分子质量相近的醇低。叔胺不能形成分子间氢键，沸点与相对分子质量相近的烷烃接近。

伯、仲、叔胺均能与水形成氢键，因而低级胺均易溶于水。胺在水中的溶解度随碳原子数的增加而降低，六个碳以上的胺难溶于水，但能溶于醇等有机溶剂(表 10－2)。

表 10－2 一些胺的物理常数表

名称	英文名称	熔点/℃	沸点/℃	溶解度/(g/100g H_2O)
甲胺	methylamine	－92	－7.5	易溶
二甲胺	dimethylamine	－96	7.5	易溶
三甲胺	trimethylamine	－117	3	91
乙胺	ethanamine	－80	17	∞
二乙胺	*N*－ethylethanamine	－39	55	易溶
三乙胺	*N*,*N*－diethylethanamine	－115	89	14
正丙胺	propanamine	－83	49	∞
乙二胺	ethylenediamine	8	117	可溶
苯胺	aniline	－6	184	3.7
对甲基苯胺	*p*－methylaniline	44	200	0.7

10.5.2 季铵化合物的物理性质

季铵盐 $R_4N^+X^-$是结晶性固体，具有无机盐的性质，易溶于水，在非极性有机溶剂中溶解度相对低些。长碳链的季铵盐可用作表面活性剂及相转移催化剂，能将水相中的阴离子 Nu^-以离子对($R_4N^+Nu^-$)的形式带入有机相以进行有机反应。此外，长碳链的季铵盐还具有较强的杀菌消毒的作用。

10.6 胺的危险性

低级脂肪胺的爆炸下限低，燃烧爆炸危险性高。例如二甲胺爆炸极限为 2.8% ～14.4%(体积分数)，三甲胺爆炸极限为 2.0% ～11.6%(体积分数)，二乙胺爆炸极限为 1.7% ～10.1%(体积分数)。

多数芳香胺有毒，有的甚至毒性很大。芳香胺能引起高铁血红蛋白生成过多，使血液携氧能力明显降低。苯胺食入 0.25mL 就能导致严重中毒，被列入《中国严格限制进出口的有毒化学品目录(2014 年)》。此外，某些芳香胺有强致癌性，例如 β - 萘胺和联苯胺能诱发膀胱癌。胺类硬化剂还能导致皮肤过敏。

然而，许多胺类对人体有益。例如，多巴胺可改善人的不良情绪，使人感到开心；麻黄碱可用来治疗哮喘。伪麻黄碱是常用复方感冒药的有效成分之一，主要起到缓解鼻塞、流涕、打喷嚏等症状的作用。不过，由于伪麻黄碱可增加运动员的兴奋程度，含伪麻黄碱的药物被国际奥委会和国际体联纳入兴奋剂目录。

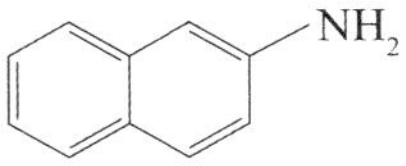

β-萘胺

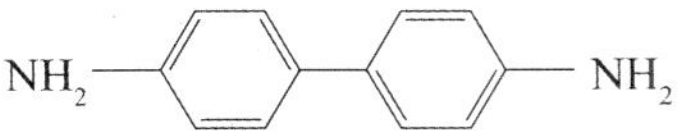

联苯胺

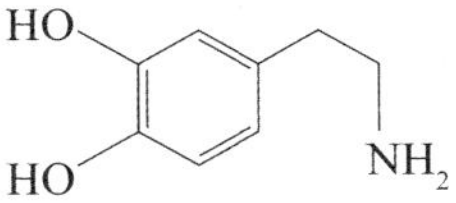

多巴胺

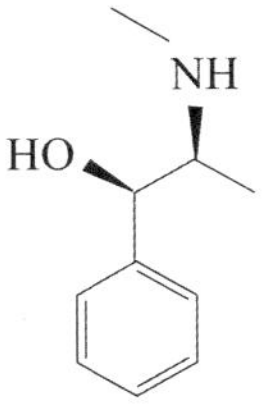

麻黄碱

(1*S*,2*S*)-2-甲氨基-1-苯基-1-丙醇

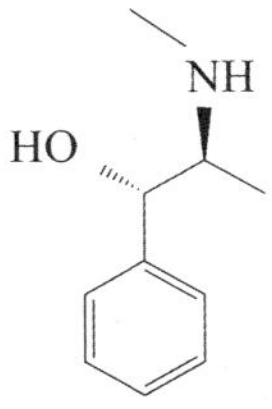

伪麻黄碱

(1*R*,2*S*)-2-甲氨基-1-苯基-1-丙醇

10.7 胺的结构与化学性质

10.7.1 胺的结构

最外层 5 个价电子的氮原子在脂肪胺分子中采取 sp^3 杂化方式，以三个含有单电子的 sp^3 杂化轨道形成三根 σ 键，剩余一个 sp^3 杂化轨道被一对未成键电子占据，键角接近 109°，这种 sp^3 杂化方式称为不等性 sp^3 杂化。相应地，脂肪胺分子为三角锥型结构。

芳香胺的结构与脂肪胺有很多相似之处。实验数据表明，苯胺分子中，键角∠H—N—H 为 113.9°，H—N—H 平面与苯环所在平面的夹角为 39.4°(图 10 - 2)，表明苯胺中的氮原子同样采取不等性 sp^3 杂化方式。量子化学计算表明，此时氮原子上含有未成键电子对的轨道与苯的 π 轨道重叠程度最大，p - π 共轭最强，甚至强于氮原子采取 sp^2 杂化方式时的共轭程度。

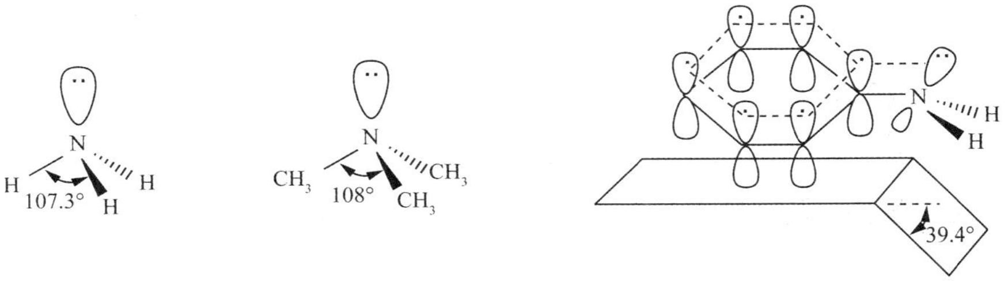

图 10 - 2　脂肪胺和芳香胺的结构

总体而言，与脂肪胺类似，芳香胺分子中的氮原子同样采取 sp^3 杂化方式，分子亦为三角锥型结构。与脂肪胺不同的是，芳香胺氮原子上未成键电子对所占据的 sp^3 杂化轨道含有更多的 p 轨道成分，能与芳香环(例如苯环)的 π 轨道形成 p－π 共轭。共轭的结果使芳香环电子云密度增加而被活化，同时使氮原子电子云密度减小而碱性及亲核性减弱。

10.7.2 碱性及其影响因素

胺分子中氮原子以其未成键电子对与质子结合而显示碱性。

$$RNH_2 + HCl \longrightarrow RNH_3^+Cl^-$$

脂肪胺中脂肪烃基的给电子作用增加了氮原子的电子云密度，因而脂肪胺的碱性强于氨。在非水溶液或气相中，碱性由大到小有：叔胺(NR_3) > 仲胺(NHR_2) > 伯胺(NH_2R) > 氨(NH_3)。对于水溶液中的脂肪胺，其碱性除了受取代基的电子效应和空间效应的影响外，还要受水的溶剂化效应的影响，碱性由大到小有：仲胺(NHR_2) > 伯胺(NH_2R) > 叔胺(NR_3) > 氨(NH_3)。例如，二甲胺(pK_b为 3.27)碱性要强于甲胺(pK_b为 3.38)，更强于三甲胺(pK_b为 4.21)，而三者碱性均强于无脂肪烃基取代的氨(pK_b为 4.76)。

芳香胺中氮原子与苯环的 p－π 共轭作用降低了氮原子的电子云密度，因而芳香胺的碱性弱于氨，且与氮原子共轭的苯环越多，芳香胺的碱性就越弱。例如，苯胺(pK_b为 9.40)碱性强于二苯胺(pK_b为 13.8)，但弱于氨。

此外，芳环上的吸电子取代基使芳香胺碱性减弱，芳环上的给电子取代基使芳香胺碱性增强。因此，对羟基苯胺(pK_b为 8.50)的碱性强于苯胺，更强于对硝基苯胺(pK_b为 13.0)(表 10－3)。

表 10－3　一些胺的 pK_b 值

含氮化合物	pK_b	含氮化合物	pK_b
$(CH_3)_2NH$	3.27	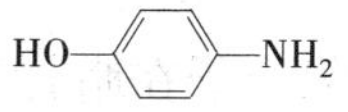	8.50
CH_3NH_2	3.38	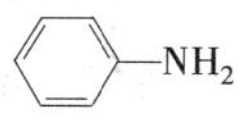	9.40
$(CH_3)_3N$	4.21	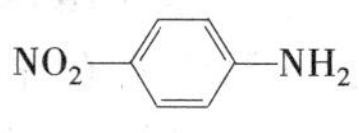	13.0
NH_3	4.76	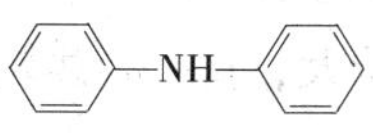	13.8

季铵碱 $R_4N^+OH^-$ 的碱性与 NaOH 接近，强于一般的脂肪胺和芳香胺。

10.7.3 亲核性

氮的电负性比氧小，更易给出电子，因此，胺的亲核性通常强于醇。

1. 烷基化、酰基化及磺酰化

(1)烷基化反应：

胺以氮原子对卤代烷发起亲核进攻，可通过亲核取代反应在胺上引入一个或多个烷基，称为胺的烷基化反应。该反应通常得到的是各级胺的混合物，使用过量的原料胺可使一次烷基化的产物增加，使用过量的卤代烃则可使季铵盐产物增加。

$$RNH_2 \xrightarrow{RX} R_2NH \xrightarrow{RX} R_3N \xrightarrow{RX} R_4N^+X^-$$

（2）酰基化反应：

胺以氮原子对酸酐或酰卤的羰基碳原子发起亲核进攻，可通过亲核取代反应将酸酐的酰氧基或酰卤的卤素取代掉，生成酰胺。从形式上看，该反应在胺分子上引入一个酰基，故也称为胺的酰基化反应。反应机理详见第 9 章 9.8.2。

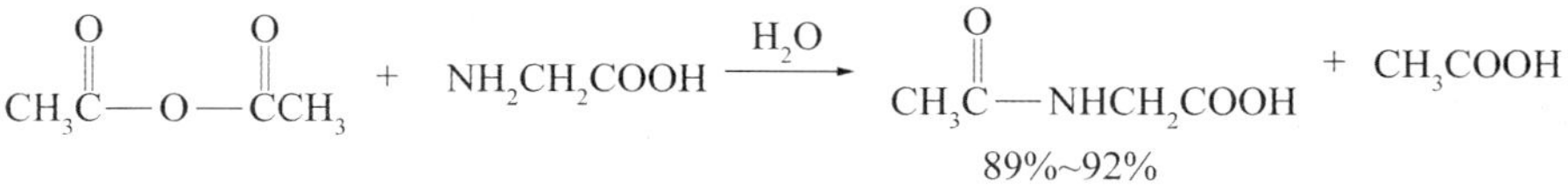

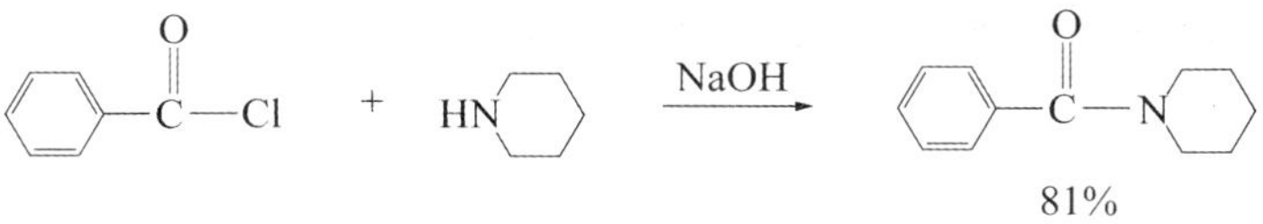

胺的酰基化反应也可以通过胺与羧酸的反应来实现（详见第 9 章 9.4.3（2））。由于羧酸既比酸酐和酰卤便宜，又比酸酐和酰卤稳定、易于存储，因而该反应具有一定的实际应用价值。但羧酸反应活性较酸酐和酰卤低，需要不断除去反应体系中的水，以促进反应不断向生成酰胺的方向移动。

酰胺在酸性（或碱性）条件下水解，可脱去酰基重新生成胺和羧酸（或羧酸盐）。在有机合成中，常用“酰基化－水解脱酰基”的方法来保护活泼的氨基。

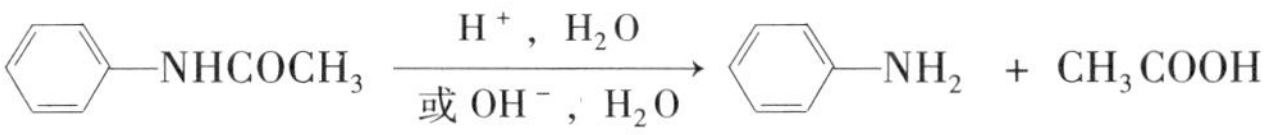

（3）磺酰化反应：

胺以氮原子对磺酰氯发起亲核进攻，可通过亲核取代反应在胺上引入一个磺酰基，称为胺的磺酰化反应，又称 Hinsberg（兴斯堡）反应。伯胺与对甲苯磺酰氯反应，可生成 *N*－烃基对甲苯磺酰胺沉淀。若反应体系中存在适量的碱，可以中和反应过程中生成的氯化氢，有利于反应的进行。*N*－烃基对甲苯磺酰胺的磺酰胺基氮原子上有一个氢原子，在磺酰基的影响下显示出一定的酸性，在浓氢氧化钠等强碱作用下可变成盐，进而溶于氢氧化钠溶液。

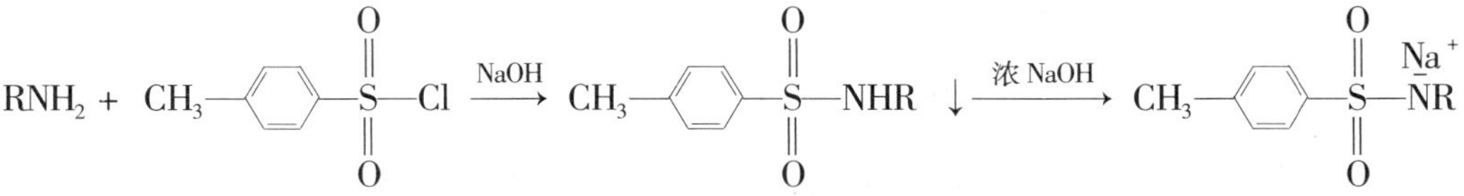

对甲苯磺酰氯　　　　*N*－烃基对甲苯磺酰胺（沉淀）　　　　（沉淀溶解）

仲胺在碱溶液中与对甲苯磺酰氯反应，可生成 *N*，*N*－二烃基对甲苯磺酰胺沉淀。该化合物的磺酰胺基氮原子上没有氢原子，不溶于氢氧化钠等碱溶液。叔胺不与对甲苯磺酰氯反应。因此，利用兴斯堡反应可鉴别及分离伯胺、仲胺和叔胺。

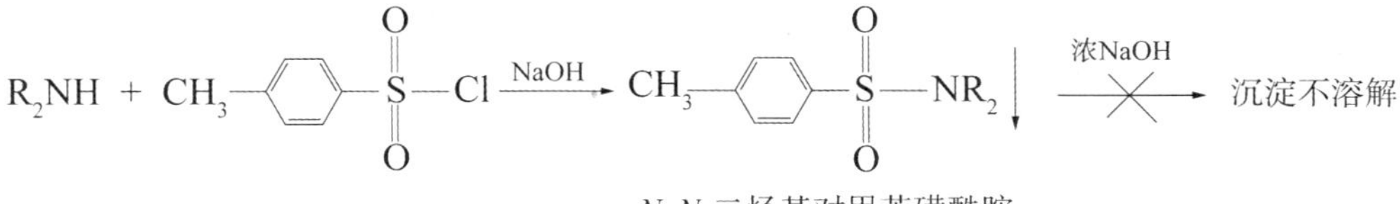

N, *N*-二烃基对甲苯磺酰胺

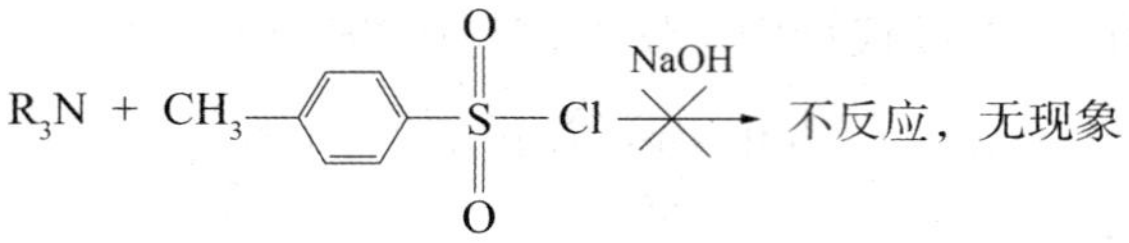

2. 与醛酮的反应

伯胺 RNH_2、仲胺 R_2NH 或氨的衍生物 NH_2Y 以氮原子对醛酮的羰基碳原子发起亲核进攻，能引发醛酮的亲核加成反应，然后脱除一分子水，生成亚胺、烯胺或亚胺衍生物。详见第 8 章 8.4.2(4)。

3. 与亚硝酸的反应

由于亚硝酸稳定性较差，实际反应时常用亚硝酸钠和盐酸(或硫酸)来代替亚硝酸。亚硝酸在酸性环境中会释放出亚硝酰正离子 NO^+，后者在不同结构胺的亲核进攻下会发生不同的反应(图 10－3)。

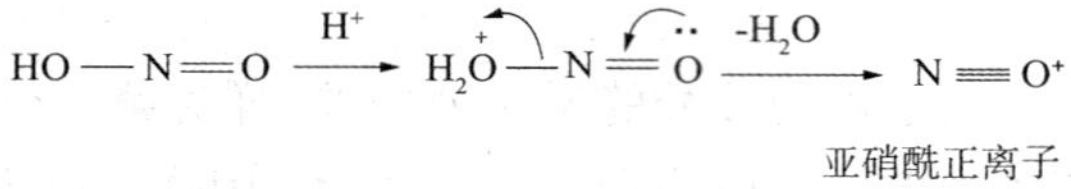

图 10－3　亚硝酰正离子的生成过程

伯胺与亚硝酸在低温下反应可生成含有重氮基—N_2^+ 的重氮盐。例如：

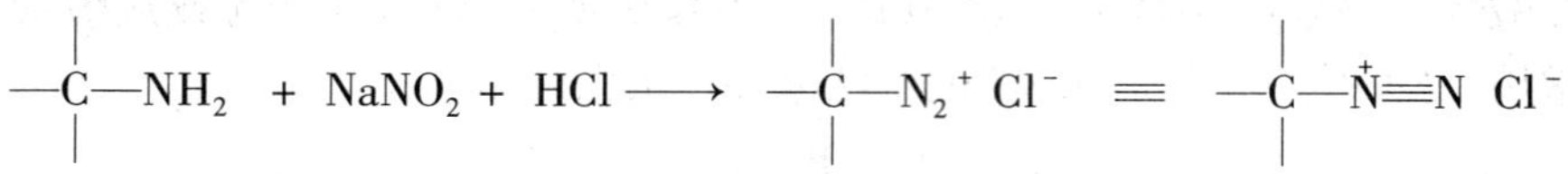

氯化重氮盐

反应机理如图 10－4 所示。

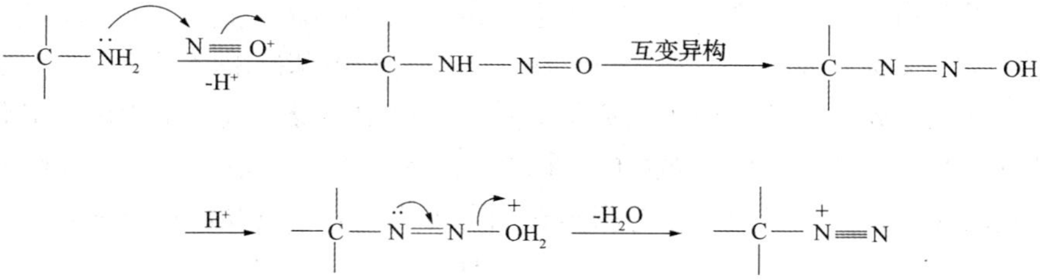

图 10－4　伯胺的重氮化反应机理

脂肪族伯胺与亚硝酸生成的脂肪族重氮盐不稳定，即使在低温下也能迅速放出氮气，生成碳正离子。碳正离子可接着发生取代、消除、重排等多种反应，生成氯代烷、醇、烯等多种化合物的混合物。由于产物过于复杂，该反应不具有合成价值。然而，该反应可用来鉴别脂肪族伯胺，即，向脂肪族伯胺中加入亚硝酸钠与盐酸后，无需加热便能观察到有气体放出。其他结构的胺与亚硝酸的反应会表现出各不相同的现象，因此，亚硝酸也是鉴别其他结构胺的良好试剂。

$$CH_3CH_2CH_2NH_2 \xrightarrow{NaNO_2,\ HCl} CH_3CH_2CH_2N_2^+Cl^- \longrightarrow CH_3CH_2\overset{+}{C}H_2 + Cl^- + N_2\uparrow$$

$$\downarrow$$

氯代烷、醇、烯等

芳香族伯胺与亚硝酸的反应又称重氮化反应(diazotization reaction)，生成芳香重氮盐。芳香重氮盐在低温下较稳定，可用于有机合成。加热时，芳香重氮盐会脱除重氮基并以氮气的形式释放出去。因此，向芳香族伯胺中加入亚硝酸钠与盐酸后，加热可观察到有气体放出。

氯化重氮苯

脂肪族及芳香族仲胺与亚硝酸反应生成 *N*-亚硝基二级胺，*N*-亚硝基二级胺为不溶于水的黄色油状液体或固体。

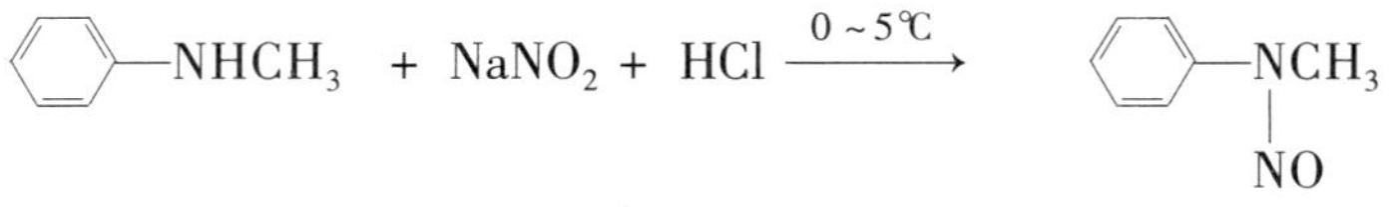

N-甲基-*N*-亚硝基苯胺

脂肪族叔胺与亚硝酸只能发生简单的酸碱中和反应，生成溶于亚硝酸的铵盐。芳香族叔胺中，氮原子上取代基较多，空间位阻较大，使之亲核性大大减弱，亲核原子变为苯环上的碳原子。因此，芳香族叔胺与亚硝酸发生的是苯环上的亲电取代反应，在氨基的对位引入一个亚硝基，生成难溶于水的绿色固体 *N*,*N*-二甲基-4-亚硝基苯胺。

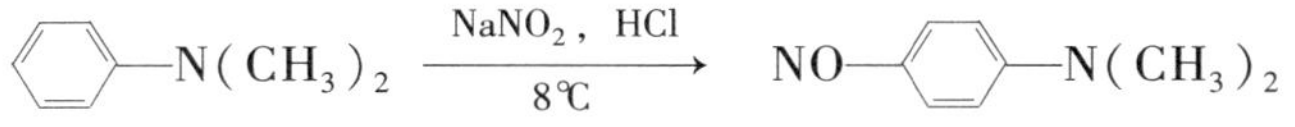

N,*N*-二甲基-4-亚硝基苯胺

10.7.4 亲电取代反应

氨基给电子的共轭效应远大于其吸电子的诱导效应，为强给电子基，能使与之相连的苯环电子云密度大幅增加，芳香胺的亲电取代反应较容易发生，且主要发生在氨基的邻对位。

1. 卤代反应

苯胺与溴水可迅速发生反应，生成白色沉淀2,4,6-三溴苯胺。该反应能定量完成，可用于苯胺的定性、定量分析。

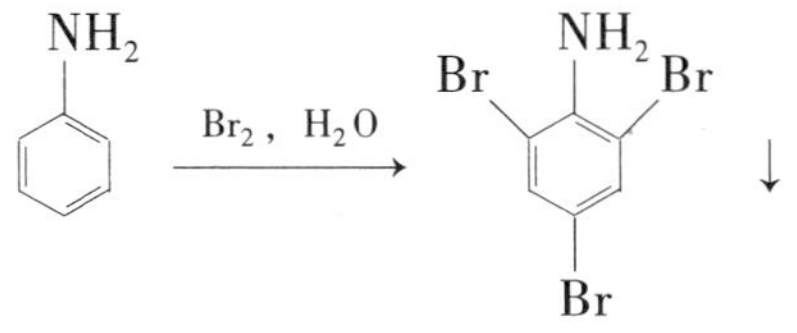

若要制备一溴代苯胺，可先使氨基乙酰化而活性降低，然后再进行溴代。由于乙酰氨基体积较大，溴代主要发生在氨基的对位。溴代完成后，通过水解脱酰基可使氨基重新游离出来。

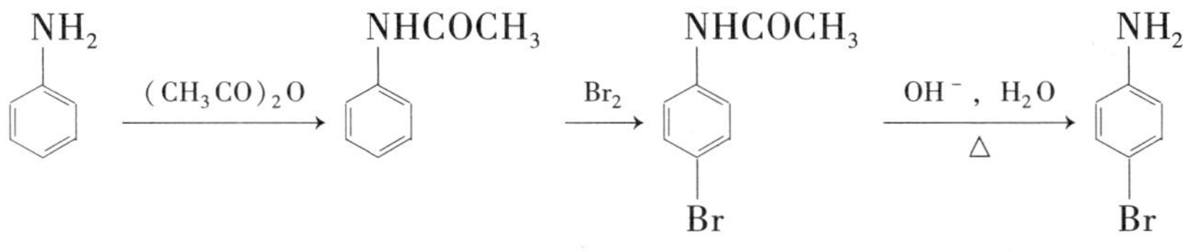

2. 硝化反应

芳香胺的硝化反应通常无需加热即可发生，有的硝化反应甚至需要在低温下进行。由于芳香胺易被硝酸氧化，为了提高硝化效率，可先将氨基进行酰基化保护。乙酰苯胺用混酸直接硝化可得对硝基乙酰苯胺。若先用磺酸基占据乙酰苯胺的对位，则硝化主要发生在氨基的邻位。硝化完成后，在酸性条件下加热水解，可使脱磺基反应和脱酰基反应一并完成。

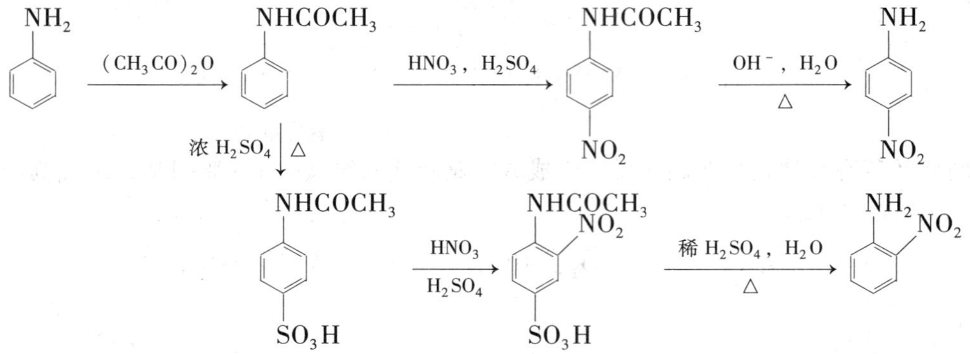

若先将芳香胺与硫酸反应变成硫酸氢芳铵盐，也可以起到钝化氨基的作用，提高硝化产物的产率。但由于铵基是强吸电子基，硝化反应将主要发生在其间位。

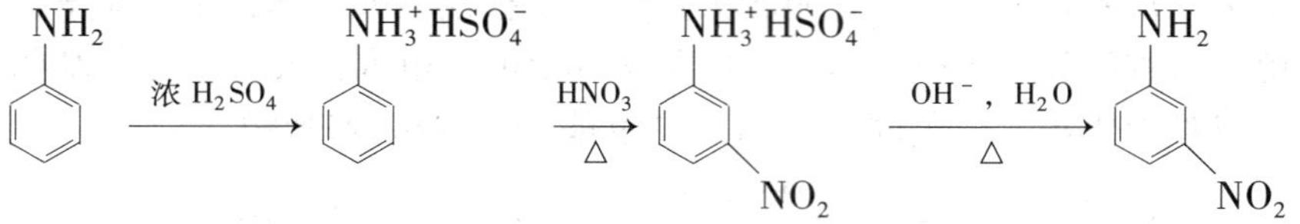

3. 磺化反应

芳香胺溶于浓硫酸生成硫酸氢盐，将硫酸氢盐加热到 180 ~ 190℃ 可脱水生成苯胺基磺酸，后者继续通过重排生成对氨基苯磺酸。对氨基苯磺酸通常以内盐的形式存在，它是制备偶氮染料的重要原料。

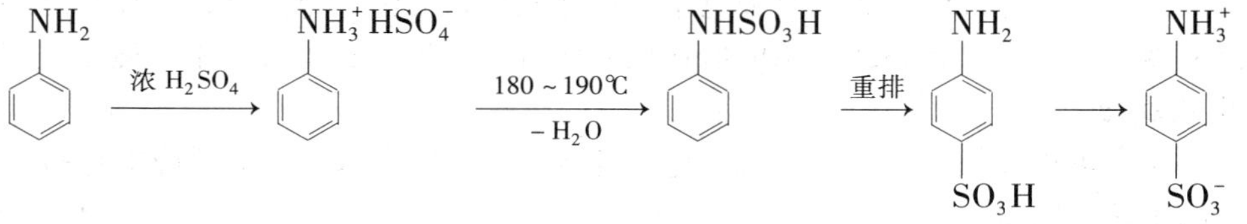

苯胺基磺酸　　对氨基苯磺酸　　内盐形式

10.8 季铵碱的化学性质

季铵盐与氢氧化银 AgOH 或湿的氧化银 Ag_2O 反应可生成季铵碱。

$$R_4N^+Cl^- \xrightarrow[\text{或 AgOH}]{\text{湿 } Ag_2O} R_4N^+OH^- + AgCl\downarrow$$

季铵碱受热易分解，分解方式随其烃基结构的不同而不同。烃基上有 β - 氢的季铵碱，受热时氢氧根夺取 β - 氢生成水，季铵碱剩余部分分解为叔胺和烯，该反应称为季铵碱的热消除反应，又称为 Hofmann(霍夫曼)消除反应。

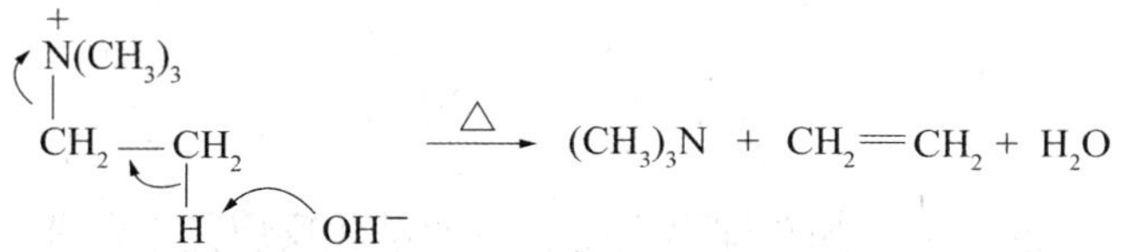

若季铵碱含有多种β－氢，消除取向遵循 Hofmann（霍夫曼）规则，即主要消除含氢较多的碳原子上的β－氢，生成双键碳上连有较少烃基的烯烃。关于 Hofmann 规则，其中一种解释为：含氢较多的碳原子酸性较强，而且空间位阻较小，在碱的作用下易给出质子。

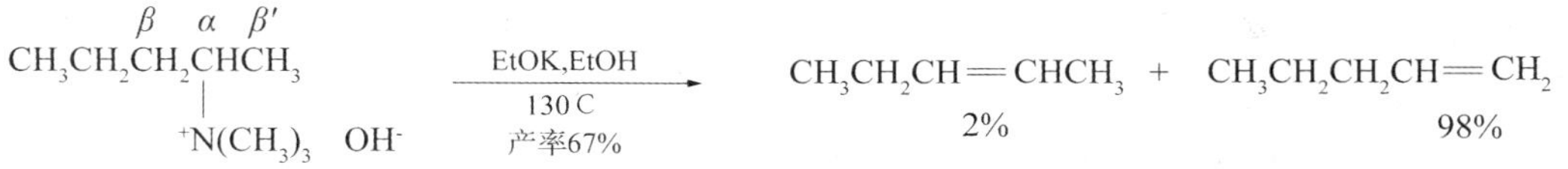

依据 Hofmann 规则，利用季铵碱的热消除反应可由产物烯的结构来推测反应物胺的结构。此外，季铵碱的热消除反应还可以用来制备烯。

烃基上无β－氢的季铵碱，受热时氢氧根进攻其α－碳原子，季铵碱分解为叔胺和醇。

Ⅲ　重氮化合物与偶氮化合物

10.9　重氮化合物与偶氮化合物概述

10.9.1　重氮化合物概述

重氮化合物指分子中含有 —N═N— 或—N_2^+基团，且该基团只一端和碳原子相连的化合物。有时—N_2^+基团也写作 —N^+≡N 的形式。例如：

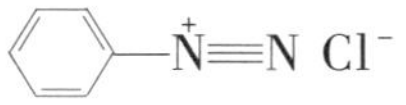

氯化重氮苯

重氮苯盐酸盐

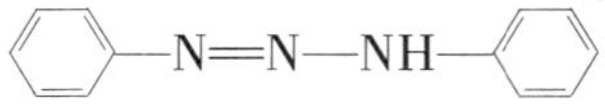

苯重氮氨基苯

脂肪族重氮化合物极其不稳定，生成后立即自发分解放出氮气。芳香族重氮化合物的重氮基与苯环之间存在$\pi-\pi$共轭（见图 10－5），因而其水溶液在低温及酸性条件下能稳定存在一段时间。

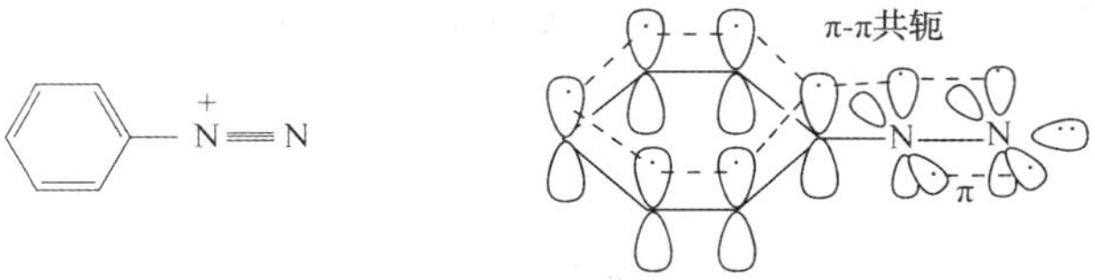

图 10－5　芳香族重氮化合物的结构

芳香族重氮化合物通常由低温下芳香伯胺与亚硝酸盐和过量酸的重氮化反应来制备。芳香族重氮化合物是有机合成的重要中间体，利用重氮化合物的反应可向芳香环引入多种官能团，在有机合成和工业生产上有广泛用途。

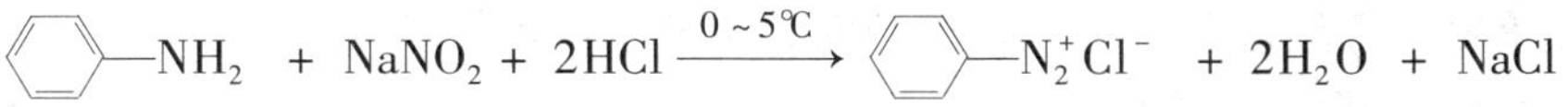

然而，重氮化合物大多具有爆炸性。固态的重氮盐在干燥情况下极不稳定，遇高温、光照、振动、撞击等均可能发生爆炸，常以水溶液的状态使用。此外，重氮化合物大多有毒，

有些对皮肤和黏膜有刺激作用。

10.9.2 偶氮化合物概述

偶氮化合物指分子中含有—N ═N—基团，且该基团两端都和碳原子相连的化合物。例如：

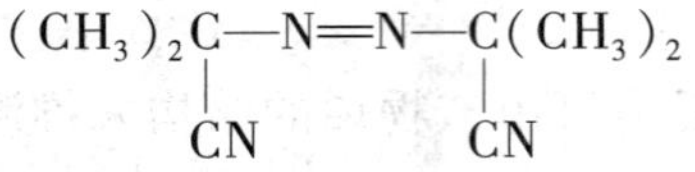

偶氮二异丁腈

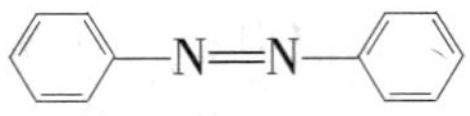

偶氮苯

芳香族偶氮化合物大多具有颜色，且性质稳定，广泛用于棉麻的染色与印花，也用于塑料、皮革、化妆品甚至食品的着色。很多偶氮化合物有致癌作用，如曾用于人造奶油着色的奶油黄能诱发肝癌，属于禁用化合物；作为指示剂的甲基红可引起膀胱和乳腺肿瘤。有些偶氮化合物虽不致癌，但毒性与硝基化合物和芳香胺相近。

10.10 重氮化合物的化学性质

10.10.1 取代反应

芳香族重氮化合物的重氮基可被多种原子或基团取代，同时放出氮气。从反应本质来看，主要包括亲核取代与自由基取代两大类。亲核取代主要包括重氮基被羟基、碘和氟取代的反应；自由基取代主要包括重氮基被氯、溴和氰基取代的反应。

1. 亲核取代反应

(1)被羟基取代：

芳香族重氮硫酸氢盐在酸性条件下加热水解，重氮基可被羟基取代，生成苯酚。该反应可用于酚的制备。

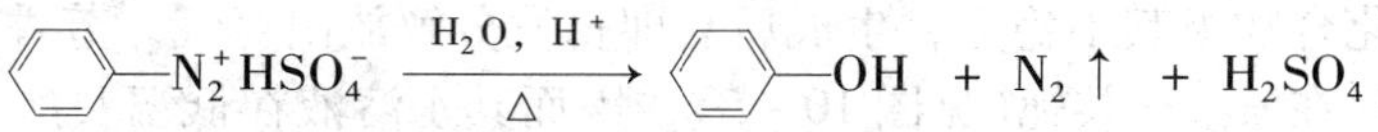

74% ~79%

从反应机理来看，该反应先失去 N_2 生成苯正离子，然后与水结合生成苯酚，本质上是一个单分子亲核取代反应。

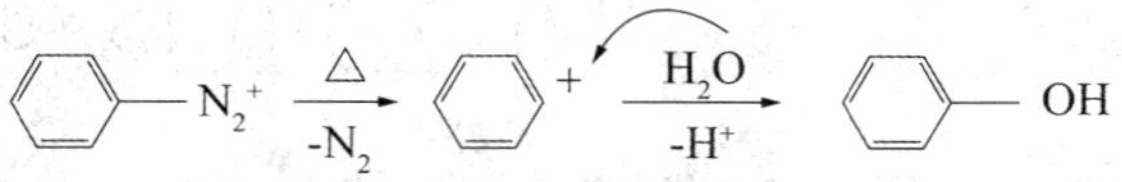

需要注意的是，利用此反应制备酚时，重氮化反应及水解反应均需在硫酸中进行，不宜使用盐酸。这是因为，一方面，盐酸电离出的 Cl^- 可以作为亲核试剂与预期亲核试剂 H_2O 产生竞争，生成副产物氯苯；另一方面，盐酸受热会释放氯化氢气体，使水解反应的加热温度受限。

(2)被氟取代：

芳香族重氮氟硼酸盐 $PhN_2{}^+BF_4{}^-$ 受热时，重氮基可被氟硼酸根离子 BF_4^- 取代而生成 $PhBF_4$，后者会继续分解，最终生成氟苯。这一系列反应称为 Schiemann(席曼)反应。氟硼酸重氮盐是为数不多的干燥后受热不会爆炸的重氮盐之一，其可由盐酸重氮盐溶液与氟硼酸或氟硼酸钠反应来制备。

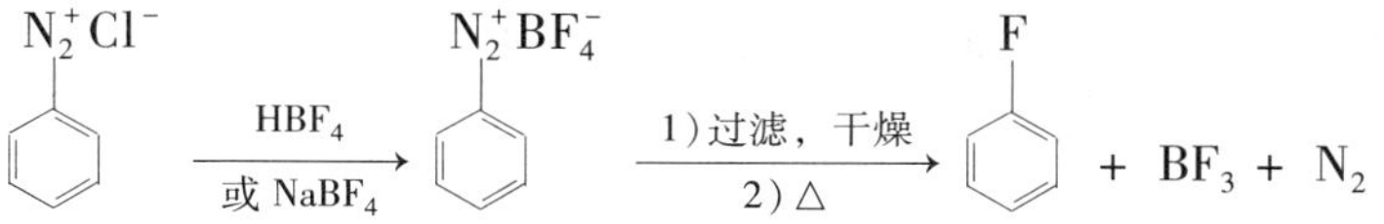

(3)被碘取代：

芳香族重氮盐在碘化钾溶液中加热，重氮基可被碘原子取代，生成碘苯。该反应无需催化剂，也是一个单分子亲核取代反应。

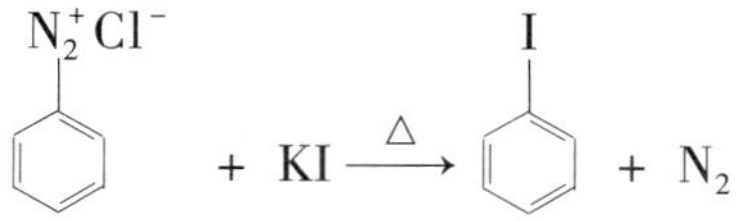

2. 自由基取代反应

芳香族重氮盐在氯化亚铜的盐酸溶液中加热，重氮基可被氯原子取代，生成氯苯；在溴化亚铜的氢溴酸溶液中加热可被溴原子取代，生成溴苯；在氰化亚铜的氰化钾溶液中加热可被氰基取代，生成苯甲腈。这一类反应统称为 Sandmeyer(桑德迈尔)反应。若将反应中的亚铜盐催化剂换为铜粉，反应也能进行，称为 Gattermann(加特曼)反应。

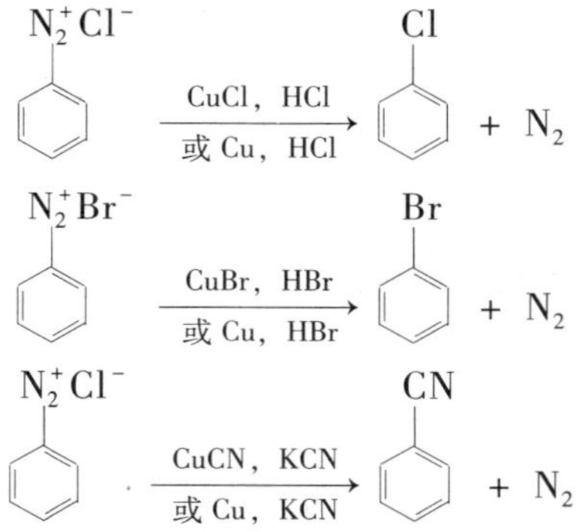

Gattermann 反应的产率常常比 Sandmeyer 反应要低一些，但二者在机理上都是自由基取代反应，都是苯基重氮盐在铜催化剂的作用下先生成苯自由基，然后与卤素自由基或氰基自由基结合生成相应的取代产物。

需注意的是，对于重氮基被氰基取代的反应，为了避免反应过程中 HCN 的逸出，反应需在中性条件下进行。

10.10.2 还原反应

1. 去氮还原

在次磷酸 H_3PO_2或乙醇的还原作用下，重氮化合物的重氮基可被氢原子取代，重氮化合物失去氮原子而被还原。由于重氮基来自于氨基，因此该反应又称为去氨基还原。

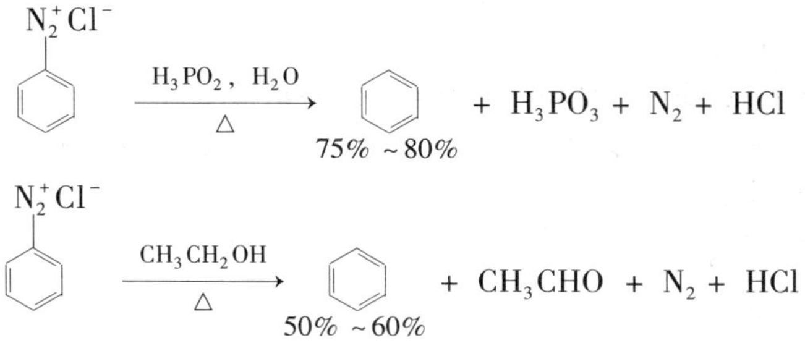

在有机合成中，该反应可用于除去芳环上的氨基，从而实现苯环上的选择性取代。例如，以苯为原料来合成1,3,5－三溴苯。

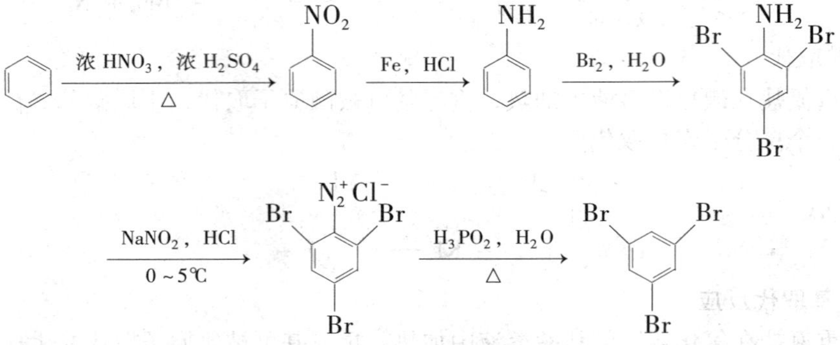

2. 保留氮还原

芳香族重氮盐可被$SnCl_2$的盐酸溶液、Na_2SO_3等多种还原剂还原，产物为芳香肼。这是工业上制备苯肼的常用方法。苯肼是制造染料和药物的重要原料，但苯肼毒性较大，皮疹是其中毒症状之一。

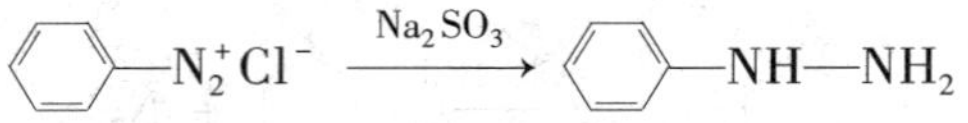

10.10.3 偶联反应

重氮盐正离子作为亲电试剂与酚或芳胺发生亲电取代，生成偶氮化合物的反应，称为偶联反应(coupling reaction)。

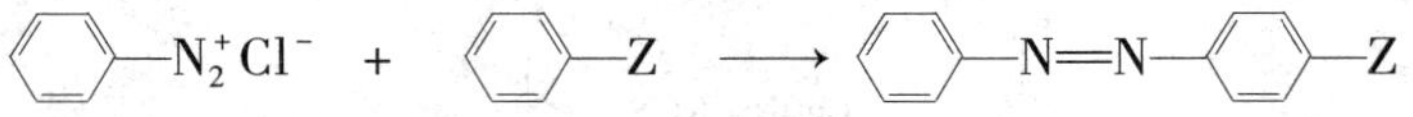

$Z = OH，NR_2$

偶联反应本质上是酚或芳胺的亲电取代反应，亲电试剂是重氮盐正离子，具体反应机理如图10－6所示。

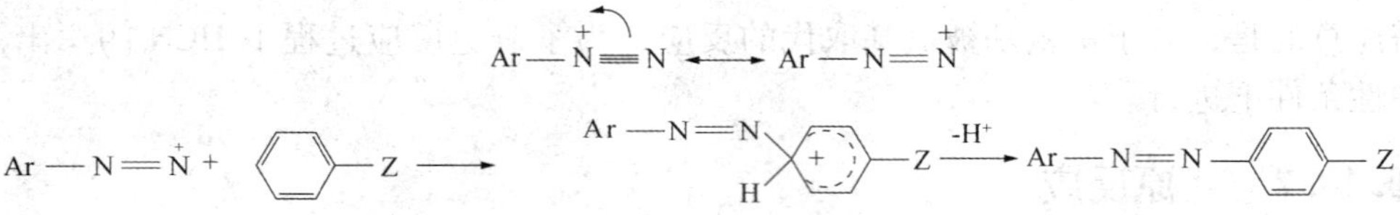

图10－6　重氮化合物的偶联反应机理

由于重氮盐正离子的亲电活性有限，因而只有苯环上电子云密度足够高的酚和芳胺才能与之发生反应。受电子效应与空间效应的影响，偶联反应主要发生在羟基或氨基的对位。若对位被占据，则发生在邻位。

重氮盐与酚的偶联反应常在弱碱性(pH＝8～10)溶液中进行，因为弱碱能使酚变为酚氧负离子，从而使苯环电子云密度增大，反应活性增加。若溶液碱性太强，会使重氮盐变为重氮酸盐而丧失偶联反应的活性。

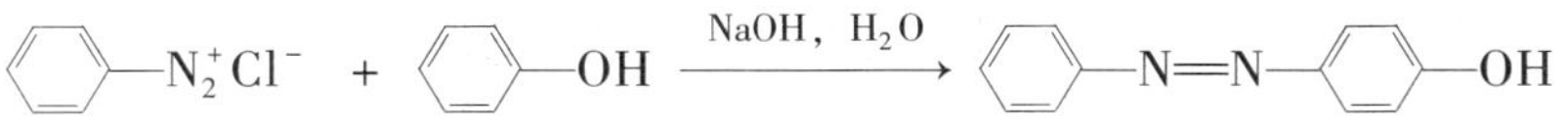

对羟基偶氮苯

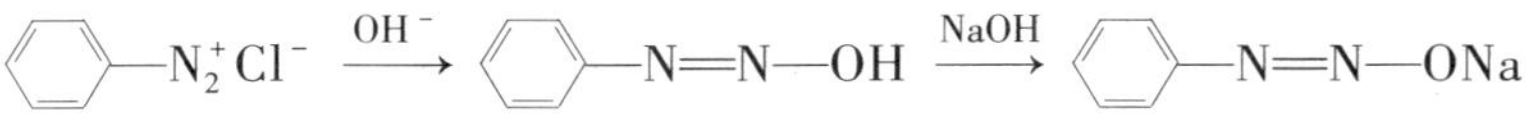

重氮酸　　重氮酸盐

重氮盐与芳胺偶联常在弱酸性或中性(pH = 5 ~ 7)溶液中进行。因为芳胺在水中溶解度不大，与弱酸(常用醋酸 HOAc)生成铵盐可增大其溶解度。随着偶联反应的进行以及芳胺的消耗，新的芳胺又能可逆地从铵盐游离出来，继续参与偶联反应。若溶液酸性太强，芳胺将被彻底质子化，难以游离出来，以致丧失偶联反应的活性。

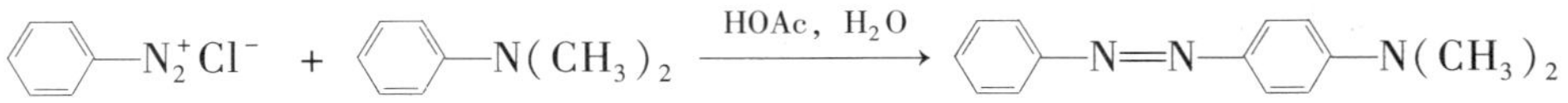

对二甲氨基偶氮苯

Ⅳ　腈的概述

含有氰基(—CN)的化合物，以氰基为母体官能团时称为腈。腈的命名与酸相似，命名时需把氰基中的碳原子计算在内，并从此碳原子开始编号。例如 3 – 甲基戊腈、苯甲腈、己二腈。若氰基仅作为取代基而非母体官能团，命名时氰基碳原子不计算在母体总碳数内。例如 2 – 氰基丁酸。

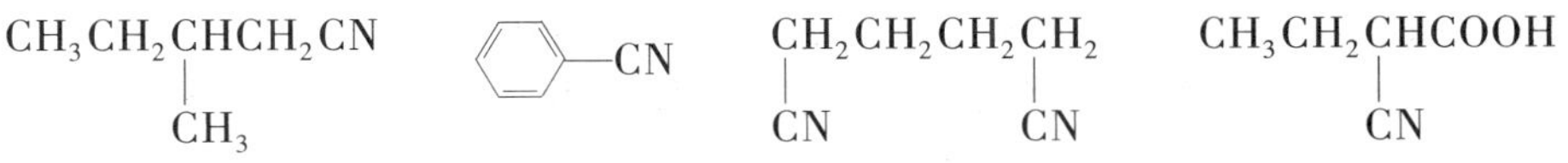

3 – 甲基戊腈　　苯甲腈　　己二腈　　2 – 氰基丁酸

氰基中碳原子采取 sp 杂化方式，与氮原子之间形成碳氮三键(—C≡N)，氮原子上剩余一对未成键电子。氰基具有吸电子的诱导效应和吸电子的共轭效应，为强吸电子基，使得腈分子具有较大的极性。

常温下，低级腈为无色液体，高级腈为固体。由于腈分子极性较大，其沸点比相对分子质量相近的烃、醚、醛、酮、胺都要高，与相对分子质量相近的醇接近。腈能与水形成氢键，因而在水中具有较大的溶解度。低级腈为常见的极性非质子溶剂，不仅能与水混溶，还能作为溶剂溶解许多无机盐。

低级腈燃烧爆炸危险性较高。例如，乙腈闪点为 2℃，爆炸极限为 3.0% ~16.0%(体积分数)。丙烯腈闪点低于 –20℃，爆炸极限为 2.8% ~28.0%(体积分数)。腈类燃烧时会产生剧毒的氰化氢气体。

低级腈和不饱和腈毒性较大，但毒性弱于氢氰酸。大剂量、高浓度的乙腈能立即致死，可能是由于其对中枢神经系统的麻醉作用所致。中、低浓度的乙腈可导致呕吐、腹泻、乏力、呼吸抑制、昏迷等中毒现象，这种中毒常有数小时的潜伏期，主要是由乙腈在体内释放出的 CN^- 以及乙腈的有毒代谢产物硫氰酸盐等造成的中毒。乙腈还常引起蛋白尿等肾脏损伤。高级腈一般是低毒或无毒的，有些高级腈还可以用作香料，例如，十二腈有葡萄香味，十四腈有柑橘香味。

腈是重要的化工原料，例如己二腈是合成尼龙－66 的原料。在有机合成中，腈的水解反应是制备羧酸的有效方法。常通过“引入氰基－氰基水解”的方法来制备增加了一个碳原子的羧酸。

$$RCN \xrightarrow[\triangle]{H^+,\ H_2O} RCOOH + NH_4^+$$

【阅读材料】

阅读材料 1：含氮有机化合物中的典型危险化学品

《首批重点监管的危险化学品名录》中，有机含氮化合物类危险化学品有：硝基苯、一甲胺、二甲胺、苯胺、烯丙胺、丙烯腈、甲基肼。

《第二批重点监管的危险化学品名录》中，有机含氮化合物类危险化学品有：硝化甘油、硝化纤维素、硝酸胍、硝基胍、N,N'－二亚硝基五亚甲基四胺、2,2′－偶氮二异丁腈、偶氮二异庚腈。

部分有机含氮化合物类危险化学品性质如下。

硝基苯为黄色油状液体，有苦杏仁味。不溶于水。溶于醇和醚。熔点为 5.7℃，沸点为 210.9℃，相对密度（水＝1）为 1.20，闪点为 88℃。

用途：用于生产多种医药和染料中间体，也用作有机溶剂。

危险性：遇明火、高热可燃，在火焰中释放出刺激性或有毒烟雾（或气体）。有毒，主要引起高铁血红蛋白血症，可引起溶血及肝损害。

火灾扑救：消防人员需佩戴防毒面具，穿全身消防服。灭火剂：砂土、二氧化碳、雾状水、抗溶性泡沫。

急救：若吸入，迅速脱离现场至空气新鲜处。保持呼吸道通畅。如呼吸困难，给氧。如呼吸停止，立即进行人工呼吸。就医。若眼睛或皮肤接触，马上用大量水清洗，就医。若误食，饮水催吐，就医。

一甲胺为无色气体，有氨的气味。易溶于水。溶于醇和醚。相对密度（空气＝1）为 1.08。爆炸极限为 4.9%～20.7%（体积分数）。

用途：主要用作合成橡胶硫化促进剂、医药、杀虫剂、染料、表面活性剂。

危险性：极易燃，与空气可形成爆炸性混合物，遇明火、高热或与氧化剂接触有燃烧爆炸的危险。燃烧时产生含氮氧化物的有毒烟雾。比空气重，沿地面扩散并易积存于低洼处，遇火源会着火回燃。有强烈刺激性和腐蚀性．可致严重灼伤甚至死亡。

火灾扑救：切断气源。若不能切断泄漏气源，则不允许熄灭泄漏处的火焰。用大量水冷却容器。喷雾状水抑制蒸气，禁止用水直接冲击泄漏物或泄漏源。在确保安全的前提下，将容器移离火场。建议应急处理人员穿防毒服。灭火剂：干粉、二氧化碳、雾状水、抗溶性泡沫。

急救：若吸入，迅速脱离现场至空气新鲜处。保持呼吸道通畅。如呼吸困难，给氧。如呼吸停止，立即进行人工呼吸。就医。若眼睛或皮肤接触，马上用大量水清洗，就医。

苯胺为无色至浅黄色透明液体，有强烈气味。微溶于水。溶于醇和醚。沸点为 184.4℃，相对密度（水＝1）为 1.02，爆炸极限为 4.9%～20.7%（体积分数）。

用途：主要用于合成染料、农药、橡胶助剂等。也用作溶剂和用于测定油品的苯胺点。

危险性：易燃，蒸气与空气可形成爆炸性混合物，遇明火、高热有燃烧爆炸的危险。燃烧时产生含氮氧化物的有毒烟雾。可致高铁血红蛋白血症、溶血性贫血和肝、肾损害。眼接触引起结膜炎、角膜炎。

火灾扑救：消防人员须佩戴防毒面具。灭火剂：砂土、二氧化碳、雾状水、泡沫。

急救：若吸入，迅速脱离现场至空气新鲜处。保持呼吸道通畅。如呼吸困难，给氧。如呼吸停止，立即进行人工呼吸。就医。若眼睛或皮肤接触，马上用大量水清洗，就医。若误食，饮水催吐，就医。

硝化甘油为白色或淡黄色黏稠液体，低温易冻结，微溶于水，混溶于醇、醚。熔点为13℃，沸点为218℃(爆炸)，相对密度(水=1)为1.6。

用途：制造军事和商业用炸药，还可用作治疗心绞痛的药物。

危险性：遇明火、高热、摩擦、振动、撞击、强烈紫外线照射、与臭氧或Lewis酸接触均可能引起剧烈燃烧或爆炸。少量吸收即可引发头痛。

火灾扑救：若硝化甘油处于火场中，严禁灭火！因为可能引发爆炸。清理方圆至少1600m范围内的区域，任其自行燃烧。严禁开动火场内的船只或车辆。灭火剂：水。

急救：若吸入，迅速脱离现场至空气新鲜处。保持呼吸道通畅。如呼吸困难，给氧。如呼吸停止，立即进行人工呼吸。就医。若眼睛或皮肤接触，马上用大量水清洗，就医。若误食，漱口，催吐，服活性炭浆，就医。

阅读材料2：重氮化反应的危险性分析

重氮化反应是指将芳香族伯胺变为重氮盐的反应。重氮化反应主要的燃烧爆炸危险性在于其所产生的重氮盐。重氮盐不稳定，有些重氮盐在干燥状态下受到摩擦、撞击或受热即可分解爆炸。在酸性介质中，某些金属如铁、铜、锌等能使重氮盐剧烈分解而引起爆炸。重氮化反应过程中，若加热温度过高、亚硝酸钠的投料过快或过量，均会造成亚硝酸大量分解，产生氧化氮气体，使着火爆炸的危险增加。此外，作为重氮剂的芳胺化合物都是可燃有机物。

【习题】

一、命名下列化合物或写出结构式。

(1) 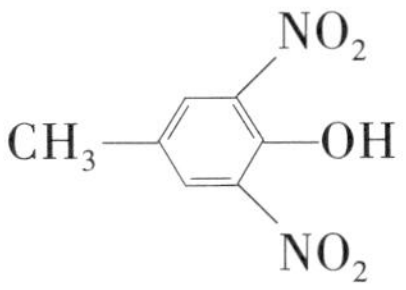

(2) 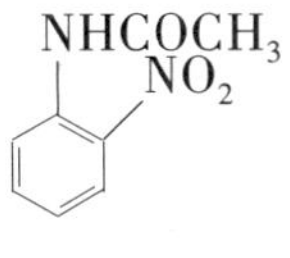

(3) 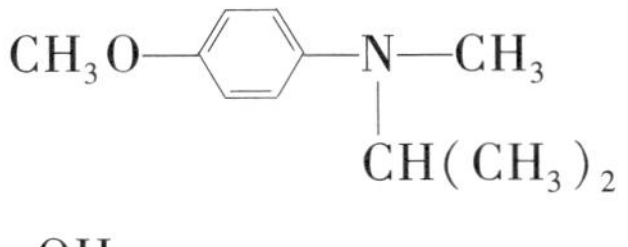

(4) 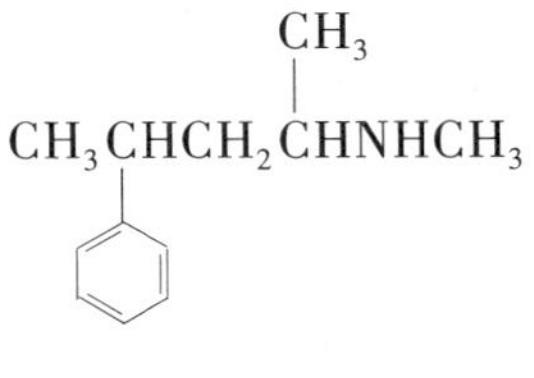

(5) 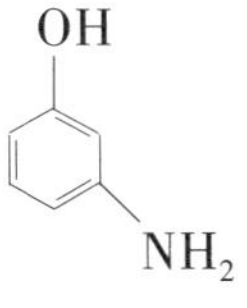

(6) 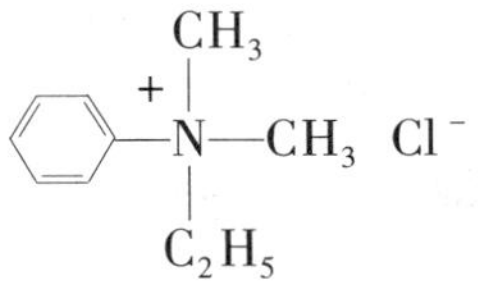

(7)1,4－环己基二胺

(8)溴化四正丁铵

二、写出反应的主要产物。

(1) 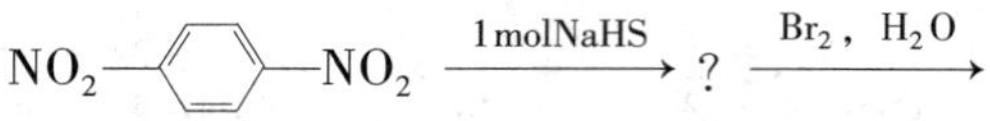

(2) 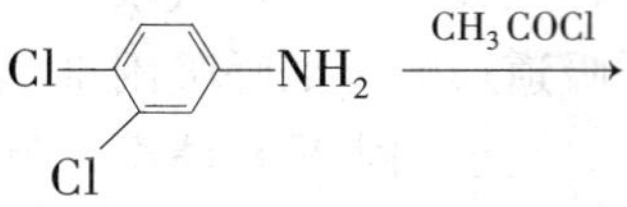

(3) 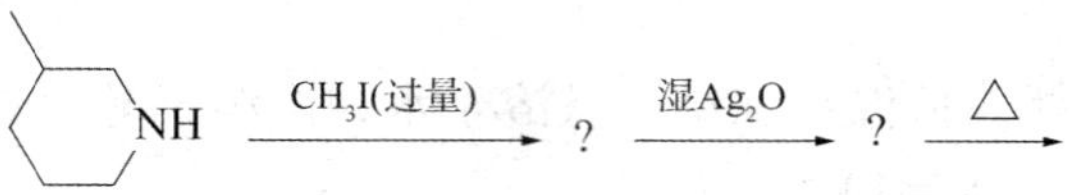

(4) 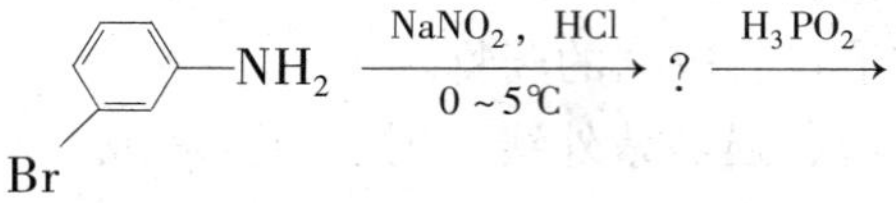

(5) 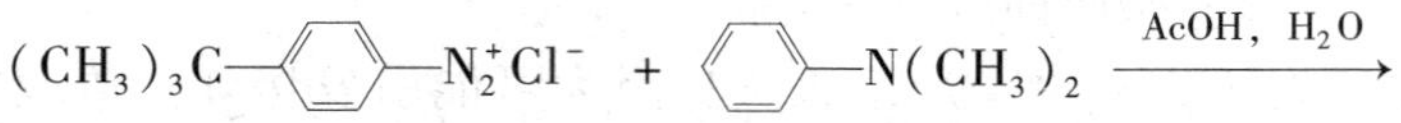

三、写出重氮苯硫酸氢盐分别与下列试剂反应的主要产物。

(1)KI，△　　(2)1) $NaBF_4$，2)△

(3)H_2O，△　　(4)CuCN，KCN

(5)Cu，HCl　　(6)H_3PO_2，△

(7)CuBr，HBr　　(8)$SnCl_2$，HCl

(9) CH_3CH_2OH，△　　(10)1－萘酚

四、请把下列各组化合物按碱性由大到小排序。

(1) 　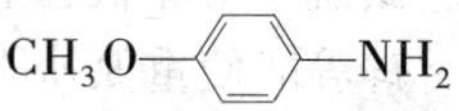　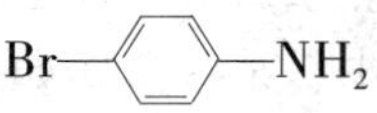

(2)水溶液中：$(CH_3CH_2)_3N$　$(CH_3CH_2)_2NH$　$CH_3CH_2NH_2$　$(CH_3CH_2)_4N^+OH^-$

(3)$CH_3(CH_2)_3CH_2NH_2$　$(CH_3)_4N^+OH^-$　$PhNH_2$　$CH_3CH_2CH_2CONH_2$

(4) 　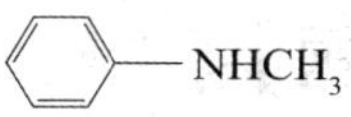　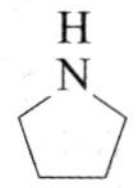　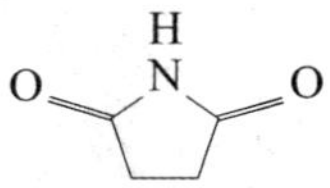

五、用化学的方法鉴别下列各组化合物。

(1)硝基苯，苯酚，苯胺，*N*－甲基苯胺，*N*,*N*－二甲基苯胺，苯甲酸

(2)正己胺，苯胺，二异丙胺，*N*,*N*－二甲基苯胺

六、请用指定原料完成下列合成。

(1)以苯为原料合成 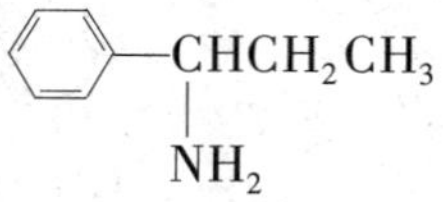

(2)以对氯乙苯为原料合成对氯苯胺。

(3)以苯为原料合成 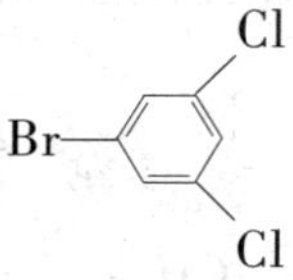

(4)以苯为原料合成 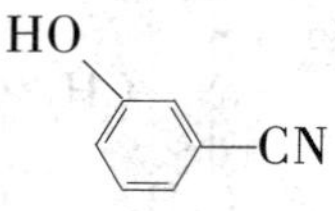

(5)以苯为原料合成 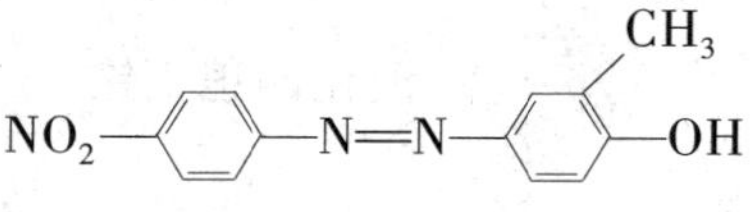

七、分子式为 $C_7H_7NO_2$ 的化合物 A，与 $LiAlH_4$ 反应可生成化合物 B（C_7H_9N），A 不能发生 Hofmann 降级反应。B 能与溴水迅速反应生成化合物 C（$C_7H_7Br_2N$）。若控制条件使 B 仅发生一溴代，则得到一对同分异构体（C_7H_8BrN）D 和 E。试写出 A ~ E 的结构式。

八、分子式为 C_4H_9N 的仲胺 A，与过量 CH_3I 反应并用湿 Ag_2O 处理后，加热分解仅得到分子式为 $C_6H_{13}N$ 的叔胺 B，将 B 继续与过量 CH_3I 反应并用湿 Ag_2O 处理，加热使之分解，所得烯烃产物仅有 1,3－丁二烯。请写出 A、B 的结构式。

第 11 章　含硫、含磷有机化合物

Ⅰ　含硫有机化合物

含硫(sulfur)有机化合物广泛存在于人们的日常生活与生命过程中。人体内的含硫有机物如辅酶 A、半胱氨酸等是生命活动离不开的物质。低级硫醇存在于多种动植物中，例如胡萝卜、牛奶等中含有甲硫醇，牛肉中含有乙硫醇，咖啡中含有苄硫醇等。有些硫醇和硫醚类化合物具有特殊气味，可用于食用香精中。例如，二甲硫醚具有类似于海鲜的特殊气味，是海鲜腥味的来源之一，是国家允许使用的食用香料。还有些硫醇具有葱蒜的气味。

CH_3SH 甲硫醇

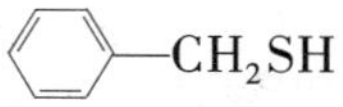

苄硫醇

CH_3SCH_3 二甲硫醚

有些含硫有机物可以清除体内自由基，具有抗氧化功效。例如，保健作用很高的大蒜精油，其主要成分中就含有多种硫醚。

11.1　含硫有机物的分类

硫与氧同主族，但由于硫原子具有 3d 轨道，因而具有更多的价态。按照硫原子的价态，含硫有机化合物可分为以下三种。

(1)含二价硫的有机物。例如硫醇(mercaptan)、硫酚(thiophenol)、硫醚(thioether)、硫代羧酸等。如表 11 -1 所示，含二价硫的有机物可看作醇、酚、醚、羧酸等含氧有机物的含硫类似物。

(2)含四价硫的有机物。例如亚砜(sulfoxide)、亚磺酸(sulfinic acid)等。

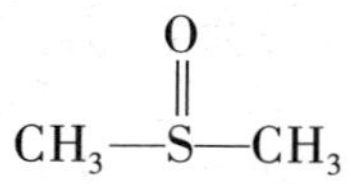

二甲亚砜(简称 DMSO)

含四价硫的有机物没有含氧类似物，可看作亚硫酸(sulphurous acid)的衍生物。

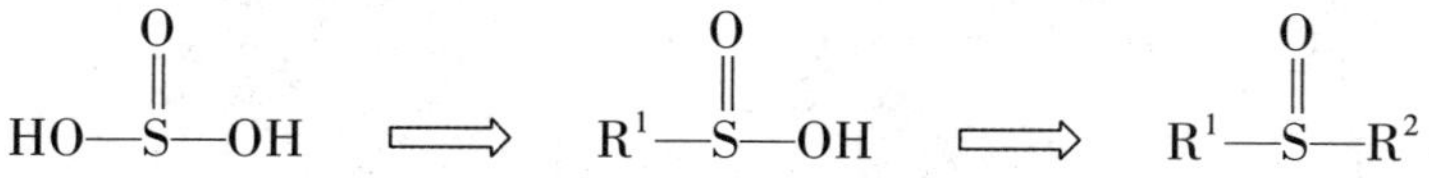

亚硫酸　　亚磺酸　　亚砜

表 11－1　含氧有机物与对应的含硫有机物

含氧有机物		对应的含硫有机物	
结构式	名称	结构式	名称
ROH	醇	RSH	硫醇
R^1OR^2	醚	R^1SR^2	硫醚
ArOH	酚	ArSH	硫酚
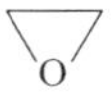	环氧乙烷		环硫乙烷
R—C(=O)—H	醛	R—C(=S)—H	硫醛
R^1—C(=O)—R^2	酮	R^1—C(=S)—R^2	硫酮
		R—C(=O)—SH	硫代 S－酸
R—C(=O)—OH	酸	R—C(=S)—OH	硫代 O－酸
		R—C(=S)—SH	二硫代酸

(3)含六价硫的有机物。例如砜(sulphone)、磺酸(sulfonic acid)等。

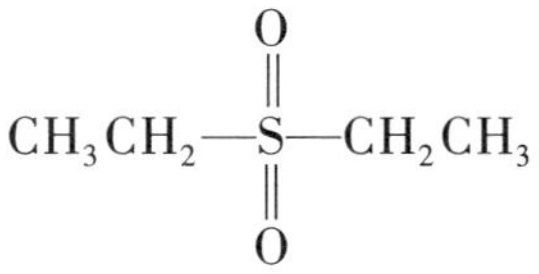

二乙砜

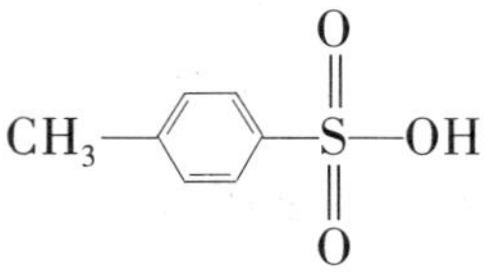

对甲基苯磺酸

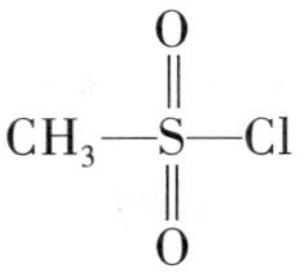

甲磺酰氯

含六价硫的有机物同样没有含氧类似物，可看作硫酸(sulfuric acid)的衍生物。

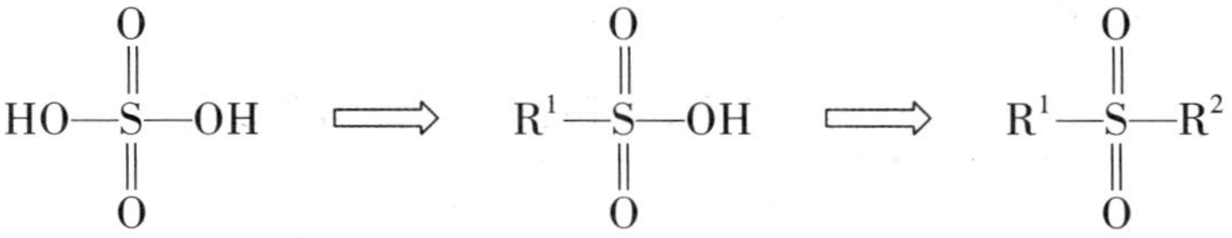

硫酸　　磺酸　　砜

11.2　含硫有机物的危险性

许多含硫有机物具有潜在的燃烧爆炸危险。硫醇、硫醚等含硫有机物，在一定条件下(例如在原油加工过程中)可分解形成硫化氢，对钢制设备产生腐蚀并生成易自燃的铁的硫化物，引发火灾和爆炸。具有强吸湿性的含硫有机物，与水接触时可发生剧烈反应并放出大量的热，也有引发爆炸的可能。具有强氧化性的含硫有机物与可燃性物质接触时，同样有着火的危险。氯磺酸就是兼具强吸湿性与强氧化性的含硫有机物的代表，其受热可放出有害气体如氯气、氯化氢和二氧化硫等。

尽管许多低级硫醇存在于我们的食物中，但大量的低级硫醇能作用于中枢神经系统，具有一定的危害性。当环境中的硫醇超过一定范围后，吸入低浓度的硫醇可引起头痛、恶心，吸入高浓度的硫醇则能引起呼吸麻痹甚至死亡。例如，2014 年 11 月 15 日，美国杜邦公司休斯顿工厂发生甲硫醇泄漏事故，造成 4 名工人当场死亡。此外，有机硫化物还能刺激眼睛、呼吸系统和皮肤。

还有一些含硫有机物，本身毒性较低甚至无毒，但其危害性却不容小视。例如低毒的二甲亚砜，其对人体皮肤具有极强的渗透性，能将溶于其中的有毒物质带入人体内，进而对人的神经系统和血液造成危害；而且，二甲亚砜不但能与水和大多数有机物相溶，还能溶解部分无机盐，被称为“万能溶剂”，这无形中扩大了其危害范围。

此外，磺酸类化合物多属于酸性腐蚀品，能刺激并腐蚀皮肤和黏膜。氯磺酸等吸收空气中的水分后会分解为盐酸和硫酸两种强酸，进一步加剧了其腐蚀性。

11.3 硫醇、硫酚、硫醚概述

醇、酚、醚中的氧原子分别被硫原子取代，对应的化合物分别称为硫醇、硫酚、硫醚。

11.3.1 硫醇、硫酚、硫醚的命名

硫醇、硫酚、硫醚与醇、酚、醚的命名方法相似，只需在母体名称前加“硫”字。若—SH 不作母体官能团而作取代基，称为“巯(音 qiú)基”。

$(CH_3)_2CHCH_2CH_2SH$　3-甲基-1-丁硫醇

$HSCH_2CH_2CH_2SH$　1,3-丙二硫醇

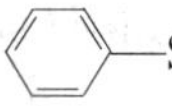

—SH　苯硫酚

$CH_3CH_2SCH_2CH_3$　乙硫醚

11.3.2 硫醇、硫酚、硫醚的物理性质

低级硫醇和硫酚有臭味。由于硫原子不能形成氢键，与相对分子质量相近的醇和酚相比，硫醇和硫酚的沸点更低，在水中的溶解度也更小。硫醚为无色、有臭味的液体，不溶于水，沸点与相对分子质量相近的硫醇相近，高于相应的醚(表 11-2)。

表 11-2　一些硫醇、硫酚、硫醚的物理常数表

名称	英文名称	熔点/℃	沸点/℃
甲硫醇	methanethiol	-123	5.9
乙硫醇	ethanethiol	-144	37
1-丙硫醇	1-propanethiol	-113	68
1-丁硫醇	1-butanethiol	-116	98.5
苯硫酚	thiophenol	70.5	169
甲硫醚	dimethyl sulfide	-98.3	37.3
乙硫醚	diethyl sulfide	-102	93
苯硫醚	diphenyl sulfide	-40	297

11.3.3　硫醇与硫酚的酸性

S—H 键键能较 O—H 键小，因而硫醇、硫酚的酸性比相同碳原子数的醇、酚要强。例如，乙硫醇（pK_a为 10.6）的酸性强于乙醇（pK_a为 16），甚至强于水（pK_a为 15.7），与苯酚（pK_a为 10.0）的酸性相接近。苯硫酚（pK_a为 7.8）的酸性则强于苯酚，接近氢硫酸 H_2S 一级解离对应的酸性（pK_{a1}为 7.0），弱于碳酸的一级解离酸性（pK_{a1}为 6.5）（表 11－3）。

表 11－3　部分酸性化合物的 pK_a 值

化合物	pK_a	化合物	pK_a
C_6H_5SH	7.8	H_2CO_3（一级解离）	6.5
C_6H_5OH	10.0	H_2CO_3（二级解离）	10.3
C_2H_5SH	10.6	H_2S（一级解离）	7.0
C_2H_5OH	16	H_2O	15.7

11.3.4　硫原子的亲核性

与氧原子相比，硫原子变形性较大，亲核性也较氧原子强。

1. 硫醇、硫酚的亲核性

醇和酚作为亲核试剂所能发生的亲核取代反应和亲核加成反应，相应的硫醇和硫酚均能发生，且反应更容易。

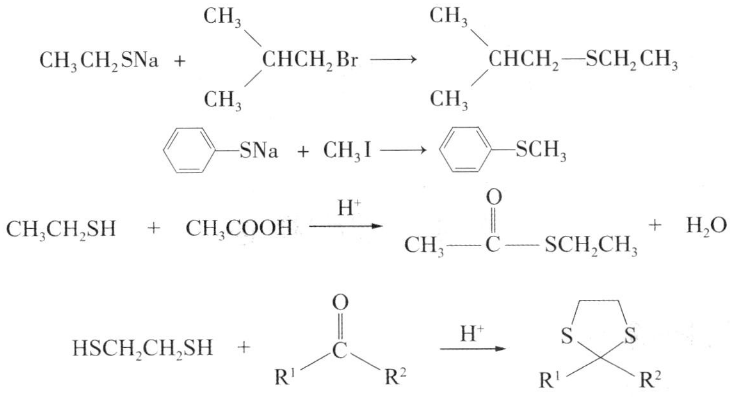

2. 硫醚的亲核性

硫醚可与卤代烃发生亲核取代反应，生成锍盐。

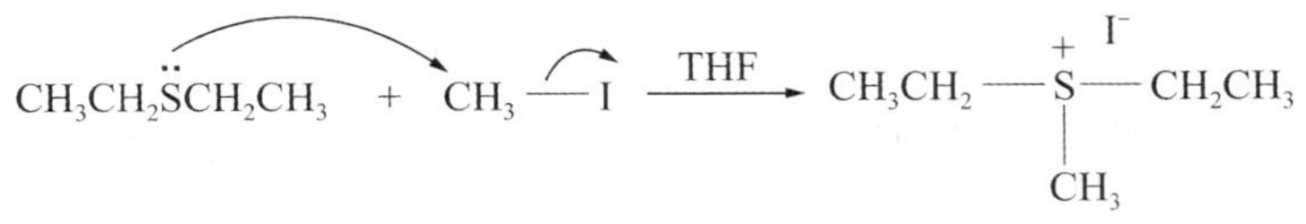

锍盐又可以作为烷基化试剂，与其他亲核试剂发生反应。例如，以三甲基锍盐作为甲基化试剂来合成肾上腺素的反应如下所示，肾上腺素在生物体内的合成过程与此类似。

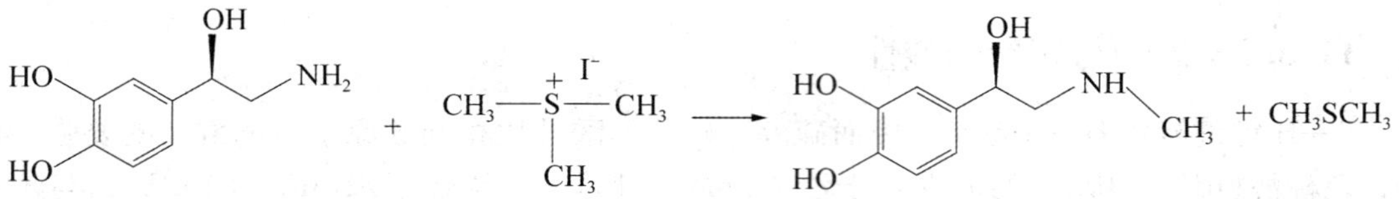

11.3.5 氧化反应

在温和氧化剂(如 H_2O_2，I_2，O_2等)的作用下，硫醇可被氧化为二硫化物，硫醚可被氧化为亚砜。

$$2R{-}SH + I_2 \longrightarrow R{-}S{-}S{-}R + 2HI$$

$$R^1{-}S{-}R^2 \xrightarrow{H_2O_2} R^1{-}\overset{\overset{\displaystyle O}{\|}}{S}{-}R^2$$

二硫化物在碱金属的还原作用下可变回硫醇。通过硫醇－二硫化物之间的转化反应，可利用氨基酸游离巯基之间的二硫键将氨基酸链连接起来，形成多肽或蛋白质的复杂结构，因此，该转化反应在生物化学中具有重要作用。

$$R{-}S{-}S{-}R \xrightarrow{Li} \xrightarrow{H^+,\ H_2O} 2R{-}SH$$

在强氧化剂(如 NaOBr、HNO_3、$KMnO_4$等)的作用下，硫醇可被氧化为磺酸，硫醚可被氧化为砜。

$$R{-}SH + NaOBr \longrightarrow R{-}SO_3Na$$

$$R^1{-}S{-}R^2 \xrightarrow{HNO_3} R^1{-}\underset{\underset{\displaystyle O}{\|}}{\overset{\overset{\displaystyle O}{\|}}{S}}{-}R^2$$

11.4 磺酸概述

11.4.1 磺酸的命名

磺酸的命名与羧酸类似。

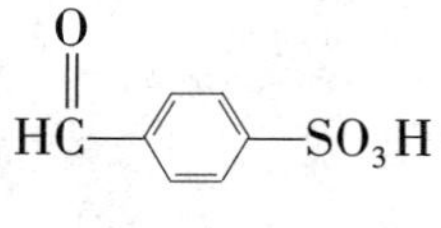

对甲酰基苯磺酸

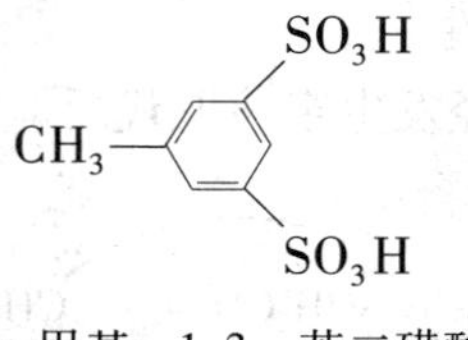

5－甲基－1,3－苯二磺酸

11.4.2 磺酸的物理性质

脂肪族磺酸多为黏稠液体，芳磺酸为固体。与硫酸相似，大多数磺酸不易挥发，具有较强的吸湿性，易溶于水，不溶于一般的有机溶剂。在进行药物合成、表面活性剂制备及其他有机合成时，常通过引入磺酸基来改善有机物分子的水溶性。

11.4.3 酸性

磺酸类化合物中含有酸性基团磺酸基—SO_3H。芳磺酸的酸性与硫酸相近，能与氢氧化钠形成稳定的盐，甚至能与氯化钠通过可逆反应生成卤化氢。与硫酸不同的是，芳磺酸能溶于有机物，且副反应少，因而常用来代替硫酸作酸性催化剂。

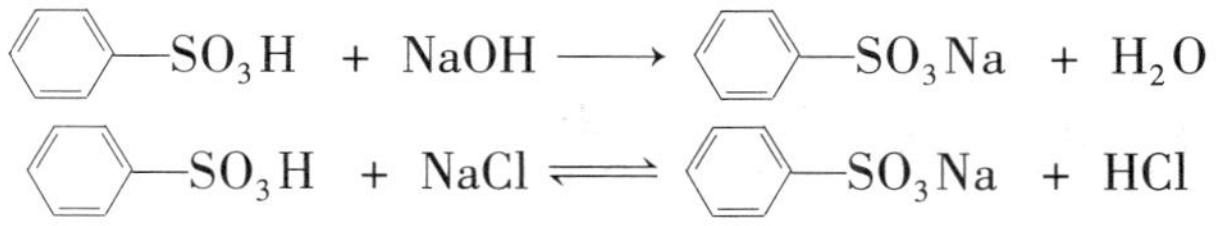

11.4.4 取代反应

1. 磺酸基中羟基被取代的反应

与羧羟基类似，磺酸基中的羟基同样可被—X、—NH_2、—OR 等取代，生成磺酸衍生物。PCl_3、PCl_5等均能使对甲基苯磺酸发生卤代，生成对甲苯磺酰氯。

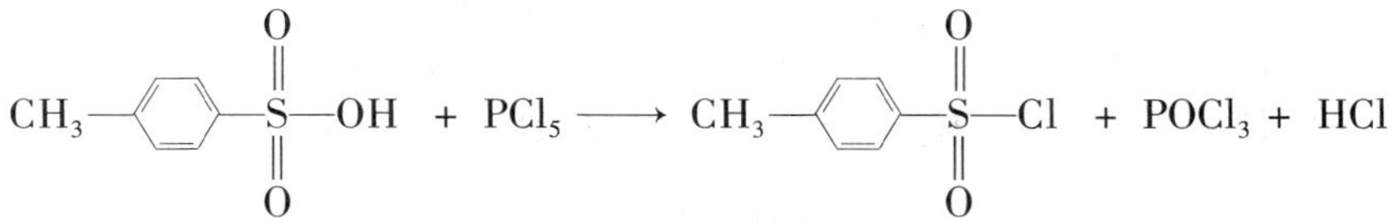

对甲苯磺酰氯通过胺解可生成对甲苯磺酰胺，通过醇解可生成对甲苯磺酸酯。缚酸剂吡啶(Py)的加入同样可以吸收副产物 HCl，促进反应进行。

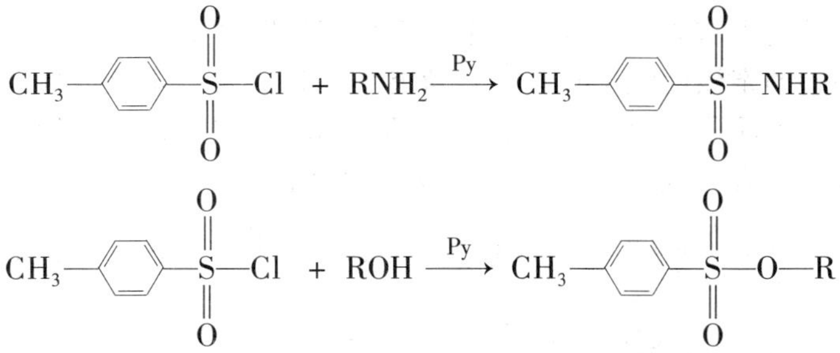

简写为 TsO—R

磺酸根(RSO_3^-)是一类良好的离去基团，离去能力甚至强于碘离子 I^-，磺酸酯的亲核取代反应和消除反应均较易发生[详见第 7 章 7.5.3(2)]。例如，对甲苯磺酸酯可与醇钠发生亲核取代反应，对甲苯磺酰氧基(—OTs)被烷氧基取代，生成不对称的醚。

$$TsO—R^1 + R^2ONa \xrightarrow{-TsO^-} R^1—OR^2$$

2. 磺酸基被取代的反应

芳磺酸在水蒸气或稀硫酸中受热，磺酸基可被氢原子取代而发生脱磺基反应。利用单取代苯"对位磺化 - 脱磺基"的方法，可实现苯环邻位上的选择性取代。[详见第 4 章 4.6.1(3)]

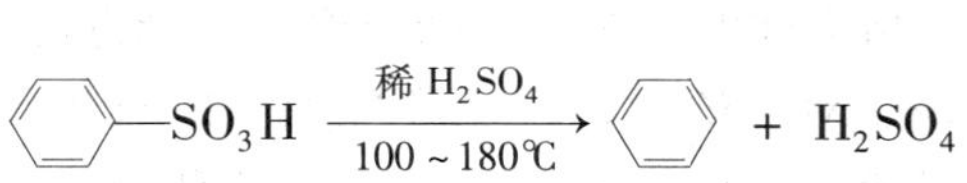

芳磺酸盐与氢氧化钠固体在 300℃ 的高温下发生共熔，其磺酸基可被羟基取代，生成酚的钠盐。该反应常与芳环上的磺化反应联合使用，用来制备相应的酚类，称为磺化 - 碱熔法。早期工业上制备苯酚和萘酚就是利用这种方法，但由于反应时的高温常常会破坏其他的

取代基，使得该反应的应用范围较窄。

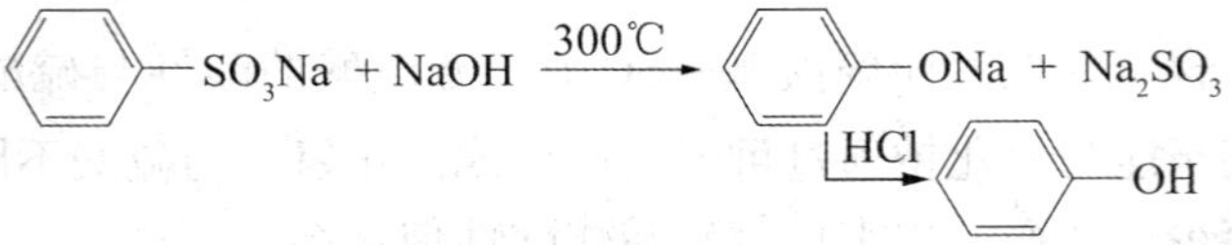

Ⅱ　含磷有机化合物概述

含磷(phosphorus)有机化合物也是生命活动离不开的重要物质，例如生物体内的核酸、磷脂等都含有磷元素。

磷与氮同属于第Ⅴ主族，最外层电子排布为$3s^2 3p_x^1 3p_y^1 3p_z^1$。当磷采取$sp^3$杂化方式时，能形成与胺类似的三角锥结构的化合物膦(phosphine)。依据磷原子上取代烃基的数目，膦同样可分为：伯膦RPH_2，仲膦R_2PH，叔膦R_3P，季𬭸盐$R_4P^+X^-$。

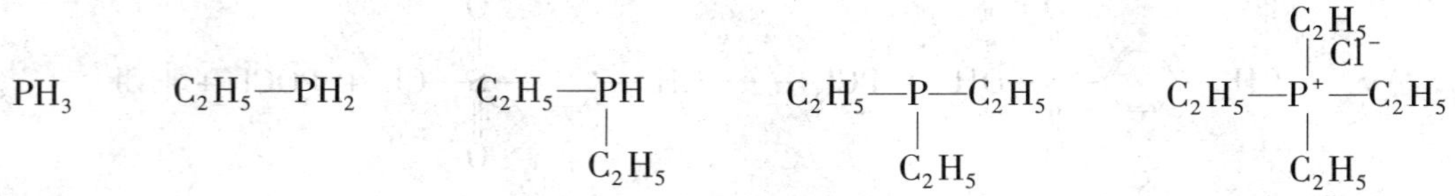

磷化氢	乙基膦	二乙基膦	三乙基膦	氯化四乙基𬭸
（膦）	（伯膦）	（仲膦）	（叔膦）	（季𬭸盐）

与胺相比，烃基膦中磷原子上未成键电子对裸露程度大于氮原子，且磷原子变形性强于氮原子，因此烃基膦的亲核性强于胺。烃基膦能与卤代烃发生亲核取代反应，生成季𬭸盐，后者在强碱作用下失去质子可生成磷叶立德，即 Wittig 试剂。Wittig 试剂是将醛酮的碳氧双键变为烯烃碳碳双键的有效试剂[详见第 8 章 8.4.2(1)]。

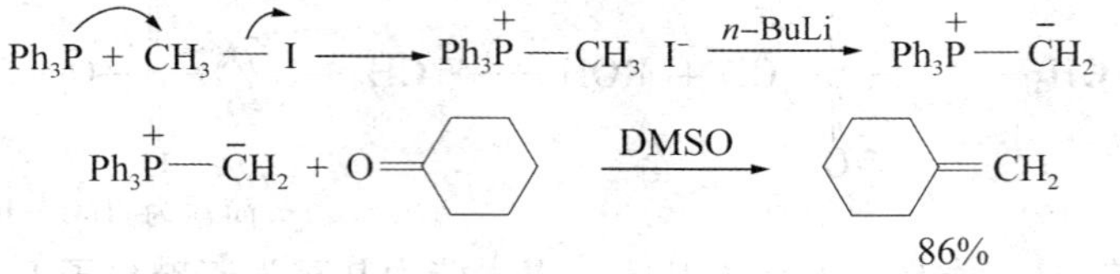

与氮原子不同的是，磷原子含有 3d 轨道，因而杂化方式和成键方式都较氮原子复杂。另外一大类含磷有机物为膦酸(phosphonic acid)及其衍生物，是磷酸(H_3PO_4)、亚磷酸(H_3PO_3)或次磷酸(H_3PO_2)中一个或多个羟基被烃基取代所得到的酸，以及这些取代酸对应的酯。膦酸衍生物也是四面体构型。常见膦酸衍生物的结构式见表 11－4 和表 11－5。

许多含磷有机物有毒，曾经或正在被用来作为农药使用。有机磷农药多数为磷酸酯类和硫代磷酸酯类化合物，少数为膦酸酯类和磷酰胺类化合物。绝大多数有机磷农药药效高、易分解，不会在人畜体内累积，是很重要的一类农药。然而，有不少品种的有机磷农药急性毒性很强。随着科技的发展，高毒性的有机磷农药正逐步被低毒性的农药所代替。目前常用的有机磷农药有敌百虫、乐果、对硫磷等，用于环境卫生的有机磷杀虫剂有马拉硫磷等。其中，敌百虫、乐果、马拉硫磷等对昆虫有剧毒，在哺乳动物体内却能迅速分解，毒性相对较低。

表 11－4　常见酸类膦酸衍生物

结构式	名称	结构式	名称
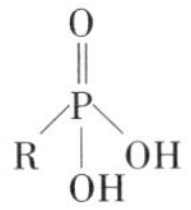	烃基膦酸	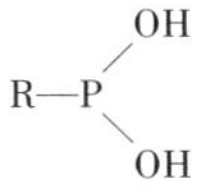	烃基亚膦酸
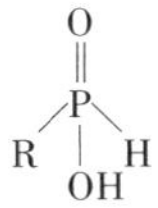	烃基次膦酸	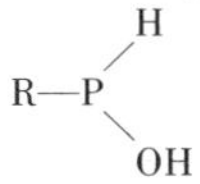	烃基次亚膦酸
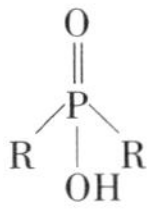	二烃基次膦酸	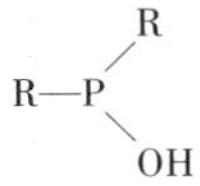	二烃基次亚膦酸

表 11－5　常见酯类膦酸衍生物

结构式	名称	结构式	名称
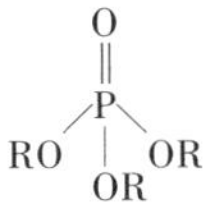	磷酸酯	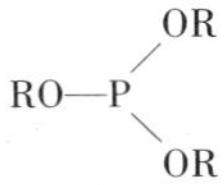	亚磷酸酯
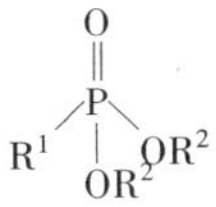	烃基膦酸酯	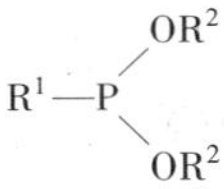	烃基亚膦酸酯
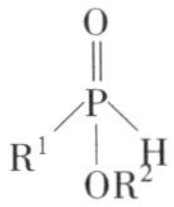	烃基次膦酸酯	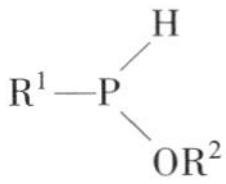	烃基次亚膦酸酯
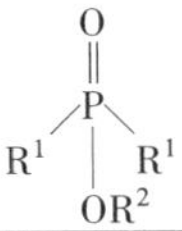	二烃基次膦酸酯	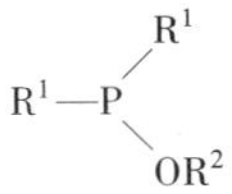	二烃基次亚膦酸酯

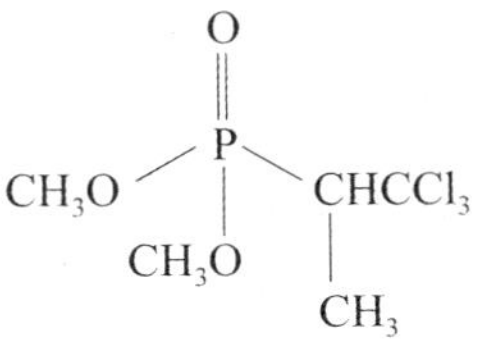
敌百虫

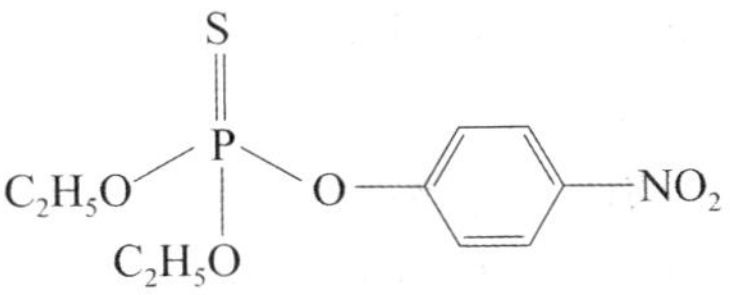
对硫磷

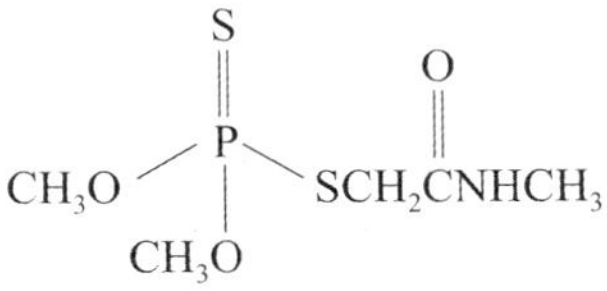
乐果

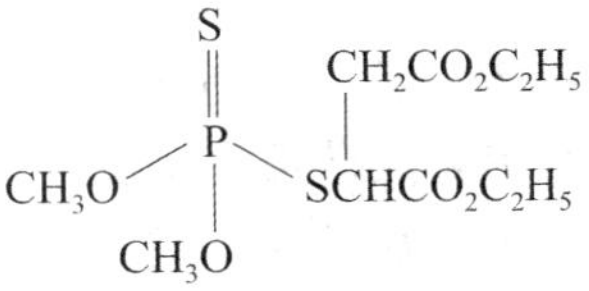
马拉硫磷

化学武器中的神经性毒剂也是一类含磷有机物，为有机磷酸酯类衍生物，又称为“有机磷毒剂”或“含磷毒剂”。有机磷毒剂是目前毒性最强的一类化学战剂，主要代表物有塔崩、沙林、梭曼等。有机磷毒剂能强烈地抑制胆碱酯酶，使人体内神经中枢兴奋剂乙酰胆碱不能被水解，从而使神经系统长时间处于兴奋状态，导致呼吸困难、四肢痉挛、神志不清，严重者迅速死亡。

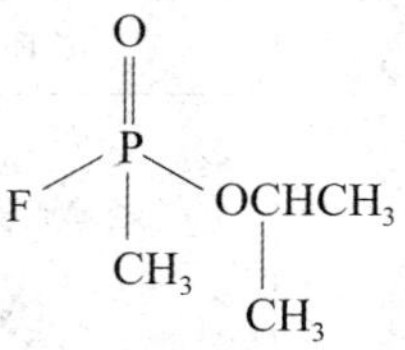

沙林

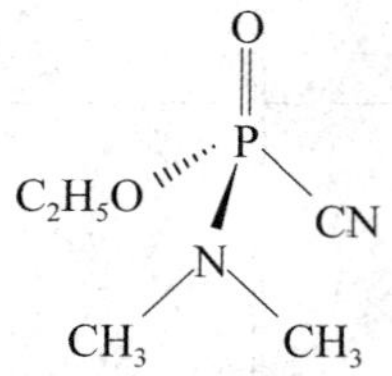

塔崩

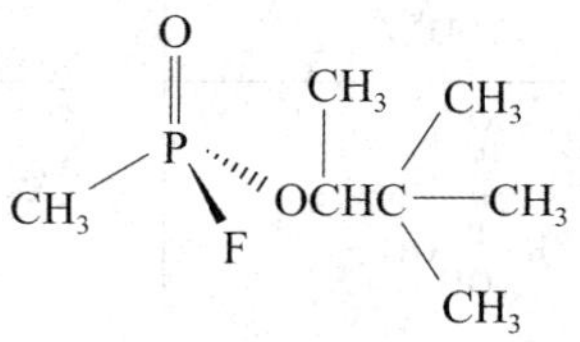

梭曼

有些含磷有机物可用作药物。例如，烃基膦酸酯类药物福莫司汀，不但对黑色素瘤有显著疗效，还可用于治疗某些肺癌、恶性淋巴瘤和肾癌等。

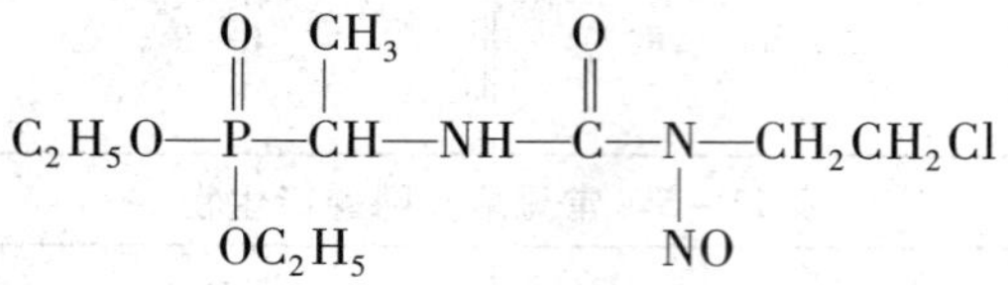

福莫司汀

【阅读材料】

阅读材料1：有机硫农药与含硫药物

有机硫农药主要指二硫代氨基甲酸盐及其衍生物系列杀菌剂。该类杀菌剂高效、低毒，对动植物安全，对环境危害小，是取代有机汞和有机铜类杀菌剂中比较成功的一类化合物。

有机硫农药主要分为“福美”系和“代森”系两大类。“福美”系指氨基二硫代甲酸类化合物及其盐，例如福美钠、福美铁等。“代森”系指乙撑双二硫代氨基甲酸类化合物及其盐，例如代森锰、代森锌等。

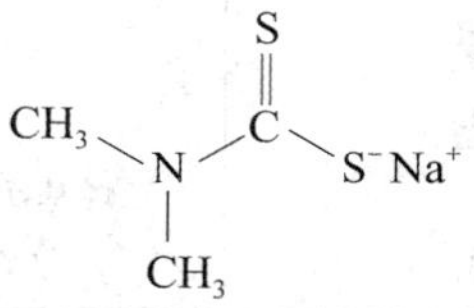

二甲氨基二硫代甲酸钠

福美钠

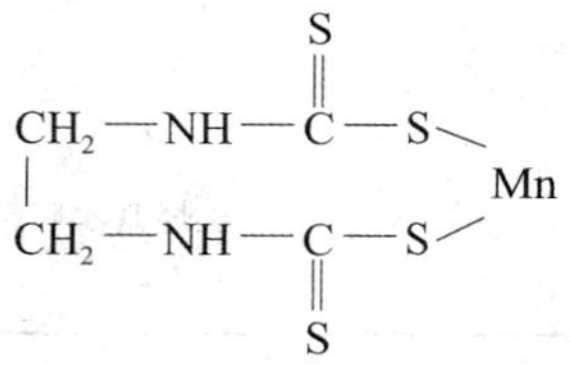

亚乙基-1, 2-双（二硫代氨基甲酸）锰

代森锰

代森类农药或其代谢产物可与人体内的多种酶(如辅酶A、含巯基的酶等)发生作用，使它们的活性受到抑制，从而引起中毒或癌变。但就其作用程度而言，代森类农药对人、畜毒性不大，很少发生中毒事故。代森类的主要代谢产物是乙撑硫脲。乙撑硫脲一般剂量时问题不大，且见光易分解，无严重残留问题。然而大剂量的乙撑硫脲对动物有致癌、诱变和致畸作用。

福美类农药可通过抑制含巯基的酶来抑制菌体丙酮酸的氧化，从而达到杀菌的目的。在毒性方面，福美类农药可在动物体内分解为二甲基胺及二硫化碳，从而使之中毒。二甲基胺能与体内的亚硝酸盐反应生成二甲基亚硝胺，后者是致癌物。福美锌为中等毒类化合物，其诱发染色体畸变的能力比代森锌和代森锰大。福美铁为低毒类化合物。

有机硫农药可经消化道、呼吸道和皮肤吸收，主要作用于神经系统，使之先兴奋后抑制。此外，有机硫农药对肝肾有一定的损害作用，对皮肤和黏膜也具有刺激性。

许多药物中也含有硫元素。磺胺类药物指含有对氨基苯磺酰胺结构片段的化合物，其对葡萄球菌和链球菌等多种病菌具有抑制作用，是青霉素问世前使用最广泛的人工合成抗菌药。磺胺类药物的化学结构与对氨基苯甲酸类似，可通过与对氨基苯甲酸竞争二氢叶酸合成酶来抑制二氢叶酸的合成，从而起到抑制细菌生长和繁殖的目的。

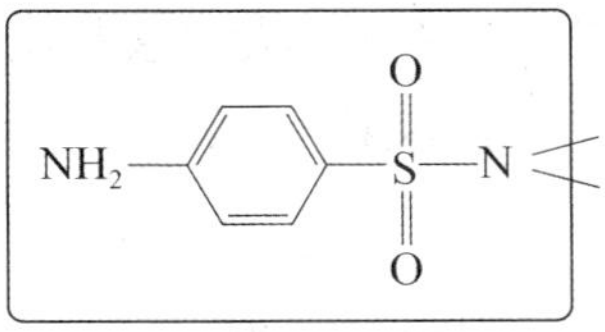

图 11－1　对氨基苯磺酰胺结构片段

尽管迄今为止已开发出很多有效的抗生素类药物，但磺胺类药物在控制细菌性感染方面仍有其重要价值，加之具有抗菌谱广、性质稳定、制造成本低等优点，目前仍有许多磺胺类药物在继续使用，例如新诺明(磺胺甲基异噁唑)、磺胺脒、磺胺嘧啶等。

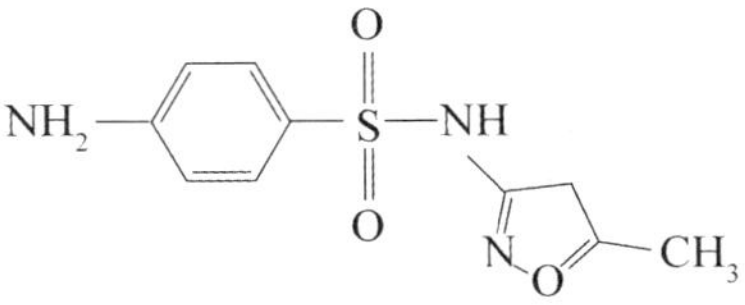

新诺明

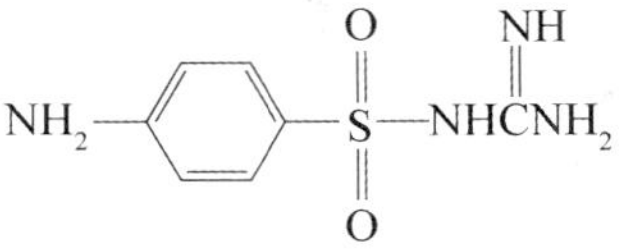

磺胺脒

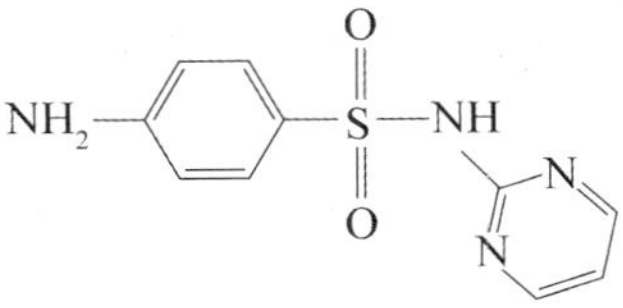

磺胺嘧啶

磺胺类药物最大的缺点在于易产生耐药性，其代谢产物乙酰化磺胺的溶解度较低，易在尿中析出结晶而对肾脏造成伤害，因此用药时应严格控制剂量及间隔时间，同时多饮水。此外，由于磺胺类药物只能抑菌而并无杀菌的作用，所以消除体内病原菌最终还是需要依靠机体的防御能力及免疫力。

阅读材料 2：磺化反应的危险性分析

磺化反应是指在有机物分子中引入磺酸基的反应。磺化反应所使用的原料如苯、硝基苯等都是易燃物，而磺化剂浓硫酸、发烟硫酸等具有很强的氧化性，二者相互混合时本身就具有一定的危险性。磺化反应是放热反应，而保证反应顺利进行又需要进行一定程度的加热，使得反应过程中燃爆的危险系数增加。若投料顺序颠倒、投料速度过快、反应过程中得不到有效地冷却和良好的搅拌等，就易使温度过高，使磺化反应变为燃烧反应，引起着火甚至爆炸。

此外，磺化剂如浓硫酸等具有较强的腐蚀性，会腐蚀设备，产生污染环境的废酸，甚至引发事故。

【习题】

一、写出反应的主要产物。

(1) $(CH_3)_2CHSH + CH_3\overset{O}{\overset{\|}{C}}Cl \longrightarrow$

(2) 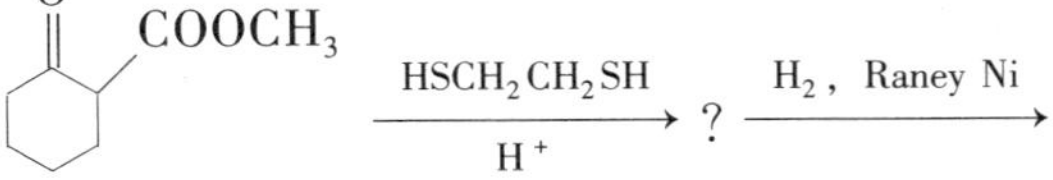

(3) $CH_3CH_2CH_2SH \begin{cases} \xrightarrow{HNO_3} \\ \xrightarrow{I_2} \end{cases}$

(4) 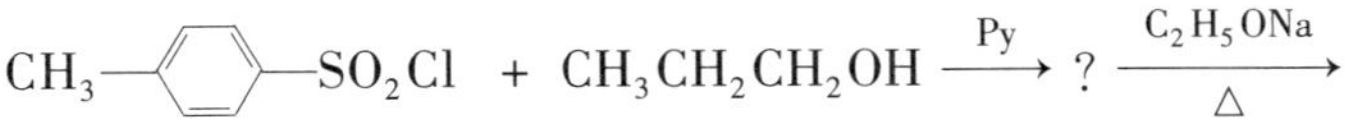

(5) 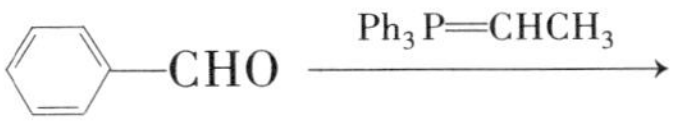

二、请将下列化合物按酸性由大到小排序。

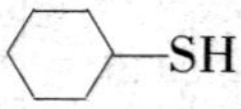

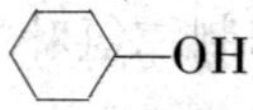

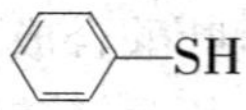

三、以甲硫醇为原料合成二甲亚砜 $CH_3\overset{\overset{O}{\|}}{S}CH_3$ 。

四、以甲苯为原料合成邻硝基苯甲酸 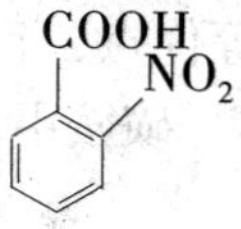

 。

第 12 章　杂环化合物与生物分子

Ⅰ　杂环化合物

杂环化合物(heterocycle compound)指碳环上含有杂原子(hetero－atom)的化合物。杂原子指碳原子和氢原子以外的原子，常见杂原子有 O、S、N 等。目前已知的有机物中半数以上含有杂环。自然界中，很多参与生命活动的分子属于杂环化合物。例如，含氮杂环嘧啶和嘌呤是决定生命遗传行为的分子核酸的基本组成成分之一，5－羟基色胺是哺乳动物脑组织中与神经系统功能密切相关的重要物质，叶绿素是植物叶片和茎中与光合作用密切相关的物质，血红素则在动物红细胞中输送氧气以维持生命活动的正常进行等。

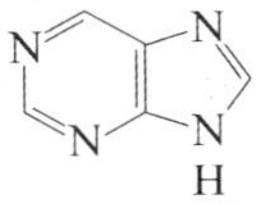
嘌呤

嘧啶

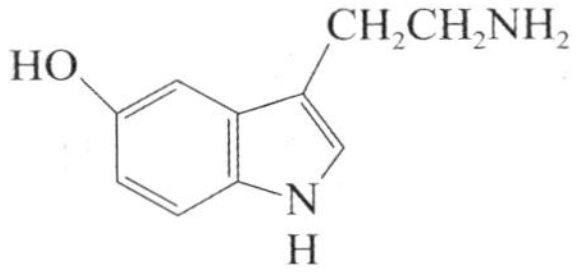
5-羟基色胺

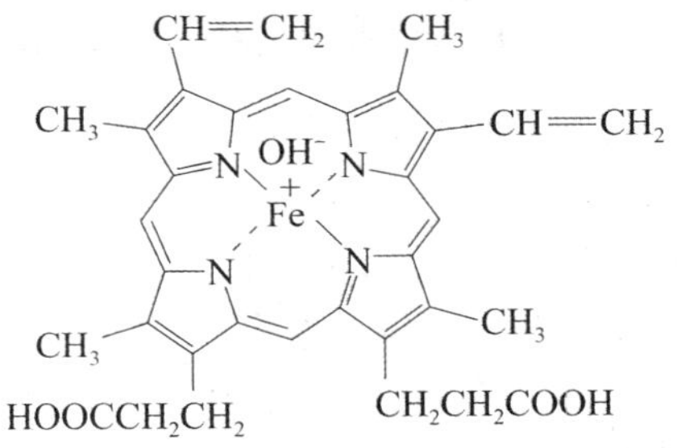
血红素

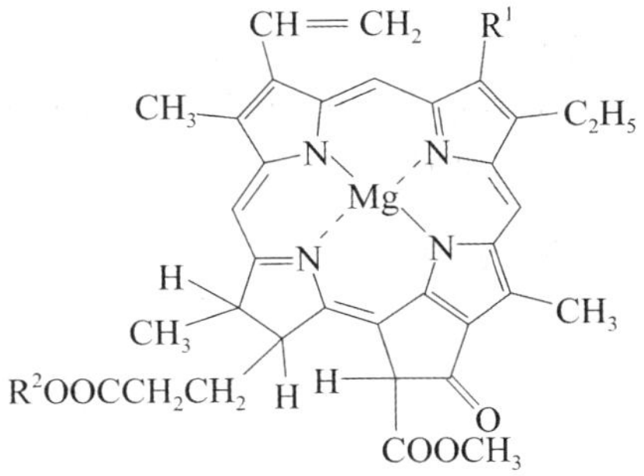

$R^1 = CH_3$ (叶绿素a)

CHO (叶绿素b)

$R^2 = CH_3(CH(CH_3)CH_2CH_2CH_2)_3C(CH_3){=}CHCH_2—$

叶绿素

人工合成的杂环化合物更是无处不在，医药、农药、染料、半导体、传感器等诸多领域的兴起与发展均离不开杂环化合物。绝大多数药物中都含有杂环结构，例如，抗生素类药物仑氨西林、青霉素等。

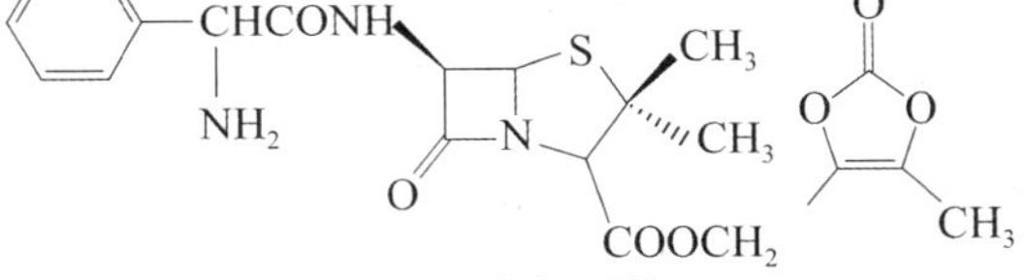
仑氨西林

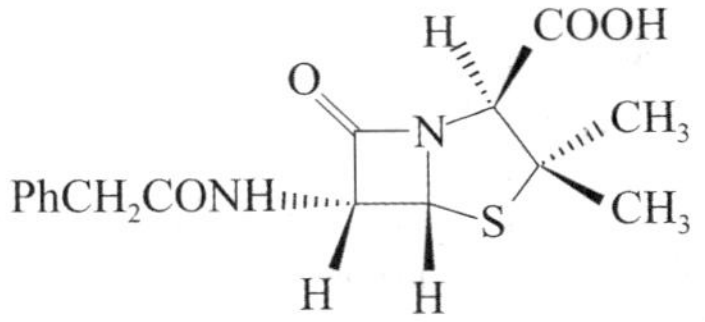
青霉素

依据杂环是否具有芳香性，杂环化合物可分为非芳香性杂环化合物(例如四氢呋喃、马来酸酐等)和芳香性杂环化合物(例如呋喃、吡啶等)。非芳香性杂环化合物在化学反应过程中易发生开环，其化学性质与一般的脂肪族化合物类似。本章主要讨论芳香性杂环化合物。

四氢呋喃

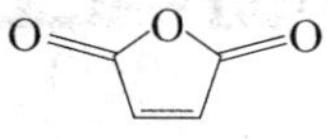

马来酸酐

(非芳香性杂环化合物)

呋喃

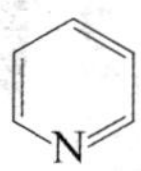

吡啶

(芳香性杂环化合物)

12.1 芳香性杂环化合物的分类及命名

芳香性杂环化合物又称为芳杂环化合物。与芳烃类似，芳香性杂环化合物在结构上同样符合 Hückel(休克尔)规则，即杂环结构为含有 $4n+2$($n=0$，1，2……)个 π 电子的、单环的、平面的封闭共轭多烯结构。

12.1.1 芳香性杂环化合物的分类

依据环的个数，芳香性杂环化合物可分为单杂环化合物和稠杂环化合物。对于单杂环化合物，依据环上碳原子数可分为五元杂环化合物和六元杂环化合物。对于稠杂环化合物，依据稠合环是否有苯环，可分为苯稠杂环化合物和非苯稠杂环化合物，其中，非苯稠杂环化合物由杂环与杂环稠合而成。

无论是单杂环化合物还是稠杂环化合物，其杂环上可以只含一个杂原子，也可以含有两个或多个杂原子；含有两个及以上杂原子时，所含的杂原子可以相同，也可以不同。一些常见的芳香性杂环化合物如表 12-1 所示。

本章仅讨论含一个杂原子的芳香性五元及六元杂环化合物。其中，只含一个杂原子的芳香性五元杂环化合物包括呋喃(杂原子为氧原子)、噻吩(杂原子为硫原子)和吡咯(杂原子为氮原子)。只含一个杂原子的芳香性六元杂环化合物主要指吡啶，其所含杂原子为氮原子。

表 12-1 一些常见芳香性杂环化合物举例

名称	英文名称	结构	名称	英文名称	结构
吡咯	pyrrole	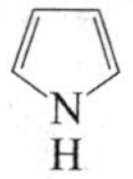	苯并呋喃	benzofuran	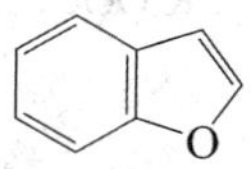
呋喃	furan		吲哚(苯并吡咯)	indole	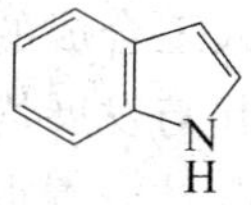
噻吩	thiophene		苯并噻吩	thionaphthene	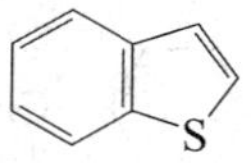
吡唑	pyrazole	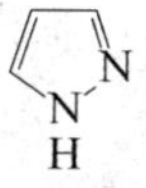	吡嗪	pyrazine	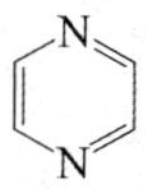

续表

名称	英文名称	结构	名称	英文名称	结构
咪唑	imidazole	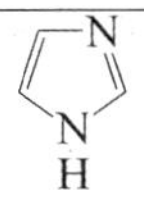	嘧啶	pyrimidine	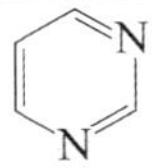
噻唑	thiazole		哒嗪	pyridazine	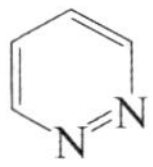
噁唑	oxazole	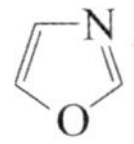	喹啉	quinoline	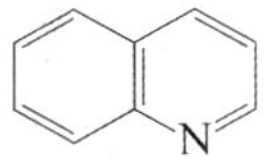
吡啶	pyridine	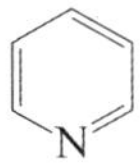	异喹啉	isoquinoline	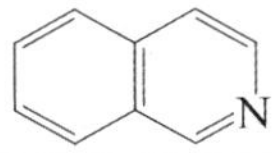

12.1.2 芳香性杂环化合物的命名

芳香性杂环化合物的名称多采用英文名称的音译。编号时将杂原子编为 1 号，并使取代基位次尽可能低。例如：

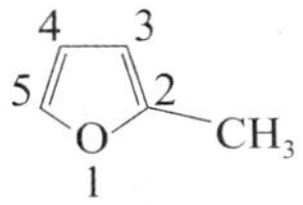

2-甲基呋喃

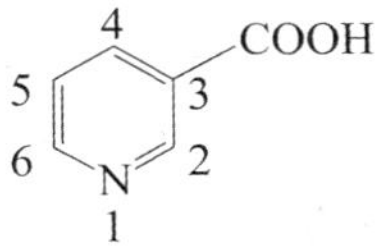

吡啶-3-甲酸

对于含一个杂原子的杂环，可把与杂原子相邻的位置称为 α 位，与杂原子相隔一个碳原子的位置称为 β 位，与杂原子相隔两个碳原子的位置称为 γ 位等，例如：

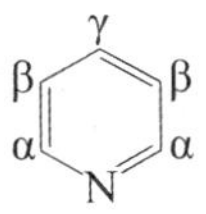

若环上含有多个相同的杂原子，应使杂原子所在位次之和最小。若杂原子有饱和与不饱和之分，应从饱和杂原子开始编号。

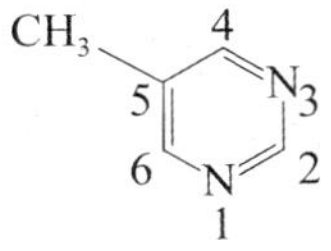

5-甲基嘧啶

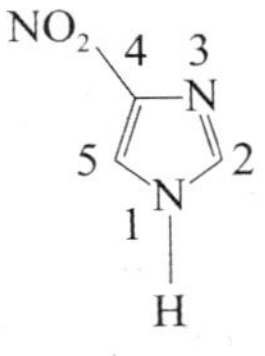

4-硝基咪唑

如果环上含有多个不同的杂原子，按优先性依次为 O、S、N 的顺序编号。稠杂环有自己固定的编号。

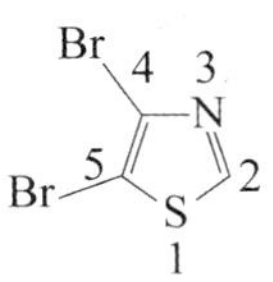

4,5-二溴噻唑

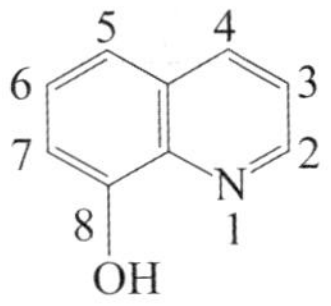

8-羟基喹啉

12.2 简单芳杂环化合物的结构

以呋喃为例介绍仅含一个杂原子的芳香性五元杂环的结构。如图 12－1 所示，呋喃中，成环的四个碳原子与一个氧原子均采取 sp^2杂化方式，氧原子未杂化的 p 轨道上含有一对未成键电子，该电子对与四个碳原子未杂化 p 轨道上的单电子共同形成一个五中心六电子的环状大 π 键，使呋喃具有芳香性。吡咯、噻吩具有与呋喃相似的结构，但三者的芳香性大小不同。按芳香性由大到小有：苯 > 噻吩 > 吡咯 > 呋喃。

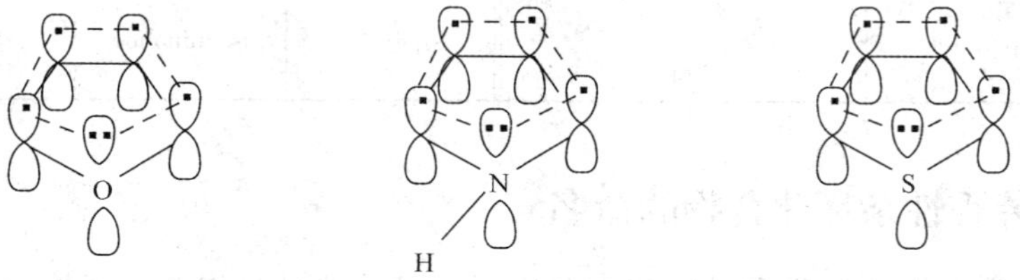

图 12－1　呋喃、吡咯、噻吩的结构

以吡啶为例介绍仅含一个杂原子的芳香性六元杂环的结构。如图 12－2 所示，吡啶中，成环的五个碳原子与一个氮原子均采取 sp^2杂化方式，氮原子的未成键电子对占据着一个 sp^2杂化轨道，未杂化的 p 轨道上含有一个单电子，该电子与五个碳原子未杂化 p 轨道上的单电子共同形成一个六中心六电子的环状大 π 键，使吡啶具有芳香性。

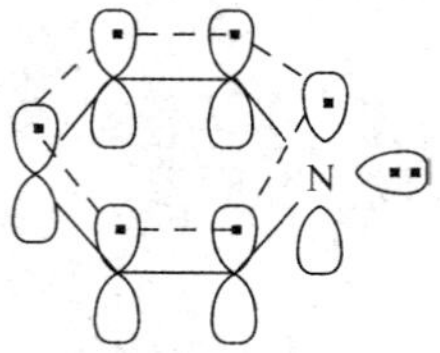

图 12－2　吡啶的结构

12.3 简单芳杂环化合物的化学性质

12.3.1 酸碱性

许多含有氮原子的芳香杂环化合物具有一定的碱性，其碱性大小与其结构密切相关。吡咯氮原子上的未成键电子对参与了共轭体系的形成，与质子结合变得困难，因而吡咯的碱性极弱（pK_b为 13.6）。吡啶氮原子上的未成键电子对没有参与共轭体系的形成，可以与质子结合，因此吡啶的碱性（pK_b为 8.8）较吡咯强，也比苯胺（pK_b为 9.3）略强。

若将吡啶催化加氢可得六氢吡啶（又称哌啶）。六氢吡啶的碱性（pK_b为 2.7）比吡啶更强，与一般脂肪族仲胺相近。

六氢吡啶

12.3.2 亲核性

吡啶氮原子不但显示较强的碱性，还显示一定的亲核性。例如，吡啶能以氮原子进攻卤代烃，生成吡啶鎓盐，这既是一种温和的烷基化试剂，也可用作阳离子型表面活性剂。吡啶还能以氮原子进攻三氧化硫，生成吡啶－三氧化硫加成物，这是一种温和的磺化试剂。

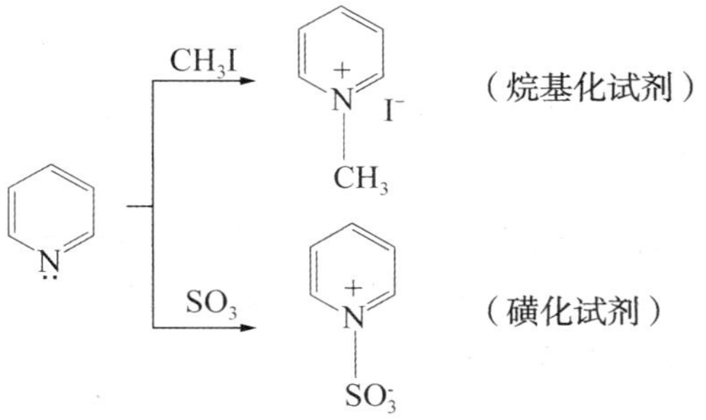

12.3.3 取代反应

1. 亲电取代反应

单杂原子的五元芳杂环中，杂原子以电子对参与共轭体系的形成，使成环碳原子上的电子云密度增大。因此，呋喃、吡咯及噻吩比苯容易发生亲电取代反应，活泼性同苯酚、苯胺相似，亲电取代反应条件温和且主要发生在杂原子的邻位（即 2－位，又称 α－位）。

噻吩在室温下即可与浓硫酸发生磺化反应，所得 2－噻吩磺酸溶于浓硫酸。借助该反应，可用浓硫酸洗去粗苯中的噻吩。2－噻吩磺酸水解又可以脱磺基变回噻吩。

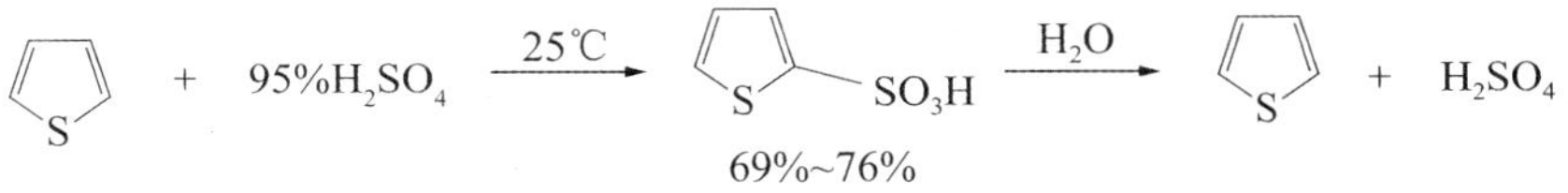

吡咯和呋喃不如苯稳定，不能直接用浓硫酸进行磺化，其磺化反应常用吡啶－三氧化硫加成物作为温和的磺化试剂。

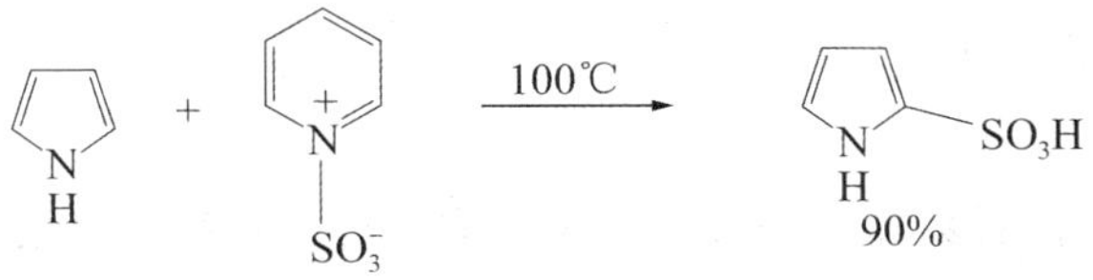

吡啶–三氧化硫加成物

呋喃、吡咯、噻吩在硝酸中均易被氧化，其硝化反应通常不使用混酸，而是使用乙酰硝酸酯为温和的硝化试剂。

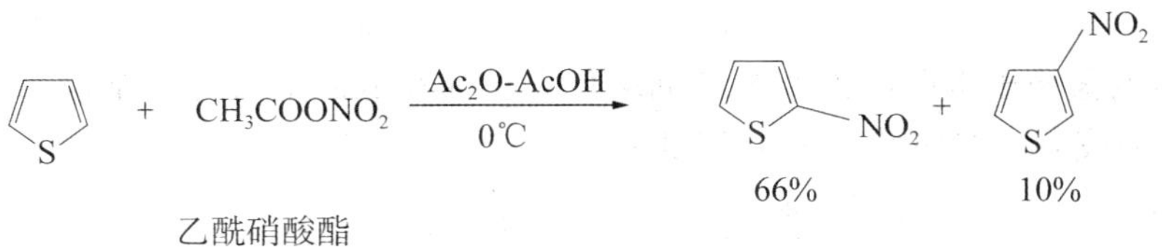

乙酰硝酸酯

呋喃和噻吩进行傅－克酰基化反应仅需使用较三氯化铝温和的催化剂，如四氯化锡。吡咯进行傅－克酰基化反应无需催化剂。

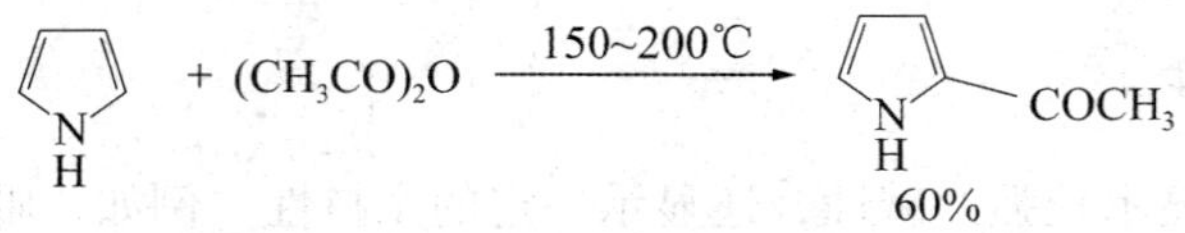

呋喃在室温下便能与溴发生亲电取代反应，生成2－溴呋喃。该反应比较剧烈，不但无需铁粉作催化剂，并且需要加入惰性溶剂（如1,4－二氧六环）进行稀释，必要时还需在低温下进行反应。

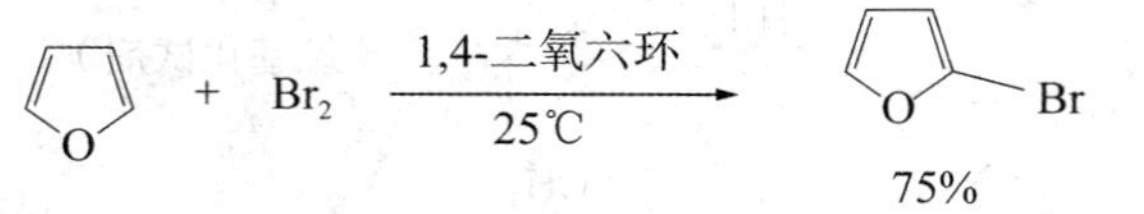

由于呋喃的芳香性比较弱，与溴反应时，其共轭双烯结构还可以发生1,4－亲电加成，生成二溴代的含氧杂环化合物。该化合物较活泼，又可以继续与亲核性的溶剂分子（例如下图反应中的甲醇）迅速发生亲核取代反应。

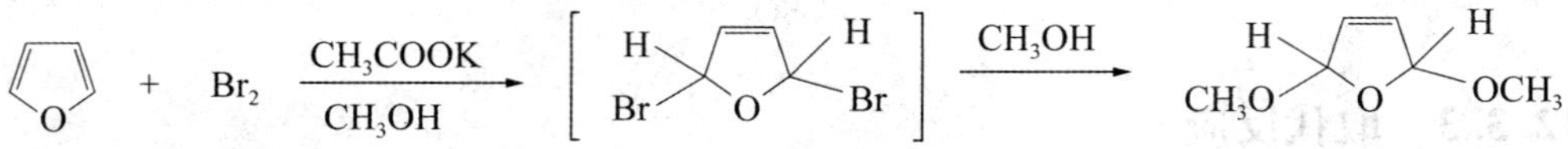

单杂原子六元芳杂环（即吡啶）中，氮原子的吸电子诱导效应使成环碳原子上的电子云密度减小。因此，吡啶发生亲电取代反应比苯困难，活泼性同硝基苯相似，取代主要发生在杂原子的间位（即3－位，又称β－位），且不能发生傅－克烷基化及傅－克酰基化反应。

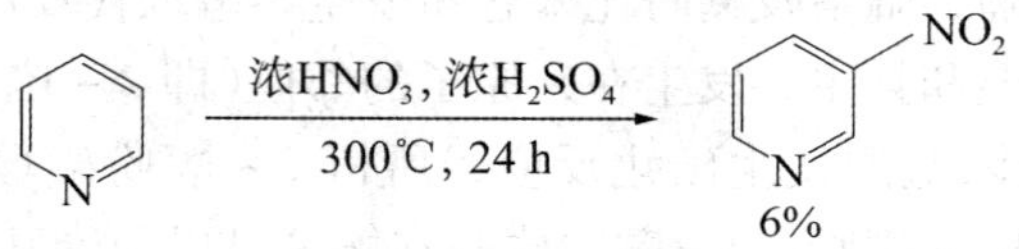

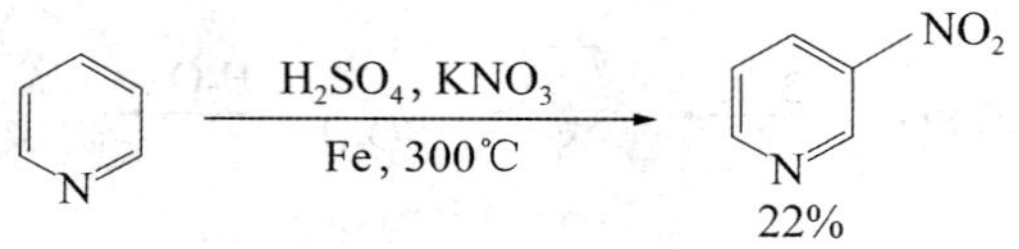

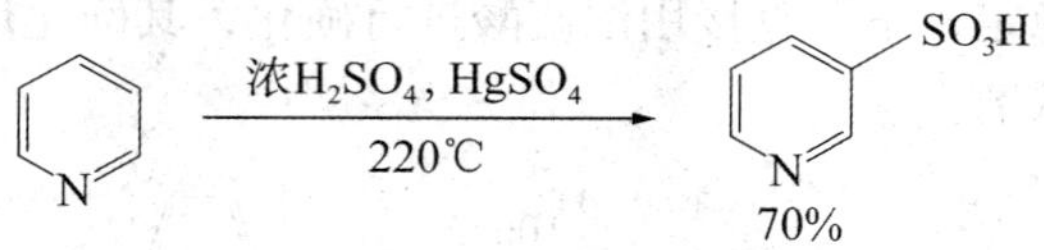

2. 亲核取代反应

若吡啶的α位或γ位有易离去的基团，亲核取代反应将很容易发生。

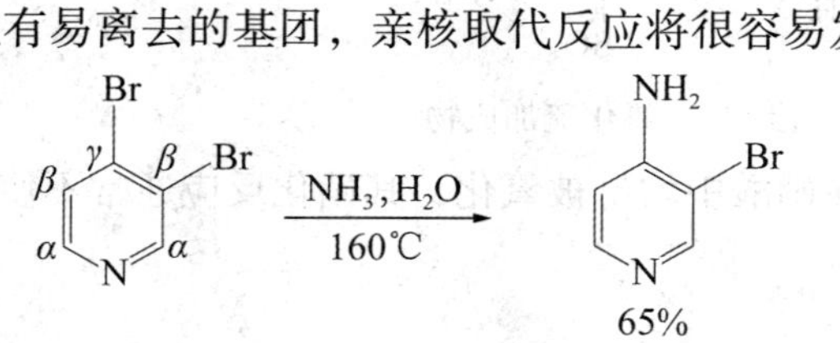

吡啶α位的氢原子也可以被亲核试剂取代。吡啶在低温下可与芳基锂加成，生成二氢吡啶锂盐，后者受热可分解为2－芳基吡啶。

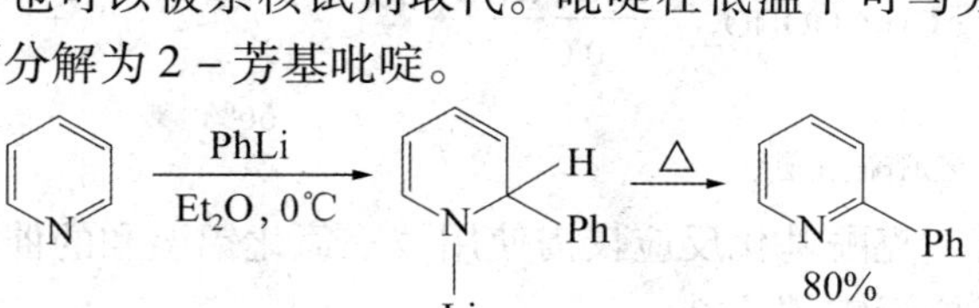

吡啶在 $NaNH_2$ 的作用下可生成 2-氨基吡啶，该反应称为 Chichibabin(齐齐巴宾)反应。该反应的机理尚在探索研究之中。

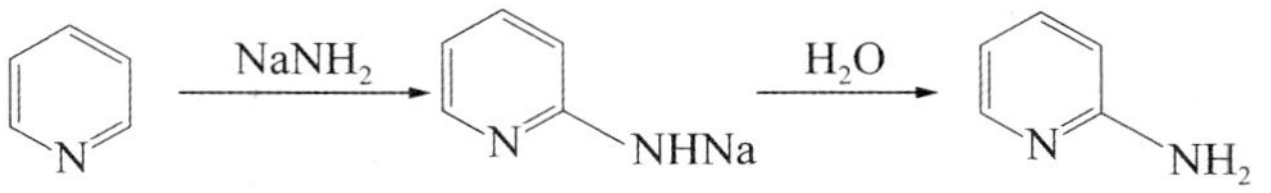

12.4 含芳杂环的药物举例

芳香性杂环结构广泛参与着各种药物的骨架构成。例如，高效抗癌药物埃博霉素中含有噻唑结构，抗真菌感染类药物拉诺康唑中含有咪唑结构，用来治疗脚气病和多种神经炎症的维生素 B_1 中含有噻唑和嘧啶结构等。

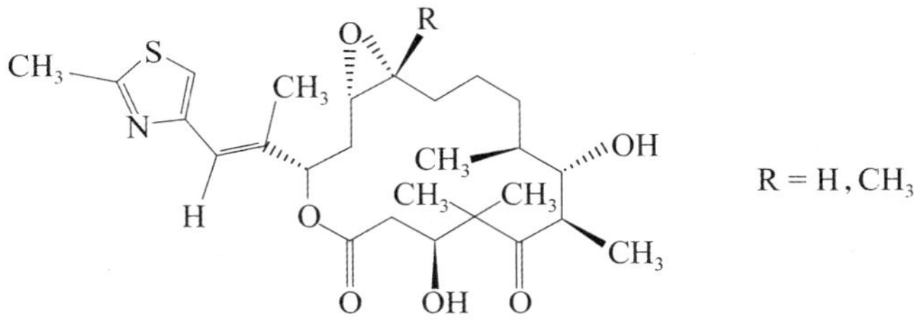

埃博霉素

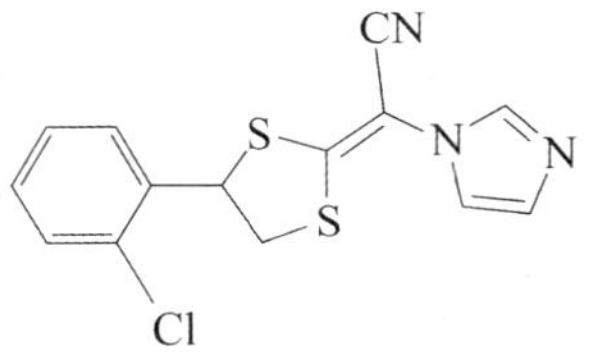

拉诺康唑

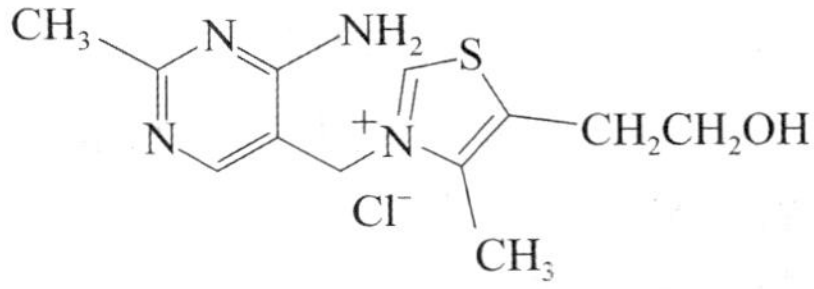

维生素 B_1

仅含一个杂原子的单环五元及六元芳杂环虽然结构相对简单，但在药效方面并不逊色。例如，仅含一个呋喃结构的呋喃丙胺是抗血吸虫的有效药物，仅含一个吡啶结构的维生素 B_6 能有效缓解妊娠呕吐和放射病呕吐。用于麻醉药或其他中枢抑制药的中毒急救药物烟酰二乙胺、预防结核病类药物异烟酰肼等也均只含一个吡啶结构。

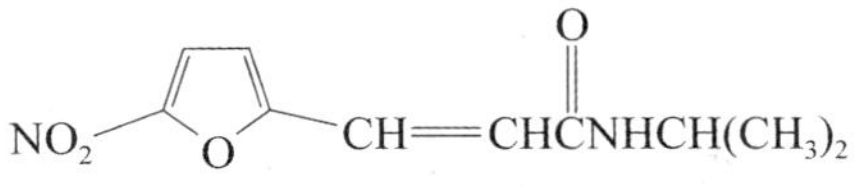

呋喃丙胺

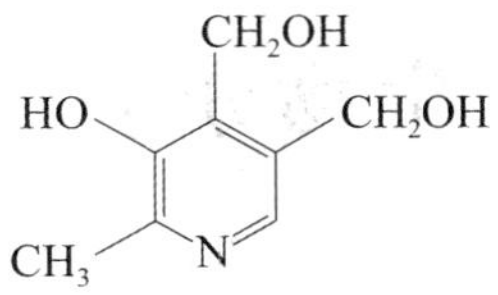

维生素 B_6

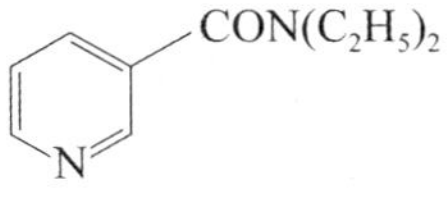

烟酰二乙胺

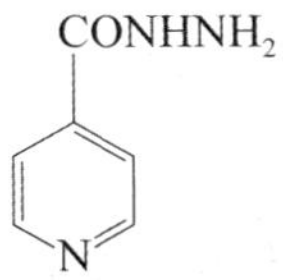

异烟酰肼

自然界中有很多存在于动植物体内的含氮有机化合物，因对人体或其他动植物体有很强的生理作用，这类含氮杂环化合物统称为生物碱(alkaloid)。许多生物碱含有含氮杂环，四氢吡咯、六氢吡啶、喹啉、吲哚等均是生物碱中常见的杂环结构。例如，从喜树的果实及木部提取的抗肠癌、胃癌、白血病的有效成分喜树碱，甘草的有效成分之一 5,6,7,8 - 四氢 - 4 - 甲基喹啉，从金鸡纳树提取的抗疟药奎宁(又称金鸡纳碱)等。不过，由于奎宁合成步骤复杂且疗效有限，目前已开发出疗效更强、结构更简单的杂环药物作为其替代品，例如氯奎宁。

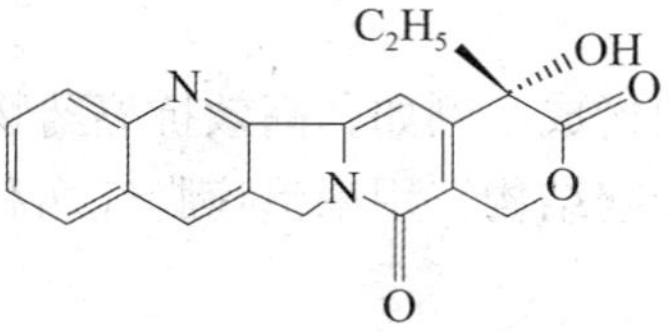

喜树碱

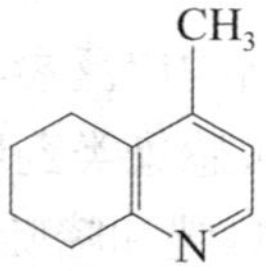

5,6,7,8-四氢-4-甲基喹啉

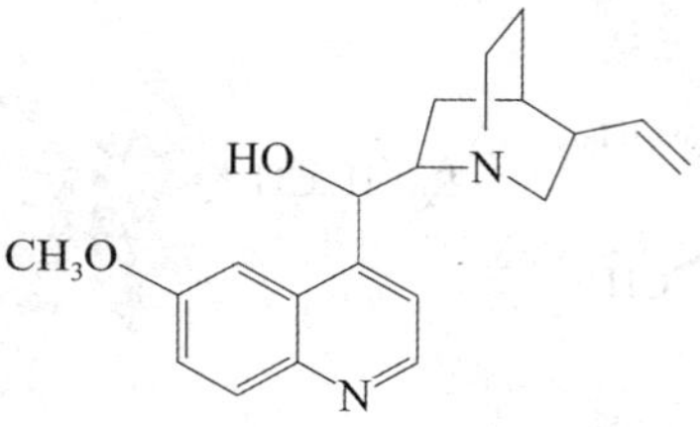

奎宁

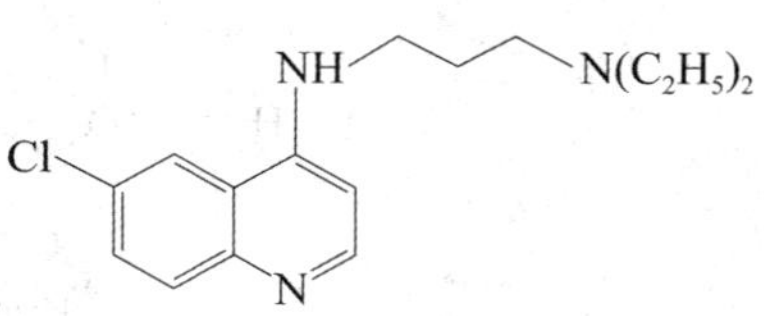

氯奎宁

此外，还有一些生物碱具有很强的毒性，需要谨慎使用。例如，从烟草中提取的杀虫剂烟碱(又称尼古丁)，大鼠口服半数致死量仅为 50mg/kg。烟碱的主要作用机制是神经毒性，其与昆虫体表接触就可以发挥杀虫效果。新烟碱也是烟草提取物之一，其生理效应与烟碱基本相同，少量时有兴奋、提神的功效，大量时能致死，可作为农业杀虫剂使用。

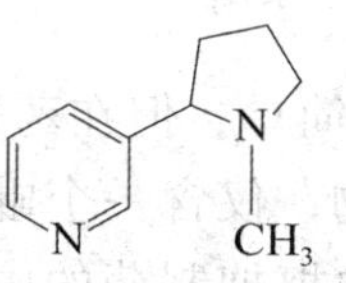

烟碱

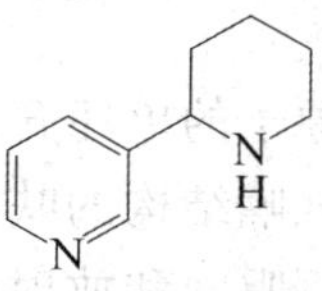

新烟碱

Ⅱ 生物分子

生物分子包括类脂(lipid)、糖(saccharide)、蛋白质(protein)、核酸(nucleic acid)等，它们是维持生命活动不可缺少的物质。

12.5 类脂

类脂指水解时能生成脂肪酸的天然产物，如油脂(fats and oils)、磷脂(phospholipid)等。油脂的主要成分是直链高级脂肪酸的甘油酯，其一般结构如图 12 - 3 所示。

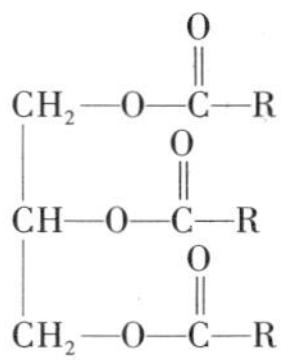

图 12－3　油脂的一般结构

油脂在久置过程中，受空气中的氧气或微生物作用，可生成相对分子质量相对较低的脂肪酸和脂肪醛（例如壬醛），产生难闻的气味，称为酸败，俗称哈喇。湿气、热、光均能加速酸败。分子中含有碳碳双键的油脂更易发生酸败。

磷脂指二羧酸甘油磷酸酯，其一般结构由图 12－4 所示。磷脂分子的磷酸酯部分同时带有正电荷和负电荷，为亲水部分，羧酸酯部分为疏水部分。磷脂的这种结构使之成为生物膜的主要成分。

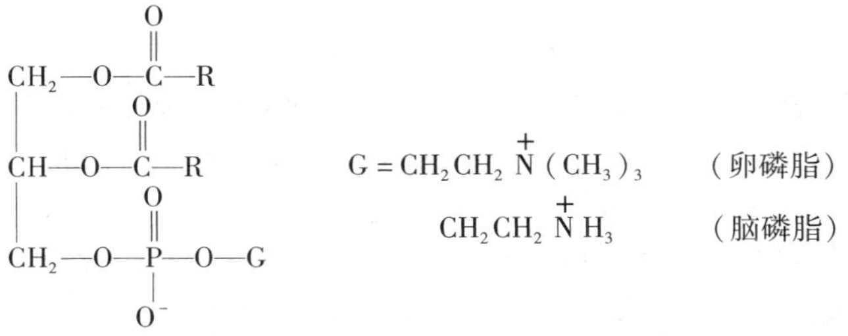

图 12－4　磷脂的一般结构

12.6　糖

糖又称碳水化合物（carbohydrate），指多羟基醛或酮以及能水解生成多羟基醛或酮的一类化合物。糖由碳、氢、氧三种元素组成，绝大多数情况下氢原子数与氧原子数之比为 2∶1，与水分子中氢原子数与氧原子数之比相同。但也存在少数例外情况，如鼠李糖 $C_6H_{12}O_5$ 中氢原子数与氧原子数之比为12∶5。

糖按照分子大小可分为单糖（monosaccharide）、低聚糖（oligosaccharide）和多糖（polysaccharide）。单糖指不能水解成更小分子的多羟基醛或酮，自然界发现的单糖主要是戊糖和己糖。核糖和脱氧核糖属于戊糖，葡萄糖和果糖属于己糖。低聚糖指能水解成几分子单糖的碳水化合物，麦芽糖和蔗糖是常见的低聚糖。多糖指能水解成较多分子单糖的碳水化合物，常见的多糖为淀粉和纤维素。

12.6.1　单糖

1. 葡萄糖和果糖的结构

葡萄糖是自然界常见单糖之一。葡萄糖分子式为 $C_6H_{12}O_6$，属于己醛糖。五羟基己醛有 4 个手性碳原子，对应着 16 个立体异构体，葡萄糖为其中的一个。自然界中的葡萄糖为右旋（＋）体，其结构式如图 12－5 所示。图中的三种表达式均称为 Fischer 投影式，投影式（Ⅰ）是手性分子的常规 Fischer 投影式，投影式（Ⅱ）是糖类分子最常用的表达式。投影式（Ⅱ）和（Ⅲ）中，碳链上的短线表示羟基（—OH），其朝向不是随意的，而是与常规 Fischer

投影式（Ⅰ）中相应手性碳原子上羟基的朝向一致。此外，在投影式（Ⅲ）中，三角形代表醛基，碳链末端的横线表示羟甲基（—CH_2OH）。

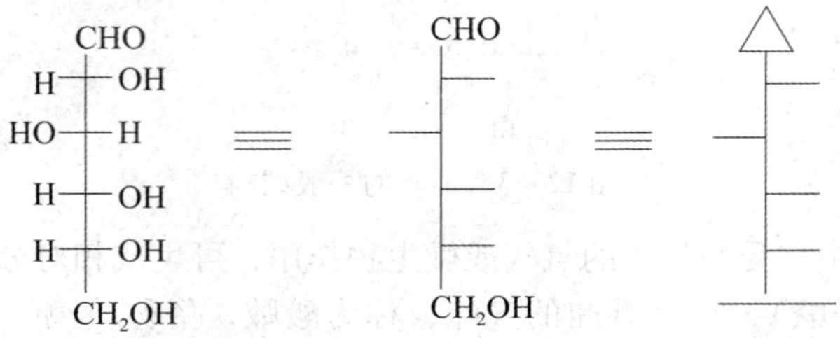

（Ⅰ）　　（Ⅱ）　　（Ⅲ）

图 12－5　葡萄糖的 Fischer 投影式

单糖一般用 *D*—*L* 标记法来标明构型。具体标记方法为：在糖的 Fischer 投影式中，距离羰基最远的手性碳原子上的羟基在右侧的为 *D*－构型，在左侧的为 *L*－构型。自然界所有葡萄糖均为 *D*－构型。

D－（＋）－葡萄糖主要以 δ－氧环式存在，即 δ－碳原子（即 C_5）上的羟基与醛基形成环状半缩醛的结构。半缩醛的碳原子称为苷原子，其所连羟基称为苷羟基。苷羟基与 C_5所连的羟甲基位于环的异侧的，称为 α－*D*－（＋）－葡萄糖，比旋光度为＋112°；位于环的同侧的，称为 β－*D*－（＋）－葡萄糖，比旋光度为＋19°。β－*D*－（＋）－葡萄糖中所有大基团都位于其椅型构象的平伏键上，是 *D*－（＋）－葡萄糖较稳定的异构体，占 *D*－（＋）－葡萄糖的 64%。除 β－*D*－（＋）－葡萄糖外，α－异构体约占 *D*－（＋）－葡萄糖的 36%，开链式异构体极少。

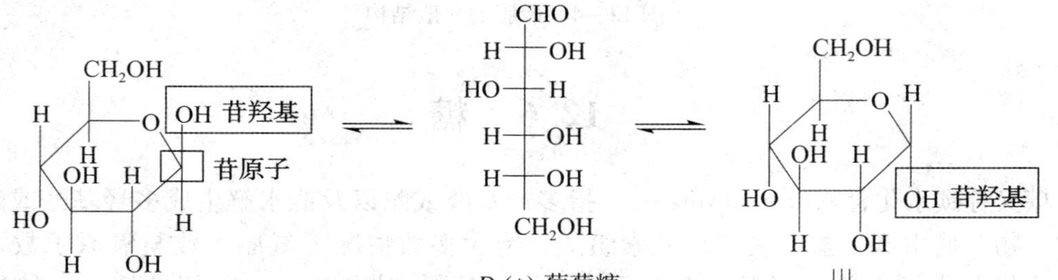

D-(+)-葡萄糖

β-*D*-(+)-吡喃葡萄糖　　*α*-*D*-(+)-吡喃葡萄糖

果糖也是自然界常见的单糖。果糖属于已酮糖，与葡萄糖互为同分异构体。果糖的构型也为 *D*－构型，左旋光，记为 *D*－（－）－果糖。其结构式如下：

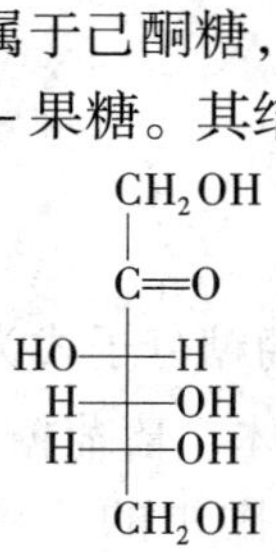

2. 单糖的化学性质

单糖含有醛羰基或酮羰基，既可以被氧化为羧酸，又可以被还原为醇。

（1）氧化反应：

醛糖与酮糖均能被 Tollens（土伦）试剂或 Fehling（斐林）试剂氧化，生成银镜或砖红色氧化亚铜沉淀。醛糖可被 Tollens 试剂或 Fehling 试剂氧化为相应的酸。酮糖与 Tollens 试剂或 Fehling 试剂反应时，先通过酮式结构与烯醇式结构之间的互变异构转变为醛糖异构体，然后再发生氧化，生成与醛糖氧化相同的羧酸产物。这种能还原 Tollens 试剂或 Fehling 试剂的糖称为还原糖。葡萄糖和果糖均属于还原糖。

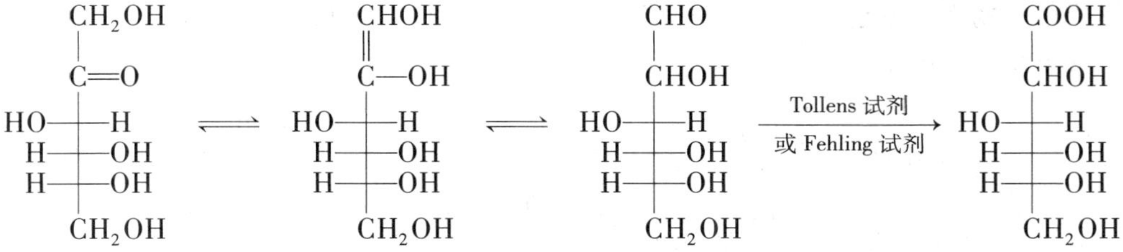

D－酮糖　　　烯二醇　　　*D*－醛糖　　　*D*－糖酸

（2）还原反应：

糖中的羰基可被还原为羟基，生成相应的糖醇。糖醇口感与蔗糖类似，但不能被人体吸收，是一类低能量的甜味剂，因此受到食品工业的青睐。木糖醇的原料木糖来自于玉米芯等农副产品的酸性水解，来源广泛，成本较低，是我国目前使用量最大的糖醇。

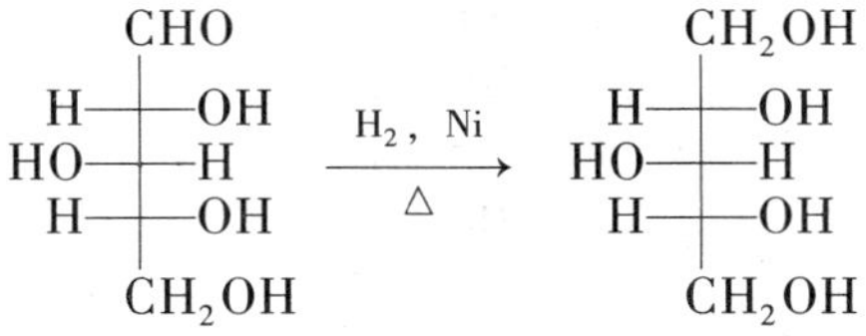

木糖　　　木糖醇

（3）成脎反应：

醛糖和酮糖与苯肼反应可生成苯腙。若苯肼过量，生成的苯腙又可进一步与苯肼反应，生成脎。成脎反应只发生在糖的 C_1 和 C_2 上，因此，葡萄糖和果糖生成同一种脎——葡萄糖脎。

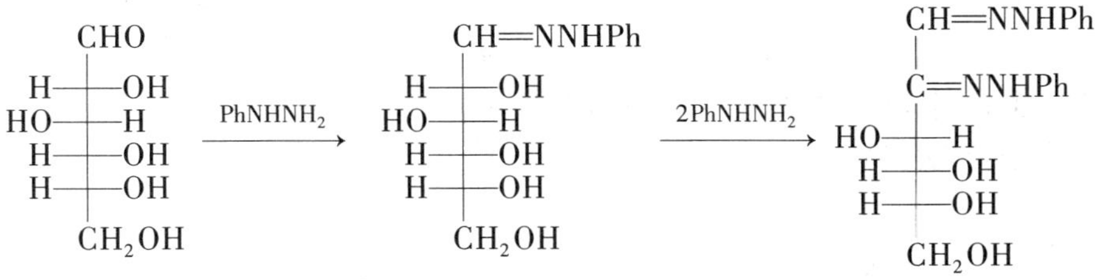

D－葡萄糖苯腙　　　*D*－葡萄糖脎

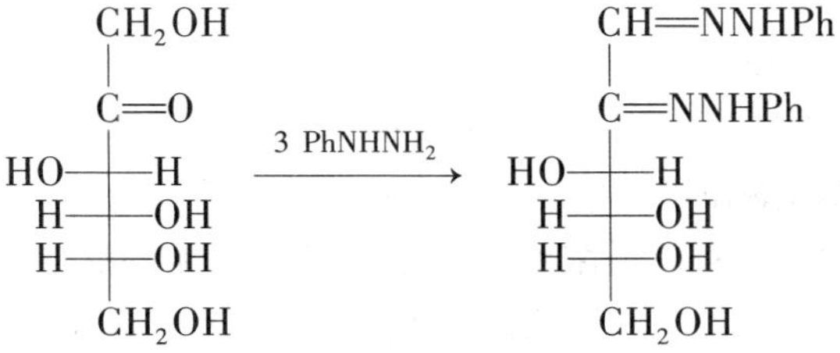

糖脎是黄色难溶于水的晶体，不同的脎具有不同的晶形。即使是生成同一种脎，不同的

糖反应时间长短也不一样。因此，可利用脎生成的快慢及晶形来鉴别糖。

12.6.2　多糖

多糖是由单糖分子通过苷键结合而成的高分子化合物。最常见的多糖是淀粉和纤维素。

淀粉分子式为$(C_6H_{10}O_5)_n$，由直链淀粉和支链淀粉组成。直链淀粉由葡萄糖通过$\alpha-1,4$－糖苷键相互连接而成，并在分子内氢键的作用下卷曲成螺旋状。碘分子能钻入螺旋的空隙中形成络合物而显蓝色。支链淀粉由葡萄糖通过$\alpha-1,4$－糖苷键和$\alpha-1,6$－糖苷键连接而成。支链淀粉遇碘呈紫红色。

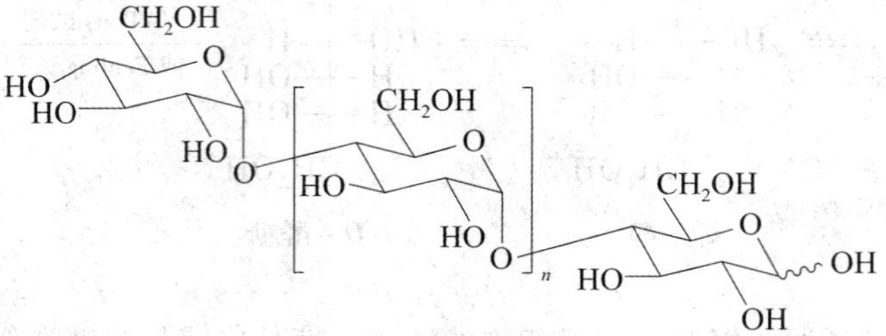

直链淀粉

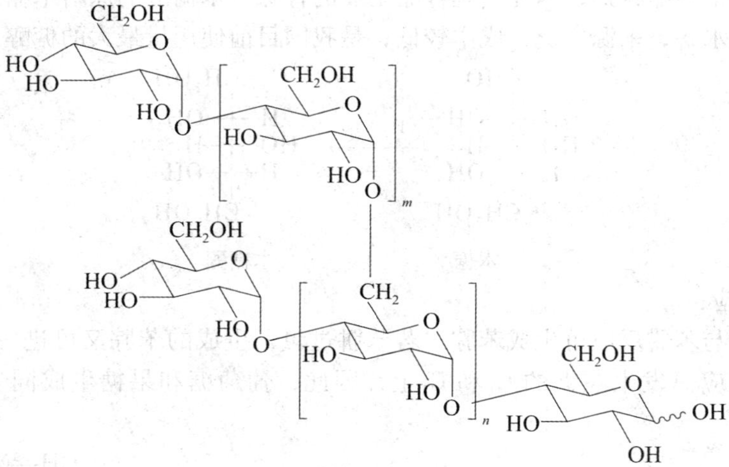

支链淀粉

纤维素分子式同为$(C_6H_{10}O_5)_n$，由葡萄糖通过$\beta-1,4$－糖苷键相互连接而成，是不含支链的线性高分子化合物。

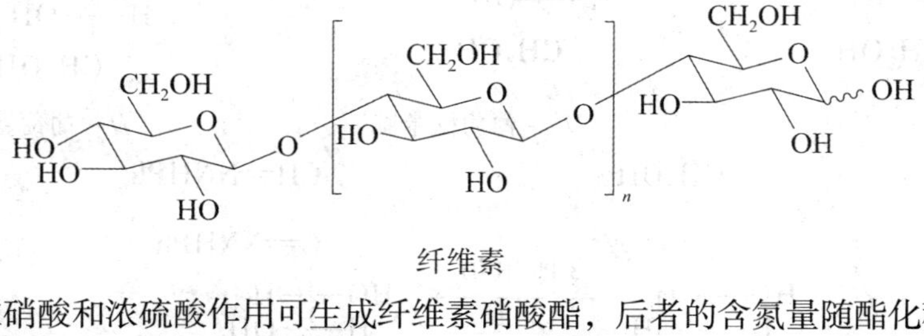

纤维素

纤维素与浓硝酸和浓硫酸作用可生成纤维素硝酸酯，后者的含氮量随酯化程度的不同而变化。含氮量在11%左右的纤维素硝酸酯称为胶棉，易燃但无爆炸性，是制造喷漆和赛璐珞的原料；含氮量在13%左右的纤维素硝酸酯称为火棉，易燃易爆，是制造无烟火药的原料。

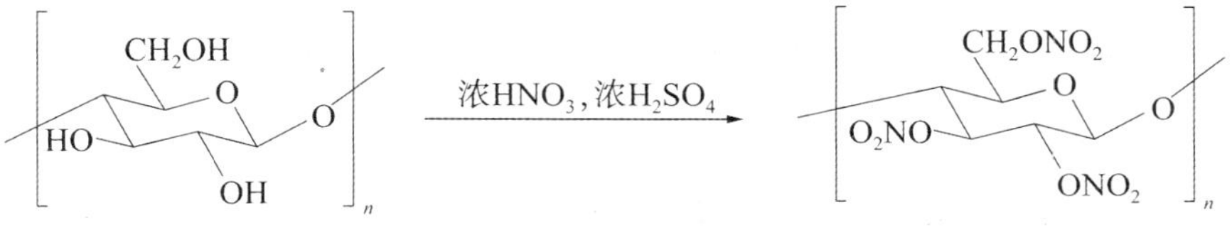

纤维素硝酸酯

12.7 蛋白质

蛋白质是生物体的基础，毛发、肌肉、皮肤、酶、血红蛋白等都是由不同的蛋白质构成。

12.7.1 氨基酸

氨基酸(amino acid)是组成蛋白质的基本单位，指分子中同时含有氨基和羧基的一类化合物。命名时一般以羧基为母体官能团，可按分子中氨基所连碳原子的位置分为 α -，β -，γ -，…，ω -氨基酸。自然界蛋白质水解得到的二十余种氨基酸都是 α -氨基酸，都有俗名并已被广泛使用(详见表12-2)。氨基酸为溶于水的无色晶体，熔点为200~300℃，难溶或不溶于有机溶剂。由于氨基酸分子既含有酸性基团羧基，又含有碱性基团氨基，在结晶状态或水溶液中，氨基酸通常以偶极离子的形式存在。

(a)　　　(b)

图12-6　α -氨基酸的结构式

(a)结构通式；(b)偶极离子的形式

氨基酸具有酸碱两性化合物的特性，但其酸碱性的形成原因并不简单地是因为—COOH 释放质子或者—NH_2 结合质子。如图12-7所示，当溶液中以偶极离子形式存在的氨基酸，其氨基正离子数与羧基负离子数相等时，相应溶液的pH值称为该氨基酸的等电点，用pI表示。在强碱性环境中，氨基酸以—NH_3^+ 给出 H^+ 而显示酸性，并最终以负离子(Ⅱ)的形式存在。在强酸性环境中，氨基酸以—COO^- 结合 H^+ 而显示碱性，并最终以正离子(Ⅲ)的形式存在。

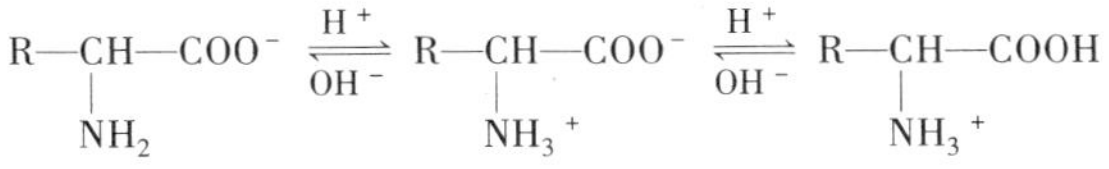

(Ⅱ)　　　(Ⅰ)　　　(Ⅲ)

$pH > pI$　　　$pH = pI$　　　$pH < pI$

图12-7　氨基酸在不同pH值溶液中的存在形式

常见的20种 α -氨基酸及其对应的缩写、结构与等电点见表12-2。其中，标有*的氨基酸为必需氨基酸，指人体内不能合成或合成速率远不能满足机体需要，必须由食物供给的氨基酸。

α -氨基酸受热或在酶作用下可脱羧生成胺；被氧化可脱氨基生成 α -酮酸。在脱氨基过程中，氨基酸先被氧化为亚胺，然后水解为 α -酮酸。

$$\underset{\displaystyle NH_2}{\underset{|}{R—CH—COOH}} \xrightarrow{\triangle} R—CH_2—NH_2 + CO_2$$

$$\underset{\displaystyle NH_2}{\underset{|}{R—CH—COOH}} \xrightarrow{[O]} \underset{\displaystyle NH}{\underset{\|}{R—C—COOH}} \xrightarrow{H_2O} \underset{\displaystyle O}{\underset{\|}{R—C—COOH}} + NH_3$$

表 12－2 常见的 20 种 α－氨基酸

α－氨基酸	中英文名称	中英文缩写	结构式	等电点
中性氨基酸				
甘氨酸	氨基乙酸 glycine	甘 Gly	$CH_2(NH_2)COOH$	5.97
丙氨酸	2－氨基丙酸 alanine	丙 Ala	$CH_3CH(NH_2)COOH$	6.00
丝氨酸	2－氨基－3－羟基丙酸 serine	丝 Ser	$HOCH_2CH(NH_2)COOH$	5.68
半胱氨酸	2－氨基－3－巯基丙酸 cysteine	半胱 Cys	$HSCH_2CH(NH_2)COOH$	5.05
苏氨酸*	2－氨基－3－羟基丁酸 threonine	苏 Thr	$CH_3CH(OH)—CH(NH_2)COOH$	5.7
缬氨酸*	3－甲基－2－氨基丁酸 valine	缬 Val	$CH_3CH(CH_3)—CH(NH_2)COOH$	5.97
亮氨酸*	4－甲基－2－氨基戊酸 leucine	亮 Leu	$CH_3CH(CH_3)CH_2—CH(NH_2)COOH$	5.98
异亮氨酸*	3－甲基－2－氨基戊酸 isoleucine	异亮 Ile	$CH_3CH_2CH(CH_3)—CH(NH_2)COOH$	6.02
苯丙氨酸*	3－苯基－2－氨基丙酸 phenylalanine	苯丙 Phe	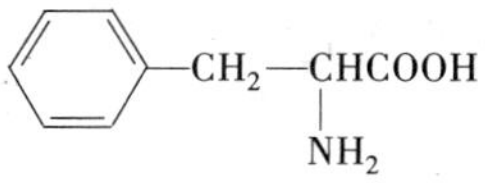	5.48
脯氨酸	2－四氢吡咯甲酸 proline	脯 Pro	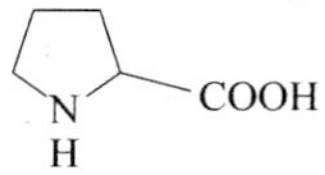	6.48
蛋氨酸*	2－氨基－4－甲硫基丁酸 methionine	蛋 Met	$CH_3SCH_2CH_2CH(NH_2)COOH$	5.75
谷氨酰胺	4－氨甲酰基－2－氨基丁酸 glutamine	谷酰 Gln	$NH_2C(=O)CH_2CH_2CH(NH_2)COOH$	5.65
天冬酰胺	3－氨甲酰基－2－氨基丙酸 aspargine	天酰 Asn	$NH_2C(=O)CH_2CH(NH_2)COOH$	5.41

续表

α - 氨基酸	中英文名称	中英文缩写	结构式	等电点
		中性氨基酸		
酪氨酸	3 - 对羟基苯基 - 2 - 氨基丙酸 tyrosine	酪 Tyr	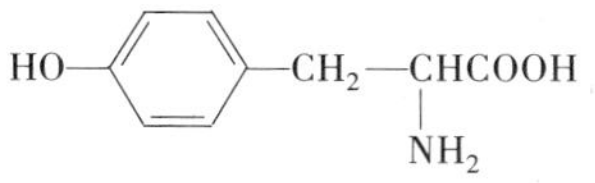	5.66
色氨酸*	3 - (3 - 吲哚) - 2 - 氨基丙酸 tryptophan	色 Trp	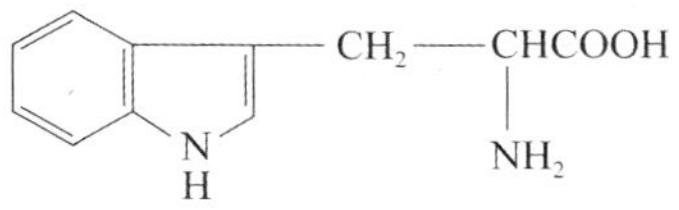	5.89
		酸性氨基酸		
天冬氨酸	2 - 氨基丁二酸 aspartic acid	天 Asp	$HOOCCH_2CH(NH_2)COOH$	2.97
谷氨酸	2 - 氨基戊二酸 glutamic acid	谷 Glu	$HOOCCH_2CH_2CH(NH_2)COOH$	3.22
		碱性氨基酸		
赖氨酸*	2,6 - 二氨基己酸 lysine	赖 Lys	$NH_2(CH_2)_4CH(NH_2)COOH$	9.74
精氨酸	2 - 氨基 - 5 - 胍基戊酸 arginine	精 Arg	$NH_2—C(=NH)—NH—(CH_2)_3CH(NH_2)COOH$	10.76
组氨酸	3 - (5 - 咪唑) - 2 - 氨基丙酸 histidine	组 His	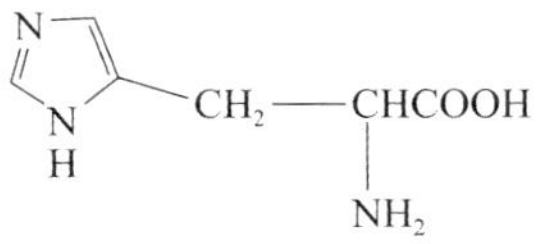	7.59

α - 氨基酸与水合茚三酮溶液共热，可生成蓝紫色化合物，称为罗曼紫。该反应迅速、灵敏，可用于鉴别 α - 氨基酸，还常用于刑侦工作中犯罪现场手印的提取。

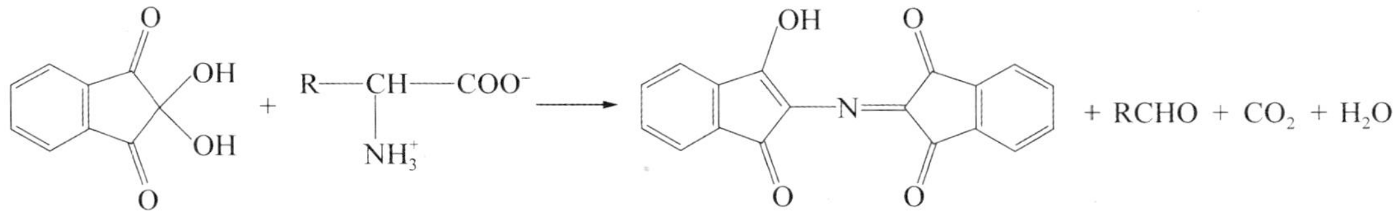

水合茚三酮　　　　罗曼紫

12.7.2 多肽与蛋白质

由一分子氨基酸的羧基与另一分子氨基酸的氨基通过失水反应形成的酰胺称为肽，肽分子中的酰胺键称为肽键。由两分子氨基酸形成的肽称为二肽，三分子氨基酸形成的肽称为三肽，以此类推，多个氨基酸分子形成的肽称为多肽。

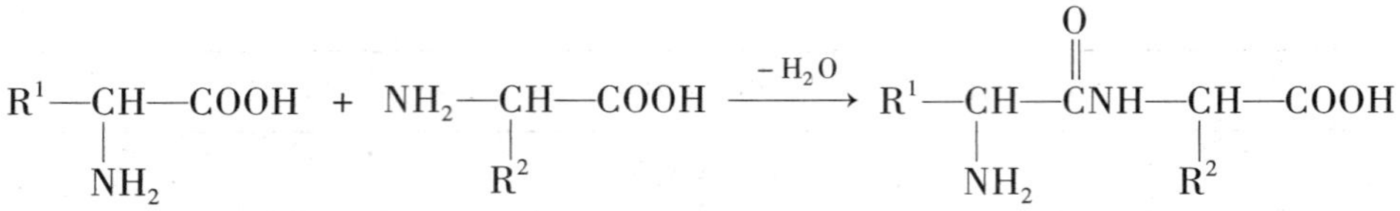

链状的肽分子两端存在游离的氨基和羧基，通常把肽链中含游离氨基的一端称为 N 端或氨基末端，含游离羧基的一端称为 C 端或羧基末端。书写多肽的结构式时，常把氨基酸的 N 端写在左边，C 端写在右边。命名肽时，以 C 端的氨基酸为母体，将其余的氨基酸单元称为“某氨酰”，并从 N 端的氨基酸开始由左往右依次排列在母体氨基酸名称前。例如下述三肽名称为：甘氨酰丙氨酰亮氨酸。简写为：甘—丙—亮，或 Gly—Ala—Leu。

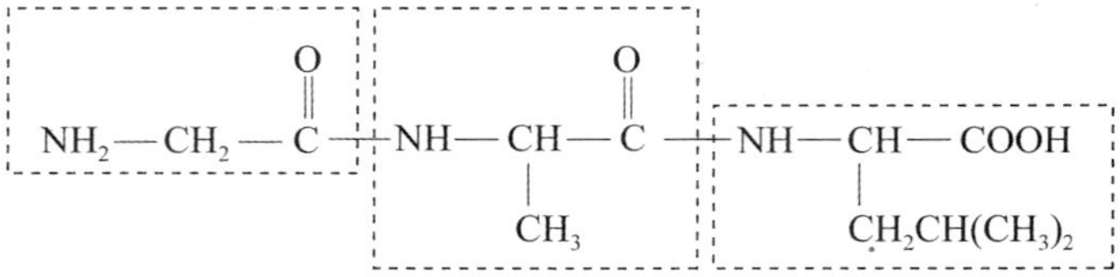

氨基酸名称：	甘氨酸	丙氨酸	亮氨酸
三肽名称：		甘氨酰丙氨酰亮氨酸	
简写：		甘 — 丙 — 亮	
		Gly — Ala — Leu	

当多肽的相对分子质量达到 1 万以上时，就称为蛋白质。蛋白质有四级结构。氨基酸通过肽键相互连接的顺序是蛋白质的初级结构，也叫一级结构。一条肽链内部或多条肽链之间通过氢键而形成的有规则的构象称为蛋白质的二级结构。其中，肽链内部的氢键形成的螺旋状构象称为 α - 螺旋，肽链之间的氢键形成的折叠状构象称为 β - 折叠。在二级结构的基础上，多肽链进一步卷曲和折叠，产生特定的三维结构，称为蛋白质的三级结构，也称为蛋白质的亚基。各个亚基在低聚蛋白中的空间排布及相互作用，称为蛋白质的四级结构。蛋白质的生理活性是由其二级、三级、四级结构共同决定的。

在蛋白质溶液中加入无机盐（如氯化钠、硫酸镁等）溶液，蛋白质会从溶液中析出，这种现象称为盐析。盐析出的蛋白质其性质未发生任何变化。在热、酸、碱、重金属盐、紫外线等的作用下，蛋白质溶解度降低甚至凝固，这种现象称为蛋白质的变性。变性的蛋白质不但性质发生了变化，而且丧失了许多生理活性。

12.8 核酸

核酸位于细胞核内，分为脱氧核糖核酸（DNA）和核糖核酸（RNA）两大类。核酸对生物体内遗传信息的存储以及蛋白质的生物合成起着决定性的作用，与生物体的生长、繁衍、遗传和变异等生命过程密切相关。

核酸的组成如图 12 - 8 所示。戊糖与碱基相互连接，组成了核苷；核苷与磷酸彼此成键，组成了核苷酸；核苷酸之间相互聚合，形成了核酸。因此，核酸完全水解可得到戊糖、碱基和磷酸。

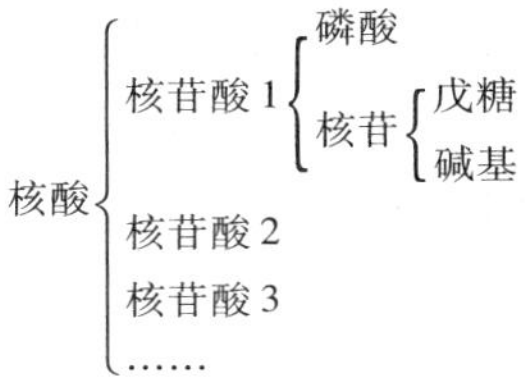

图 12－8　核酸的组成

核酸完全水解所得戊糖有两种：核糖和 2－脱氧核糖。

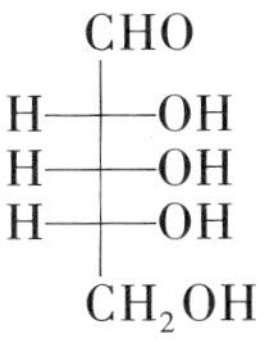

D－核糖

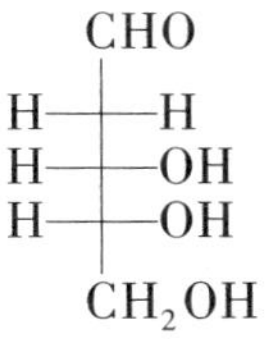

D－2－脱氧核糖

核酸完全水解所得碱基主要有五种：胞嘧啶（C）、胸腺嘧啶（T）、尿嘧啶（U）、腺嘌呤（A）、鸟嘌呤（G）。均为嘧啶或嘌呤的衍生物。

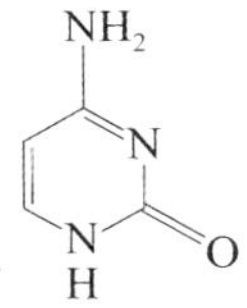

胞嘧啶（C）

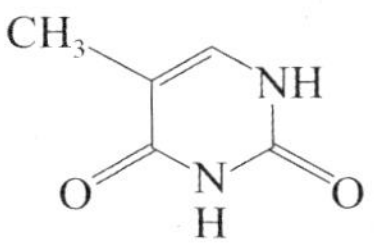

胸腺嘧啶（T）

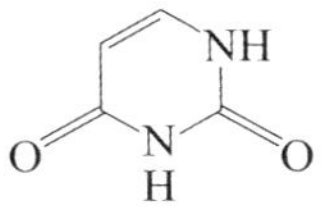

尿嘧啶（U）

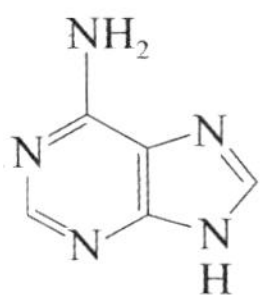

腺嘌呤（A）

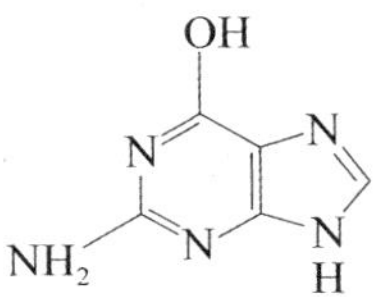

鸟嘌呤（G）

戊糖的苷原子与碱基的氮原子之间形成 C—N 键，从而生成核苷，例如胞苷。

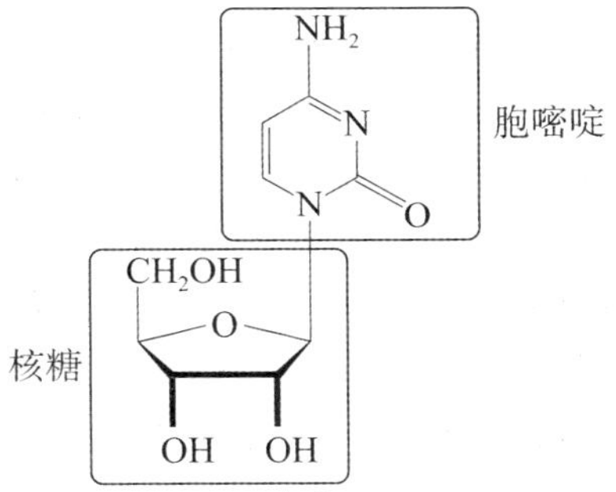

胞苷

核苷以戊糖的 C_3 或 C_5 上的羟基与磷酸生成酯，即是核苷酸。自然界中存在的核苷酸主要是戊糖的 C_5 羟基与磷酸生成的磷酸酯。例如：

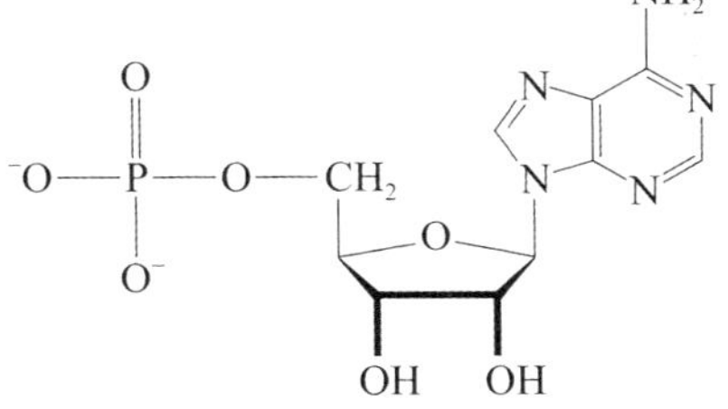

腺苷酸

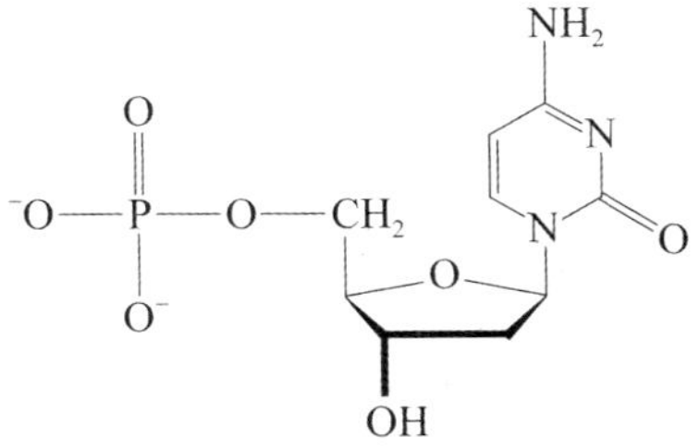

脱氧胞苷酸

核苷酸分子之间按一定的顺序继续以糖的羟基与磷酸基形成酯键，组成多核苷酸链。多核苷酸链内部或者链与链之间通过氢键进行盘旋卷曲，进一步组成具有一定空间结构的核酸。若构成核苷的戊糖为核糖时，对应的核酸为核糖核酸(RNA)；戊糖为脱氧核糖时，对应的核酸为脱氧核糖核酸(DNA)。由两条多核苷酸链形成的“麻花状”双螺旋结构是DNA的空间结构的重要形式；生物体内的RNA则通常是由一条多核苷酸链组成，并通过自身的弯曲盘旋而形成局部的双螺旋片段。

(a)

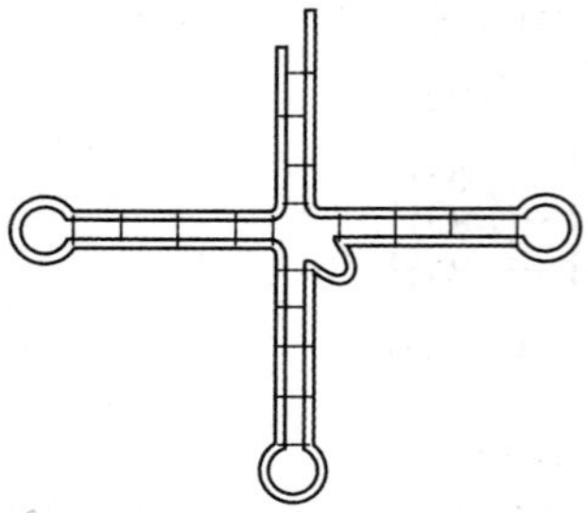

(b)

图12-9 DNA与RNA的空间结构
(a)DNA的双螺旋结构 (b)RNA的自身弯曲盘旋结构

DNA和RNA均为白色固体，微溶于水，不溶于一般有机溶剂，却易溶于稀碱溶液。核酸分子既含有显示酸性的磷酸基，又含有显示碱性的嘌呤、嘧啶等碱基，为酸碱两性物质，但其酸性大于碱性。

DNA在热、酸、碱、某些有机物(如乙醇、丙酮、尿素等)的作用下，双螺旋结构松解为无规则线团结构的现象，称为DNA的变性。变性仅破坏DNA的空间结构，并不断裂其中的化学键。不过，变性后的DNA其理化性质和某些生物学功能会有所改变。DNA的变性是可逆的。在合适的条件下，变性的DNA又可部分或全部恢复原来的双螺旋结构，称为DNA的复性。DNA的变性与复性技术在分子生物学、生命科学等领域得到了广泛的应用。

基因指DNA分子上具有遗传效应的特定核苷酸序列，是DNA分子的片段，承载着生物体的遗传信息。人体的每条染色体上只有一个DNA分子，而一个DNA分子上有许多基因。DNA上的遗传信息都是一半来自父亲，一半来自母亲，因而每个人的DNA都是不同的，就像人的指纹一样。DNA识别技术已广泛应用于犯罪嫌疑人的鉴别、事故死亡人员的确认、亲子鉴定等。如果从犯罪现场提取的DNA与已知个体的DNA相匹配，那么准确率接近100%。亲子鉴定时，若子女遗传自父亲的基因中与父亲不同的DNA位点超过3个，就可以排除亲子关系。

【习题】

一、命名下列化合物。

(1) 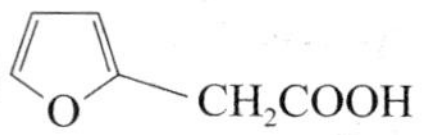

(2) 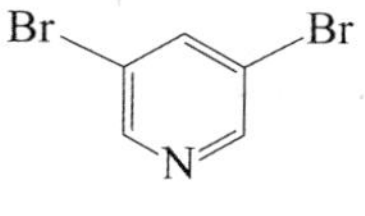

(3) 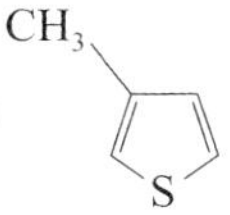　　　(4) 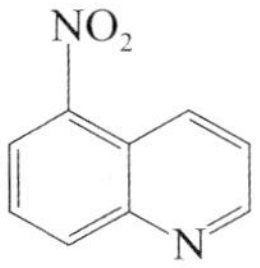

二、写出下列反应的主要产物。

(1) 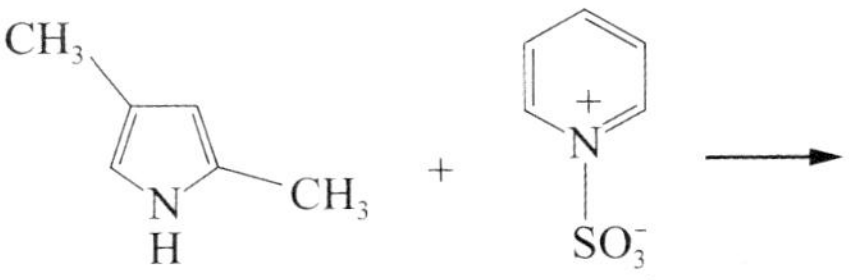

(2)  $+ (CH_3CO)_2O \xrightarrow{SnCl_4}$

(3) 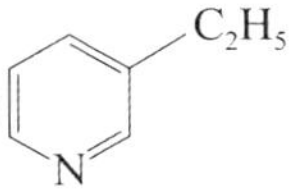 $+ H_2SO_4 \xrightarrow{\triangle}$

(4) 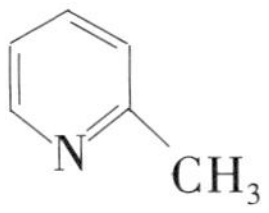 $\xrightarrow{KMnO_4} ? \xrightarrow[H_2SO_4,\ \triangle]{CH_3CH_2OH} ? \xrightarrow[EtONa]{CH_3CO_2Et} ? \xrightarrow[\triangle]{CH_3CHO,\ EtONa}$

(5) 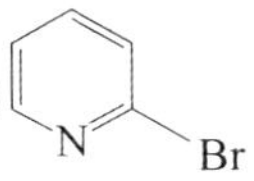 $\xrightarrow[\triangle]{NaOH, H_2O}$

(6) 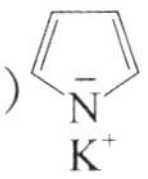 + 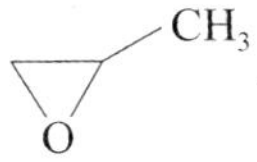 $\longrightarrow$

(7) 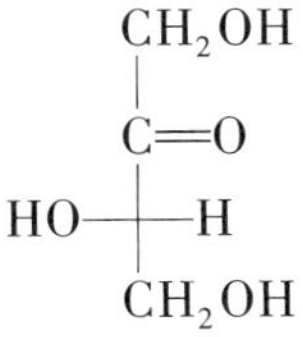 $+ 3PhNHNH_2 \xrightarrow{HOAc}$

(8) $CH_3CH_2\underset{\displaystyle NH_3^+}{\underset{|}{C}}HCOO^- + C_6H_5COCl \xrightarrow{NaOH} \xrightarrow{HCl}$

三、Delta－睡眠诱导肽是一个九肽，其名称缩写为

Try—Ala—Gly—Gly—Asp—Ala—Ser—Gly—Glu

请写出该九肽的结构式和中文名称。

四、请从表 12－2 中找出无旋光性的氨基酸、含氮杂环的氨基酸以及含硫的氨基酸。

索 引

数字与字母

A

B

【附录】

附录一　居住区大气中有害有机物的最高容许浓度表

（TJ36—1979 规定）

编号	物质名称	最高容许浓度/(mg/m^3)	
		一次	日平均
1	乙醛	0. 01	
2	二甲苯	0. 30	
3	丙烯腈		0. 05
4	丙烯醛	0. 10	
5	丙酮	0. 80	
6	甲基对硫磷	0. 01	
7	甲醇	3. 00	1. 00
8	甲醛	0. 05	
9	吡啶	0. 08	
10	苯	2. 40	0. 80
11	苯乙烯	0. 01	
12	苯胺	0. 10	0. 03
13	环氧氯丙烷	0. 20	
14	酚	0. 02	–
15	硝基苯	0. 01	
16	氯丁二烯	0. 10	

注：1. 一次最高容许浓度，指任何一次测定结果的最大容许值。
2. 日平均最高容许浓度，指任何一日的平均浓度的最大容许值。
3. 本表所列各项有害物质的检验方法，应按现行的《大气监测检验方法》执行。
4. 本表摘自王孝元编著的《工业危险消除与控制》，2003。

附录二　典型有机危险品的防爆防火安全参数

序号	名称	爆炸极限(体积分数)/%		蒸气密度（空气 = 1）	闪点/℃	自燃点/℃
		下限	上限			
1	呋喃	2. 3	14. 3	2. 35	< –20	390
2	噻吩	1. 5	12. 5	2. 90	–9	395
3	吡啶	1. 7	10. 6	2. 73	17	550
4	尼古丁	0. 7	4. 0	5. 60		240
5	萘	0. 9	5. 9	4. 42	80	540
6	甲烷	5. 0	15. 0	0. 55	气态	595
7	乙烷	3. 0	12. 5	1. 04	气态	515
8	丙烷	2. 1	9. 5	1. 56	气态	470
9	丁烷	1. 5	8. 5	2. 05	气态	365
10	戊烷	1. 4	7. 8	2. 49	< –20	285
11	己烷	1. 2	6. 9	2. 79	< –20	240

续表

序号	名称	爆炸极限(体积分数)/%		蒸气密度(空气=1)	闪点/℃	自燃点/℃
		下限	上限			
12	庚烷	1.1	6.7	3.46	-4	215
13	辛烷	0.8	6.5	3.94	12	210
14	壬烷	0.7	5.6	4.43	31	205
15	癸烷	0.7	5.4	4.90	46	205
16	硝基甲烷	7.1	63.0	2.11	36	415
17	一氯甲烷	7.1	18.5	1.78	气态	625
18	二氯甲烷	13.0	22.0	2.93		605
19	一氯乙烷	3.6	14.8	2.22	气态	510
20	二氯乙烷	6.2	16.0	3.42	13	440
21	正氯丁烷	1.8	10.1	3.20	-12	245
22	甲基戊烷	1.2	7.0	2.97	< -20	300
23	二乙基戊烷	0.7	5.7	4.43		290
24	环丙烷	2.4	10.4	1.45	气态	495
25	环丁烷	1.8		1.93	气态	
26	环氧乙烷	2.6	100.0	1.52	气态	440
27	乙烯	2.7	34.0	0.97	气态	425
28	丙烯	2.0	11.7	1.49	气态	455
29	丁烯	1.6	9.3	1.94	气态	440
30	丁二烯	1.1	10.0	1.87	气态	415
31	苯乙烯	1.1	6.1	3.59	32	490
32	氯丙烯	4.5	16.0	2.63	< -20	
33	乙炔	1.5	82.0	0.90	气态	305
34	苯	1.2	8.0	2.70	-11	555
35	甲苯	1.2	7.0	3.18	6	535
36	乙苯	1.0	7.8	3.66	15	430
37	二甲苯	1.1	7.0	3.66	25	525
38	三甲苯	1.1	7.0	4.15	50	485
39	二联苯	0.7	3.4	5.31	113	570
40	甲醇	5.5	44.0	1.10	11	455
41	乙醇	3.5	15.0	1.59	12	425
42	丙醇	2.1	13.5	2.07	15	405
43	丁醇	1.4	10.0	2.55	29	340
44	异戊醇	1.2	8.0	3.04	-30	
45	乙二醇	3.2	53.0	2.14	111	410
46	氯乙醇	5.0	16.0	2.78	55	425
47	甲基丁醇	1.2	8.0	3.04	34	340

续表

序号	名称	爆炸极限(体积分数)/%		蒸气密度(空气=1)	闪点/℃	自燃点/℃
		下限	上限			
48	甲醛	7.0	73.0	1.03	气态	
49	乙醛	4.0	57.0	1.52	< -20	140
50	丙醛	2.3	21.0	2.00	< -20	
51	丁醛	1.4	12.5	2.48	< -5	230
52	苯甲醛	1.4		3.66	64	190
53	丁烯醛	2.1	15.5	2.41	13	230
54	糠醛	2.1	19.3	3.31	60	315
55	甲酸甲酯	5.0	20.0	2.07	< -20	450
56	甲酸乙酯	2.7	13.5	2.55	-20	440
57	乙酸甲酯	3.1	16.0	2.56	-10	475
58	乙酸乙酯	2.1	11.5	3.04	-4	460
59	丙酸甲酯	2.4	13.0	3.03	-2	465
60	甲醚	3.0	18.6	1.59	气态	240
61	甲乙醚	2.0	10.1	2.07	气态	190
62	乙醚	1.7	36.0	2.55	< -20	170
63	二乙烯醚	1.7	27.0	2.41	< -20	360
64	二异丙醚	1.0	21.0	3.53	< -20	405
65	二正丁基醚	0.9	8.5	4.48	25	175
66	丙酮	2.5	13.0	2.00	< -20	540
67	丁酮	1.8	9.5	2.48	-1	505
68	环己酮	1.3	9.4	3.38	43	430
69	乙腈	3.0	16.0	1.42	2	525
70	丙烯腈	2.8	28.0	1.94	< -20	
71	甲胺	5.0	20.7	1.07	气态	475
72	二甲胺	2.8	14.4	1.55	气态	400
73	三甲胺	2.0	11.6	2.04	气态	190
74	乙胺	3.5	14.0	1.55	气态	
75	二乙胺	1.7	10.1	2.53	< -20	310
76	丙胺	2.0	10.4	2.04	< -20	320
77	乙酸	4.0	17.0	2.07	40	485
78	樟脑	0.6	4.5	5.24	66	250
79	氯苯	1.60	7.8	3.88	26	520
80	乙酸酐	1.21	9.9	3.5	40	185
81	苯胺	1.58		3.2	79	620

注：本表摘自张国顺编著的《燃烧爆炸危险与安全技术》，2003。部分地方有补充。

附录三　接触或混合能引起燃烧的有机物

序号	能引起燃烧的物质
1	浓硫酸、浓硝酸与木材、织物、松节油、乙醇等
2	王水与有机物
3	高温金属磨屑、油性织物
4	过氢化钠与醋酸、甲醇、丙酮、乙二醇等
5	亚硝基酚遇到酸碱
6	甲烷与氟化氢
7	铬酸酐与甲醇、乙醇、丙酮、醋酸等
8	重铬酸钠、甘油、硫酸
9	三乙膦、氧、氯
10	高锰酸钾与硫酸、硫磺甘油、乙二醇等
11	松节油、氯、浓硫酸、硝酸

注：本表摘自王孝元编著的《工业危险消除与控制》，2003。

附录四　职业性接触毒物危害程度分级及其行业举例

级别	毒物名称	行业举例
Ⅰ级极度危险	苯	含有苯的黏合剂的生产和使用(制皮鞋)
	氯乙烯	聚氯乙烯树脂生产
	对硫磷	生产及贮运
	八氟异丁烯	二氟一氯甲烷裂解及其残液处理
	氯甲醚	双氯甲醚、一氯甲醚生产、离子交换树脂制造
	三硝基甲苯	军火加工生产
Ⅱ级高度危害	丙烯腈	丙烯腈及聚丙烯腈制造
	四氯化碳	四氯化碳制造
	甲醛	酚醛和脲醛树脂生产
	苯胺	苯胺生产
	五氯酚及其钠盐	五氯酚、五氯酚钠生产
	氯丙烯	环氧氯丙烷制造、丙烯磺酸钠生产
	溴甲烷	溴甲烷制造
	硫酸二甲酯	硫酸二甲酯的制造、贮运
	甲苯二异氰酸酯	聚氨酯塑料生产
	环氧氯丙烷	环氧氯丙烷生产
	氯丁二烯	氯丁二烯制造、聚合
	光气	光气制造
	硝基苯	硝基苯生产

续表

级别	毒物名称	行业举例
Ⅲ级中度危害	苯乙烯	玻璃钢制造
	甲醇	甲醇生产
	甲苯	甲苯制造
	二甲苯	喷漆
	三氯乙烯	金属清洗
	二甲基甲酰胺	顺丁橡胶的合成
	六氟丙烯	六氟丙烯制造
	苯酚	酚醛树脂生产
Ⅳ级轻度危害	溶剂汽油	橡胶制品生产
	丙酮	丙酮生产
	四氟乙烯	聚全氟乙丙烯生产

注：1. 对接触同一毒物的其他行业的危害程度，可依据车间空气中毒物浓度、中毒患病率、接触时间长短，划定级别。

2. 本表见 GB 5044—1985。

习题答案

第一章

一、(1)(3)(4)(5)(6)

二、(1) 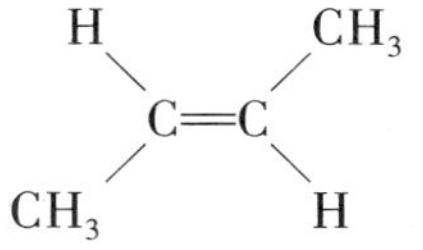 (2) 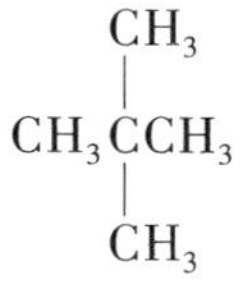 (3) $(CH_3)_2CHCH_2CH(CH_3)CH(CH_3)_2$

(4) $(CH_3)_3CCH_2CH_2COOH$ (5) $(CH_3)_2CHC{\equiv}CCH(CH_3)_2$

三、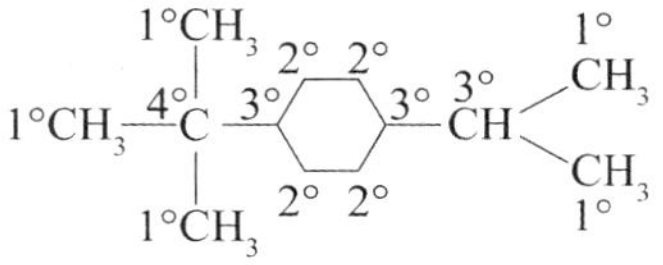
伯1°
仲2°
叔3°
季4°

四、$—CH_2D$ < $—CH_2CH_3$ < $—CH_2CH_2CH_3$ < $—CH_2NH_2$ < $—CH_2OH$ < $—COOH$ < $—CH_2Cl$ < $—CBr_3$ < $—OCH_3$

五、(1)3,6－二甲基－3－乙基辛烷；(2)2－甲基－3－苯基己烷；(3)2,3,5－三甲基己烷；(4)4－羟基－2－氯－1－戊磺酸；(5)2－硝基丙醛；(6)3－甲基－3－氨基丁酸

第二章

一、(1)3－甲基－6－乙基辛烷；(2)3－甲基－4－异丙基庚烷；(3)3,3,5－三甲基庚烷；(4)4－甲基－2－环丁基己烷；(5)3－环丙基己烷；(6)叔丁基环戊烷；(7)反－1－乙基－4－异丙基环己烷；(8)2－甲基螺[4. 5]癸烷；(9)2－氯螺[4. 4]壬烷；(10)2－甲基二环[2. 2. 1]庚烷；(11)7－甲基二环[4. 2. 1]壬烷；(12)2－氟二环[2. 2. 2]辛烷

二、(1) 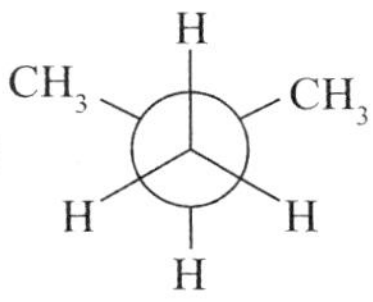 (2) 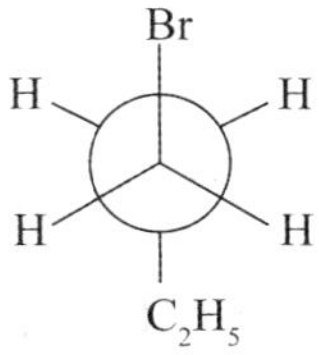

三、(1) 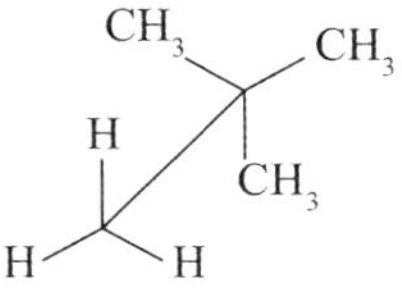 (2) 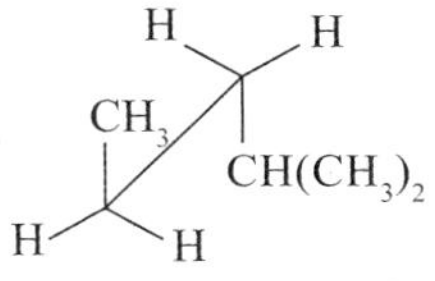

四、(1) 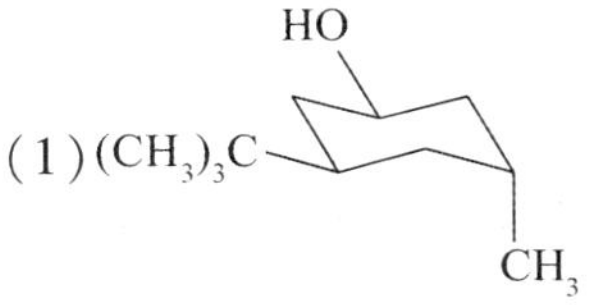 (2) 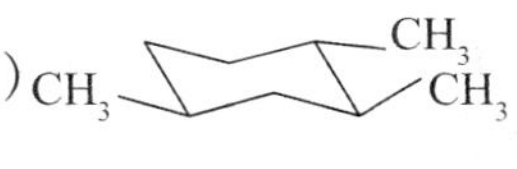

五、四种，稳定性依次有： 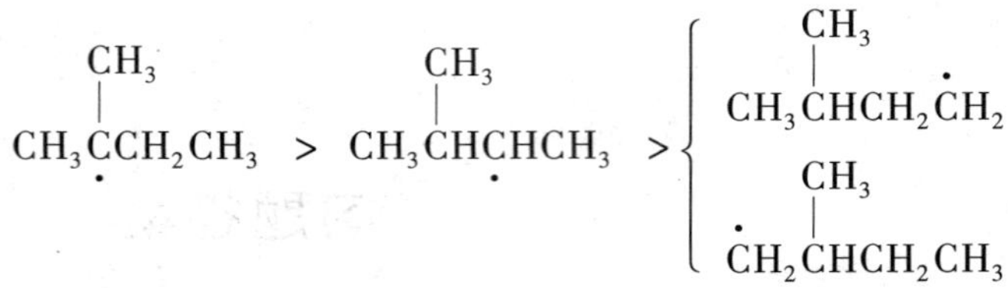

六、(1) 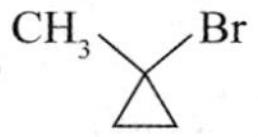 (2) 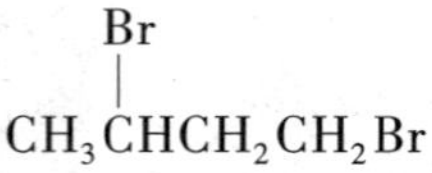 (3) 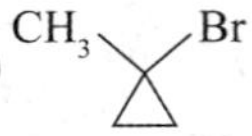 (4) 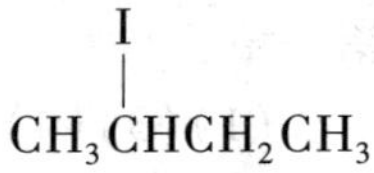

第三章

一、(1)顺－3－甲基－3－己烯(或(*Z*)－3－甲基－3－己烯)；(2)顺－4－甲基－2－戊烯(或(*Z*)－4－甲基－2－戊烯)；(3)(*E*)－2－甲基－1－溴－1－丁烯；(4)(*Z*)－1－苯基－1－氯－1－丙烯；(5)3，3，5－三甲基环戊烯；(6)1，2－二乙基环己烯；(7)1－甲基螺[2. 5]辛－4－烯；(8)(*E*)－2－甲基－1，3－戊二烯；(9)1，3－戊二烯；(10)(*E*)－3－乙基－4－叔丁基－1，3－己二烯－5－炔；(11)3－甲基－1－戊炔；(12)烯丙基

二、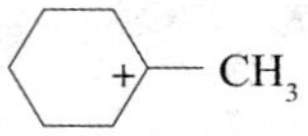 > 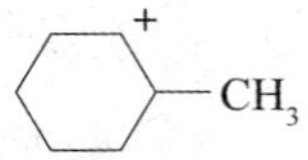 > 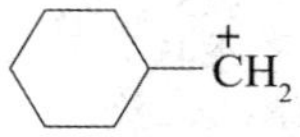

三、(1) 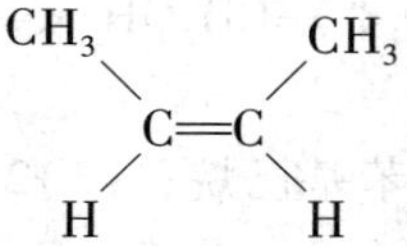 (2) 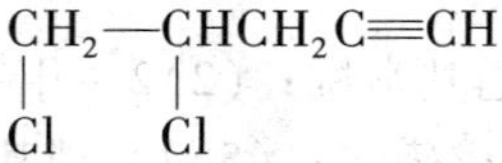 (3) 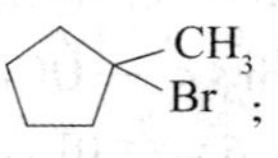；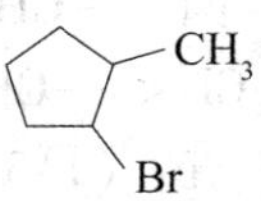

(4) 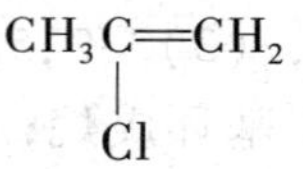；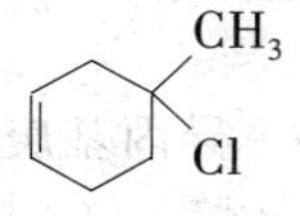 (5) 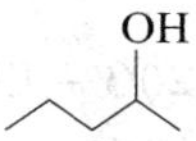；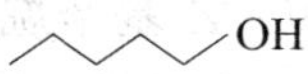 (6) 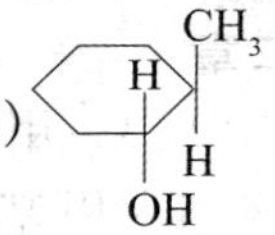

(7) 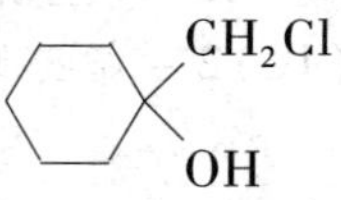 (8) 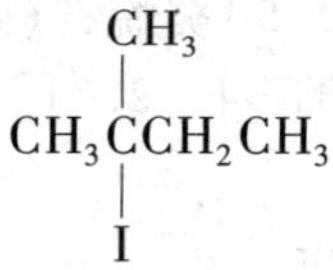 (9) 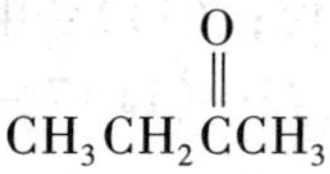 + HCHO

(10) 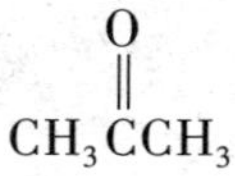 + CH_3CH_2COOH (11) 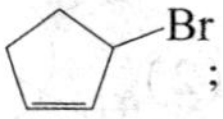；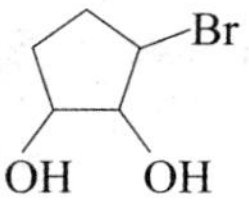 (12) 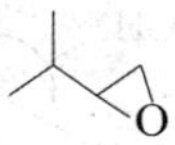

(13) 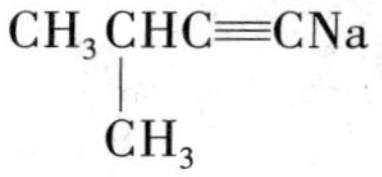；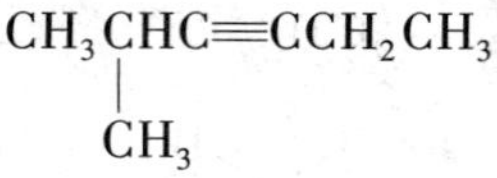

(14) 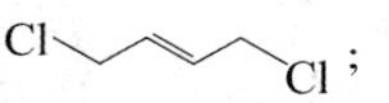；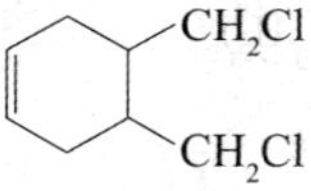 (15) 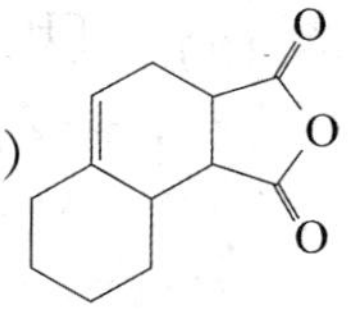

四、(1)σ－π，π－π，p－π　　(2)p－π，σ－p

五、(1)1－乙基－1,3－环己二烯　　(2)4－甲基－2,4－庚二烯

六、(1)参考路线：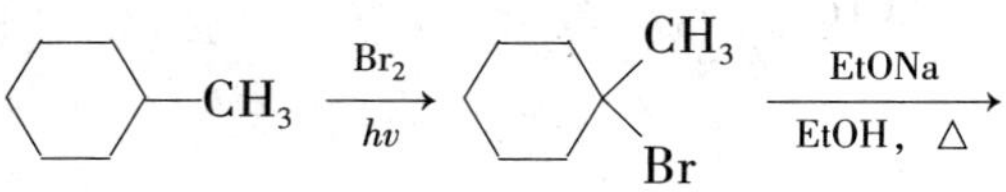

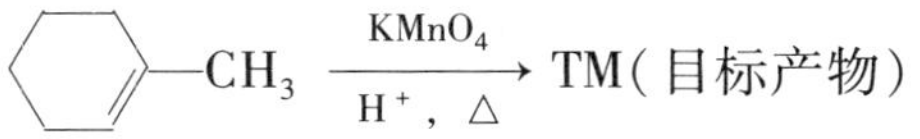

(2)参考路线：

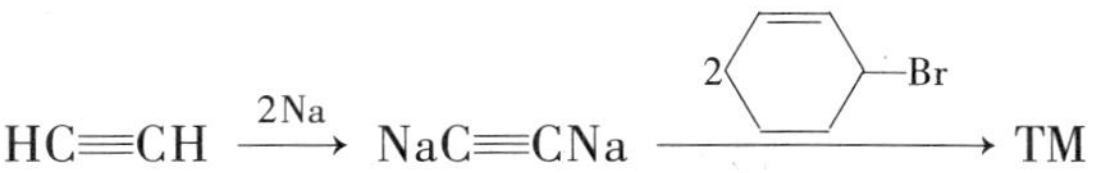

(3)参考路线：$HC\equiv CH \xrightarrow{2Na} NaC\equiv CNa \xrightarrow{2C_2H_5Br} CH_3CH_2C\equiv CCH_2CH_3 \xrightarrow{\text{Lindlar Pd, } H_2} TM$

七、参考方法：(1)向三种试剂中加入高锰酸钾溶液，褪色的是1－丙烯；向不褪色的两种试剂中加入溴水，褪色的是环丙烷，不褪色的是丙烷。

(2)向三种试剂中加入银氨溶液，有白色沉淀生成的是1－戊炔；向无现象的两种试剂中加入马来酸酐，有白色沉淀生成的是1,3－戊二烯，无现象的是2－戊炔。

(3)向四种试剂中加入高锰酸钾溶液，不褪色的是环丁烷；向褪色的三种试剂中加入银氨溶液，有白色沉淀生成的是1－丁炔；向无现象的两种试剂中加入马来酸酐，有白色沉淀生成的是1,3－丁二烯，无现象的是1－丁烯。

八、A：$CH_3CH_2CH_2C\equiv CH$，B：$CH_3CH_2C\equiv CCH_3$，C：$CH_2=CHCH_2CH=CH_2$

第四章

一、(1)2－氯苯磺酸；(2)(*Z*)－1－苯基－1－溴－1－丙烯；(3)1－苯基丙炔；(4)1－硝基萘

二、(1) 

(2) 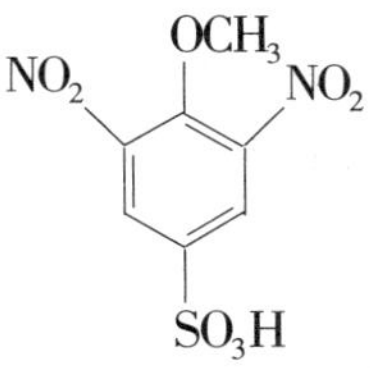

(3) 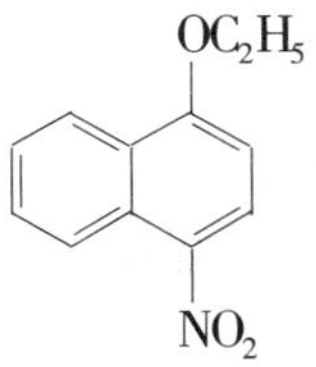

(4) 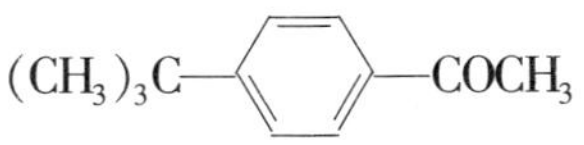

(5) 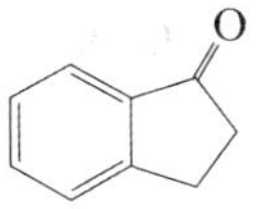

(6) 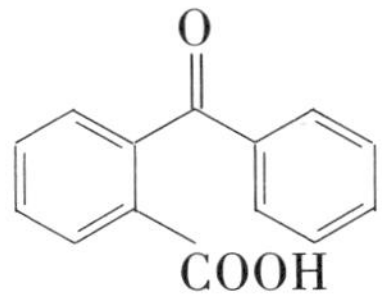

(7) 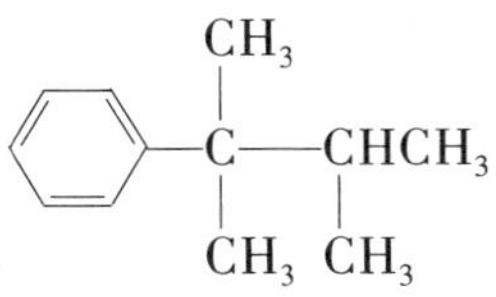

(8) 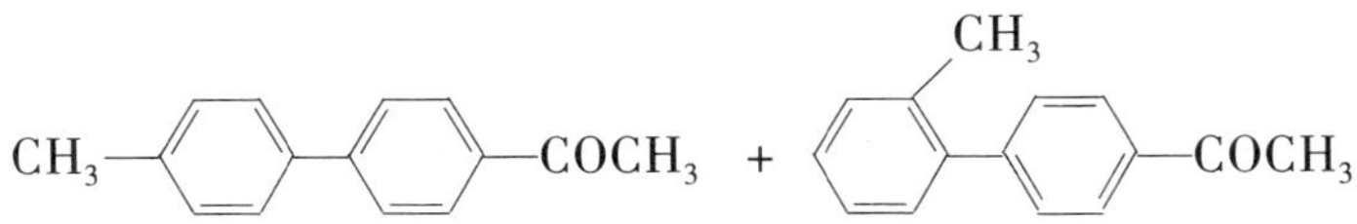

(9) 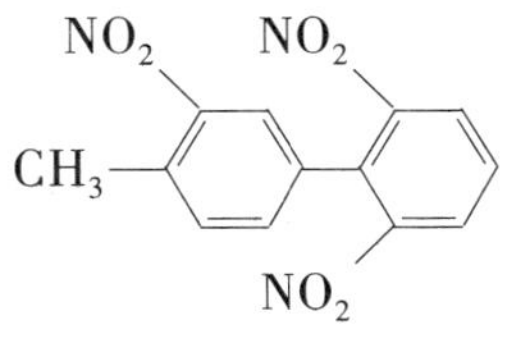

(10) 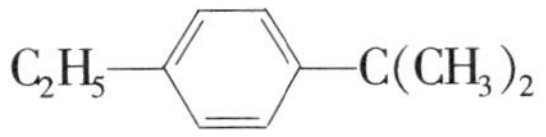

；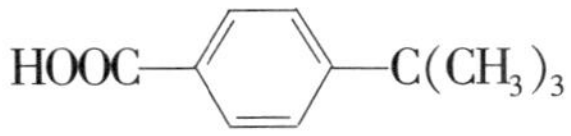

(11) 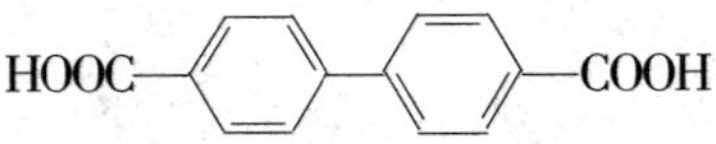

三、(3) > (1) > (4) > (2) > (5) > (6)

四、(2)(3)(5)

五、(1) 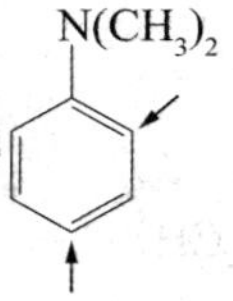 (2) 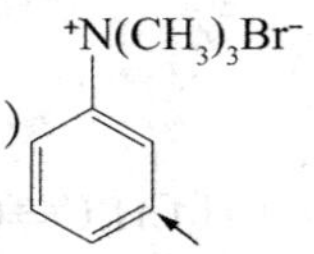 (3) 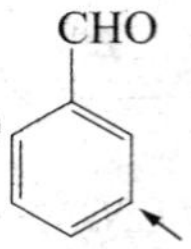 (4) 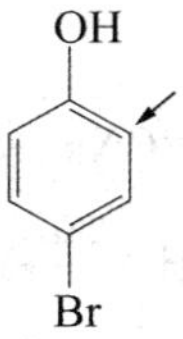 (5) 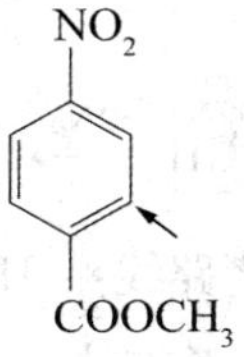

(6) 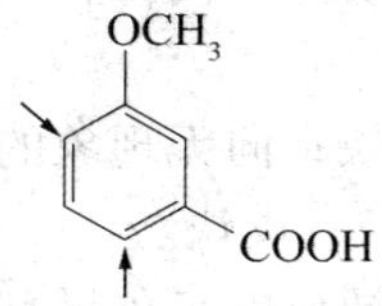 (7) 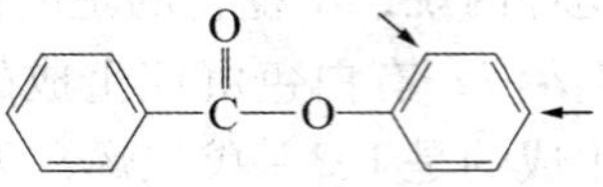 (8) 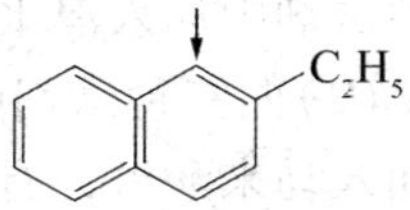

(9) 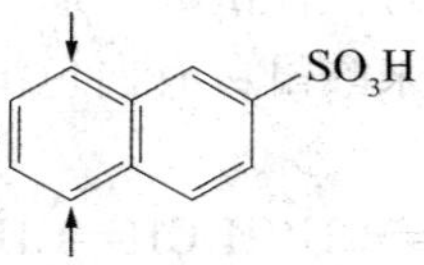

六、(1)参考路线：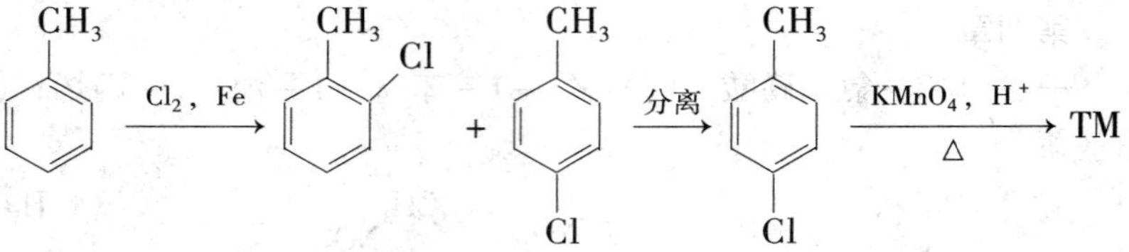

(2)参考路线：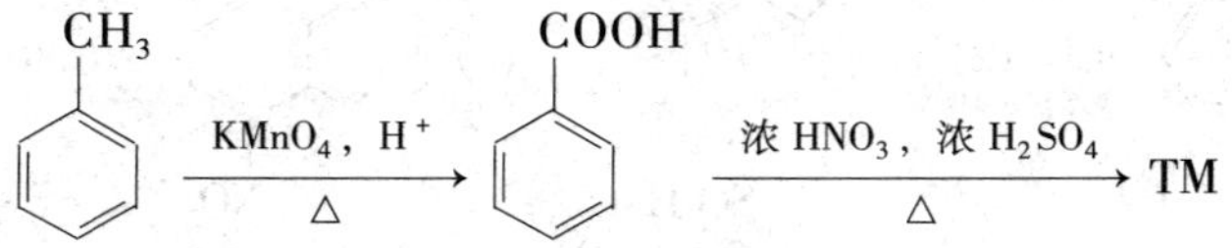

(3) 参 考 路 线：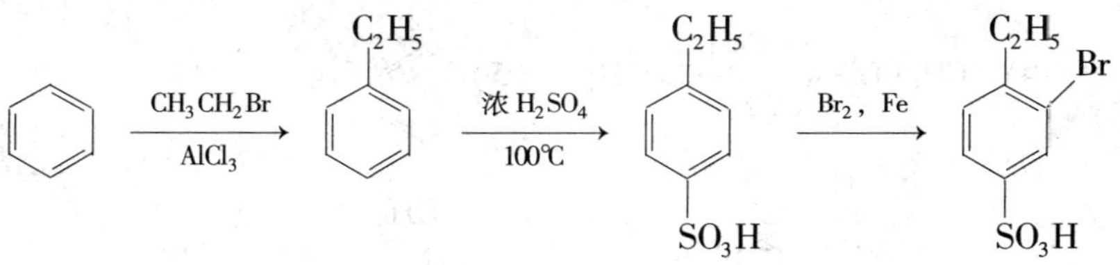

$\xrightarrow[180℃]{稀 H_2SO_4}$ TM

(4)参考路线：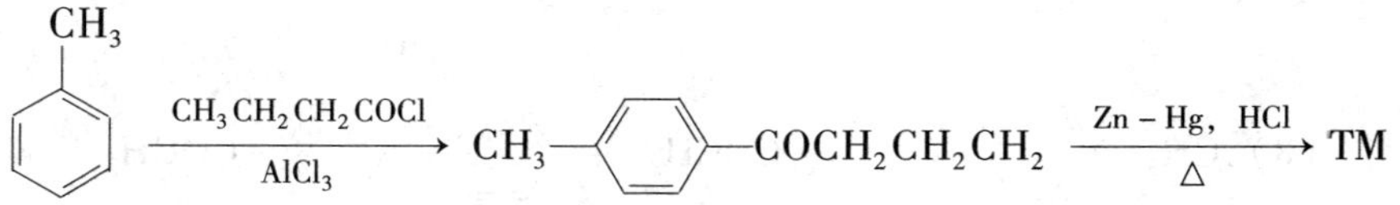

(5) 参 考 路 线：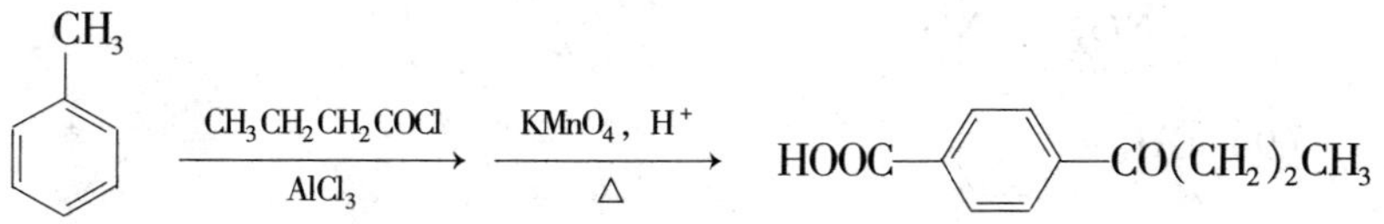

$\xrightarrow[\triangle]{Zn-Hg,\ HCl}$ TM

七、(1) > (2)

八、A：　B：

C/D：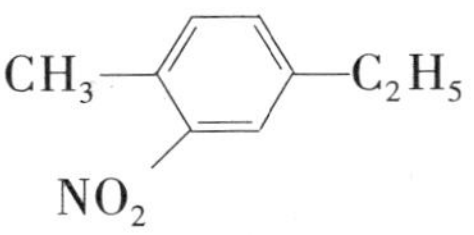　D/C：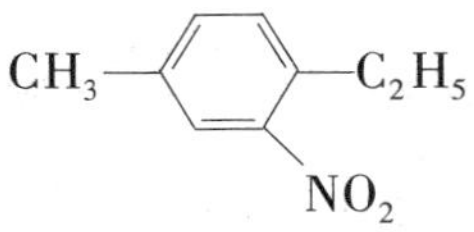

第五章

一、(1)(*R*)－2－溴－1－丁醇；(2)(*S*)－2－苯基－2－氯乙醛；(3)(*R*)－2－丁醇；(4)(*R*)－1,2－二氟丙烷；(5)(*S*)－2－羟基丙酸；(6)(1*S*,2*S*,4*S*)－1,4－二甲基－2－乙基环己烷；(7)(3*S*,5*S*)－3－甲基－5－溴庚烷；(8)(*R*)－4－甲基－2－己酮

二、(1)有对称面，无手性；(2)有手性；(3)有对称面和对称中心，无手性；(4)有对称面，无手性；(5)有对称面，无手性；(6)有手性。

三、(1)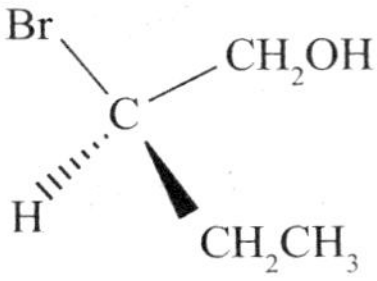　(2)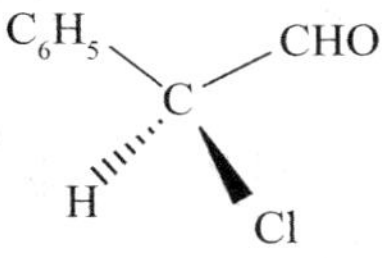

四、(1)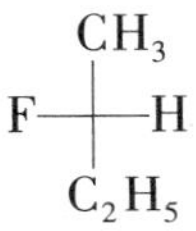　(2)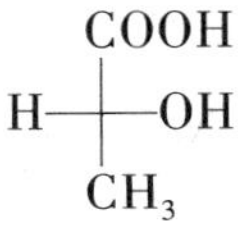

五、(1)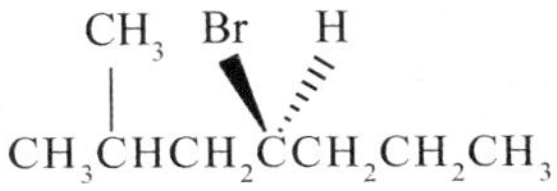　(2)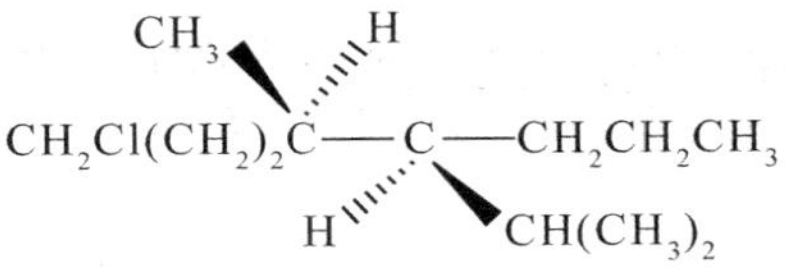

第六章

一、(1)(*S*)－2－甲基－3－氯戊烷；(2)溴化苄；(3)$CHCl_3$；(4)$CH_3CH_2CH(CH_3)MgBr$；(5)3－甲基－1－氯丁烷；(6)2－甲基－2－溴丙烷(或叔丁基溴)；(7)氯代环戊烷(或环戊基氯)；(8)2－碘丙烷

二、(1)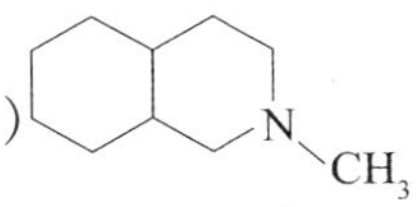　(2)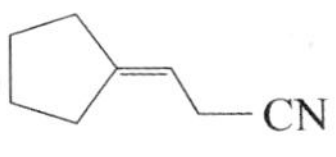　(3)$C_2H_5SC_2H_5$　(4)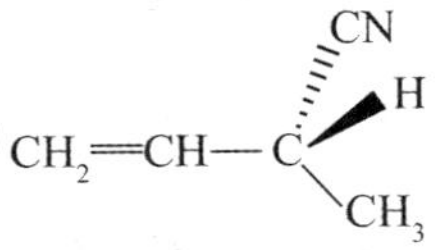

(5)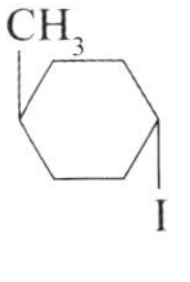　(6)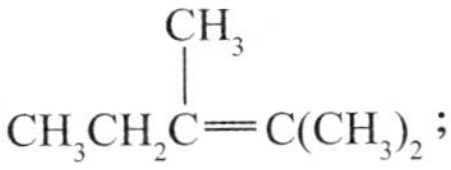；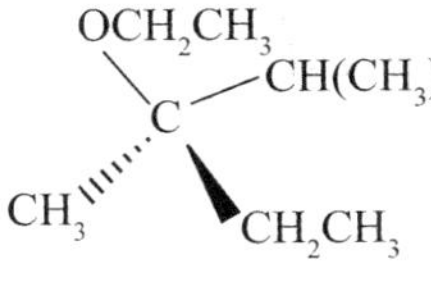＋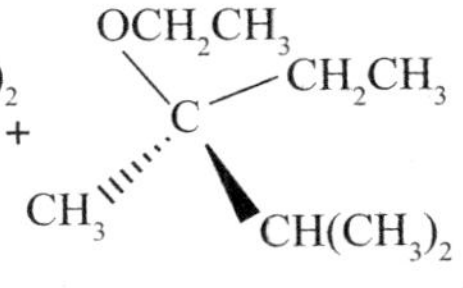　(7)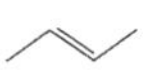

(8)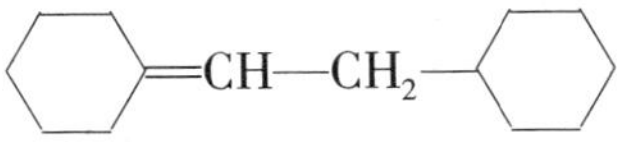　(9)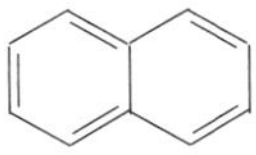　(10)$CH_2BrCH{=}CHCH_2OMgBr$

＋

三、(1)$CH_3CH_2CH_2I > CH_3CH_2CH_2Br > CH_3CH_2CH_2Cl > CH_3CH_2CH_2F$；

(2)$CH_3CCl_3 > CH_3CHCl_2 > CH_3CH_2Cl$

四、(1)第二个；(2)第二个

五、(1)第二个；(2)第一个；(3)第一个；(4)第二个

六、(1)第二个；(2)第二个；(3)第一个

七、参考路线：(1) $CH_3CH_2Br \xrightarrow{CH_3CH_2ONa} TM$ (2) $CH_3CH_2Br \xrightarrow{NaCN} TM$

(3) $CH_3CH_2Br \xrightarrow[H_2O]{NaOH} TM$ (4) $CH_3CH_2Br \xrightarrow{NaCN} \xrightarrow[\triangle]{H_3O^+} \xrightarrow[H^+,\ \triangle]{C_2H_5OH} TM$

(5) $CH_3CH_2Br \xrightarrow{NH_3} TM$ (6) $CH_3CH_2Br \xrightarrow{AgNO_3} TM$ (7) $CH_3CH_2Br \xrightarrow{CH_3C\equiv CNa} TM$

八、(1) S_N2；(2) S_N1；(3) S_N1；(4) S_N2；(5) S_N2；(6) S_N2；(7) S_N1；(8) S_N1；(9) S_N1；(10) S_N1

九、参考方法：(1)向三种试剂中加入硝酸银的乙醇溶液，生成白色沉淀的是氯化苄，生成浅黄色沉淀的是溴化苄，生成黄色沉淀的是碘化苄。

(2)向三种试剂中加入硝酸银的乙醇溶液，立即生成沉淀的是叔丁基溴，加热后生成沉淀的是正丁基溴，无现象的是溴苯。

(3)向三种试剂中加入硝酸银的乙醇溶液，立即生成沉淀的是烯丙基氯，加热后生成沉淀的是1－氯丙烷，无现象的是1－氯丙烯。

十、参考路线： $C_2H_5C\equiv CH \xrightarrow{Na} C_2H_5C\equiv CNa$  $\longrightarrow TM$

十一、参考路线：

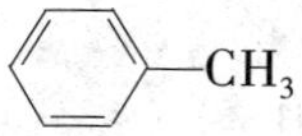

$\xrightarrow[Fe]{Cl_2} \xrightarrow{分离} \xrightarrow[加热加压]{NaOH，催化剂} \xrightarrow{CH_3CH_2Br} \xrightarrow[过氧化苯甲酰]{NBS} \xrightarrow{NaCN} \xrightarrow[\triangle]{H_3O^+} TM$

第七章

一、(1)(*R*)－2－氯－1－丁醇；(2)1,2,3－丙三醇；(3)间苯二酚；(4)2－萘酚；(5)对羟基苯甲酸；(6)5－羟基－1－萘磺酸；(7)2－异丙基－5－硝基苯酚；(8)1,5－环氧戊烷；(9)苯甲醚；(10)乙基烯丙基醚

二、(1) $CH_2\overset{O}{\overset{\|}{C}}OCH_2CH_3 + CH_3\overset{O}{\overset{\|}{C}}OH$ (2) 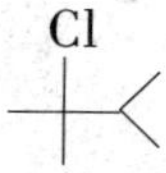

(3) 

(4) $CH_3CH_2CH{=}CHCHO$ (5) 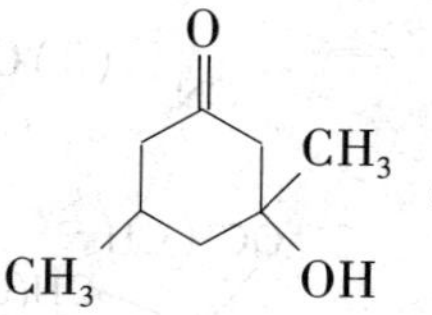

；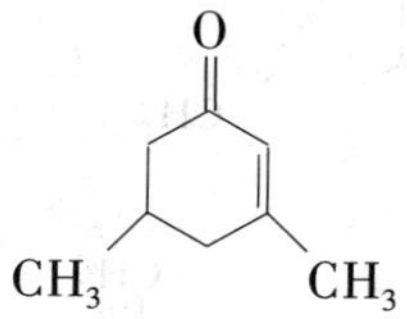

(6) 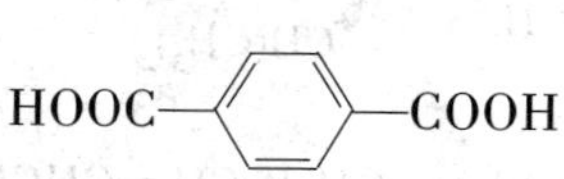

(7) 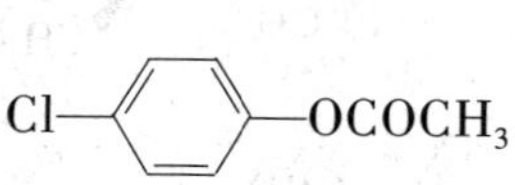

(8) 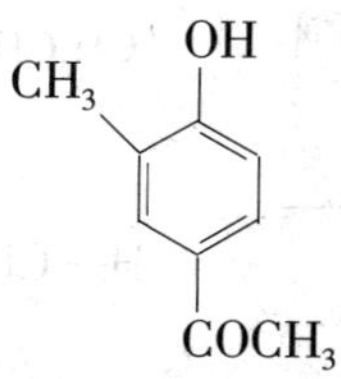

(9) $HO(CH_2)_3\underset{I}{\underset{|}{C}}(CH_3)_2$ ； $I(CH_2)_3\underset{I}{\underset{|}{C}}(CH_3)_2$ (10) $(CH_3)_2\underset{OH}{\underset{|}{C}}CH_2N(CH_3)_2$

三、(1) 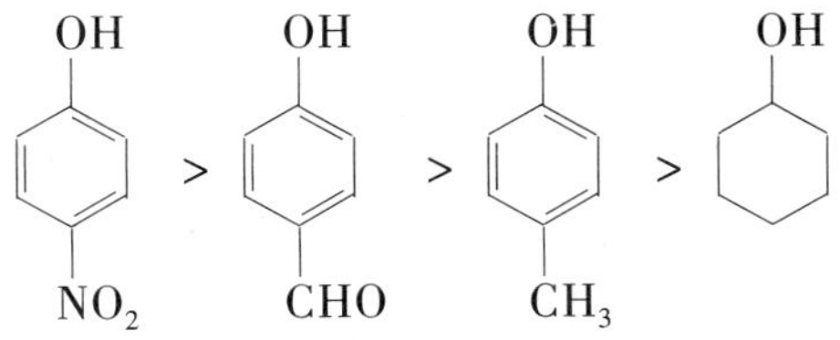

(2) 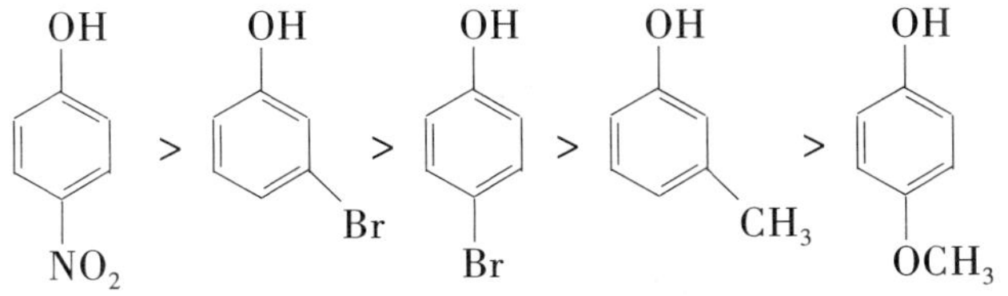

(3) $ClCH_2CH_2OH > CH_3CH_2CH_2OH > CH_3CH_2C\equiv CH > CH_3CH_2CH_2CH_3$

四、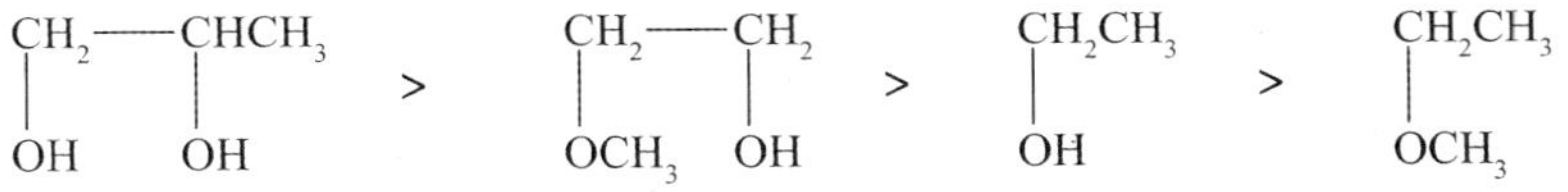

五、参考方法：向五种试剂中加入 $FeCl_3$ 溶液，显紫色的是苯酚；向无现象的四种试剂中加入 Lucas 试剂，立即变浑浊的是2－甲基－2－戊醇，等待片刻后变浑浊的是环己醇，加热变浑浊的是正己醇，无现象的是甲苯。

六、参考路线：

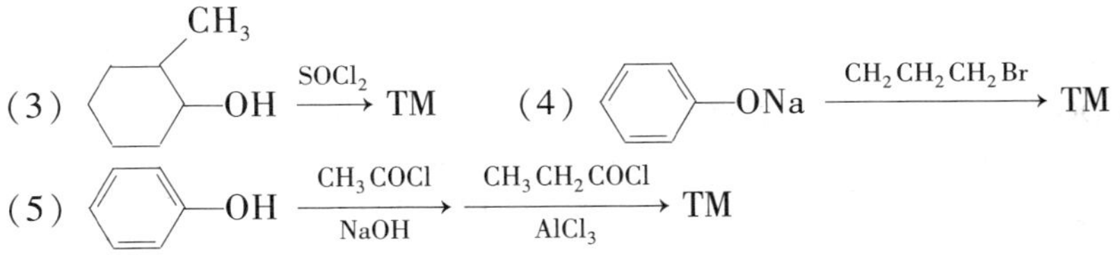

七、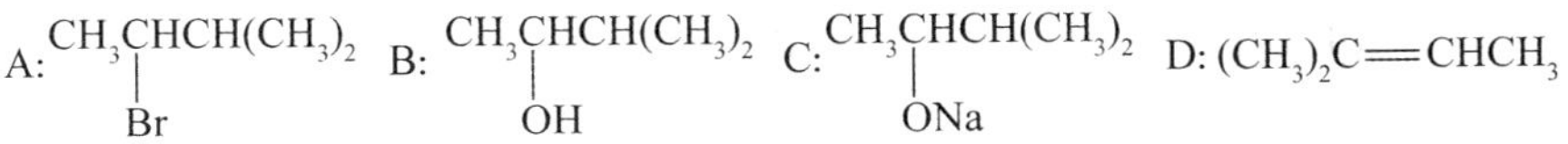

八、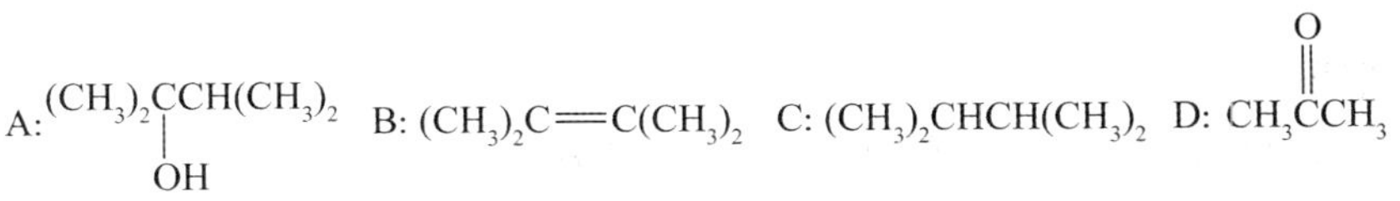

第八章

一、(1)5－甲基－3－乙基庚醛；(2)4－羟基－2－异丙氧基苯甲醛；(3)2,3－环氧丁醛；(4)1－苯基－1－丙酮；(5)环十二酮；(6)2－烯丙基－4－羰基戊醛；

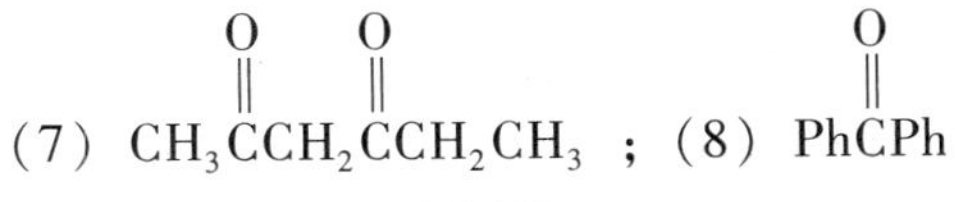

二、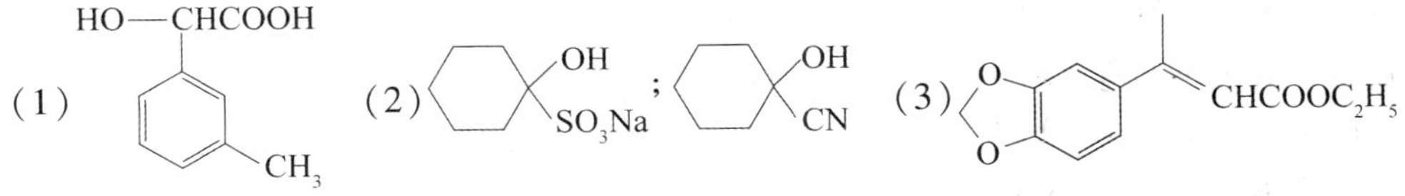

(4) 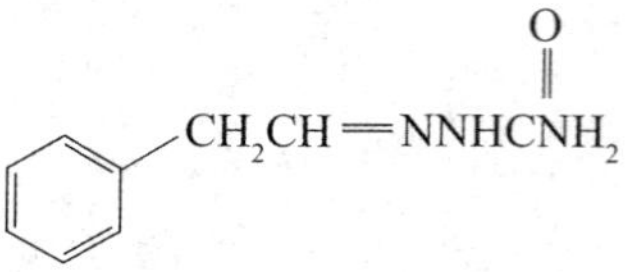 (5) 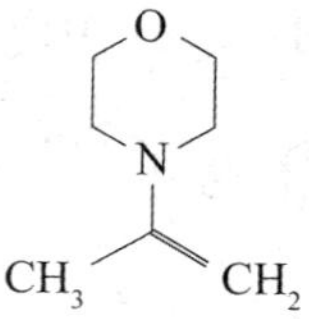 (6) 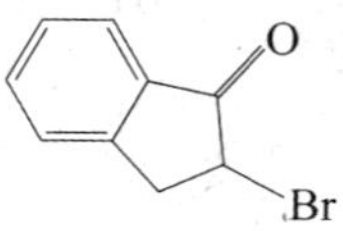 (7) 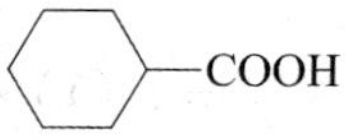

(8) 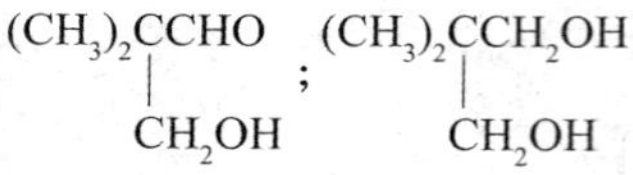 (9) 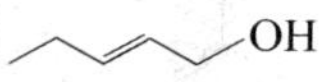 (10) 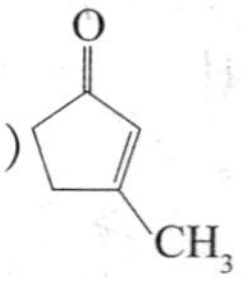

(11) 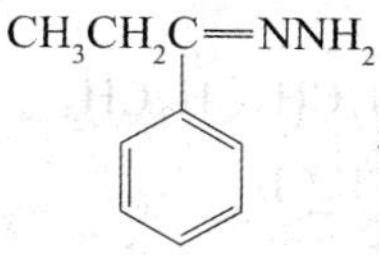; 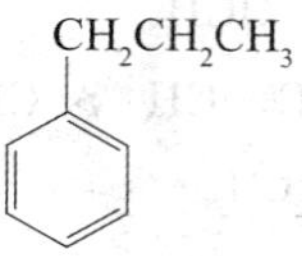 (12) 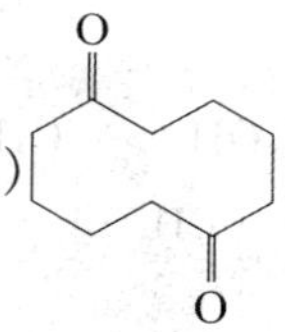; 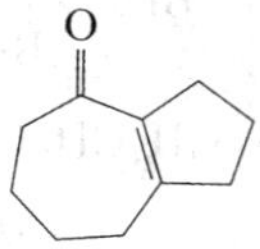

三、(1) 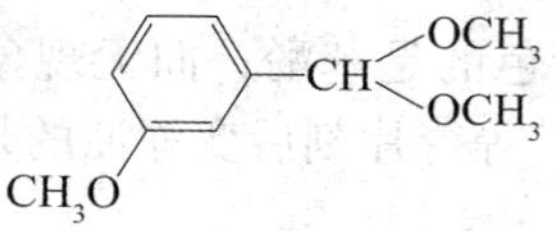 (2) 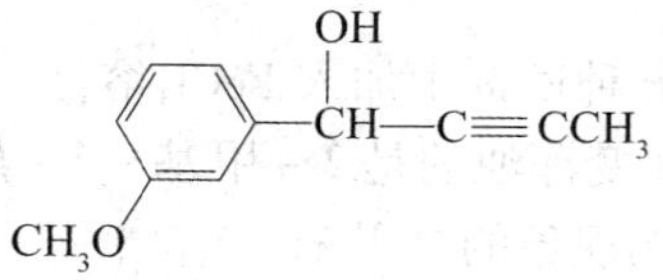

(3) 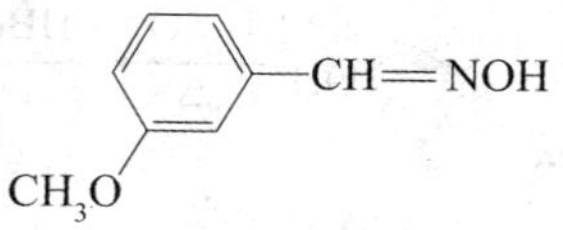 (4) 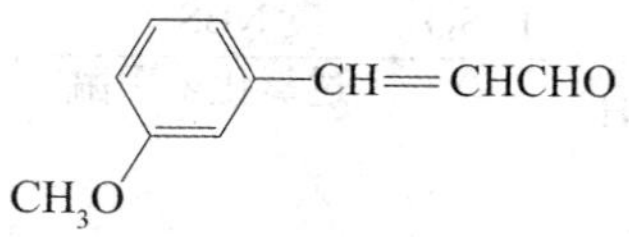 (5) 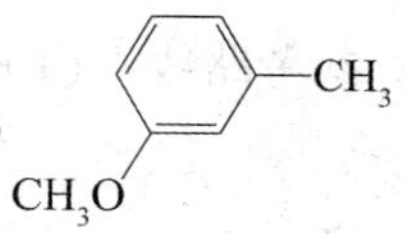

(6) 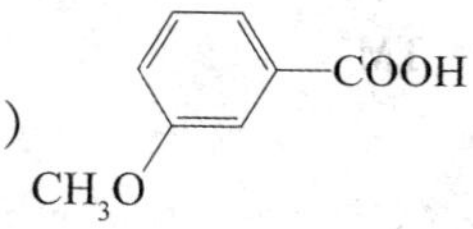 (7) 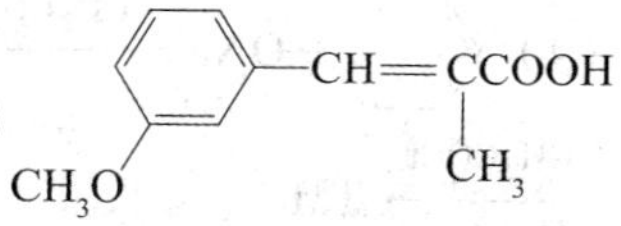 (8) 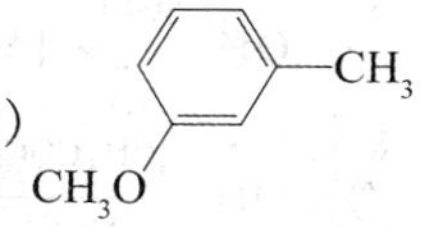

(9) 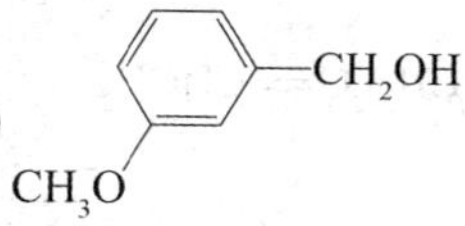 (10) 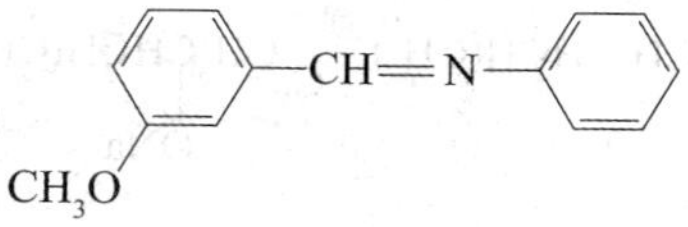

四、参考路线：

(1)方法一：$2PhCH_2MgBr$ + $OHCCH_2CH_2CH_2CHO$；

方法二： $2Ph_3P{=}CHPh$ + $OHCCH_2CH_2CH_2CHO$

(2)方法一： 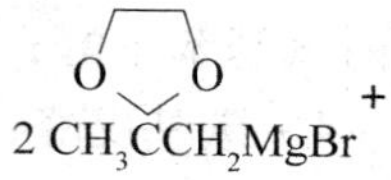 + OHCCHO；方法二： 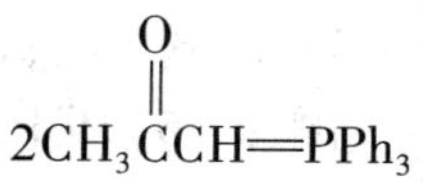 + OHCCHO

五、参考方法：(1)向四种试剂中加入2，4－二硝基苯肼，有红色或黄色沉淀生成的是正丁醛和2－丁酮(第一组)，无现象的是异丁醇和仲丁醇(第二组)。向第一组加入 Tollens 试剂，有银镜生成的是正丁醛，无现象的是2－丁酮。向第二组加入 Lucas 试剂，室温下等待片刻，有浑浊现象的是仲丁醇，无现象的是异丁醇。

(2)向五种试剂中加入2，4－二硝基苯肼，无现象的是2－戊烯，其余四种有红色或黄色沉淀生成。向剩余四种试剂中加入 Tollens 试剂，有银镜生成的是正戊醛和苯甲醛(第一组)，无现象的是甲基异丙基酮和乙基苄基酮(第二组)。向第一组加入 Fehling 试剂，有砖红色沉淀生成的是正戊醛，无现象的是苯甲醛。向第二组加入碘的 NaOH 溶液，有黄色沉淀生成的是甲基异丙基酮，无现象的是乙基苄基酮。

六、参考路线：（1）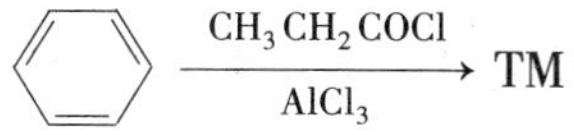（2）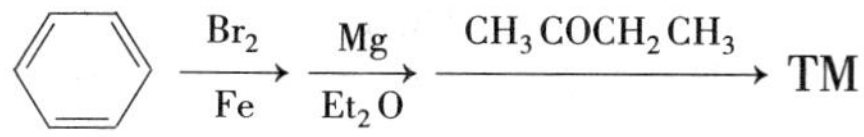

（3）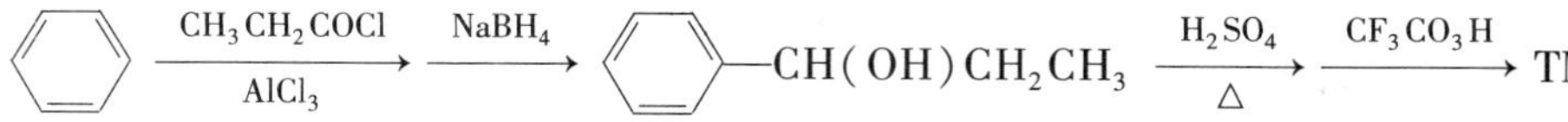

七、产物：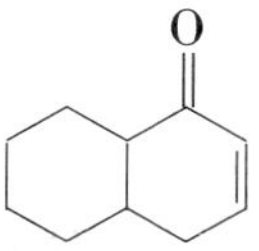，机理参考羟醛缩合。

八、（1）$CH_3CH_2CCl_2CHO$ > $CH_3CH_2CH_2CHO$ > PhCHO > $PhCOCH_3$

（2）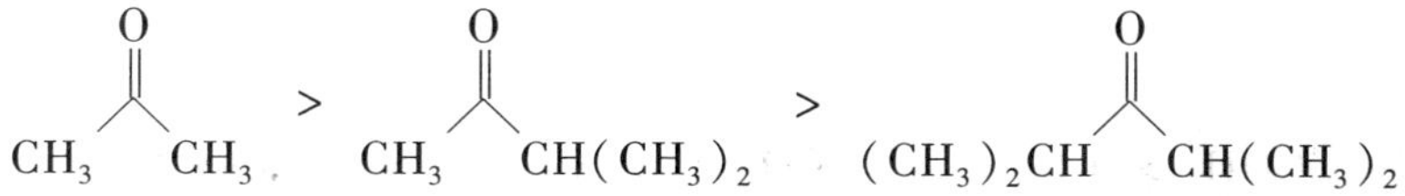

(3) 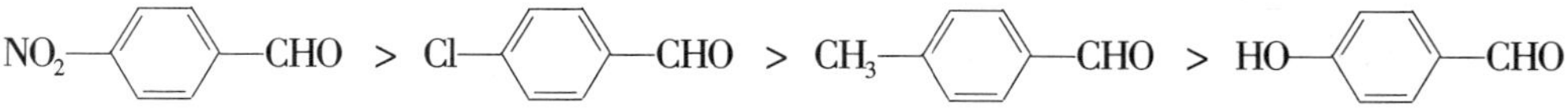

九、A：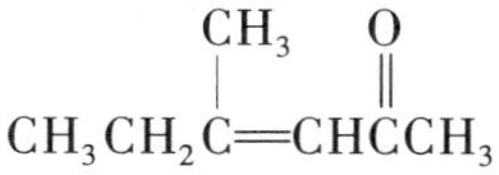　B：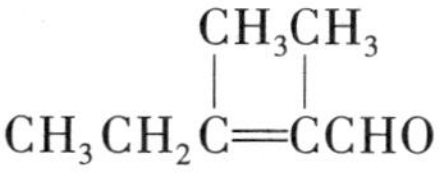

十、A: 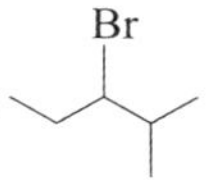 B:  C: 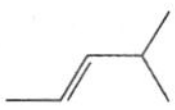 D: CH_3CH_2CHO E: 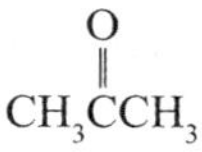

第九章

一、（1）环戊基甲酸；（2）（*E*）－丁烯二酸；（3）对苯二甲酰氯；（4）环己基甲酰溴；（5）对氯甲酰基苯甲酸甲酯；（6）2－萘甲酸乙烯酯；（7）邻苯二甲酸酐；（8）对羟基苯甲酰胺；（9）乙丙酐；（10）正己酸烯丙酯；（11）$(CH_3)_2CHCH_2COOCH_2CH_2CH(CH_3)_2$

（12）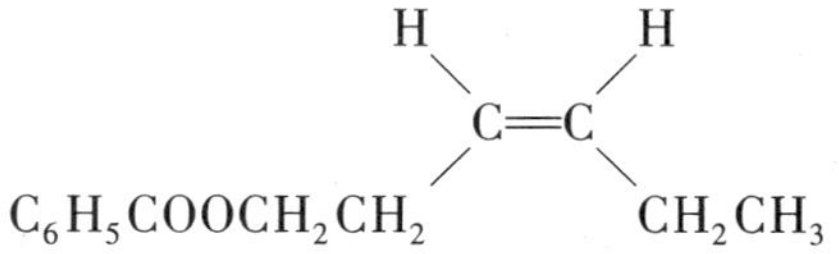

二、（1）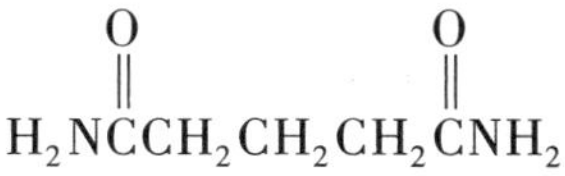；$H_2NCH_2CH_2CH_2NH_2$

（2）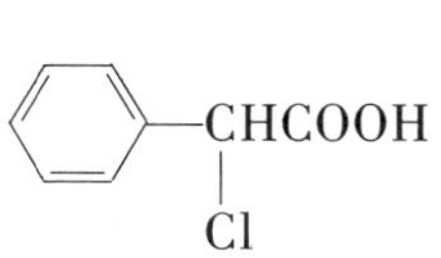；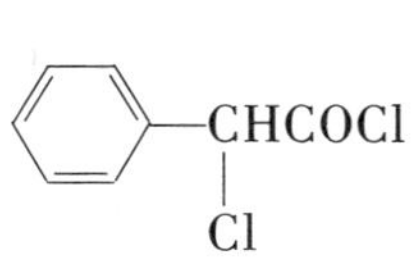（3）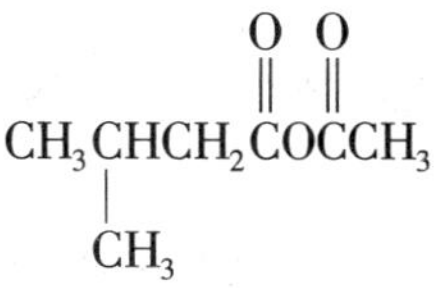（4）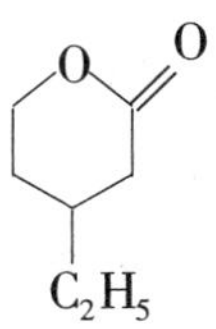

（5）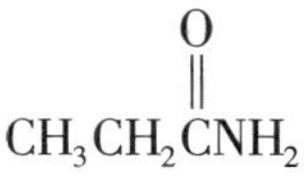 + CH_3CH_2COOH（6）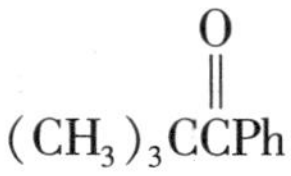（7）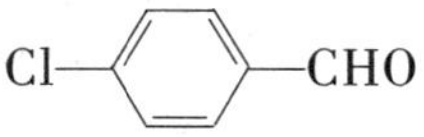

（8）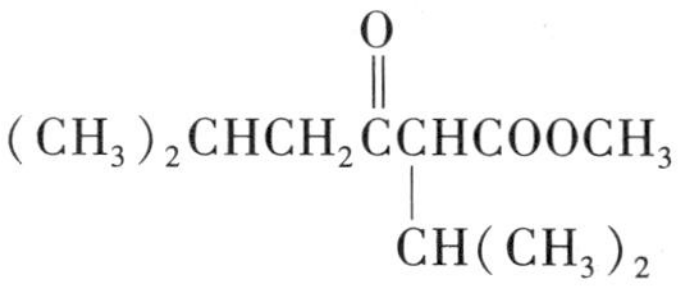（9）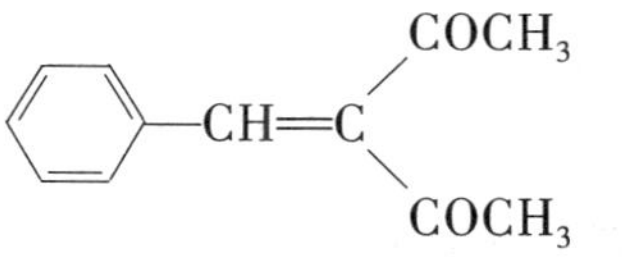

(10) 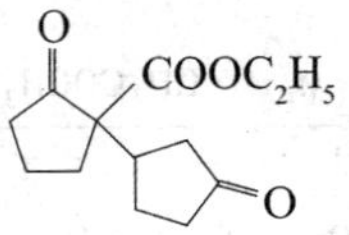　(11) $CH_3CH_2\underset{|}{C}HCH_2\overset{O}{\overset{\|}{C}}OC_2H_5$ + CH_3CH_3
$\quad\quad COOMgCl$

(12) 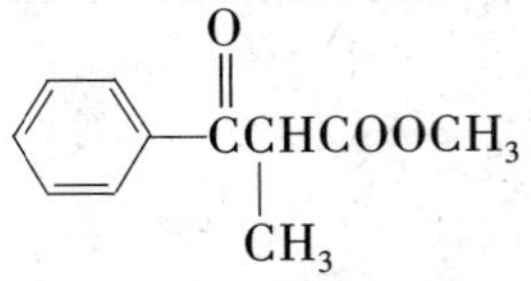

三、(1) $CH_3CH_2CHFCOOH$ > CH_3CHFCH_2COOH > $CH_2FCH_2CH_2COOH$
(2) $HOOCCH_2COOH$ > $CH_2{=}CHCH_2COOH$ > CH_3CH_2COOH

(3) 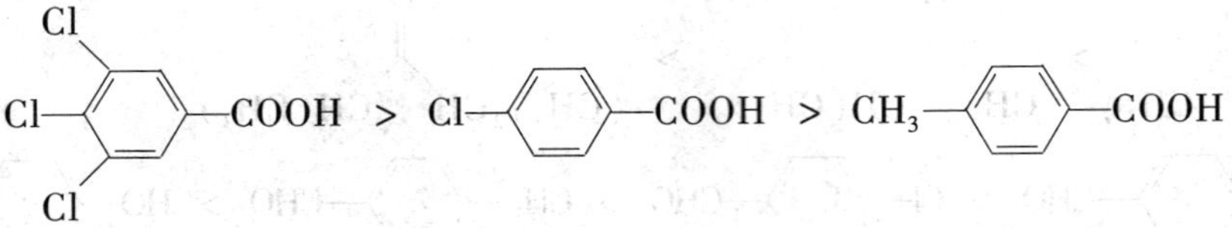

四、(1)(2)(3)(4)(6)均为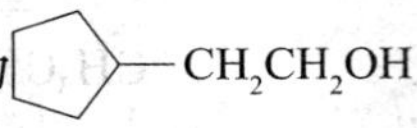，(5)为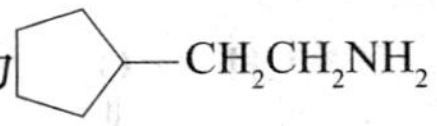

五、(1) CH_3CH_2COOH　(2) 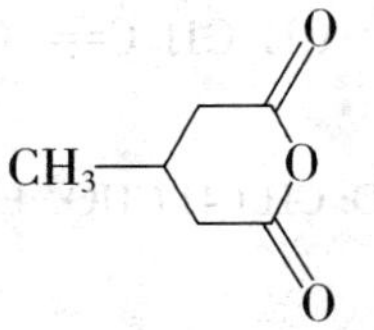　(3) 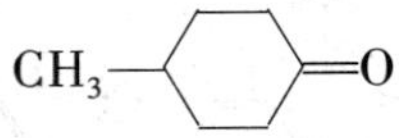　(4) 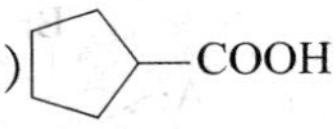

六、(1) $CH_3CH_2CH_2CH_2COOH$ > $CH_3CH_2CH(CH_3)COOH$ > $CH_3C(CH_3)_2COOH$

(2) $PhC(=O)—Cl$ > $PhC(=O)—O—C(=O)Ph$ > $PhC(=O)—OCH_2—Ph$ > $PhC(=O)—NH_2$

(3) 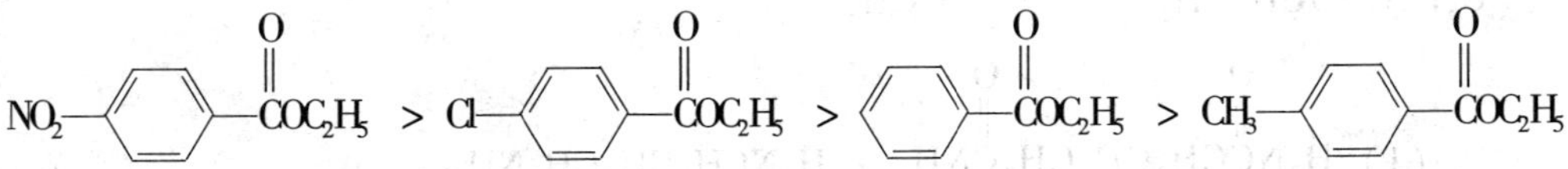

七、(1) CH_3CH_2MgBr + 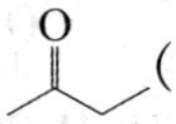　(2) CH_3MgBr + 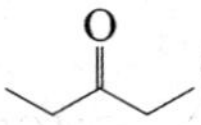　(3) CH_3CH_2MgBr + 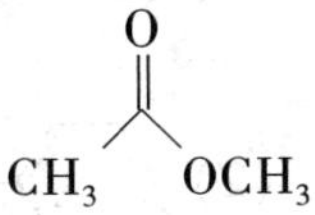

八、参考路线：(1) $CH_3CH_2CH_2COOH \xrightarrow{SOCl_2} \xrightarrow[\text{硫-喹啉}]{H_2,\ Pd\text{-}BaSO_4} \xrightarrow{HCN,\ OH^-} \xrightarrow[\Delta]{H^+,\ H_2O}$ TM

(2) 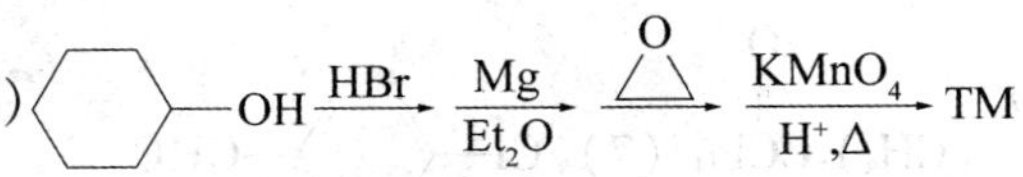　(3) $CH_3(CH_2)_3COOH \xrightarrow{SOCl_2} \xrightarrow{NH_3} \xrightarrow[NaOH]{Br_2}$ TM

(4) $CH_3CH_2OH \xrightarrow[H^+,\ \Delta]{KMnO_4} \xrightarrow[H^+,\ \Delta]{C_2H_5OH} \xrightarrow[\Delta]{C_2H_5ONa}$ TM　(5) (4) $\xrightarrow[\Delta]{NH_3}$ TM

九、(1)参考原料：$CH_3\overset{O}{\overset{\|}{C}}CH_2\overset{O}{\overset{\|}{C}}OC_2H_5$　C_2H_5Br　$PhCH_2Br$

(2)参考原料：$C_2H_5OOCCH_2COOC_2H_5$　$Br(CH_2)_5Br$

十、参考方法：向四种试剂中加入硝酸银溶液，有白色沉淀的是正戊酰氯，向无现象的三种试剂中加入 $NaHCO_3$，有气体生成的是正戊酸，向剩余两种试剂中加入 $FeCl_3$ 溶液，显蓝紫色的是乙酰丙酮，剩余为 2－戊酮。

十一、A：$(CH_3)_2CHCOOH$　B：$(CH_3)_2C{=}CH_2$　C：$(CH_3)_2CHCONH_2$　D：$(CH_3)_2CHCN$

十二、A：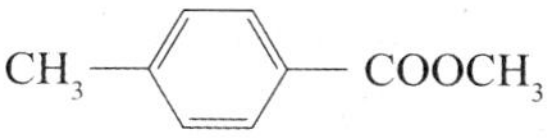

B：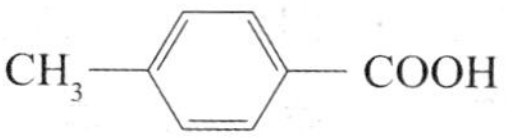

C：

D：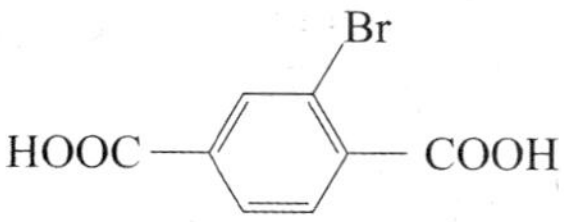

第十章

一、(1)4－甲基－2,6－二硝基苯酚；(2)乙酰－2－硝基苯胺；(3)*N*－甲基－*N*－异丙基－4－甲氧基苯胺；(4)*N*－甲基－4－苯基－2－戊胺；(5)3－氨基苯酚；(6)氯化二甲基乙基苯基铵；(7) 

(8)$(n\text{-}C_4H_9)_4N^+Br^-$

二、(1) 

； 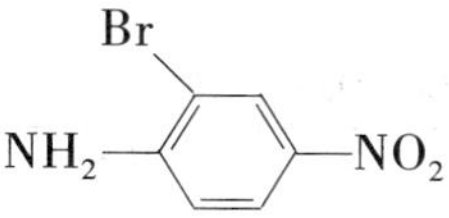

(2) 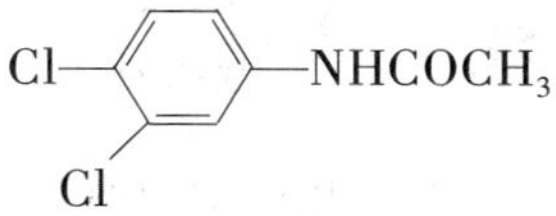

(3) 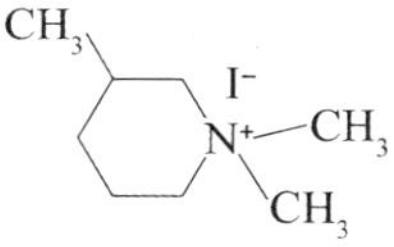

； 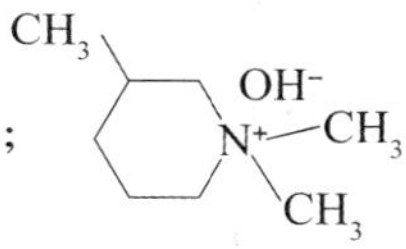

； 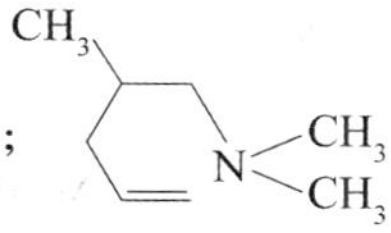

(4) 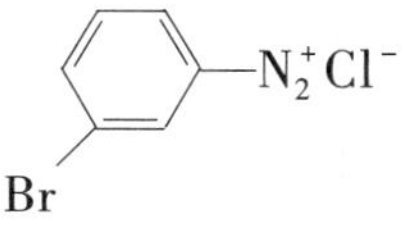

； 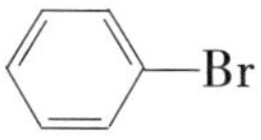

(5) 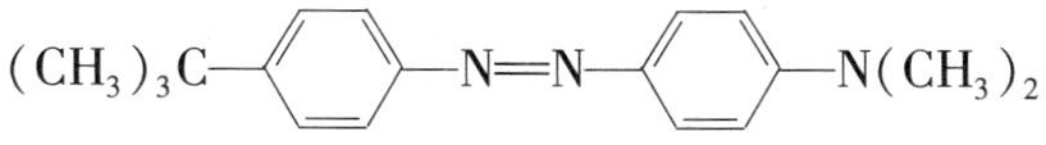

三、(1) 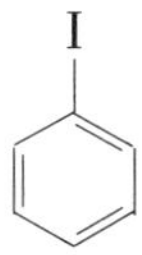

(2) 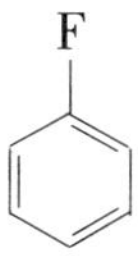

(3) 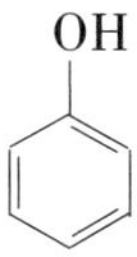

(4) 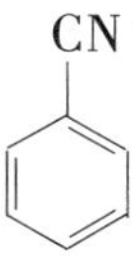

(5) 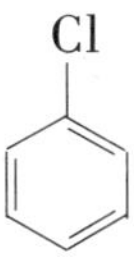

(6) 
(7) 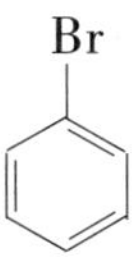

(8) 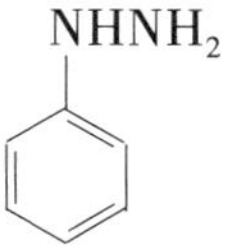

(9) 
(10) 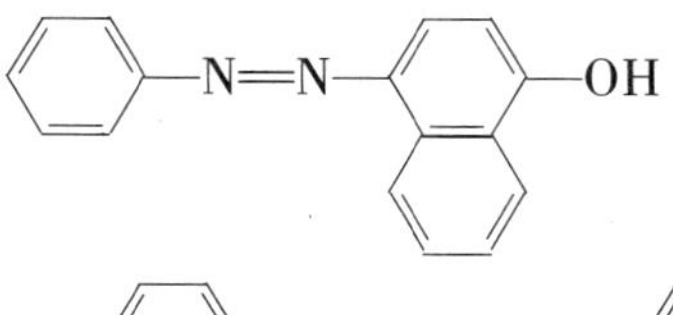

四、(1) 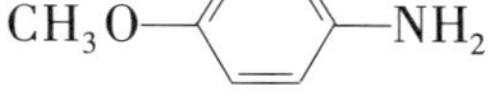

＞ 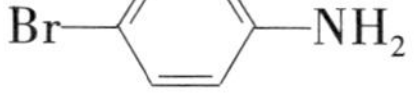

＞ 

(2)$(CH_3CH_2)_4N^+OH^-$ ＞ $(CH_3CH_2)_2NH$ ＞ $CH_3CH_2NH_2$ ＞ $(CH_3CH_2)_3N$

(3)$(CH_3)_4N^+OH^-$ ＞ $CH_3(CH_2)_3CH_2NH_2$ ＞ $PhNH_2$ ＞ $CH_3CH_2CH_2CONH_2$

(4) 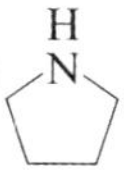

＞ 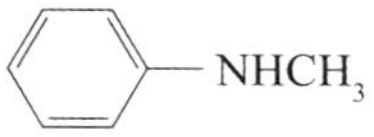

＞ 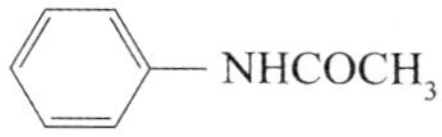

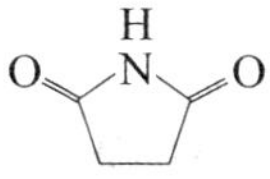

五、参考方法：(1)向六种试剂中加入碳酸钠，有气体生成的是苯甲酸，无气体生成但能溶解的是苯酚，剩余四种无现象。向剩余四种试剂中加入盐酸，不溶解的是硝基苯，剩余三种溶解。向剩余三种试剂中加入对甲基苯磺酰氯的氢氧化钠溶液，无现象的是 *N*，*N*－二甲基苯胺，剩余两种有沉淀生成。向另外两种试剂与对甲基苯磺酰氯所生成的沉淀中加入浓氢氧化钠溶液，沉淀溶解的是苯胺，无现象的是 *N*－甲基苯胺。

(2)向四种试剂中加入 $NaNO_2$ 和稀盐酸，立即有气体生成的是正己胺，加热后有气体生成的是苯胺，有黄色油状物生成的是二异丙胺，有绿色沉淀生成的是 *N*，*N*－二甲基苯胺。

六、参考路线：(1) 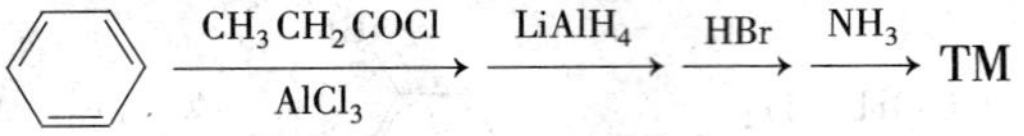

(2) 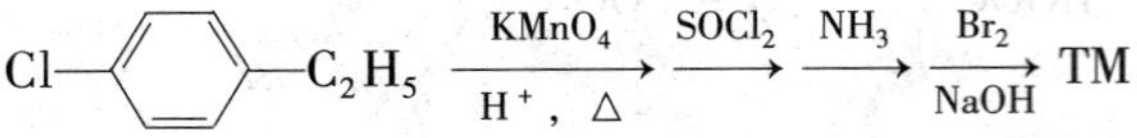

(3) 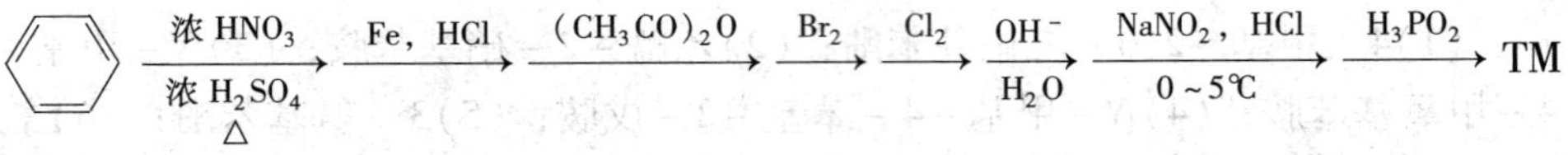

(4) 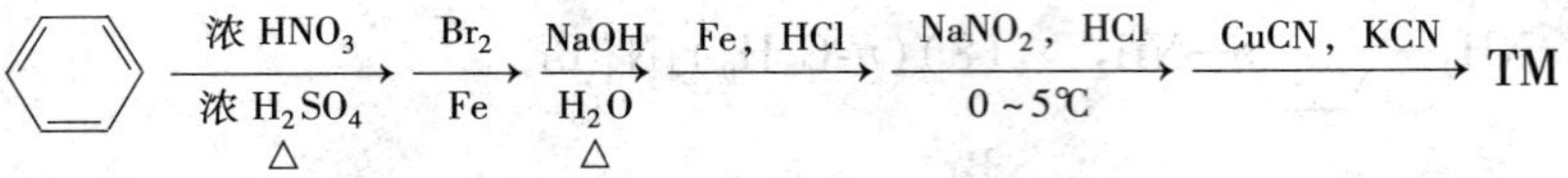

(5) 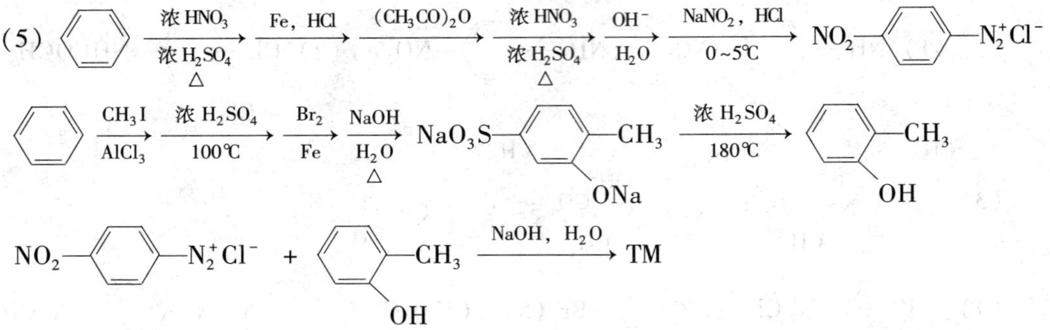

七、A：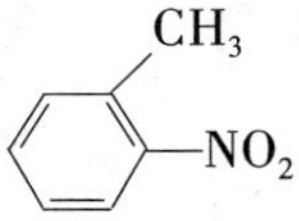

B：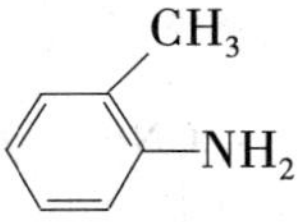

C：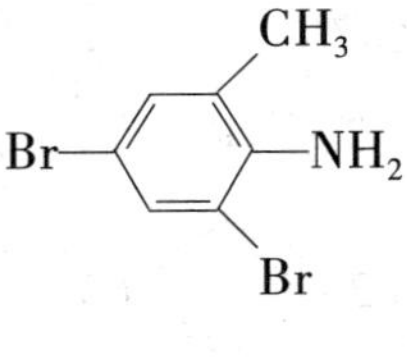

D/E：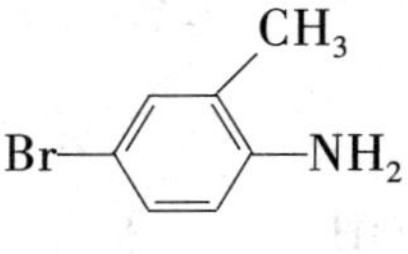

E/D：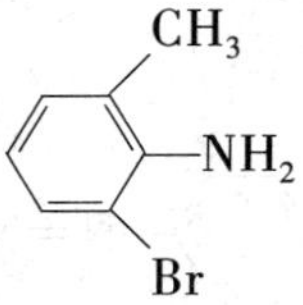

八、A: 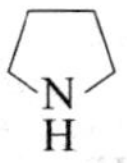

B: 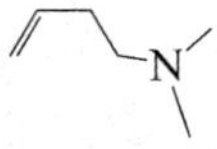

第十一章

一、(1) $(CH_3)_2CHS\overset{\overset{O}{\|}}{C}CH_3$ (2) 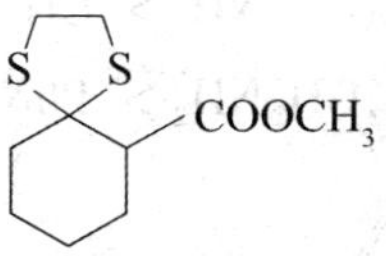

；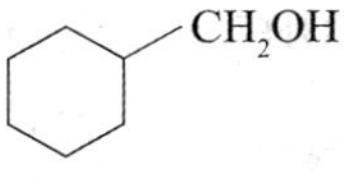

(3) $CH_3CH_2CH_2SO_3H$；$(CH_3CH_2CH_2S)_2$

（4）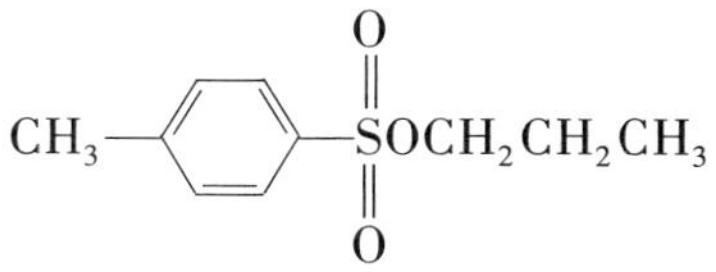 ；$C_2H_5OCH_2CH_2CH_3$ （5）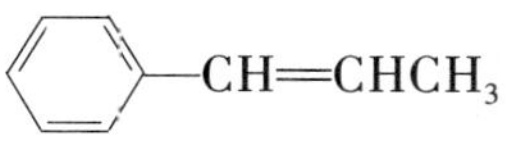

二、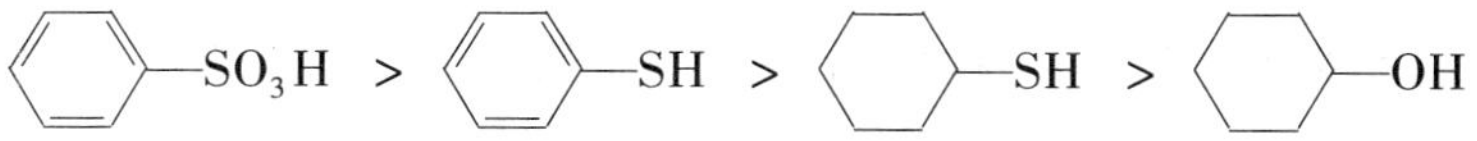

三、参考路线：$CH_3SH \xrightarrow[NaOH]{CH_3I} \xrightarrow{H_2O_2}$ TM

四、参考路线：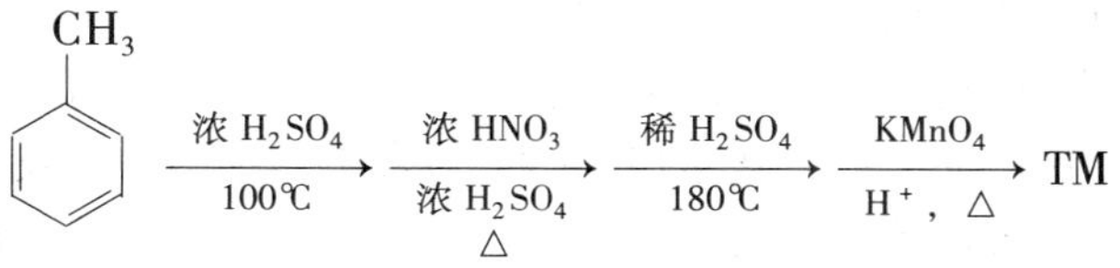

第十二章

一、(1)2－呋喃乙酸；(2)3，5－二溴吡啶；(3)3－甲基噻吩；(4)5－硝基喹啉

二、(1)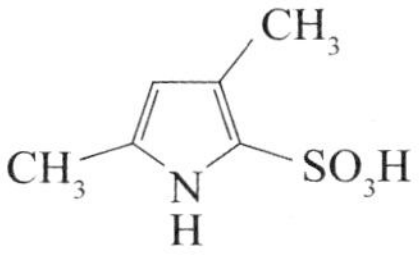 (2)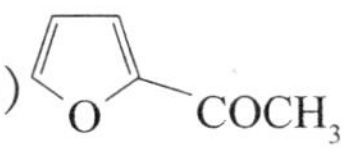 (3)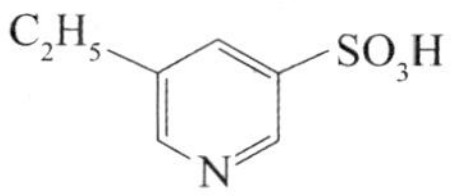

(4)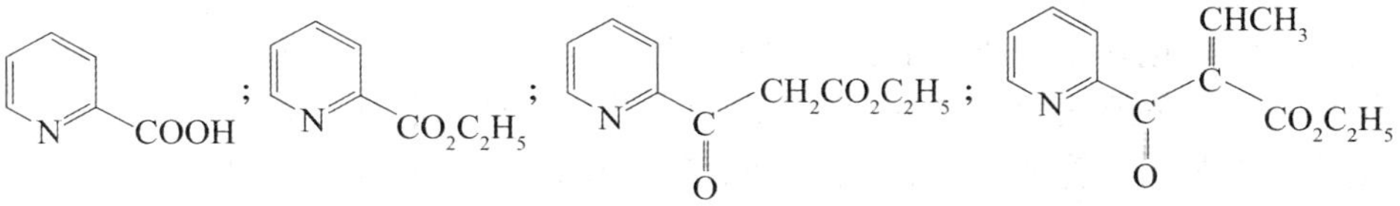

(5)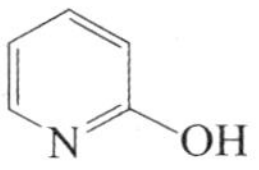 (6)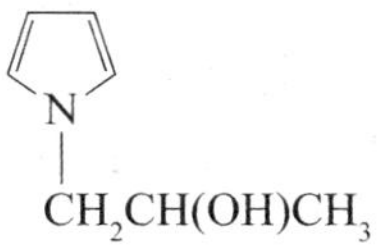 (7)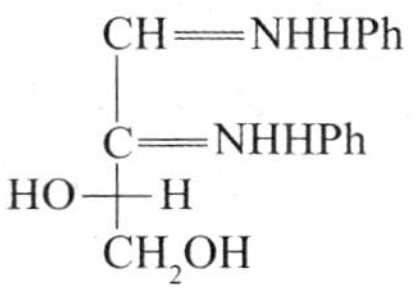

(8) $CH_3CH_2CHCOOH$（CH 上连 $NHCOC_6H_5$）

三、中文名称：酪氨酰丙氨酰甘氨酰甘氨酰天冬氨酰丙氨酰丝氨酰甘氨酰谷氨酸。结构式略。

四、略。

参考文献

[1]邢其毅，裴伟伟，徐瑞秋，裴坚．基础有机化学(第3版)．北京：高等教育出版社，2005

[2]李艳梅，赵圣印，王兰英．有机化学，北京：科学出版社，2011

[3]齐欣，高鸿宾．有机化学简明教程(第2版)．天津：天津大学出版社，2011

[4]高占先，姜文凤，于丽梅．有机化学简明教程．北京：高等教育出版社，2011

[5]伍越寰，李伟昶，沈晓明．有机化学(第2版)．合肥：中国科学技术大学出版社，2007

[6]王积涛，王永梅，张宝申等．有机化学(第3版)．天津：南开大学出版社，2009

[7]胡宏纹．有机化学(第3版)．北京：高等教育出版社，2006

[8]高鸿宾．有机化学(第4版)．天津：天津大学出版社，2005

[9]张晓梅．有机化学．北京：化学工业出版社，2016

[10]Solomons T W G，Fryhle C B．Organic Chemistry (10th ed)．Hoboken：John Wiley & Sons，Inc．2011

[11]Wade L G Jr．Organic Chemistry (7th ed)．北京：机械工业出版社，2011

[12]李荫中．危险化学品企业员工安全知识必读．北京：中国石化出版社，2007

[13]孙维生．常见危险化学品速查手册．北京：化学工业出版社，2013

[14]粟镇宇．工艺安全管理与事故预防．北京：中国石化出版社，2007

[15]王孝元．工业危险消除与控制．北京：中国标准出版社，2003

[16]中国安全生产科学研究院．职业病危害因素检测．徐州：中国矿业大学出版社，2012

[17]魏新利，李惠萍，王自健．工业生产过程安全评价．北京：化学工业出版社，2004